冶金专业教材和工具书经典传承国际传播工程

Project of the Inheritance and International Dissemination
of Classical Metallurgical Textbooks & Reference Books

普通高等教育"十四五"规划教材

冶金工业出版社

冶金工程学研究方法
简明教程

主编 郭 敏 杨占兵

扫码获得数字资源

北 京
冶金工业出版社
2025

内 容 提 要

本书在继承冶金工程实验技术教材精髓的基础上，精选核心知识点，紧跟学科前沿，融入最新理论和技术进展，并通过案例教学强化理论与实践的结合。全书共分7章，内容包括：高温冶金实验技术与设备；冶金实验中试样的物理性质及化学成分检测方法；高温冶金实验研究方法；有色冶金实验研究方法；现代先进仪器分析方法；冶金综合实验研究方法；冶金反应工程学研究方法。每章后附习题与思考题，旨在加深学生对知识的理解，提升综合应用能力。

本书可作为高等院校冶金工程、材料科学与工程专业的教材，也可供相关专业的工程技术人员学习和参考。

图书在版编目（CIP）数据

冶金工程学研究方法简明教程 / 郭敏，杨占兵主编.
北京 : 冶金工业出版社，2025.7. --（普通高等教育
"十四五"规划教材）. -- ISBN 978-7-5240-0222-2

Ⅰ. TF-3

中国国家版本馆 CIP 数据核字第 2025A3A657 号

冶金工程学研究方法简明教程

出版发行 冶金工业出版社		**电 话** (010)64027926	
地 址 北京市东城区嵩祝院北巷 39 号		**邮 编** 100009	
网 址 www. mip1953. com		**电子信箱** service@ mip1953. com	

责任编辑 郭冬艳　美术编辑 吕欣童　版式设计 郑小利
责任校对 梅雨晴　责任印制 范天娇
三河市双峰印刷装订有限公司印刷
2025 年 7 月第 1 版，2025 年 7 月第 1 次印刷
787mm×1092mm　1/16；19.5 印张；431 千字；293 页
定价 58.00 元

投稿电话　(010)64027932　投稿信箱　tougao@cnmip. com. cn
营销中心电话　(010)64044283
冶金工业出版社天猫旗舰店　yjgycbs. tmall. com
（本书如有印装质量问题，本社营销中心负责退换）

冶金专业教材和工具书
经典传承国际传播工程
总　　序

钢铁工业是国民经济的重要基础产业，为我国经济的持续快速增长和国防现代化建设提供了重要支撑，做出了卓越贡献。当前，新一轮科技革命和产业变革深入发展，中国经济已进入高质量发展新时代，中国钢铁工业也进入了高质量发展的新时代。

高质量发展关键在科技创新，科技创新离不开高素质人才。党的二十大报告指出："教育、科技、人才是全面建设社会主义现代化国家的基础性、战略性支撑。必须坚持科技是第一生产力、人才是第一资源、创新是第一动力，深入实施科教兴国战略、人才强国战略、创新驱动发展战略，开辟发展新领域新赛道，不断塑造发展新动能新优势。"加强人才队伍建设，培养和造就一大批高素质、高水平人才是钢铁行业未来发展的一项重要任务。

随着社会的发展和时代的进步，钢铁技术创新和产业变革的步伐也一直在加速，不断推出的新产品、新技术、新流程、新业态已经彻底改变了钢铁业的面貌。钢铁行业必须加强对科技进步、教育发展及人才成长的趋势研判、规律认识和需求把握，深化人才培养体制机制改革，进一步完善相应的条件支撑，持续增强"第一资源"的保障能力。中国钢铁工业协会《"十四五"钢铁行业人力资源规划指导意见》提出，要重视创新型、复合型人才培养，重视企业家培养，重视钢铁上下游复合型人才培养。同时要科学管理，丰富绩效体系，进一步优化人才成长环境，造就一支能够支撑未来钢铁行业高质量发展的人才队伍。

高素质人才来源于高水平的教育和培训，并在丰富多彩的创新实践中历练成长。以科技创新为第一动力的发展模式，需要科技人才保持知识的更新频率，站在钢铁发展新前沿去思考未来，系统性地将基础理论学习和应用实践学习体系相结合。要深入推进职普融通、产教融合、科教融汇，建立高等教育+职业教育+继续教育和培训一体化行业人才培养体制机制，及时把钢铁科技创新成果转化为钢铁从业人员的知识和技能。

一流的专业教材是高水平教育培训的基础，做好专业知识的传承传播是当代中国钢铁人的使命。20世纪80年代，冶金工业出版社在原冶金工业部的领导支持下，组织出版了一批优秀的专业教材和工具书，代表了当时冶金科技的水平，形成了比较完备的知识体系，成为一个时代的经典。但是由于多方面的原因，这些专业教材和工具书没能及时修订，导致内容陈旧，跟不上新时代的要求。反映钢铁科技最新进展和教育教学最新要求的新经典教材的缺失，已经成为当前钢铁专业人才培养最明显的短板和痛点。

为总结、提炼、传播最新冶金科技成果，完成行业知识传承传播的历史任务，推动钢铁强国、教育强国、人才强国建设，中国钢铁工业协会、中国金属学会、冶金工业出版社于2022年7月发起了"冶金专业教材和工具书经典传承国际传播工程"（简称"经典工程"），组织相关高校、钢铁企业、科研单位参加，计划用5年左右时间，分批次完成约300种教材和工具书的修订再版和新编，以及部分教材和工具书的对外翻译出版工作。2022年11月15日在东北大学召开了工程启动会，率先启动了高等教育和职业教育教材部分工作。

"经典工程"得到了东北大学、北京科技大学、河北工业职业技术大学、山东工业职业学院等高校，中国宝武钢铁集团有限公司、鞍钢集团有限公司、首钢集团有限公司、河钢集团有限公司、江苏沙钢集团有限公司、中信泰富特钢集团股份有限公司、湖南钢铁集团有限公司、包头钢铁（集团）有限责任公司、安阳钢铁集团有限责任公司、中国五矿集团公司、北京建龙重工集团有限公司、福建省三钢（集团）有限责任公司、陕西钢铁集团有限公司、酒泉钢铁（集团）有限责任公司、中冶赛迪集团有限公司、连平县昕隆实业有限公司等单位的大力支持和资助。在各冶金院校和相关钢铁企业积极参与支持下，工程相关工作正在稳步推进。

征程万里，重任千钧。做好专业科技图书的传承传播，正是钢铁行业落实习近平总书记给北京科技大学老教授回信的重要指示精神，培养更多钢筋铁骨高素质人才，铸就科技强国、制造强国钢铁脊梁的一项重要举措，既是我国钢铁产业国际化发展的内在要求，也有助于我国国际传播能力建设、打造文化软实力。

让我们以党的二十大精神为指引，以党的二十大精神为强大动力，善始善终，慎终如始，做好工程相关工作，完成行业知识传承传播的使命任务，支撑中国钢铁工业高质量发展，为世界钢铁工业发展做出应有的贡献。

中国钢铁工业协会党委书记、执行会长

2023 年 11 月

前　言

冶金工程，这一历史悠久且充满创新活力的学科，其实验研究方法不仅是学科基石，更是推动科学发展的核心动力。本书致力于为冶金工程领域的学生、技术和科研人员提供一些全面而精炼的冶金实验技术和研究方法。书中精心编排了从基础实验技能到前沿分析技术的广泛内容，旨在助力他们深刻理解冶金工程的理论与实践。

本书共分7章，每章均力求以简洁的语言深入挖掘主题精髓。第1章深入探讨了高温冶金实验技术与设备，包括高温炉的特性、温度测量技术及耐火材料的选用。第2章聚焦于试样的物理性质和化学成分检测，详细介绍了从试样采集到分析技术的全过程。第3章系统介绍了高温冶金实验研究方法，涵盖热力学与动力学研究途径。第4章为有色金属冶金实验研究方法，包括火法、湿法和电化学冶金技术。第5章介绍了现代先进仪器分析方法，如电子显微镜、X射线衍射和高温原位分析技术。第6章提供了冶金综合实验研究方法，包括综合实验设计的流程与策略。第7章探讨了冶金反应工程学的研究方法，包括停留时间分布法和数学模拟技术等。

本书力求语言简洁、重点明确，以便学生迅速掌握核心理论与关键技术。每章后均附有习题与思考题及参考文献，旨在帮助学生巩固所学知识并深入探索相关领域。

本书中的一些具体案例来自编者研究团队的科研成果。在此，衷心感谢国家自然科学基金项目（U1810205、51572020、51471027、51372019）、国家重点研发计划项目（2019YFC1905702）、国家"973"计划项目（2014CB643401）的相关研究的资助。本书入选中国钢铁工业协会、中国金属学会和冶金工业出版社组织的"冶金专业教材和工具书经典传承国际传播工程"第一批立项教材。本书的出版得到北京科技大学教材建设经费资助，衷心感谢北京科技大学教务处的全程支持。

本书在编写过程中，得到了同行的帮助和支持；在审稿阶段，北京工业大学王金淑教授、南方科技大学张作泰教授等专家对相关章节进行了细致审查，在此致以诚挚的感谢。

鉴于编者水平有限，书中难免存在不足之处，欢迎广大读者提出宝贵意见，以期不断完善。

编　者

2025 年 2 月

目　　录

6　冶金综合实验研究方法　210

7　冶金反应工程学研究方法　277

1 高温冶金实验技术与设备

本章系统阐述了高温冶金实验技术与设备相关知识，包括冶金高温的特点及获取方法、多种高温实验炉、温度测量原理与方法、高温实验用耐火材料的性能、结构及选择原则，以及气体净化与真空获取的方法和流程。这些内容涵盖了高温冶金实验中从温度控制到材料选择，以及气体环境保障等多个关键方面的知识，体现了对科学实验严谨性的追求和对技术细节的精益求精。

本章重点在于全面理解各类高温炉、测温仪器、耐火材料及气体处理相关知识，以确保高温冶金实验能准确、安全、有效地开展；难点在于精准掌握不同设备和材料的复杂原理与特性，如热电偶的精确测温与校准、耐火材料在特殊气氛下的选择以及气体净化与真空获取的精细操作，需要深入学习并实践才能熟练运用。

1.1 冶金高温的特点及高温实验炉

1.1.1 高温特点及获得高温的方法

1.1.1.1 冶金工程中高温的特点

冶金工程中涉及的高温通常具有以下特点。

（1）温度高：冶金过程通常需要在高温下进行，以实现物质的熔化、反应和相变等。

（2）能量消耗大：维持高温需要消耗大量的能量，这对能源的需求和成本提出了挑战。

（3）对材料要求高：高温会对设备和材料产生严重的腐蚀和磨损，因此需要使用耐高温、耐腐蚀的材料。

（4）反应复杂：在高温下，物质的反应速率加快，可能会发生多种副反应，反应机理也更加复杂。

（5）控制难度大：高温过程的控制难度较大，需要精确控制温度、气氛等参数，以确保产品质量和生产安全。

1.1.1.2 冶金工程中获得高温的方法

在冶金工程中，获得高温的方法主要有以下几种。

（1）燃料燃烧：通过燃烧燃料，如煤、石油、天然气等，产生高温火焰来加热炉体和物料。

（2）电加热：利用电阻发热、感应加热、电弧加热等方式，将电能转化为热能，实现高温加热。

（3）等离子体加热：利用等离子体的高温特性，将物料加热到极高的温度。

（4）激光加热：通过激光束的聚焦，产生高强度的热能，实现局部高温加热。

1.1.2　冶金实验研究中的高温炉分类

在冶金实验研究中，常用的高温炉主要包括以下几种类型。

（1）电阻炉：利用电阻丝或电阻带通电发热来加热炉体，是最常见的高温炉类型，具有结构简单、温度控制精度高、使用方便等优点。

（2）感应炉：通过电磁感应原理，在炉体内产生感应电流，从而使物料自身发热，具有加热速度快、温度均匀、能源利用率高等优点。

（3）电弧炉：利用电弧放电产生的高温来加热物料，适用于熔炼高熔点的金属和合金。

（4）等离子体炉：利用等离子体的高温特性来加热物料，具有温度高、气氛可控等优点，适用于特殊材料的制备和处理。

（5）高温箱式炉：是一种通用的高温炉，具有温度范围广、操作简单等优点，适用于各种高温实验和热处理。

（6）真空炉：在真空环境下进行加热，可以避免物料的氧化和污染，适用于对纯度要求较高的材料的处理。

在冶金实验研究中，所使用的高温炉应该具备以下特点：首先，能够达到足够高的温度，并且拥有合适的温度分布，以确保实验过程中物料能够在所需的温度条件下进行反应或处理；其次，炉温应易于测量与精确控制，能够使研究者准确地掌握炉内的温度情况，并根据需要及时进行调整，这对于实验的准确性和可重复性至关重要；再次，炉体结构应简单灵活，便于制作和维护，这样不仅可以降低成本，还能提高炉子的可靠性和使用寿命；最后，炉子还应易于密封，以防止外界气体进入炉内影响实验结果，并且能够方便地进行气氛调整，以满足不同实验对气氛的要求。

根据上述要求，目前在冶金实验研究中，首先使用最多的是电阻炉，电阻炉具有温度控制精度高、稳定性好、操作简单等优点，能够满足大多数实验的需求。其次是感应炉，感应炉利用电磁感应原理加热物料，具有加热速度快、效率高、温度均匀等特点，在一些特定的实验中具有独特的优势。下面将重点介绍有关电阻炉和感应炉的知识。

1.1.3　电阻炉

1.1.3.1　电阻炉工作原理、结构类型与高温特点

（1）工作原理。电阻炉是利用电流通过电阻体产生的热量来加热或熔化物料的高温炉。其工作原理基于焦耳定律，即电流通过导体时会产生热量，热量的大小与电流的平方、电阻和时间成正比，计算公式为：

$$Q = I^2 Rt \tag{1-1}$$

式中　Q——热量，J；

$\quad\quad I$——电流，A；

$\quad\quad R$——电阻，Ω；

$\quad\quad t$——时间，s。

在电阻炉中，电阻体通常由电热丝、电热管或棒等材料制成，当电流通过电阻体时，电阻体发热，将热量传递给炉内的物料，使其升温。当电热体产生的热量与炉体散热达到平衡时，炉内即可达到恒温。

（2）主要结构类型。根据用途的差异，实验室所用的电阻炉可分为竖式或卧式的管式炉、箱式炉等类型，它们的基本结构大致相同，主要由电热体、电源引线、炉管、炉壳、炉衬、支架等组成。

以竖式管式电阻炉的结构为例（见图1-1），其包含电热体和绝热材料两部分。其中，电热体的作用是将电能转化为热能，而绝热材料则起到保温的功效，以使炉膛能够达到所需的高温，并拥有适宜的温度分布。此外，炉体还涵盖炉管、炉架、炉壳和接线柱等部件。炉管用于支撑发热体并放置试料，炉壳内部放置绝热材料，炉架支撑着整个炉体，接线柱确保电源线与电热体能够安全连接。针对不同的实验要求，炉体还可能配备密封系统、水冷系统等。

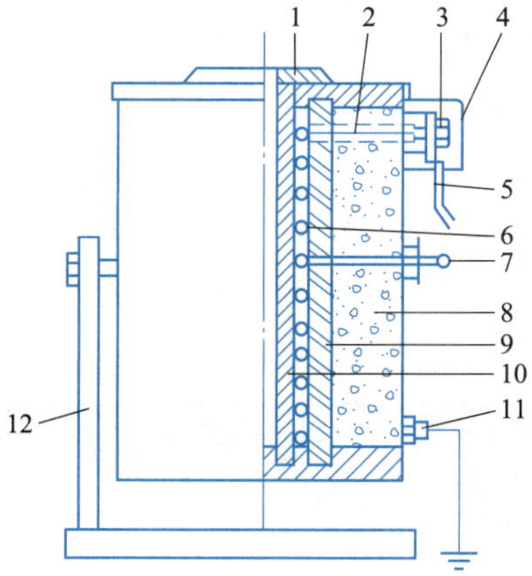

图1-1　竖式管式电阻炉的结构示意图

1—炉盖；2—绝缘瓷珠；3—接线柱；4—接线保护罩；5—电源导线；6—电热体；

7—控温热电偶；8—绝热保温材料；9—耐火管；10—炉管；11—接地螺丝；12—炉架

（3）温度特点。首先，电阻炉的温度范围广，可以从几百摄氏度到上千摄氏度，能够满足不同冶金实验的需求。其次，温度控制精度高，通过采用先进的温度控制系统，可以实现对电阻炉温度的精确控制，温度波动小。然后，温度场均匀性好，合理的炉体结构设计和电热元件布置可以使炉内温度分布均匀，保证物料受热均匀。最后，升温速度快，电阻炉的电热元件发热效率高，能够使炉内温度迅速升高，缩短实验时间。

总之，冶金实验室常用的电阻炉具有工作原理简单、结构类型多样、温控性能优越等优点，是冶金实验研究中不可或缺的重要设备。

1.1.3.2　电热体

电热体是电阻炉的发热元件，合理选用电热体是电阻炉设计的重要内容。一般将电热体分为金属电热体与非金属电热体两大类。

（1）金属电热体。金属电热体通常制成丝状，缠绕在炉管上作为加热元件，常用的电热丝有以下几种。

1）铬镍合金丝：塑性好、绕丝容易，可在1000 ℃以下的空气环境下长期使用。

2）铁铬铝合金丝：耐热性能好，可以在氧化气氛下使用，使用温度在1200 ℃以下，但其塑性较差，绕制比较困难。

3）铂丝和铂铑丝：铂丝多用于小型电阻炉，如炉渣熔点测定炉等，使用温度在1400 ℃以下。铂铑丝可用到1600 ℃，优点是升温快，能在氧化气氛中使用；缺点是不能经受还原气氛以及碳等元素的侵蚀。

4）钼丝：长期使用温度可达1700 ℃，但钼丝在高温氧化气氛中可生成氧化钼而升华，因而仅能在高纯氢、氨分解气或真空中使用。

（2）非金属电热体。非金属电热体通常做成棒状或管状，作为较高温度的加热元件，常用的非金属电热体有如下三种。

1）碳化硅电热体（SiC）：SiC电热元件可在1400 ℃以下的氧化气氛中长期工作，分为棒状和管状结构。其中，棒状SiC常用于箱式电阻炉，即马弗炉；管状SiC用于管式电阻炉。

2）二硅化钼电热体（$MoSi_2$）：$MoSi_2$电热元件一般做成I形或U形。这种电热体可在氧化气氛中1700 ℃以下使用。$MoSi_2$在不同气氛下的最高使用温度如表1-1所示。

表 1-1　不同气氛下 $MoSi_2$ 电热体允许的最高使用温度

炉内气氛	最高使用温度/℃
He、Ne、Ar	1650
O_2	1700
N_2	1500
NO_2	1700
CO	1500
CO_2	1700
H_2（湿 H_2，露点为 10 ℃）	1400
干 H_2	1350
SO_2	1600

$MoSi_2$电阻率较SiC小，故供电需配用大电流变压器。$MoSi_2$电热体长时间使用，其力学强度逐渐下降，以致最终被破坏，但总的使用寿命比SiC长。

3）石墨电热体：石墨通常加工成管状，用于碳管炉（也称为汤曼炉）电热元件，也可做成板状或其他形状。石墨电热体在真空或惰性气氛中使用温度可达 2200 ℃，碳管炉一般在 1800 ℃ 以下使用。石墨耐急冷急热，配用低压大电流电源，能快速升温。石墨在高温容易氧化，需在保护气氛（Ar、N_2）中使用。

（3）电阻炉的选用原则。冶金实验中电热体电阻炉的选用原则主要包括以下几个方面。

1）温度要求：根据实验所需的温度范围选择合适的电热体。不同的电热体具有不同的最高工作温度，例如，铁铬铝合金电热体可在 1200 ℃ 以下使用，而二硅化钼电热体可在 1700 ℃ 以下使用。

2）气氛环境：考虑实验过程中的气氛条件，如氧化性、还原性或中性气氛。某些电热体在特定气氛下可能更容易氧化或损坏，因此需要选择与之相适应的电热体。例如，石墨电热体在还原性气氛中表现较好，而金属电热体在中性气氛中较为适用。

3）加热速率：如果实验需要快速升温，应选择电阻温度系数小、热容量小的电热体，以实现较快的加热速率。

4）稳定性和寿命：选择具有良好稳定性和较长寿命的电热体，以确保实验的可靠性和连续性。

5）成本因素：不同电热体的成本不同，应根据实验预算和需求综合考虑选择合适的电热体。

6）实验样品特性：考虑实验样品的性质，如是否容易与电热体发生反应、是否对温度均匀性有特殊要求等，以选择合适的电热体和电阻炉类型。

7）安全性：确保所选电热体和电阻炉在使用过程中具有良好的安全性，避免发生安全事故。

例如，对于一般的高温实验，可选择铁铬铝合金电热体电阻炉；对于需要更高温度且气氛要求较高的实验，可选用二硅化钼电热体电阻炉；如果实验对加热速率要求较高，可以考虑使用石墨电热体电阻炉，但需要注意其在氧化性气氛中的使用限制。

总之，在冶金实验中选择不同电热体电阻炉时，需要综合考虑温度要求、气氛环境、加热速率、稳定性、寿命、成本、实验样品特性和炉体结构等因素，以满足实验的具体需求并确保实验的顺利进行。

1.1.4 感应炉

1.1.4.1 工作原理

感应炉是借助电磁感应原理对金属进行加热并使其熔化的装置。通过在感应线圈中通入交流电，可产生交变磁场，当磁场线穿过导电材料时，会在材料内部引发大量涡流，这些涡流因金属的电阻产生热量，进而使金属得以加热并熔化。图 1-2 为感应炉的基本电路图。它属于一种非接触式加热装置，具有温度高、升温快、易于控制等优点，液态金属样品在电磁力的作用下能够自动搅拌，使得温度和成分均匀，改善了反应的动力条件。由于感应炉在加热时无电极接触，便于对被加热体系进行密封与气氛控制，因此在实验室中得到了较为广泛的应用。

值得注意的是，感应炉的加热区间受感应器大小的限制，它无法用于加热非金属和非磁性物料。在电磁力的作用下，炉渣容易被推向坩埚壁，从而降低电效率，炉衬也容易受损，金属易被空气氧化。采用真空感应炉则可避免金属被空气氧化，显著降低熔体中[H]、[N]等气体杂质的含量。

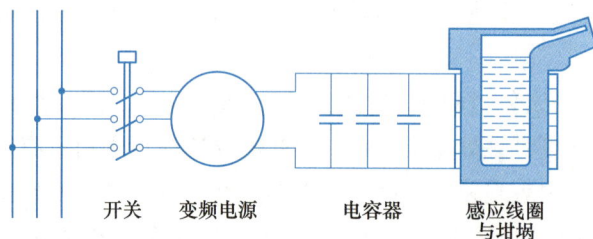

图 1-2　感应炉的基本电路示意图

1.1.4.2　常用感应炉类型

常用感应炉类型包括以下几种。

（1）工频感应炉。它是直接采用工业频率 50 Hz 作为电源的感应炉，容量为 0.5~20 t，应用较广泛，被用来进行中间扩大实验和工业试验。

（2）中频感应炉。电源工作频率为 150~10000 Hz，容量从几千克到几吨，中频电源包括中频发电机、可控硅静止变频器和倍频器三种。

（3）高频感应炉。电源频率工作为 10~300 kHz，由高频电子振荡器产生高压高频电源，由于电源功率限制容量在 100 kg 以下，故多用于科学实验。

（4）真空感应炉。真空感应炉的电源与中频感应炉基本相同，它的感应线圈、坩埚均安装在密封的炉壳内，真空度为 1.34~0.134 Pa，容量为 10 kg~1.5 t，主要用于真空冶炼。

总的来说，感应炉是一个非常有效的金属加热和熔炼装置，尤其在需要快速、高效加热的场合。然而，它也需要较高的初始投资，并对操作技巧有一定要求。

1.1.5　悬浮熔炼炉

悬浮熔炼炉，又称无坩埚熔炼炉，是一种独特的熔炼设备，主要由悬浮线圈等部件组成。当悬浮线圈通入交流电后，会产生一个高频磁场。此时，如果有一个导体（如金属试样）处于该磁场中，由于感应作用，在金属内部会产生感应电流。同时，这一感应电流也会产生一个磁场，该磁场的方向与悬浮线圈产生的磁场相反。根据物理学原理，两个相反方向的磁场会产生斥力，从而使导体能够悬浮于空间。由于金属处于悬浮状态，与炉壁没有接触，进一步保证了产品的纯度。

悬浮熔炼炉的加热温度主要取决于磁场强度。磁场强度越大,金属内部产生的感应电流就越强,进而产生的热量也就越多,加热温度就越高。

悬浮熔炼最突出的优点是可以避免坩埚材料产生的污染。在传统的熔炼过程中,坩埚材料可能会与金属发生反应,从而引入杂质,影响金属的纯度。悬浮熔炼炉不需要使用坩埚,因此可以有效地避免这种污染,特别适用于实验室的小型纯金属熔炼研究。

此外,在冶金反应中,精确控制反应条件对于研究反应平衡至关重要;悬浮熔炼炉能够提供均匀的加热环境,使反应更加充分和稳定,因而可以用于冶金反应的平衡研究。

1.2 温度的测量

1.2.1 测温方法与测温仪器的分类

按照测温方法的不同,温度测量分为接触式和非接触式。

1.2.1.1 接触式测温

接触式测温的特点是测温元件直接与被测对象相接触,两者之间进行充分的热交换,最后达到热平衡,这时感温元件的某一物理参数的量值就代表了被测对象的温度值。其优点是直观可靠,缺点体现为感温元件影响被测温度场的分布,接触不良等会带来测量误差;另外,温度太高和腐蚀性介质对感温元件的性能和寿命会产生不利影响。常见的接触式测温元件有膨胀式温度计、热电偶。

1.2.1.2 非接触式测温

非接触测温的特点是感温元件不与被测对象相接触,而是通过辐射进行热交换,故可避免接触测温法的缺点,具有较高的测温上限。此外,非接触测温法热惯性小,可达千分之一秒,故便于测量运动物体的温度和快速变化的温度。常见的非接触式测温元件有光学高温计、红外温度计。

1.2.2 热电偶工作原理、结构和使用

冶金高温炉中的热电偶作为关键的测温元件,对于确保炉内温度的准确控制和工艺的稳定进行具有重要意义。以下将详细介绍热电偶在冶金高温炉中的工作原理、结构以及使用注意事项。

1.2.2.1 热电偶的工作原理

热电偶是一种常用的温度测量元件,其工作原理基于热电效应中的塞贝克效应。当两种不同的导体或半导体 A 和 B 组成一个闭合回路时,若两个接点的温度不同,即一个接点处于较高温度 T,另一个接点处于较低温度 T_0(通常称为参考端温度),则在回路中就会产生热电势。这是因为不同材料中的自由电子浓度不同,在温度差的作用下,自由电子会从高浓度区域向低浓度区域扩散,从而形成电场,导致在回路中产生电流流动的趋势,这个趋势所对应的电势差就是热电势,如图 1-3 所示。

高温端的电子能量较高，会向低温端扩散，使得高温端因失去电子而带正电，低温端因得到电子而带负电。这种由温度差引起的电势差与温度差之间存在一定的关系，通过测量这个热电势，就可以推算出被测物体的温度。

热电偶产生的热电势可以用式（1-2）表示：

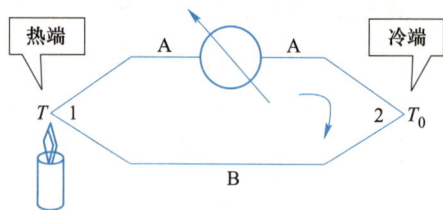

图 1-3   塞贝克效应示意图

$$E_{AB}(T, T_0) = E_{AB}(T) - E_{AB}(T_0) = a(T - T_0) \qquad (1\text{-}2)$$

式中 $E_{AB}(T, T_0)$——由材料 A 和 B 组成的热电偶在温度为 T 和 T_0 时的热电势；

a——热电势系数，它与两种金属的材料特性以及温度有关；

T——测量端温度（热端）；

T_0——参考端温度（冷端）。

在实际应用中，通常会使用热电偶分度表来确定热电势与温度之间的关系。分度表通过实验测量得到，其给出了不同类型热电偶在不同温度下的热电势值。通过查询分度表，可以根据测量得到的热电势值确定对应的温度值。

1.2.2.2   热电偶材料选择原则

选择热电偶材料需要遵循以下原则：

（1）热电势与温度的关系是线性关系；

（2）产生的热电势数值要高且稳定，并有重现性；

（3）热电偶的材料要有抗腐蚀性和有一定的机械强度，易于加工。

在常用热电偶中又分标准化热电偶和非标准化热电偶，国内常用的标准化热电偶的特性如表 1-2 所示。

表 1-2   国内常用的标准化热电偶的特性

热 电 偶	分度号	热电极材料			使用温度/℃		使用条件
		极性	识别	化学成分（质量分数）	长期	短期	
铂铑$_{10}$-铂	LB-3	+	较硬	Pt 90%，Rh 10%	1300	1600	氧化性、中性气氛
		−	柔软	Pt 100%			
铂铑$_{30}$-铂铑$_6$	LL-2	+	较硬	Pt 70%，Rh 30%	1600	1800	氧化性、中性气氛
		−	稍软	Pt 94%，Rh 6%			
镍铬-镍硅	EU-2	+	不亲磁	Cr 9%~10%，Si 0.4%，Ni 90%	1000	1200	氧化性、中性气氛
		−	稍亲磁	Si 2.5%~3%，Co 0.6%，Ni 97%			
镍铬-考铜	EA-2	+	色较暗	Cr 9%~10%，Si 0.4%，Ni 90%	600	800	
		−	银白色	Cu 56%~57%，Ni 43%~44%			
铜-考铜	CK	+	红色	Cu 100%	200	300	
		−	银白色	Cu 55%，Ni 45%			

1.2.2.3　热电偶的结构

热电偶的结构相对简单，但每个部分都有其特定的作用和要求。一般来说，热电偶主要由以下几个部分组成。

（1）热电偶丝：由两种不同的金属或合金导体组成，通常是薄丝或细线。常用的材料有镍铬-镍硅、铂铑等，这些材料的选择需要考虑测量温度范围、稳定性、抗氧化性等因素。热电极的一端连接在测量点上，用于感知被测介质的温度。

（2）绝缘材料：用于将热电极与测量环境隔离，防止热量损失和干扰。绝缘材料应具有良好的耐高温性能、绝缘性能和化学稳定性。常用的绝缘材料有陶瓷、玻璃、云母等。

（3）保护管：用于保护热电极和绝缘材料，防止它们受到机械损伤、化学腐蚀和高温氧化。保护管应具有良好的耐高温性能、机械强度和化学稳定性。常用的保护管材料有不锈钢、陶瓷、玻璃等。

（4）连接线：用于将热电偶的测量端与测量仪表连接起来，传输电势差信号。连接线应具有良好的导电性能、耐高温性能和化学稳定性。常用的连接线材料有铜丝、镍丝等。

（5）测量仪表：热电偶的温度显示和记录设备，用于将热电偶产生的电势差信号转换为温度值，并进行显示、记录和控制。常用的测量仪表有数字温度计、温度控制器等。

1.2.2.4　热电偶在冶金高温炉中的使用与校正

（1）安装与布置：热电偶应安装在炉膛内具有代表性的位置，以确保测量的温度能够准确反映炉内整体温度情况。同时，热电偶的安装位置应避免受到强磁场、强电场以及腐蚀性气体的影响。在安装时，还需注意热电偶的插入深度和角度，以确保测量的准确性。

（2）温度校准：在使用前和使用过程中，应对热电偶进行定期的温度校准。校准方法包括比较法、定点法和分布法等，以确保热电偶的测量精度符合要求。

（3）补偿与修正：由于热电偶的材料特性、工作环境以及使用时间等多种因素共同作用，其测量结果极有可能产生一定的误差。鉴于此，在使用热电偶的过程中，需依据实际情况对其测量结果进行补偿和修正，从而提高测量的准确性。

在实际测温过程中，热电偶冷端离被测温设备很近且暴露在空间之中，其温度会受到设备安装条件以及周围环境温度变化的影响，因而很难始终保持在 0 ℃，这便会引入测量误差。为消除这种误差，必须对冷端进行温度恒定或修正。

1）温度恒定法：此方法是将热电偶的自由端维持在稳定的 0 ℃ 环境中。在工业领域，可使用冷端恒温器实现 $T_0 = 0$ ℃；在实验室中，可将热电偶的自由端置于冰水混合物容器（例如冰点瓶）里，同样使 $T_0 = 0$ ℃。

2）温度修正法：当热电偶自由端的温度 T_0 不等于零且恒定不变或变化极小时，可采用计算法进行修正。此时，热电偶实际的热电势应为测量值与修正值之和。再根据分度表查得计算热电势修正值所对应的温度，该温度即为温度测量的最终结果。

在热电偶的使用中，单铂铑热电偶由于其较大的热电势，当自由端温度不是 0 ℃ 时，测温结果会产生较大误差。因此，在实际应用中，必须对单铂铑热电偶的测量结果进行修正。相反，双铂铑热电偶的热电势较小，在 0 ℃ 到室温的范围内，其热电势变化很小，因此在实际测温时，通常不需要修正。

（4）维护与保养：定期对热电偶进行检查、清洁和维护保养工作，可以延长其使用寿命并确保其测量精度。在维护保养过程中，应注意避免热电偶受到机械损伤和化学腐蚀等因素的影响。

综上所述，热电偶作为冶金高温炉中的关键测温元件，其工作原理、结构以及使用注意事项对于确保炉内温度的准确控制和工艺的稳定进行具有重要意义。在使用过程中，应严格按照相关规范进行操作和维护保养工作，以确保热电偶的测量精度和使用寿命。

1.2.3 辐射温度计工作原理、类型和使用

辐射温度计，又称为红外温度计或非接触式温度计，是一种利用物体热辐射能量进行温度测量的仪器。它通过探测物体表面发射的红外辐射（通常指波长在 $0.75 \sim 1000 \ \mu m$ 间的电磁波），并将其转换为可测量的电信号，进而计算出物体的表面温度。辐射温度计具有非接触、响应快、测量范围广等优点。

1.2.3.1 工作原理

辐射温度计的工作原理基于物体的热辐射特性。根据热辐射理论，任何温度高于绝对零度的物体都会以电磁波的形式向外辐射能量，且辐射能量的大小与物体的温度成正比。辐射温度计通过红外探测器接收被测物体表面发射的红外辐射，并将其转换为电信号。随后，这些电信号经过放大、滤波、模数转换等处理，由微处理器或计算单元根据特定的算法计算出被测物体的温度。

1.2.3.2 主要类型

辐射温度计根据测量原理、结构和使用方式的不同，可以分为多种类型，主要包括以下两种。

（1）光学高温计。当物体受热后，就有一部分热能转变成辐射能。随温度升高，单色辐射强度增强；当波长一定时，物体的单色辐射强度仅仅是温度的函数。根据物体的辐射能力和有关光学原理测定物体温度的仪器通称为光学温度计。

光学高温计采用单一波长进行亮度比较，故也称单色辐射温度计。它是由望远镜与测量仪表连在一起的整体型测温仪器。一般是通过人眼对热辐射体和高温计灯泡在某一波长（0.66 mm）附近一定光谱范围的辐射亮度进行亮度平衡。改变灯泡的亮度使其在背景中隐灭或消失而实现温度测量的高温计，称为隐丝式光学高温计。

灯丝隐灭式光学高温计是一种常用的测温仪器，其测温原理是通过比较被测物体与光学高温计灯丝的亮度来确定温度。使用时，经光学系统将被测物体的像投射至白炽灯丝平面，通过可变电阻调节灯丝电流，直至灯丝亮度与被测物体亮度相等，此时灯丝在被测物体基底上隐灭，依据对应的电流值即可确定被测物体的温度。

（2）红外辐射温度计。红外辐射温度计采用列阵硅光电池，形成了较大的测量视场和捕获晃动目标的能力。这种温度计功能多、量程宽、精度高、稳定性好。测量范围 600 ～

1600 ℃，基本误差不大于±10 ℃。

由于新型红外探测器、光导纤维和计算机的发展，形成了多种热像仪，例如用 HgCdTe 探测器的热像仪，温度范围可达 50~2000 ℃。热像仪已广泛用于测量各类材料的热分布及其随时间和条件的变化等。

红外测温技术不仅广泛地应用在冶金炉设备、铸造设备，而且在冶金机电设备的热故障检测方面发挥着特殊的作用。首先它可以进行耐火材料缺陷诊断，主要应用于高炉、电炉、转炉、热处理炉、钢水浇包等的绝热情况的检测。其次，可进行钢料加工过程的温度检测，主要应用于连铸坯测温、热轧板测温等。另外，还用于电器设备的故障检测，如感应炉线圈、变压器、大电机等的局部过热检测。

1.2.3.3　使用注意事项

为确保辐射温度计的测量准确性，需要定期进行检定。检定要求包括：使用标准黑体炉或具有已知温度的标准物体进行比对验证。检查辐射温度计的测量范围、精度、稳定性和重复性是否符合要求。核对发射率设置是否正确，并进行必要的调整。记录检定结果，并根据需要进行维修或更换部件。

需要注意以下几点：在使用前应了解被测物体的发射率，并在辐射温度计上进行相应设置。保持测量距离和角度的准确性，避免由于距离过远或角度偏差导致的测量误差。注意环境温度对测量结果的影响，必要时进行环境温度补偿。避免将辐射温度计暴露在强烈阳光或其他强辐射源下，以免损坏探测器或影响测量精度。定期清洁辐射温度计的光学窗口和探测器表面，保持其清洁无污染。

每种辐射温度计都有其特定的应用、优点和限制。选择合适的类型取决于特定的应用需求、所需的测量范围、目标的辐射特性以及其他考虑因素。表 1-3 总结了常用测温仪的类型、特点以及使用场合。

表 1-3　常用测温仪的类型、特点与使用场合

原理	种　　类		使用温度范围/℃	准确度/℃	线性	响应速度	记录与控制	价格	使　用　场　合
热电动势	热电测量	R，S①	0~1600	0.5~5	可	快	适合	高	测定熔体及高于 1100 ℃ 的物料温度，适用于氧化气氛
		K	−200~1200	2~10	良			中	测炉气、砖衬及物料温度；热电动势大，灵敏度高
		E	−200~800	3~5					
		J	−200~800	3~10					
		T	−200~350	2~5					
热辐射	光学温度计		700~3000	3~10	非	中	不适合	中	冶金熔体、高炉风口测温
	红外温度计		200~3000	1~10		快	适合	高	
	辐射温度计		100~3000	5~20	非	中			
	比色温度计		180~3500	5~20		快			

① 热电偶分度号。

1.2.4 电阻炉恒温带的精准界定与有效控制

在高温冶金实验与工业生产领域中，电阻炉恒温带的精确界定与有效控制是不可或缺的关键步骤，其直接影响到实验数据的准确性及生产流程的效率。

1.2.4.1 恒温带的精准界定

恒温带作为电阻炉内部温度分布均匀且满足高精度控制需求的区域，其界定至关重要。该区域内，无论是轴向还是径向的温度变化均严格控制在预定的误差阈值之内。恒温带的具体位置与尺寸受多种因素影响，包括但不限于电热体各部件的几何尺寸、电炉的运行温度设定，以及炉管两端保温条件的优化程度。

（1）实验测定法：通过精密布置热电偶进行实地测量。首先，设定一支热电偶作为控温基准，置于炉管外壁中心位置，并通过先进的控温仪器精确控制炉温至实验常用温度。随后，另一支测量热电偶从炉管一端缓缓插入，自中央开始，沿轴向下每隔预设距离（如 $5\sim10$ mm）记录稳定温度值，直至温度显著降低（如 $10\sim20$ ℃），标志恒温带下界。同理，反向操作以确定上界。最后，基于所采集数据绘制温度分布曲线，直观展现并精确界定恒温带的位置与范围。

（2）理论计算与经验估算：结合电阻炉的详细设计参数，如炉管规格、电热元件布局、保温层材料等，运用热传导、对流与辐射等热力学原理进行理论建模，初步估算恒温带的可能位置与尺寸。随后，根据长期积累的实践经验对理论结果进行修正，以获得更为贴近实际的恒温带范围预测。

1.2.4.2 恒温带的有效控制

为确保恒温带的稳定维持，需采取一系列精准的控制措施。

（1）PID（比例-积分-微分）控温技术。采用先进的 PID 控制器，通过精细调整比例系数、积分时间与微分时间等参数，实现对炉内温度的闭环控制。PID 控制器以其高度的灵敏性与自适应能力，能够迅速响应温度波动，并自动调整加热功率，确保炉温在设定值附近保持微小波动，从而稳固恒温带的温度环境。

（2）保温材料的优化选择与布置。保温材料的选择需兼顾耐火性、隔热性能与经济成本。内层采用高耐火度、低反应性的材料（如氧化铝空心球制品），以确保炉内温度稳定；外层则可选用性价比高的硅酸铝纤维等制品，提高整体保温效果。保温层厚度的设定需权衡热效率、温度稳定性与设备成本，以达到最佳平衡。

（3）电热体的精心设计与布局。电热体的设计需以炉内温度均匀分布为目标，采用不等螺距绕制等技术手段延长恒温带长度并提升其稳定性。同时，合理规划电热体数量与位置，结合高效电热材料，确保在高温环境下长期稳定运行，延长设备使用寿命。

（4）实时监测与智能反馈。通过高精度热电偶等温度监测元件，实时捕获炉内温度分布信息，并将数据反馈至控温系统。系统根据反馈信号智能调整加热策略与控温参数，实现炉温的动态平衡与恒温带的持续稳定。

总之，电阻炉恒温带的精准界定与有效控制是一个综合考量多种因素并需精密操作的复杂过程。只有通过科学的设计规划、精细的操作执行以及智能化的控制系统，才能确保电阻炉在高温冶金领域发挥稳定可靠的作用，为实验研究与工业生产提供坚实保障。

1.3 高温实验用耐火材料

1.3.1 耐火材料使用性能参数

耐火材料是指能够在高温环境下保持物理和化学稳定性的材料。它们不仅拥有高耐火度、卓越的高温强度、致密的质地与低气孔率，还展现出优异的抗热震性和化学稳定性，同时兼顾经济性与长期保存的稳定性。

（1）耐火度：是衡量耐火材料抵抗高温侵蚀能力的关键指标。鉴于其多矿物复合特性，耐火材料并无固定熔点，而是呈现出一个熔化温度范围。在此范围内，低熔点矿物先行软化，随后熔点高的矿物也逐渐软化而熔化。因此，耐火度实为材料开始显著软化至一定阶段的温度标志，对于高纯氧化物制品而言，其耐火度与熔点较为接近。耐火度受化学组成、杂质含量及其分布状态深刻影响，实际使用温度需低于耐火度以确保机械强度。

（2）荷重软化温度：亦称荷重软化点，是评估耐火材料在高温承载下力学性能的关键参数。在高温与载荷双重作用下，耐火材料内部组织局部熔化，导致机械强度急剧下降。通过模拟实验，施加一定压力并升温至材料塌毁（特定方向收缩）的温度点即为荷重软化温度。此参数直接关联材料的实际使用温度上限，确保其在高温作业中的稳定性。

（3）热稳定性：亦称抗热震性，反映了耐火材料在温度急剧变化下的抗裂、抗碎能力。其评估涉及高温引起的容积变化，包括永久性残存线膨胀收缩与暂时性热膨胀收缩。前者关乎材料制造过程中的矿物与物理变化，后者则是抗剥裂性及异常变形预测的重要依据。一般而言，高热膨胀材料往往抗热震性较弱。

（4）化学稳定性：在高温环境中，耐火材料需与多种气相、凝聚相（如金属、炉渣）共存。其化学稳定性直接关系到实验过程的顺利进行与材料功能的正常发挥，因此具有举足轻重的地位。

（5）热导率与导电性：热导率，又称导热系数，以 λ 表示（$W/(m \cdot K)$），是衡量耐火材料导热能力的物理量。矿物晶型变化显著影响热导率，如 SiO_2 的晶型转变。导电性，除特定材料（如碳质、石墨、碳化硅等）外，大多数耐火材料在室温下为不良导体，但随着温度升高，导电性普遍增强，电阻率下降，以氧化锆最为显著。

1.3.2 耐火材料结构特性

耐火材料的结构特性参数主要包括以下几个方面。

（1）气孔率：衡量耐火材料中气孔体积占总体积的比例。气孔率对耐火材料的抗侵蚀性、机械强度、隔热性能和抗热震性等都有重要影响。

（2）体积密度：指耐火材料的干燥质量与其总体积之比。体积密度反映了材料的致密程度，一般来说，体积密度越大，材料的结构越致密，强度越高，但隔热性能可能相对较差。例如，致密的高铝砖体积密度较大，适用于承受高机械负荷的部位。

（3）真密度：指不包括气孔在内的材料单位体积的质量。真密度主要取决于材料的化学组成和晶相结构，对于判断耐火材料的纯度和晶相组成具有重要意义。

（4）吸水率：指耐火材料吸收水分的能力，通常以吸水质量占干燥材料质量的百分比表示。吸水率与气孔率和气孔大小有关，吸水率高的耐火材料往往气孔率较大，结构相对疏松。

（5）粒度组成：指耐火材料中不同颗粒大小的分布情况。合理的粒度组成可以影响材料的成型性能、强度和致密度等。例如，粗细颗粒搭配合理的耐火浇注料能够获得较好的施工性能和使用性能。

（6）显气孔孔径分布：指材料中气孔孔径的大小范围及其分布特征。较小的平均孔径和较窄的孔径分布（即孔径均匀性高）通常有助于提高材料的抗侵蚀性和机械强度，而较大的平均孔径或较宽的孔径分布（即存在显著的大气孔）可能导致应力集中和侵蚀介质渗透，从而降低材料性能。

（7）相组成：指耐火材料中的晶相、玻璃相和气相的种类和含量。不同的相组成会赋予材料不同的性能，例如晶相含量高的材料通常具有较好的高温性能。

（8）微观结构：包括晶体的形状、大小、取向，以及玻璃相的分布等。微观结构的均匀性和连续性对耐火材料的性能有重要影响。通过显微镜可以观察分析微观结构的特征。

上述这些结构特性参数相互关联，共同决定了耐火材料的性能和适用范围，在耐火材料的研究、生产和应用中均具有重要的意义。

1.3.3　冶金实验中常用的耐火材料

1.3.3.1　纯氧化物耐火材料

纯氧化物耐火材料是由纯氧化物或基本是纯氧化物组成的耐火材料，具有良好的热稳定性、抗腐蚀性、硬度及耐磨性，同时具备优良的热导性能，是高温工业不可或缺的关键材料，广泛应用于钢铁冶炼、玻璃制造、陶瓷加工及各类冶金工艺中。

（1）中性氧化物：以 Al_2O_3 为代表，其最高使用温度可达 1900 ℃，耐热冲击性能卓越。高温煅烧后的熔融 Al_2O_3 称为刚玉，是制造坩埚、炉管、热电偶保护套管及垫片的理想材料，适用于盛装钢铁液、各类金属熔体及硅酸盐炉渣。通过添加 1% 的 TiO_2 制备的钛刚玉，虽然能将烧结再结晶温度降至 1550 ℃，但这种改进也导致了使用温度上限的降低。

（2）碱性氧化物：如 MgO，同样具备 1900 ℃ 的高温使用能力，但耐热冲击性能相对较弱。MgO 坩埚因其高熔点和出色的抗碱性氧化渣能力，常用于盛装转炉型熔渣。然而，其耐急冷急热性能较差，易产生裂纹，且成本较高。

（3）酸性氧化物：以 SiO_2 为例，最高使用温度约 1110 ℃，但耐热冲击性能极为优异。纯 SiO_2 即石英，易于加工，虽在极端高温下会因相变（玻璃态转晶态）导致失透及裂损，但仍广泛应用于铁水、金属熔体及酸性炉渣的承载，同时也是炉管、液态金属取样管及真空容器的优良材料。

（4）弱酸性氧化物：ZrO_2 的熔点超越 Al_2O_3，最高使用温度高达 2400 ℃，耐热冲击性能良好，在氧化与弱还原环境中均表现稳定，高温性能优于刚玉，适用于盛装金属熔体及酸性或一般硅酸盐炉渣。通过掺杂少量 CaO 或 MgO 可制得稳定的 ZrO_2，进一步提升其作为定氧探头的应用价值。

1.3.3.2　非氧化物耐火材料

此类材料由碳、氮、硅等非氧化物元素或其化合物构成，典型代表包括氮化硅、碳化硅及碳化硼等。相较于纯氧化物，它们往往展现出更高的熔点和更为出色的热稳定性，但需注意，特定条件下可能与周围介质发生反应。

（1）非氧化物耐火材料的使用特点。该类耐火材料拥有卓越的高温性能，即极高的耐火度与荷重软化温度，确保了即便在极端高温条件下，其结构与强度仍能保持稳定。同时，这些材料还具备优异的抗侵蚀性，能有效抵御来自各类腐蚀性熔体、炉渣及气体的侵蚀，从而显著延长了材料的使用寿命。此外，它们还拥有高机械强度，能够承受严苛的机械负荷与热应力而不轻易受损。其良好的抗热震性使得材料能够迅速适应温度的变化，有效预防了因热冲击而可能导致的开裂与损坏。

（2）非氧化物耐火材料种类如下。

1）碳质耐火材料：以石墨、炭砖为代表，凭借卓越的导热、导电性，成为高炉炉底、炉缸等高温区域的首选耐火材料。石墨，作为纯碳非金属，熔点超过 4700 ℃，在惰性、还原性气氛及真空中表现出色，但应避免在氧化性环境中使用。其应用广泛，如用于研究碳饱和铁水熔体反应、熔化非磁性金属及非氧化性炉渣，还常作为保护层与氧化物坩埚配合使用。

2）碳化硅耐火材料：凭借高硬度、高强度及耐磨性，广泛应用于陶瓷窑炉、锌冶炼炉等，特别适用于锌冶炼反射炉的炉衬，有效抵御高温与锌蒸气的侵蚀。

3）氮化物耐火材料：如氮化硅、氮化铝，兼具高温强度与抗氧化性，是高温结构部件的理想选择。

4）硼化物耐火材料：以硼化锆为例，凭借高熔点与卓越的热稳定性，在高温环境中表现优异。

5）硅化物耐火材料：如硅化钼，多用于高温发热元件及特种窑炉，满足极端工况下的使用需求。

总体而言，非氧化物耐火材料以其独特的性能优势，在高温工业中占据重要地位。然而，其高成本与复杂制备工艺亦是不容忽视的挑战。

1.3.3.3　高熔点金属材料

高熔点金属材料在工业应用中占据重要地位，其中代表性的有钨（W）、钼（Mo）等易氧化金属，以及铂（Pt）、铱（Ir）、铑（Rh）、钌（Ru）等抗氧化金属。钨、钼由于易被氧化，故仅适用于真空、惰性气体或还原性环境；而铂、铱、铑、钌等则能在氧化性气氛中稳定工作。

（1）钨因 3410 ℃的极高熔点和低蒸气压特性，在真空、氮气、氢气等非氧化环境中表现出色，常用于制造钨坩埚，这些坩埚可通过氩弧焊钨片或粉末冶金工艺制成。

（2）钼的熔点较高（约 2623 ℃），在非氧化性气氛下可稳定工作至 2000 ℃，但更高温度时会显著蒸发。其加工难度较高，钼坩埚通常通过氩弧焊钼片或车削钼棒制成，仅适用于非氧化性环境（如惰性气氛或真空），不可用于氧化性炉渣（如炼钢渣）的高温研究。

（3）铂的熔点为 1768 ℃，常规使用温度上限为 1400 ℃，短时可承受 1600 ℃的高温但会加速蒸发。其优势是具有优异的抗氧化性能，适用于氧化环境，但需避免接触还原性物质或易形成合金的元素。铂成本高，限制了其广泛应用。

其他高熔点金属尽管熔点不低，却受限于加工难度、价格或特定使用环境，因而应用相对较少。

1.3.3.4　金属陶瓷

金属陶瓷，作为一种创新复合材料，巧妙融合了金属与陶瓷的双重优势。其构成中，金属组元既可是单一金属，亦可是合金；而陶瓷组元则广泛涵盖氧化物、碳化物、氮化物及硼化物等。此类材料通常采用先进的粉末冶金技术精心制备，过程中既可实现金属表面的陶瓷化强化，也能促进陶瓷表面的金属化改性，以增强其综合性能。

金属陶瓷在实验室中有着不同的用途。例如，Al_2O_3/Mo 与 ZrO_2/Mo 复合材料因其卓越的高温稳定性和导电性，被优选为高温钢液直接定氧探头的关键电极引线材料。此外，金属陶瓷还广泛应用于制造坩埚、热电偶保护套管等高温设备部件，有效提升了这些部件在高温环境下的使用寿命和性能稳定性。

表 1-4 给出了高温冶金实验常用耐火材料的使用特点及用途，需要说明的是熔点因为测量方法和条件不同略有差别。

表 1-4　高温冶金实验常用耐火材料的使用特点及用途

名称	熔点/℃	最高使用温度/℃	耐热冲击性能	用　途
Al_2O_3	2050	1900	良好	坩埚、炉管、热电偶保护套管、垫片等
MgO	2850	1900	较差	坩埚（可盛氧化铁含量高的炉渣）
ZrO_2	2700	2400	较好	坩埚、固体电解质定氧探头
SiO_2	1710	1110	优	坩埚、炉管、液态金属取样管、真空容器等
石墨	3670	2000~3000	优	坩埚，作为保护层与氧化物坩埚配合使用
钼	2623	2000	优	坩埚
铂	1768	1400（长时），1600（短时）	优	坩埚

1.3.4 高温冶金实验中常用的坩埚种类以及选择原则

1.3.4.1 高温冶金实验中常用的坩埚种类

在高温冶金实验中，常用的坩埚种类包括以下几种，每种都有其特定的应用场景。

（1）氧化铝（刚玉）坩埚：因其高熔点（约 2050 ℃）、高热稳定性和抗腐蚀性而广泛使用。它适用于熔炼高熔点金属和氧化物，以及在高温下进行的化学反应。

（2）氧化镁坩埚：具有极高的熔点和良好的化学稳定性，能够抵抗多种熔融金属和炉渣的侵蚀。它常用于超高温条件下的冶金实验，特别是需要高纯度金属提取和精炼的场合。

（3）石英坩埚：主要由高纯度的二氧化硅制成，具有良好的耐高温性能和化学惰性。它广泛应用于半导体材料的制备、光学玻璃的加工以及需要高纯度环境的冶金实验。

（4）石墨坩埚：以其优异的导热性、耐热性和耐腐蚀性而著称。它常用于金属如铜、铝、铁等的熔炼和铸造过程，特别适用于感应加热和电阻加热方式。

（5）钼坩埚：钼坩埚具有高熔点（约 2623 ℃）和高强度，对多种熔融金属和炉渣呈惰性。它常用于熔炼和精炼高熔点金属如钨、钽、铌等，也适用于高温合金和稀有金属的熔炼。

1.3.4.2 高温冶金实验中坩埚的选择原则

在选择高温冶金实验中的坩埚时，应首先考虑坩埚的耐高温性，确保坩埚的熔点远高于实验所需温度。其次，需关注坩埚的化学稳定性，避免与实验样品或熔剂发生反应。例如，铁水可用石墨坩埚，钢水可用 Al_2O_3 或 MgO 坩埚；石墨坩埚必须在惰性或还原性气氛中使用；进行平衡实验时，坩埚材料一般在渣中都要达到饱和，如研究渣中 MgO 的饱和溶解度，则要选用 MgO 坩埚。同时，坩埚的机械强度也是重要考量因素，需确保在实验过程中能够承受各种物理应力。此外，经济性是不可忽视的，应在满足性能要求的前提下，选择经济合理的坩埚。最后，还需根据实验的具体需求，如熔体浸润度、清理难度等，来选择最合适的坩埚。

1.3.5 耐火材料在 H_2 或 CO 气氛下的工作稳定性

1.3.5.1 耐火材料在 H_2 或 CO 气氛下的腐蚀机理及变化

耐火材料在 H_2 或 CO 气氛下的工作稳定性是一个复杂的问题，涉及材料的化学组成、微观结构、温度以及气氛条件等多个因素。以下是对这两种气氛下耐火材料工作稳定性的深入分析。

A H_2 气氛下的工作稳定性

（1）腐蚀机理。在 H_2 气氛下，耐火材料的腐蚀主要受到还原性气氛的影响。还原性气氛阻止了产物的氧化，同时促进了耐火材料中的某些氧化物（如 SiO_2）与 H_2 发生还原反应，生成气态产物（如 SiO 气体）。这些反应会导致材料的质量损失和显微结构的变化。

（2）关键影响因素如下。

1）温度影响：随着温度的升高，耐火材料在 H_2 气氛中的腐蚀速率显著增加。高温加速了材料内部的化学反应速率，使得质量损失更为严重。

2）时间影响：在 H_2 气氛中暴露的时间越长，耐火材料的质量损失也越大。长时间的腐蚀会导致材料性能的显著下降。

3）化学组成：耐火材料的化学组成对其在 H_2 气氛下的稳定性有重要影响。例如，氧化铝含量高的材料比 SiO_2 含量高的材料的质量损失量低，因为氧化铝的稳定性更高，不易与 H_2 发生反应。

4）孔隙率与结构：材料的孔隙率和结构也影响其在 H_2 气氛下的腐蚀速率。孔隙率较大的材料更容易受到 H_2 的渗透和腐蚀。

（3）显微结构的变化。在 H_2 气氛下，耐火材料的显微结构会发生变化。例如，在 1500 ℃ 下加热 192 h 后，某些耐火材料的表面 SiO_2 几乎完全消失，形成了刚玉结构的显微结构。这种结构变化可能会影响材料的物理性能和力学性能。

（4）性能变化如下。

1）常温耐压强度：耐火材料的常温耐压强度通常与其质量损失呈函数关系。在 H_2 气氛下长时间暴露后，材料的常温耐压强度可能会显著降低。

2）高温抗折强度和热导率：虽然这些性能在 H_2 气氛下的变化可能在测试的标准偏差之内，但长期暴露仍可能对它们产生一定影响。

B CO 气氛下的工作稳定性

（1）腐蚀机理。在含有 CO 的环境中，耐火材料的腐蚀主要受到 CO 的还原作用和碳沉积的影响。当耐火材料在 400~600 ℃ 下处于高浓度的 CO 气氛中时，CO 分子会分解并释放出游离碳。这些游离碳颗粒会沉积在耐火材料中铁质成分的周围，进而引发材料结构的崩解和损坏。

（2）关键影响因素如下。

1）温度影响：与 H_2 气氛类似，温度是影响 CO 气氛下耐火材料稳定性的重要因素。在较高温度下，CO 的分解速率增加，碳沉积现象更为严重。

2）化学组成与显微结构：耐火材料的化学组成和显微结构也会影响其在 CO 气氛下的稳定性。例如，降低耐火制品的显气孔率和氢化铁含量可以增强其抵抗 CO 侵蚀的能力。

（3）性能变化。耐火材料在 CO 气氛下容易因碳沉积而开裂或崩解。这种损坏方式通常比质量损失更为严重，因为它会直接导致材料失去使用价值。

综上可知，耐火材料在 H_2 或 CO 气氛下的工作稳定性受到多种因素的影响。为了确保耐火材料在这些气氛下的长期稳定运行，需要选择合适的材料、优化工艺条件、加强维护保养等措施。同时，还需要不断研究和开发新型耐火材料，以应对更加复杂和恶劣的工作环境。

1.3.5.2 提高耐火材料在 H_2 或/和 CO 气氛下稳定性的方法

提高耐火材料在 H_2 或/和 CO 气氛下的工作稳定性，是确保耐火材料在高温及还原性环境中长期安全运行的关键。

（1）优化材料组成与结构。提高耐火材料在 H_2 或/和 CO 气氛下的工作稳定性，首先需要对材料的组成与结构进行优化。这包括增加稳定氧化物的含量，如氧化铝和氧化镁，它们能够在还原性气氛中保持较高的稳定性。同时，减少易与 H_2 或 CO 反应的氧化物成分，如 SiO_2，以降低质量损失和性能退化。另外，通过添加稳定剂、抗腐蚀剂等添加剂，可以进一步提升材料的稳定性和抗腐蚀性能。在显微结构方面，需要控制气孔率，优化颗粒分布，以提高材料的致密度和均匀性，减少裂纹和缺陷的形成。

（2）改进制备工艺。制备工艺对耐火材料的性能有着至关重要的影响。为了提高材料在 H_2 或/和 CO 气氛下的工作稳定性，需要优化烧结工艺。通过精确控制烧结温度和时间，可以确保耐火材料的致密性和微观结构的稳定性。同时，选择合适的烧结气氛也是关键，以减少材料在高温下的氧化和腐蚀。在添加剂的使用上，需要根据具体材料的性质进行选择和调整，氧化物或元素的添加可以促进烧结过程，增强材料的结合能力，而稳定剂的加入则可以提高材料的热震稳定性和抗腐蚀性能。

（3）改进使用条件与维护。在实际应用中，使用条件和维护也对耐火材料的稳定性有着重要影响。为了降低耐火材料在 H_2 或/和 CO 气氛中的腐蚀速率，需要减少杂质气体的含量，优化气氛流动，以减少气氛在材料表面的滞留时间。同时，控制温度波动可以避免耐火材料因急剧的温度变化而产生热应力导致的开裂和崩解。此外，定期检测和维护也是保持耐火材料稳定性的重要手段，可以及时发现并处理可能存在的裂纹、剥落等问题。

（4）综合措施。综上可知，提高耐火材料在 H_2 或/和 CO 气氛下的工作稳定性是一个复杂的系统工程，需要从材料组成、制备工艺、使用条件和维护等多个方面进行综合考虑和优化。在实际应用中，还需要根据具体的应用场景和需求进行针对性的研究和开发，以选择或开发具有特殊性能的耐火材料，并通过优化设备设计和操作方式来减少耐火材料在高温还原性气氛中的暴露时间和腐蚀程度。

1.3.6 在 H_2 或/和 CO 气氛下耐火材料的选择依据及实例

1.3.6.1 选择依据

在 H_2 或/和 CO 气氛下，选择合适的耐火材料至关重要，因为这些气氛往往具有高温和还原性强的特点，对耐火材料的稳定性和耐腐蚀性提出了较高的要求。

A 材料类型及特性

（1）氧化铝基耐火材料。

1）刚玉制品。氧化铝含量超过 95% 的刚玉制品是优质耐火材料，其在高温下具有优异的稳定性和抗还原性。刚玉材料在 H_2 或/和 CO 气氛中能够保持较低的质量损失和较好的显微结构稳定性。

2）高铝质制品：高铝质制品中刚玉和莫来石为主要相，氧化铝含量为 30%～95%。随着氧化铝含量的增加，材料的稳定性和抗腐蚀性逐渐提高。在 H_2 或/和 CO 气氛中，高铝质制品的性能优于低氧化铝含量的耐火材料。

（2）硅酸铝耐火材料。虽然硅质制品在一般条件下具有一定的耐火性，但在 H_2 或/和 CO 气氛中，SiO_2 容易与气氛中的还原性气体反应，导致材料质量损失和性能下降。因此，在富含 H_2 或/和 CO 的气氛中，应严格控制硅质制品的使用，或选择 SiO_2 含量较低的硅酸铝耐火材料。

（3）碳质耐火材料。碳质耐火材料包括碳砖、石墨制品和碳化硅制品等。这些材料在高温下具有良好的热稳定性和抗热震性，且不受金属和熔渣的润湿。然而，在氧化性气氛中，碳质材料容易被氧化。但在 H_2 或/和 CO 气氛中，它们能够保持稳定，不易被氧化，因此是合适的选择。不过，需要注意的是，在高温下长期使用碳质材料可能导致碳沉积，需要采取相应措施进行预防。

（4）其他特殊材料。铬砖等含铬耐火材料虽然对钢渣等具有良好的耐蚀性，但在还原性气氛中可能产生有毒的六价铬，因此不是首选材料。除非在特定条件下需要其特殊性能，否则应避免在 H_2 或/和 CO 气氛中使用。

B 材料选择与考虑因素

在选择适合在 H_2 或/和 CO 气氛下工作的耐火材料时，需要综合考虑多个关键因素，以确保所选材料能够满足特定的应用要求。

首先，温度是至关重要的考虑因素。不同耐火材料在高温下的稳定性和抗腐蚀性存在显著差异。因此，在选择材料时，必须充分了解其使用温度范围，并确保所选材料能够在目标温度下保持稳定的物理和化学性能，以抵御高温环境带来的挑战。

其次，气氛条件也不可忽视。H_2 或/和 CO 作为还原性气氛，对耐火材料的还原稳定性提出了特殊要求。这就要求在选择材料时，必须优先考虑能够在还原性气氛中仍然保持高度稳定性和耐腐蚀性的材料，以确保其在工作过程中不受或少受气氛影响，保持长期稳定的性能。

再者，在满足使用要求的前提下，应尽量选择成本较低、性价比高的材料，以降低生产成本，提高经济效益。

最后，使用寿命也是影响耐火材料选择的重要因素之一。耐火材料的使用寿命直接关系到生产效率和设备维护成本。因此，在选择材料时，应优先考虑具有较长使用寿命和良好维护性能的材料，以减少更换和维修的次数，降低维护成本，提高生产效率。

总之，在 H_2 或/和 CO 气氛下，合适的耐火材料应具备良好的稳定性和抗腐蚀性。氧化铝基耐火材料（如刚玉制品和高铝质制品）以及碳质耐火材料（如碳砖、石墨制品和碳化硅制品）是较为合适的选择。然而，在选择具体材料时，还需要根据使用温度、气氛条件、成本以及使用寿命等因素进行综合考虑和权衡。同时，也需要注意材料在使用过程中可能出现的问题（如碳沉积），并采取相应的措施进行预防和解决。

1.3.6.2　耐火材料实例

（1）含 $Al_2O_3 \geq 85\%$ 的高铝制品和刚玉制品：例如氧化铝空心球砖。这类材料在氢介质中性质较为稳定，高温下抗腐蚀能力相对较强，Al_2O_3 含量高的材料比 SiO_2 含量高的材料质量损失量少。

（2）碳化硅质耐火材料：其具有较好的抗热震性和抗化学侵蚀性，可用于氢等离子体熔融还原炼铁等工艺。例如容器内衬可考虑采用炭质或碳化硅质耐火材料。

（3）Sialon（赛隆）结合的碳化硅质耐火材料：如 Corex 熔融还原炉中，Sialon 结合的 SiC 质耐火材料对炉渣的侵蚀具有良好的抵抗能力。

（4）Al_2O_3-MgO-MgAlON-C 质耐火材料：具有较好的抗渣性和抗热震性，可用于熔融还原炉内衬。

（5）铬刚玉砖：如 Hismelt 熔融还原炼铁工艺中，炉衬使用铬刚玉砖 Cr-10 和 Cr-50 效果较好。但由于含铬耐火材料可能产生有毒的六价铬，可采用添加 MgAlON 的 Al_2O_3-MgO 质耐火浇注料替代，能显著提高抵抗高氧化铁含量熔渣的侵蚀能力。

（6）硅质制品不太适合在富含 H_2 和水蒸气的条件下使用，因为 SiO_2 在这种条件下容易与 H_2 或水蒸气反应生成气态氧化物，从而影响耐火材料的使用寿命。此外，FeO、TiO_2 含量高的耐火材料也不宜在还原气氛条件下使用，因为其中的 Fe_2O_3 在 CO 气氛下会生成金属铁和 Fe_3C，Fe_3C 会促进碳沉积，导致耐火材料脆化裂解。

1.4　气体净化与真空获取

在材料及冶金领域的实验研究中，气体的应用至关重要，它们或直接参与化学反应，或作为惰性介质用于吹洗、载气或保护气氛。气体的来源不同，纯度也各异。部分精密实验对气体纯度的要求极为严苛，即便是微量的杂质（低至万分之一或以下），亦可能对实验体系产生不容忽视的负面效应。因此，确保气体达到所需的纯净度成为一项必要的技术任务。

1.4.1　实验室常用气体的来源以及制备方法

实验室内常用气体的一般物理及化学性质如表 1-5 所示。

表 1-5　常用气体的一般物理及化学性质

气　体		H$_2$	He	O$_2$	N$_2$	Ar	CO	CO$_2$	H$_2$S	SO$_2$	Cl$_2$	NH$_3$
气瓶颜色		淡绿	灰色	淡蓝	黑色	银灰	银灰	铝白	白色	银灰色	深绿	淡黄
相对分子质量		2.016	4.003	32.000	28.016	39.944	28.01	44.01	34.08	64.07	70.91	17.03
在标准态下的密度 /(kg·m^{-3})		0.0899	0.1769	1.429	1.2507	1.784	1.250	1.977	1.539	2.926	3.214	0.7714
相对密度 （对空气）		0.06952	0.1368	1.1053	0.9673	1.3799	0.9669	1.5291	1.1906	2.2635	2.486	0.5967
在标准态下的 摩尔体积 /(dm^3·mol^{-1})		22.43	—	22.39	22.40	22.39	22.40	22.26	22.14	21.89	22.05	22.08
沸点/℃		−252.7	−268.6	−182.97	−195.8	−185.7	−191.5	−78.84 （升华）	−60.4	−10.0	−34.0	−33.4
在水中的 溶解度 /(cm^3· mL^{-1})	0 ℃	0.0245	0.0097	0.0489	0.0233	0.056	0.0352	1.713	4.670	79.79	4.61	1299
	25 ℃	0.0195	0.0101	0.0283	0.0139	0.0288 （30 ℃）	0.0208	0.759	2.282	32.79	2.30	635
	50 ℃	0.0161	0.0108	0.0209	0.0082 （60 ℃）	0.0223	0.0165 （40 ℃）	0.436	1.392	18.77 （40 ℃）	1.225	—

（1）购买高压气瓶。实验室常用的气体为 O$_2$、N$_2$、H$_2$、Ar、CO、CO$_2$、H$_2$S、He、SO$_2$、NH$_3$ 和 Cl$_2$。其中大多数气体装在高压储气瓶中由工厂生产出售，高压气瓶存储压力一般为 12~15 MPa，瓶容积在 25~44 L，相当于常压体积 4~7 m^3。为确保安全、避免误用，依据《气瓶颜色标志》（GB/T 7144—2016）国家标准，各种气体所用钢瓶外涂以不同颜色以便识别。因瓶装为高压气体，使用时需用减压器减压。部分瓶装高压气体在瓶内呈液态，如 CO$_2$、Cl$_2$、NH$_3$ 等。

（2）自行制备气体。当无瓶装气体可用时，需自行制备。以下为几种气体的制备方法。

1）H$_2$S：20%盐酸溶解硫化钠或硫化铁可产生 H$_2$S。该气体经 10%~20%盐酸、水及硫酸氢钾溶液洗涤后，再用 CaCl$_2$ 与 P$_2$O$_5$ 干燥。

2）SO$_2$：浓硫酸与铜屑加热可得 SO$_2$，让此气体通过硫酸与五氧化二磷以分离硫酐并干燥。SO$_2$ 在约 70 ℃可液化并蒸馏净化。

3）NH$_3$：氯化铵或硫酸铵与两倍化学计量值的氧化钙一起加热，或与质量分数为50% KOH 或 NaOH 溶液共热可获得 NH$_3$。气体经 0 ℃冷凝槽去除水分，再通过 NaOH 后进入约 80 ℃冷凝器，用分馏法排除未冷凝气体，仅取最纯中间馏分进一步净化。

4）CO：瓶装 CO$_2$ 通过 1150~1200 ℃木炭可制得 CO。纯度 99.9%的 CO 由甲酸与磷酸或硫酸反应获得，也可将蚁酸滴入 80 ℃浓硫酸制得。因 CO 毒性大且易爆炸，制造时需有专门安全措施。CO 经锌汞齐、硫酸钒、水净化，通过热铜屑可除氧，P$_2$O$_5$ 可干燥气体。

5）CO_2：碳酸氢钠与硫酸反应或在玻璃瓶中将碳酸氢钠加热至 $110\sim120$ ℃ 可制得 CO_2。气体经冷却管冷凝水分后，用 $CaCl_2$ 和 P_2O_5 干燥。

6）Cl_2：浓盐酸与二氧化锰加热，或实验室用高锰酸钾处理浓盐酸，以及电解浓盐酸溶液或饱和氯化氢食盐溶液均可获得氯气，制得的 Cl_2 需经净化处理。

1.4.2 气体储备与安全使用

1.4.2.1 储备原则与方法

（1）储备原则。在实验室气体的储备过程中，首要遵循的是分类存储的原则。这意味着需要根据气体的性质，如易燃性、易爆性、毒性或氧化性等，将它们严格区分开来，防止不同性质的气体相互接触，从而避免可能发生的化学反应或安全事故。此外，还应采用隔离贮存、隔开贮存或分离贮存的方法，严格遵循国家标准《化学危险品仓库储存通则》（GB 15603—2022）的要求，确保各类气体及禁忌物料之间的安全隔离。

环境控制同样重要。储存区域应保持良好的通风条件，避免阳光直射以减少气体受热膨胀的风险，并维持室温在适宜范围内，一般建议不超过 40 ℃。同时，所有气体瓶都应清晰标注气体的名称、容量、压力等关键信息，以便于日常管理和使用。

（2）储备方法。为了确保实验室气体的安全储备，需要采用一系列科学的方法。首先，实验室应配备专用的气体储存设施，如气体瓶冷柜或储罐。这些设施的设计和建造需符合相关安全标准，以确保气体的储存安全。其次，气体瓶应直立存储，并用栏杆或支架加以固定，防止倾倒，同时严禁利用气瓶的瓶阀或头部来固定气瓶。在存储时，应关闭气瓶阀门，卸下减压器，并旋紧气瓶帽，整齐排放，以减少安全隐患。对于毒性或可燃性气体的储存，还需要特别关注空气中相关气体的浓度监测，确保储存环境的安全。一旦发现浓度超标，应立即采取措施进行处理。

1.4.2.2 安全使用方法

在使用实验室气体时，必须严格遵守安全操作规程和应急处置措施。首先，要对所使用气体的性质和潜在危险有充分了解，掌握正确的使用方法。在使用前，应仔细检查气瓶、减压阀、管道等设备是否完好无损，无泄漏现象。开启气阀时，人不得面对导气管，以防意外伤人。使用时应安装减压阀，并严格控制气体的流量和压力，避免过大流量或超压带来的危险。

对于有毒或腐蚀性气体，使用时应佩戴相应的防护装备，如防毒面具、防护面罩等。同时，要定期检查气瓶、管道等连接处是否紧密，防止气体泄漏。一旦发现泄漏情况，应立即切断气源、进行通风换气，并疏散人员。特别需要注意的是，氢气等特定气体的使用需更加谨慎，因其密度小、易泄漏、扩散速度快且易与其他气体混合，使用时需严禁烟火、严防泄漏，并确保室内通风良好。

使用完毕后，应及时关闭气源阀门和气瓶上的减压阀，确保安全。此外，实验室还应制订应急预案，针对可能发生的气体泄漏、火灾等紧急情况明确应对措施和疏散路线。

总之，实验室气体的储备和使用是一项高度专业化的工作，必须严格遵守相关安全规定和操作流程。通过加强安全培训、提高安全意识以及制定科学合理的应急预案等措施，可以有效保障实验室气体的安全储备和使用。

1.4.3 气体的净化与流量测定

1.4.3.1 气体的净化方法

由工厂购入的气体常含杂质，需经过净化处理以确保使用品质。常见的气体净化方法包括吸收、吸附、冷凝、过滤及化学催化等，各法原理与特点如下。

（1）吸收净化。此过程多为化学性质主导，通过将杂质溶解于吸收剂中，实现气体净化的目的。吸收剂与杂质间发生的化学反应或溶解作用是净化的关键。

（2）吸附净化。利用多孔性固体吸附剂（如活性炭、分子筛、硅胶等）的巨大比表面积和内孔结构，将气体中的微量杂质吸附于表面，从而实现有效分离与净化。适用于低浓度杂质气体的处理。优化气体流速对提升净化效果至关重要。随着使用时间的推移，吸附剂因吸附饱和需进行再生处理以恢复其效能。

（3）冷凝净化。通过使气体与低温介质（如冰盐混合物等）接触，降低温度促使易冷凝的杂质凝结并分离，达到净化目的。冷凝温度越低，净化效果越显著。此法广泛应用于去除气体中的水蒸气。

（4）特殊过滤净化（钯扩散法）。特别针对氢气的净化，利用金属钯在特定温度（如 600 ℃）下对氢气的高度溶解性及选择性透过性。不纯氢气通过钯管时，仅氢气能溶解并透过钯管，其他杂质如氧气、氮气、水蒸气则被阻挡在外，从而实现高效净化。

（5）催化净化。借助催化剂促进气体中杂质与催化剂表面发生化学反应，转化为无害或易于分离的物质。例如，在铂石棉催化作用下，氢气中的微量氧在加热至 400 ℃ 时迅速与氢化合生成水，随后通过简单处理即可去除，显著提升了氢气的纯度。

1.4.3.2 常用气体净化的具体步骤

实验室中常采用多种方法联合应用以净化气体，确保获得理想效果。以下是几种常见气体的净化策略。

（1）氮气。高压瓶装氮气中可能混有 O_2、CO_2、水蒸气等杂质。净化时首先使用 600 ℃ 铜屑脱除 O_2，随后通过 KOH 或碱石棉去除 CO_2，最后按 $CaCl_2$→硅胶→P_2O_5 的顺序进行深度脱水处理。

（2）氩气。市售高压瓶装氩气纯度较高，但可能含有少量空气。净化流程与氮气相似，若需进一步去除氮杂质，可将除氧干燥后的氩气通过加热至 600 ℃（不超 Mg 熔点 630 ℃）的镁屑或钙屑进行反应脱氮。镁屑应置于不锈钢管内，此过程同时有助于更彻底地脱氧。

（3）一氧化碳。由钢瓶装高压 CO_2 经高温（1150~1200 ℃）木炭还原制得的 CO 中，主要杂质为 CO_2 和 N_2。采用质量分数 50% KOH 溶液或碱石棉吸收 CO_2 后，再用硅胶和 P_2O_5 进行干燥处理。

（4）氢气。钢瓶装氢气主要杂质为 O_2、N_2 和 H_2O。常通过加热至 400 ℃ 的铂（或钯）石棉或 105 催化剂（一种含 0.03% 钯的分子筛，能在室温下催化氢氧反应生成水）进行净化，随后使用硅胶和 P_2O_5 进行干燥。若氢气含水较多，则建议先进行硅胶脱水，再经 105 催化剂处理。

实验气体的净化是实验成功的关键环节，尤其在追求高纯度或需消除特定干扰物质的实验中。净化方法的选择需基于目标气体类型、所需纯度级别及待去除杂质的特性，通常需综合运用多种净化手段以达到最佳效果。

1.4.3.3　气体流量的测定方法

在实验室中，为了配制具有特定成分的混合气体，精确控制气相组成显得至关重要。此过程的核心在于准确测量并调控各种气体的流量，因为通过控制流量比，可以间接地控制混合气体中各组分的分压比，进而实现目标气体成分的精确配制。

实验室常用的气体流量计包括玻璃转子流量计、湿式气体流量计、热式气体质量流量计、超声波流量计等。

（1）转子流量计：也称浮子流量计，其主要测量元件为一根垂直安装的下小上大锥形玻璃管和在内可上下移动的浮子。流体自下而上经锥形玻璃管时，在浮子上下之间产生压差，浮子在此压差作用下上升。流经玻璃转子流量计的流体流量与浮子上升高度，即与玻璃转子流量计的流通面积之间存在着一定的比例关系，浮子的位置高度可作为流量量度。其优点是使用简单、读数方便、用途广泛。缺点是易受流体脉动影响，精度相对较低。

（2）湿式气体流量计：湿式气体流量计的壳体内盛有约一半容积的水或低黏度油作为密封液体，转筒的一半浸于密封液中。随着气体进入流量计，转筒朝逆时针方向绕中心轴旋转。转筒旋转一周，就有体积相当于 4 倍计量室空间的气体通过流量计。通过齿轮系统传递到计数指示部件，就可显示通过流量计的气体体积流量（总量）。其优点是无泄漏的容积式流量计，测量精度可达 0.2~0.5 级。缺点是维护较为复杂，需要定期清洗和校准。

（3）热式气体质量流量计：采用热扩散原理，通过两个热电阻（铂 RTD）来测量气体质量流量。一个是速度传感器，一个是自动补偿气体温度变化的温度传感器。流经速度传感器的气体质量流量是通过传感元件的热传递量来计算的。其优点是性能优良、可靠性高，适用于苛刻条件下的测量。缺点是成本相对较高，对环境温度变化敏感。

（4）超声波流量计：利用超声波在流体中传播的时间差或频率差来测量流体的流速，进而计算流量。其优点是无机械运动部件，维护量小，适用于多种介质。缺点是对管道的清洁度和表面状况有一定要求，成本较高。

这些流量计各有特点，适用于不同的测量场景和要求。通过精确测量并调控各种气体的流量比，实验室人员可以有效地控制混合气体的组成，满足各种实验或生产需求。

1.4.3.4　定组成混合气体的配制

配制一定组成的混合气体，常用的方法主要包括静态混合法、动态混合法和平衡法。

（1）静态混合法是一种直接而简单的方法。预先计算好量的各种纯气体被放入一个密闭的容器中，然后这些气体在容器内自然地混合，直到达到所需的组成比例。这种方法操作简单，适用于对混合气体组成精度要求不是非常高，且制备量相对较小的情况。静态混合法的优点在于它不需要复杂的设备或操作，但可能需要较长时间来确保气体在容器内完全均匀混合。

（2）动态混合法则是一种更为高效和精确的方法。它利用气体流量计、混合器等设备，实时控制各种气体的流量，并在气流中将它们混合。通过精确调整每种气体的流量比，可以确保混合气体的组成精确符合预设要求。动态混合法适用于大批量、高精度要求的混合气体配制。它能够实现连续、稳定的生产过程，满足工业生产中对混合气体质量和产量的双重需求。

下面以配制特定比例的 CO_2-CO 混合气体为例加以说明。图 1-4 所示为相应的配制装置示意图。其具体操作流程如下：采用两支毛细管流量计 C_1 与 C_2，分别对 CO 和 CO_2 的流量予以测量。CO_2 由高压气瓶输出，经净化后被导入流量计 C_2。在另一分支路径中，钢瓶输出的 CO_2 通过被加热至 1150~1200 ℃ 的活性炭，发生反应 $CO_2+C = 2CO$ 而转化为 CO，之后借助碱石棉吸收残留的 CO_2 以获取净化后的 CO，并将其送入流量计 C_1。这两种气体最终均进入混合室 M 进行混合。该混合气体中 CO 与 CO_2 的分压比恰好等同于 C_1 和 C_2 所读取的流量比。

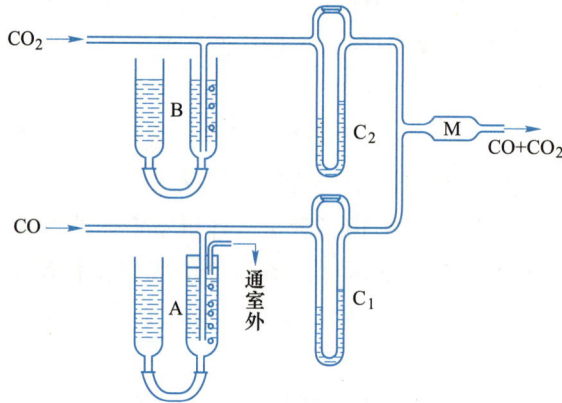

图 1-4 配制 CO_2-CO 混合气体装置示意图

（A 和 B 为稳压瓶或稳压管）

在上述气体混合装置中，稳压瓶 A 与 B 不可或缺。因其缺失会致使流量计 C_1 和 C_2 进气端压力无法恒定，进而使得 CO 与 CO_2 混合比例难以固定。当需改变混合比时，稳压瓶 A、B 内液面高度亦需相应变动。例如，若要提升 CO_2 与 CO 的比例，在加大 CO_2 流量的同时，需升高稳压瓶 B 的液面，且要确保气体 B 瓶内分流支管下口持续有气泡逸出。

上述动态混合法能够获取较为精准的混合比，并且可按需灵活调节，故而在实验室中应用广泛。图 1-4 所示为敞开式稳压瓶（或管），少量气体经分流管下口鼓泡排出后进入大气（如稳压瓶 B），而对于 CO 这类有毒气体，则必须予以收集处理（如稳压瓶 A）。为克服敞开式稳压瓶的缺陷，可采用图 1-5 所示的封闭式稳压装置。其原理为：分流管路的气体流入稳压瓶后，体积膨胀，压力降低，形成缓冲，可自动调节毛细管两端压差以稳定流量。若气流骤增，部分气体由分流管流入稳压瓶，致使瓶内气体压力上升，此压力借助瓶内液面差增大传递至毛细管另一端，从而实现稳压功能。

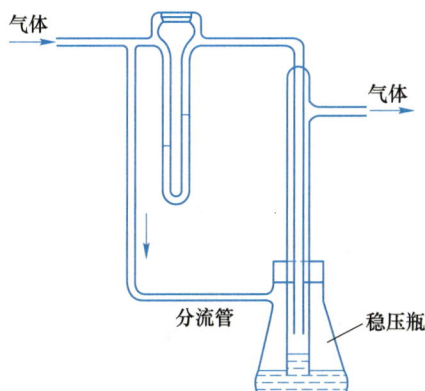

图 1-5　封闭式稳压装置示意图

（3）平衡法是一种基于化学或物理平衡原理的混合气体配制方法。在这种方法中，不同气体在同一容器内通过化学反应或物理作用达到平衡状态，此时气体的分压比与浓度比之间呈现出固定的关系。通过控制反应条件或使用适当的吸附剂、分离膜等辅助材料，可以制备出组成非常稳定、精度极高的混合气体。然而，平衡法通常需要较长时间来达到平衡状态，且操作相对复杂，因此它更适用于需要极高精度混合气体的特定场合，如科学研究、精密仪器校准等领域。

上述方法各有其独特的优点和适用范围。在实验室或工业生产中，可以根据实际需求选择合适的配制方法，以确保混合气体的组成精确、稳定。

1.4.4　实验真空的获取

1.4.4.1　真空的获取及其设备概述

A　真空度及其分类

真空，指某一空间内气体压强低于一个标准大气压（101325 Pa）的状态。衡量稀薄程度的指标为真空度，其以绝对压强表示，压强越低，真空度越高。单位采用帕斯卡（Pa），定义为 $1 \ N/m^2$。真空度范围较广，自一个大气压至 $1.3 \times 10^{-14} \ Pa$，通常细分如下。

（1）粗真空：$1.01 \times 10^5 \sim 1.33 \times 10^3 \ Pa$；

（2）低真空：$1.33 \times 10^3 \sim 1.33 \times 10^{-1} \ Pa$；

（3）高真空：$1.33 \times 10^{-1} \sim 1.33 \times 10^{-6} \ Pa$；

（4）超高真空：$1.33 \times 10^{-6} \sim 1.33 \times 10^{-10} \ Pa$；

（5）极高真空：小于 $1.3 \times 10^{-10} \ Pa$。

真空技术显著提升了冶金领域金属与合金的质量与性能，甚至使原本难以生产的材料成为可能。例如，高熔点金属及部分碱金属、碱土金属通过真空碳热还原法生产；而稀有金属如 Ta、Zr、Hf 及部分稀土金属则采用真空金属热还原法。在精炼过程中，真空蒸馏与区域熔炼技术已广泛应用。

B　真空获取设备与达到的压强范围

获得真空的设备及其达到的压强范围是一个复杂而精细的过程，它依赖于多种技术和设备的协同工作。首先，真空泵是这一过程中的核心设备，它们通过不同的工作原理来抽取容器内的气体，从而降低压强。真空泵种类繁多，包括机械真空泵、蒸汽流泵（如扩散泵）和高真空机组（如分子泵机组）等，每种泵都有其特定的应用范围和性能特点。

在获得真空的过程中，除了真空泵本身，还需要一些辅助设备来提高抽气效率。例如，冷阱能够冷凝和捕集未被真空泵抽走的残余气体，减少气体回流，从而提高真空度。而吸附剂，如活性炭、分子筛等，则能够吸附容器内的微量气体分子，进一步降低压强。这些辅助设备与真空泵配合使用，可以更有效地达到所需的真空度。

针对达到的压强范围，通常根据真空度的不同级别进行划分。粗真空的压强范围大致为 $1.01 \times 10^5 \sim 1.33 \times 10^3$ Pa，这主要依赖于机械真空泵来实现。随着真空度的提高，进入低真空范围（$1.33 \times 10^3 \sim 1.33 \times 10^{-1}$ Pa），除了机械真空泵外，可能还需要配合一些辅助设备来提高抽气效率。而要达到高真空（$1.33 \times 10^{-1} \sim 1.33 \times 10^{-6}$ Pa）甚至超高真空或极高真空（小于 1.33×10^{-6} Pa），则需要使用更高性能的真空泵和更复杂的辅助设备系统。

值得注意的是，实际达到的压强范围还受到多种因素的影响，被抽容器的形状和大小、材料的放气性能、系统的密封性能以及操作人员的技能水平等都会对真空度产生影响。因此，在设计和实施真空系统时，需要综合考虑这些因素，并进行严格的测试和调试，以确保达到所需的真空度。

1.4.4.2　真空的测量与真空检漏

（1）测量仪器。在真空技术的应用中，准确测量真空度与及时发现并处理漏气问题是至关重要的。真空的测量依赖于精密的真空计，其核心部件是真空规，用于直接或间接感知并显示真空压力。根据测量原理的不同，真空规可分为直接测量型与相对测量型两大类。直接测量型如麦克劳真空规，基于波义耳定律，通过压缩气体并测量压力变化来计算原始压力，虽精确但操作繁琐且存在环境污染风险。而相对真空规则通过测量与压力相关的物理量变化来间接反映压力，具有连续快速测量的优点，但精度略逊，包括电容式薄膜真空计、热电阻真空规等多种类型。

（2）真空计的选择原则。选择真空计时，需遵循一系列原则以确保测量效果：首先，需在目标压力范围内达到所需精度；其次，测量过程不应影响被测气体状态，同时避免真空计受损；再者，理想情况下，真空计应能在整个真空度范围内连续、准确地工作，且灵敏度不受系统内气体种类影响；此外，良好的稳定性、复现性、可靠性以及便捷的安装与操作也是选择时的重要考量因素。

（3）真空检漏。真空检漏则是解决真空系统漏气问题的关键步骤。漏气不仅影响系统性能，还可能导致工艺失败。因此，当真空设备无法达到预期真空度或真空室内压力异常上升时，须立即进行检漏。通过综合分析真空泵工作状态、系统内放气情况及可能的漏气点，采用如静态升压法等手段，可定位漏气源头。常见的漏气原因包括器壁材料缺陷、焊接不当、冷加工裂纹、密封面污染或密封圈问题以及法兰变形等。针对这些潜在问题区域，如焊缝交叉点、法兰密封处、封接界面等，需重点检查。

在实际操作中，需根据工况选择合适的检漏方法。不同方法各有优势，卤素检漏适用于含有氟利昂的制冷系统；气泡法需在正压环境下通过加压检测粗漏；氦质谱法则凭借超高灵敏度成为电真空器件微漏检测的首选。通过结合多种技术（如正压气泡法粗检+氦质谱精检），可系统化解真空/压力系统的泄漏问题，保障稳定运行。

习题与思考题

习题

（1）列举几种获得高温的方法，并说明其原理。

（2）电阻炉中常用的电热体有哪些，各有什么特点？

（3）悬浮熔炼炉在冶金实验研究中有哪些应用？

（4）简述热电偶的工作原理。

（5）电阻炉恒温带的确定方法有哪些？

（6）请解释为什么不同类型的耐火材料（如硅质、铝质、镁质、碳质）具有不同的耐火度，其晶体结构和化学成分是如何影响耐火度的？

（7）在冶金高温实验中，如果实验过程中会产生大量的碱性炉渣，从耐火材料的抗侵蚀性角度考虑，应选择哪种耐火材料，并阐述原因。

（8）在实际生产中，如果需要同时兼顾耐火材料的耐火度、抗侵蚀性和机械强度，哪种耐火材料可能是较为理想的选择，请说明理由并提出可能的改进措施。

（9）简述真空获得的基本原理，并举例说明常见的真空泵及其工作原理。

（10）简述实验室中常用气体的储备方法。

思考题

（1）随着科技的发展，未来可能会出现哪些新的获得高温的方法？

（2）如果你是一名冶金工程师，在选择高温炉时需要考虑哪些因素？

（3）对于电阻炉恒温带的精准界定，实验测定法和理论计算法各有什么优缺点，如何结合使用才能更好地确定恒温带？

（4）在实际应用中，如何根据不同的需求选择合适的测温方法和测温仪器？

（5）某实验室需要同时监测高温炉膛内多个点的温度，请设计一个温度测量方案，包括测温方法的选择、测温仪器的配置以及数据记录与分析的方案。

（6）假设要进行一项温度高达 2000 ℃的冶金高温实验，在选择耐火材料时需要考虑哪些关键因素，请详细阐述。

（7）对于在 CO 气氛下进行的冶金高温实验，耐火材料的化学稳定性会受到哪些具体影响，如何解决这些问题？

（8）考虑气体的来源、制备方法、净化和储备等环节，如何设计一个安全、高效的实验室气体供应系统？

（9）实验真空的程度对实验结果有哪些影响，如何根据不同实验需求选择合适的真空度？

（10）随着科技的发展，新型气体净化技术和真空获取方法可能会有哪些特点和优势？

参 考 文 献

[1] 王常珍. 冶金物理化学研究方法 [M]. 北京：冶金工业出版社，2013.

[2] 陈伟庆，宋波，郭敏. 冶金工程实验技术 [M]. 北京：冶金工业出版社，2023.

[3] 周建军. 对标准化热电偶适用温度范围及特性的分析 [J]. 天津科技，2014，41（4）：72-73.

[4] 李钒，李文超. 冶金与材料近代物理化学研究方法（上册）[M]. 北京：冶金工业出版社，2018.

[5] 陈肇友，李红霞. 镁资源的综合利用及镁质耐火材料的发展 [J]. 耐火材料，2005，39（1）：6-15.

[6] 贺国旭，曹测祥，韩永军，等. 反应烧结制备碳化硅陶瓷及其性能研究 [J]. 耐火材料，2022，56（2）：146-149.

2 冶金实验中试样的物理性质及化学成分检测方法

在冶金工程学的研究中，实验室检测方法的准确性和可靠性至关重要。这不仅是科学研究的基础，也是推动冶金工业技术进步的重要保障。本章首先介绍了冶金实验用合格试样的获取方法，涵盖固体、气体、液体试样；讲解了试样物理性质的检测方法，包括散状物料粒度与比表面积、炉渣熔化温度、熔渣原位结晶过程、熔体黏度、表面张力、电导率的检测；阐述了化学成分分析方法，如化学分析、仪器分析、气相/液相色谱−质谱联用分析方法；介绍了气体试样特性检测方法，涉及钢中气体和高炉煤气检测。

本章重点内容涵盖各种检测方法的原理与应用，难点在于准确掌握不同检测方法的操作技巧以及对复杂数据的分析处理。

2.1 冶金实验用合格试样的获取方法

为确保冶金实验的准确性和可靠性，获取具有代表性的合格试样是首要步骤。以下详细阐述几种主要类型试样的获取及处理方法。

2.1.1 固体试样的制备

（1）散状材料试样。冶金原料多为散状材料，如铁矿石、煤等。其试样需从大量原料中抽取，以确保代表性。采样时，块状材料可采用网格或对角线法；粉状材料则应用分层采样或圆锥四分法。随后，通过破碎、研磨、筛分及缩分等步骤，制备成粒度均匀、符合要求的试样。以铁矿石为例，需先采集矿石块，破碎至约 10 mm 颗粒，再研磨至 100 目（150 μm）细粉，最终缩分至所需量并混合均匀。

（2）铁合金试样。铁合金试样多为块状，常用钻取或破碎研磨法制备。针对高硬度合金，采用硬质合金钻头低速钻取或破碎机破碎后研磨至特定目数（如锰铁、硅锰合金为120 目（125 μm），铬铁、钨铁等为 200 目（75 μm）），以确保分析精度。

（3）钢中气体分析试样。

1）N、O 分析试样：钢液中取样时需添加铝进行脱氧，形成稳定化合物。化学分析法采用屑状试样，可通过样勺或真空管取样后钻取；气相色谱法则需制备 $\phi(6\sim8)$ mm×5 mm 光洁无油锈的钢棒试样。

2）H分析试样：取样方法与N、O相同，但须立即置于-40 ℃低温环境（如干冰或液氮中）保存，以防氢扩散。无低温条件时，可采用液体石蜡封存法，并记录氢排出量以校正结果。

（4）钢中非金属夹杂试样。采样点覆盖钢水包、中间包、钢锭、钢坯等，取样后需根据分析目的进行金相显微镜、扫描电子显微镜等鉴定。试样制备需满足各类分析仪器的具体要求。

（5）熔融钢铁及炉渣试样。

1）生铁：炼钢生铁较硬，用轧碎法；铸造生铁较软，可用钻床取样。高炉炼铁过程中，定时取样并凝固成块备用。

2）钢样：炉前钢样需通过样勺或取样器获取；成品钢样在连铸过程中取样，或在铸坯、轧材上钻取碎屑。实验室中则使用石英管从高温炉坩埚中抽取，再加工成碎屑。

3）炉渣：高炉渣需在放渣时取样，转炉渣在倒炉时取样。实验室中则用纯铁棒蘸取后处理，通过筛分去除金属铁，最终装入试样袋备用。

上述方法确保了试样的代表性和分析结果的准确性，是冶金实验中不可或缺的关键环节。

2.1.2　气体试样的获取

在冶金工程及其实验过程中，对气体成分的分析是确保产品质量、优化工艺流程以及研究冶金反应机理的重要手段。为了准确获取代表性气体试样，需采用一系列科学合理的取样方法。下面将从直接取样法、减压取样法、集气法、富集法、代表性取样、安全措施以及保存与运输等方面介绍气体试样的获取方法。

（1）直接取样法：是最直观且常用的气体取样方式，适用于开放环境或易于接近的气体源。在冶金实验中，当钢水、炉气等气体源处于相对开放且易于接触的状态时，可以直接使用取样管或取样袋等工具进行取样。取样过程中需确保取样器清洁无污染，取样位置应具有代表性，避免局部浓度过高或过低导致的误差。

（2）减压取样法：对于高压环境下的气体，如高炉顶压气体、转炉炉气等，直接取样存在安全风险且难以保证气体组成不受影响。此时，可采用减压取样法。该方法通过减压装置将高压气体缓慢减压至常压或低压状态，再进行取样。减压过程中需控制减压速率，避免气体组分因压力变化而发生显著改变。同时，减压装置需定期校验，确保其准确性和稳定性。

（3）集气法：适用于气体排放量较小或需要长时间累积取样的情况。在冶金过程中，某些稀有气体或微量有害气体的检测常采用集气法。通过在特定位置设置集气装置，如吸收瓶、捕集阱等，将气体连续或间断地收集起来，待达到一定量后再进行取样分析。集气过程中需注意防止气体泄漏和污染，确保收集到的气体具有代表性。

（4）富集法：是针对低浓度气体组分进行浓缩处理的一种取样方法。在冶金废气中，某些有害气体（如SO_2、NO_x等）的浓度往往很低，直接分析难度大且误差大。通过富集法，如化学吸收、吸附浓缩等技术手段，将低浓度气体组分富集至高浓度状态，再进行取样分析。富集法可显著提高分析灵敏度和准确性，但需注意富集过程中可能引入的干扰因素。

（5）代表性取样：无论采用何种取样方法，都应确保取样的代表性。在冶金过程中，气体分布往往存在不均匀性，如温度梯度、流速差异等都会影响气体成分。因此，在取样时需根据具体情况选择合适的取样位置和取样时间，以反映整体气体的真实情况。同时，还需考虑取样量的大小和取样频率，以确保数据的可靠性和可重复性。

（6）安全措施：气体取样过程中需严格遵守安全操作规程，确保人员和设备的安全。对于高温、高压、有毒有害等危险气体源，应采取必要的防护措施，如佩戴防护眼镜、防毒面具等个人防护装备；使用防爆、防火的取样设备和工具；设置安全警示标志和应急处理预案等。在取样前应对取样环境和设备进行仔细检查和维护保养，确保取样过程顺利进行。

（7）保存与运输：取得的气体试样需妥善保存和运输至分析实验室。对于不同性质的气体试样，需采用不同的保存方法。如易挥发气体需密封保存在惰性气体中；腐蚀性气体需采用耐腐蚀材料制成的容器保存；易燃易爆气体则需存放在远离火源和热源的安全区域。在运输过程中需避免剧烈震动和碰撞，确保试样不受污染和损坏。到达实验室后应立即进行分析处理或妥善保存至分析前。

在冶金工程领域及实验研究中，气体试样的采集需根据气体性质（如温度、压力、腐蚀性）、组分浓度及工艺条件选择适宜的取样方法。取样过程中必须严格执行防爆、防毒、防泄漏等安全规范，并实施气密性校验与样品代表性验证，通过建立标准化的取样流程，结合光谱质谱、色谱等分析技术对气体成分进行定量表征，可为冶金反应机理研究、工艺参数优化及产品质量控制提供可靠的数据支撑，需根据具体情况选择合适的取样方法。

2.1.3 液体试样的获取

在冶金工程及其实验过程中，液体试样的获取与分析是了解冶金反应进程、评估产品质量及优化工艺参数的关键环节。为确保获取到具有代表性和准确性的液体试样，需遵循一系列科学严谨的取样方法。下面将从采样工具选择、容器搅拌、分层取样、特殊工具应用、取样操作规范以及安全注意事项等方面，介绍冶金工程或实验中液体试样的获取方法。

（1）采样工具选择。选择合适的采样工具是确保液体试样代表性的基础。根据液体试样的性质（如黏度、腐蚀性、温度等），需选用合适的采样器，如不锈钢取样勺、玻璃吸管、耐腐蚀合金针筒等。对于高温液体，应使用耐高温的采样工具，并配备适当的隔热装置以防烫伤。此外，采样工具应易于清洗，避免交叉污染。

（2）容器搅拌。在取样前，对于存在分层或沉淀现象的液体，需进行适当的搅拌以使其混合均匀。搅拌时应避免产生剧烈的气泡和涡流，以免引入空气或改变液体的组成。搅拌完成后，应等待一段时间使液体重新稳定后再进行取样。

（3）分层取样。对于密度差异大、易分层的液体，如含有不同密度悬浮物的冶金溶液，需采用分层取样法。根据液体的分层情况，在不同层次分别取样，以全面了解液体的组成情况。分层取样时，应准确记录各层的位置和取样深度，以便后续分析。

（4）特殊工具应用。针对某些特殊性质的液体试样，需采用特殊的取样工具和技术。例如，对于高黏度液体，可使用带有加热和搅拌功能的取样装置；对于有毒有害液体，则应使用密闭式取样系统，并配备个人防护装备。

（5）取样操作规范。取样过程中应遵循一定的操作规范，以确保取样的准确性和可靠性。首先，应确保采样工具干净无污染；其次，取样时应避免液体溅出或滴漏，以防污染环境和样品；再次，取样量应适中，既要满足分析需求，又要避免浪费；最后，取样完成后应及时密封保存，并贴上标签注明取样时间、地点、样品名称等信息。

（6）安全注意事项。在冶金工程或实验中获取液体试样时，安全始终是首要考虑的因素。以下是一些基本的安全注意事项：穿戴适当的个人防护装备，如防护眼镜、防护服、手套等；熟悉并遵守实验室安全规定和操作规程；对于高温、高压、有毒有害的液体，应在专业人员的指导下进行取样；取样过程中应小心谨慎，避免发生烫伤、中毒等安全事故；一旦发生安全事故，应立即采取应急处理措施，并及时报告相关部门和人员。

通过科学合理地取样和分析处理，可以为冶金工艺的优化和产品质量的提升提供有力支持。

2.2 物理性质检测方法

2.2.1 冶金用物料粒度及比表面积

2.2.1.1 粒度检测方法

粒度检测是指通过特定的仪器和方法对散状物料颗粒大小及其分布进行测量和表征的过程。在冶金实验中，常用的粒度检测方法多种多样，每种方法都有其独特的优势和应用场景。

（1）激光粒度仪法：利用激光技术对散状物料进行散射光谱分析，根据光散射特性来测定颗粒的粒径大小及其分布。该方法具有测试速度快、准确度高、重复性好等优点，能够适用于多种粒径范围的物料检测。激光粒度仪通过发射激光束照射到物料颗粒上，收集并分析散射光的强度和分布信息，从而计算出颗粒的粒径。

一般来说，激光粒度仪可以覆盖从亚纳米到毫米级，甚至更大的颗粒尺寸范围。例如，一些先进的激光粒度仪能够测量粒径从 0.01 μm 到 3500 μm，甚至更宽的范围。

（2）筛分法：是一种传统的粒度检测方法，通过不同孔径的筛网对散状物料进行筛分，根据颗粒能否通过筛网来判断其粒径大小。该方法操作简单、直观易懂，适用于粒径较大的物料检测。然而，筛分法也存在一些局限性，如筛孔容易堵塞、细颗粒易损失等，这可能会影响检测结果的准确性。

筛分法适用于粒径较大的物料，通常能够测量的粒径范围在几十微米到几毫米之间。然而，对于小于400目的干粉（约等于小于37 μm 的颗粒），筛分法的测量效果可能不佳，且难以给出详细的粒度分布信息。筛分法对于粒径分布较宽的物料可能无法获得准确的粒径分布数据。此外，筛分法不能用于测量乳浊液等液体中的颗粒。

（3）沉降法：是通过观察颗粒在液体中的沉降速度来测定其粒径大小的方法。该方法基于斯托克斯定律等理论模型，通过测量颗粒在重力或离心力作用下的沉降速度来计算粒径。

沉降法适用于粒径较小的物料，通常能够测量的粒径范围在几纳米到几百微米之间。然而，沉降法的测量速度较慢，且结果受环境因素（如温度、液体黏度等）和人为因素（如操作误差）影响较大。此外，沉降法对于粒径分布很窄的样品可能无法给出准确的测量结果。

综上，激光粒度仪法具有最广泛的检测范围，能够覆盖从小于 1 微米到几毫米的颗粒；筛分法适用于粒径较大的物料，但测量下限较高；沉降法则适用于粒径较小的物料，但检测范围和准确性相对有限。在实际应用中，应根据物料的粒径范围、测量精度要求以及实验条件等因素选择合适的检测方法。

2.2.1.2　比表面积检测方法

比表面积是指单位质量物料颗粒的总表面积，是衡量物料表面活性的重要指标之一。在冶金实验中，常用的比表面积检测方法主要包括气体吸附法和其他方法（如透过法、压汞法等）。其中，气体吸附法因其可靠性和有效性而被广泛应用。

（1）气体吸附法：是利用气体分子在物料颗粒表面吸附的特性来测定比表面积的方法。该方法基于 BET 理论（Brunauer-Emmett-Teller 理论）等理论模型，通过测量在一定条件下气体分子在物料颗粒表面的吸附量来计算比表面积。常用的气体有氮气、氩气等。气体吸附法具有测试精度高、适用范围广等优点，能够适用于多种类型的物料检测。需要注意的是，在测试过程中需要严格控制实验条件以避免误差的产生。

（2）其他方法：除了气体吸附法外，还有一些其他方法可以用于比表面积的检测，如透过法和压汞法等。透过法是利用测量气体或液体通过物料层的透过速率来计算比表面积的方法；而压汞法则是通过测量压入物料孔隙中的汞量来计算比表面积的方法。这些方法各有优缺点，但通常不如气体吸附法应用广泛和精确。

冶金实验用散状物料粒度及比表面积的检测方法多种多样且各有特点。在实际应用中应根据物料的性质、检测精度要求以及实验条件等因素选择合适的检测方法以确保测量结果的准确性和可靠性。同时还需要注意测试过程中的操作规范和数据处理的准确性以提高检测结果的可靠性。

2.2.2　冶金炉渣的熔化温度

熔化温度是炉渣重要的性质之一，对冶金工艺过程的控制有重要作用。根据热力学理论，熔点定义为在标准大气压下，固体和液体相平衡共存时的温度。对于炉渣这种复杂的多元体系，其平衡温度会随着固相-液相两相成分的变化而变化，因此多元渣的熔化温度实际上是一个温度区间。冶金生产所用渣系，如转炉渣、保护渣、电渣、连铸结晶器保护渣等，其成分都很复杂，因此很难从理论上确定其熔化温度，经常需要由实验测定。下面介绍冶金炉渣熔化温度的主要检测方法。

2.2.2.1　半球法

作为一种经典且广泛应用的检测方法，其核心在于通过精密控制加热过程，观察渣样形态的微妙变化来界定熔化温度。在降温过程中，液相中开始析出固相的温度称为开始凝固温度（升温时称为完全熔化温度）；液相完全转变为固相的温度称为完全凝固温度（升温时称为开始熔化温度）。由于实际渣系的复杂性，通常没有现成的相图可供参考。为了粗略比较炉渣的熔化性质，生产中常采用试样变形法来测定炉渣的熔化温度。

在多元渣试样的升温过程中，一旦超过开始熔化温度，随着液相量的增加，试样的形状会逐渐改变。半球法正是基于这一原理。如图 2-1 所示，随着温度的升高，圆柱形试样会经历烧结收缩图 2-1（a），开始熔化、高度降低图 2-1（b）（c），直至接近全部熔化并铺展在垫片上图 2-1（d）。通过设定一个高度标记，对应的温度可以用来相对比较不同渣系的熔化温度，以及熔化速度和液相的流动性。通常，试样高度降至一半时的温度被定义为熔化温度。这种方法得到的熔化温度并非热力学上的熔点，而是一种实用的相对比较标准。

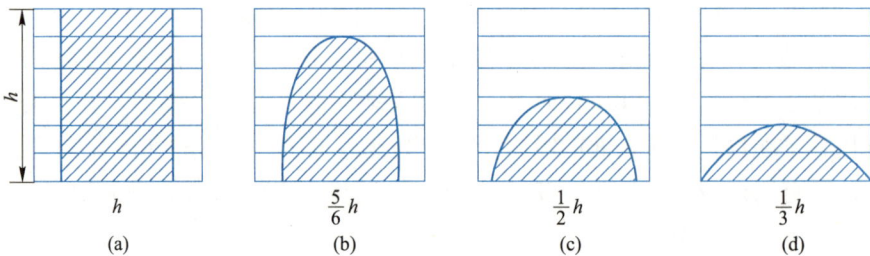

图 2-1　熔化过程试样高度的变化

（a）初始试样；（b）开始熔化；（c）高度降低 $\frac{1}{2}$；（d）接近全部熔化

实验装置（见图 2-2）包括高温加热系统、测温系统和试样高度光路放大观测系统。试样加热通常使用 SiC 管状炉、铂丝炉或钼丝炉，炉温由程序温度控制仪控制，样品温度用电位差计或数字高温表测定。试样放置在垫片上，垫片材料包括刚玉质、高纯氧化镁或贵金属，要求与试样不发生反应。热电偶的工作端必须紧贴试样垫片之下。光学系统将试样投影到屏幕上以便观察其形状。现代多功能物性仪可以将试样投影到照相机底片和摄像机硅片上，并通过图像卡输入计算机，同时储存显示试样的形状、温度及实验时间，从而精确测定样品的熔化温度和速度。

具体操作步骤如下。

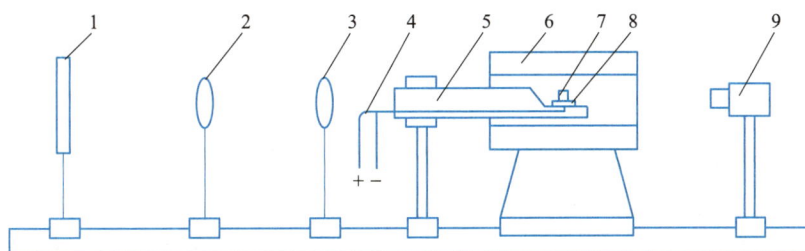

图 2-2　熔化温度测定装置示意图

1—屏幕；2—目镜；3—物镜；4—热电偶；5—支撑管；6—电炉；7—试样；8—垫片；9—投光灯

（1）渣样制备：将渣料研磨至小于 0.075 mm 的粒度，混匀成渣粉；将渣粉与糊精液混合，制成圆柱形试样；制好的渣样自然阴干或烘干。

（2）熔化温度测定：将垫片和试样放置在热电偶工作端上方，调整物镜和目镜，使试样在屏幕上呈清晰放大像；使用程序温控仪控制电炉升温，记录试样高度变化和对应温度，特别是试样顶端开始变圆、高度降低到一半以及液相完全铺展时的温度；一个试样测完后，重复实验 3~5 次，取平均值作为熔化温度。

2.2.2.2　差热分析法

通过测量样品与参比物之间的温度差随温度或时间的变化，进而确定炉渣的熔化温度等特性。

选取具有代表性的炉渣样品，将其研磨至一定粒度，确保样品均匀性。然后精确称取适量的炉渣样品放入特定的容器中。将该容器和参比物（通常为在测试温度范围内不发生热效应的物质，如氧化铝等）分别放置在差热分析仪的样品池和参比池中。一般以恒定的升温速率（比如 5 ℃/min、10 ℃/min 等）从室温升高到较高温度，以确保能够覆盖炉渣的熔化温度范围。随着温度的升高，差热分析仪持续监测样品和参比物的温度变化。当炉渣开始熔化时，会吸收热量，导致样品温度的上升速度低于参比物，此时在差热分析曲线上会出现一个吸热峰。

根据差热分析曲线，确定吸热峰的起始温度、峰值温度和结束温度。通常将吸热峰的起始温度作为炉渣的开始熔化温度，峰值温度可以近似认为是炉渣的熔化温度。为提高测量的准确性，可以进行多次重复测试，取平均值。同时，还可以结合其他分析方法和实际生产经验对结果进行综合判断。

2.2.2.3　淬火法

利用快速冷却技术固定炉渣在高温下的微观结构，通过后续的显微观察和分析，推断出熔化温度。

将炉渣样品加热至不同预设温度点。在每个温度点迅速将炉渣样品取出并淬火（如投入冷水中）。对淬火后的样品进行显微观察，分析微观组织结构的变化。根据微观组织的变化特征，推断出不同温度点下炉渣的熔化状态。综合分析各温度点的数据，确定熔化温度的大致范围。

2.2.2.4　热丝法

利用通电加热的热丝与炉渣接触时产生的热交换，通过监测热丝电阻的变化来反映炉渣的熔化状态。

准备细丝加热器（如铂丝或钨丝）和炉渣样品。将热丝置于炉渣样品中或与之紧密接触，并确保良好的电接触。通电加热热丝，并逐渐升高电流强度以提高加热功率。实时监测热丝的电阻变化，记录电阻开始显著下降的温度点。该温度点通常对应于炉渣开始熔化的温度。继续加热并观察电阻变化，根据实际实验需要，可以加热至炉渣完全熔化。

2.2.2.5　高温激光扫描共聚焦显微镜法

高温激光扫描共聚焦显微镜法代表现代科技在炉渣检测领域的最新应用。利用高温环境下的显微观察技术，直接观察炉渣样品在加热过程中的微观形态变化（如晶粒尺寸、形状、排列方式及相变等），从而确定熔化温度。

准备炉渣样品，确保其成分均匀并符合试验标准。将样品放置于高温激光扫描共聚焦显微镜的加热炉中，设置合适的加热程序。启动加热，并同步开启显微镜观察系统。实时观察并记录样品在加热过程中的微观形态变化。当观察到明显的熔化迹象（如晶界模糊、液相出现等）时，记录对应的温度。继续加热至样品完全熔化，记录最终温度（如流动温度）。保存显微图像和温度数据，进行后续分析。

在实际应用中，选择何种检测方法需综合考虑实验条件、精度需求以及炉渣的具体性质。每种方法都有其独特的优势和局限性，如半球点法的直观与简便、热分析法的连续记录能力、高温金相法与高温激光扫描共聚焦显微镜法的微观分析能力等。因此，科学合理地选择并严格遵循操作规程，是确保测量结果准确可靠的关键所在。

2.2.3　熔渣原位结晶过程检测（双偶与单偶法）

直接观测熔渣结晶过程的主要方法包括高温在线观察法和基于热电偶技术的双偶法（double hot thermocouple technique，DHTT）与单偶法（single hot thermocouple technique，SHTT）。这些方法各有特点，适用于不同的研究需求。

2.2.3.1　直接观测熔渣结晶过程的检测方法

高温在线观察法，依托热丝实验台或激光共聚焦显微镜的尖端技术，实现了高温环境下熔体内晶体析出与生长的即时捕捉。此法直观性强，能较全面地评估晶体比例，但受限于观测设备的分辨率与视野范围。

热电偶技术，尤其是双偶法（DHTT）与单偶法（SHTT），则通过精确测量熔渣在特定条件（包括温度及温度梯度）下的热行为，并结合先进的图像处理技术，实现了对熔渣结晶过程的动态监测与深度分析。单偶法简便快捷，特别适用于快速冷却或恒定温度条件下试样的精确测量；而双偶法，通过巧妙布局两支热电偶以构建显著的温度梯度，能够模拟结晶器与坯壳间渣膜的真实工作环境，为结晶行为研究提供了更为贴近实际的实验条件。

鉴于众多结晶器保护渣在高温下展现出光学透明或半透明特性，冷却过程中析出的晶体相则转变为不透明状态，这两种热电偶技术均巧妙地与图像摄取分析系统相连，确保了对熔渣中不透明晶体从初始析出至逐渐长大的全过程进行高清记录与详尽分析。无论是等温还是非等温条件下的熔渣结晶现象与规律，均可通过这两种技术得以深入研究与揭示。

2.2.3.2　双偶法（DHTT）

双偶法（DHTT）作为一种高效的熔渣结晶过程观测技术，其核心在于独特的双热电偶结构设计，该结构被精密安置于实验装置内。其工作原理基于双热电偶对熔渣内部不同位置温度变化的精准捕捉，以此追踪熔渣冷却过程中的结晶动态。当熔渣步入结晶阶段，释放的结晶热会显著影响局部温度，从而在温度-时间曲线上留下标志性的拐点。

检测流程严谨有序，涵盖双偶装置的安装、熔渣加热至预设温度以及持续监测并记录两位置温度随时间的演变。结果分析时，通过解读温度曲线的细微波动，可判定熔渣结晶的起始时刻与结晶速率。具体而言，内部热电偶温度的骤升标志着结晶的开始，而温度曲线斜率的计算则直接关联于结晶速率的量化。此外，辅以显微镜等先进观测手段，可进一步揭示熔渣结晶后的微观形态与结构特征。

以连铸工艺为例，DHTT技术被广泛应用于模拟结晶器与坯壳间渣膜的实际温度梯度变化，深入剖析渣膜结晶行为对连铸过程的影响机制，进而指导结晶器的优化设计。值得注意的是，DHTT技术的实验装置构建较为复杂，操作要求亦相对较高，需专业人员精细操作以确保实验结果的准确性。

2.2.3.3　单偶法（SHTT）

单偶法（SHTT）作为一种简便的熔渣结晶过程观测手段，其核心在于单个热电偶的应用，辅以数据采集系统与加热装置构成完整系统。其工作原理基于热电偶对熔渣温度变化的实时监测，通过分析温度曲线的特征（如拐点、平台等），来推断熔渣的结晶过程。与双偶法相比，单偶法更侧重于利用这些特征性变化来界定结晶的起始与速率。

该方法检测流程简洁高效，涉及热电偶的安装定位、数据采集系统的连接、加热装置的参数设定，以及随后的熔渣加热至熔融状态、温度变化的连续监测与数据记录。图2-3是单偶法测试原理示意图（其设备主要由计算机、控制柜、微型电炉、体式显微镜、CCD摄像装置和图像采集卡组成）。在数据分析阶段，重点考察温度曲线的特定形态变化，以此界定结晶的开始时间点，并基于曲线斜率的变化趋势估算结晶速率。此外，单偶法还可与其他分析技术（如X射线衍射）相结合，以更全面地解析结晶产物的形态结构。例如，当含钛渣碱度为0.6且TiO_2含量为20%时的SHTT图如图2-4所示。

单偶法的显著优势在于其实验装置构建简易，操作流程直观便捷，尤其适合对结晶过

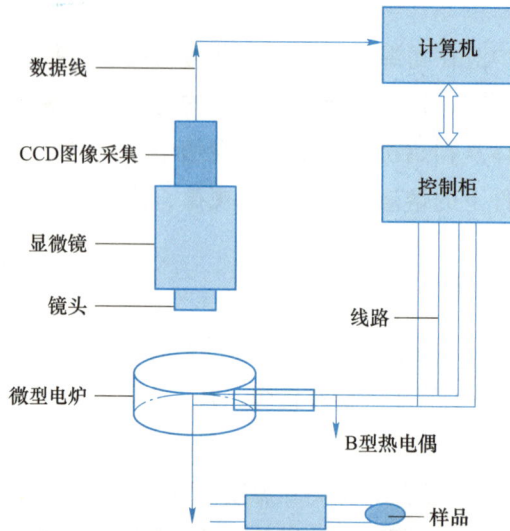

图 2-3　单偶法测试原理示意图

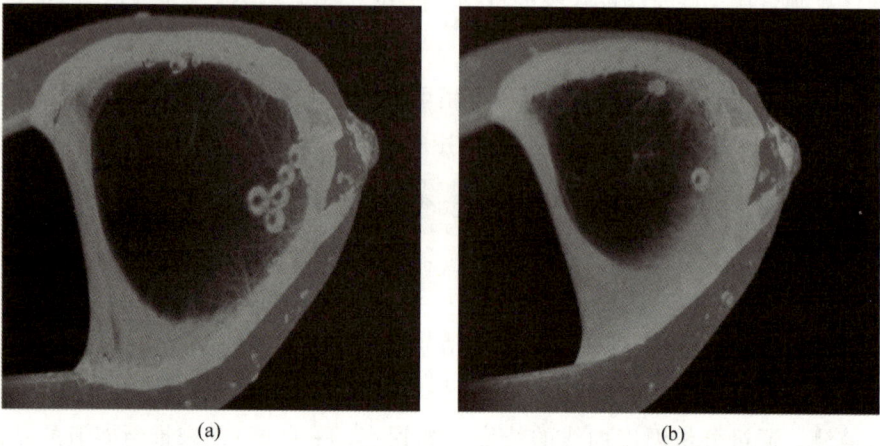

（a）　　　　　　　　　　　　　（b）

图 2-4　含钛渣碱度为 0.6 且 TiO$_2$ 含量为 20%时的 SHTT 图

（a）1150 ℃；（b）1075 ℃

程精度要求不甚严苛的场合。然而，其精度上的局限性亦不容忽视，如难以精确捕捉结晶热释放的具体位置，以及无法模拟复杂温度梯度条件等，这在一定程度上限制了其在特定研究领域的应用。因此，单偶法更常被应用于小型实验室的快速筛查与初步分析，以迅速掌握熔渣结晶的基本概况。

　　表 2-1 直观对比了双偶法与单偶法的主要特点，为研究者在不同研究需求下选择合适的技术方法提供了参考依据。

表 2-1　双偶法和单偶法特点对比

特　性	DHTT	SHTT
温度梯度	可形成较大的温度梯度，模拟实际工况	无或较小温度梯度
应用范围	适用于研究结晶器与坯壳间渣膜的实际条件	适用于快速冷却或等温条件下的研究
测量精度	较高，能准确反映试样内部温度分布	适中，主要关注中心或局部区域的温度
操作复杂度	较高，需要精确控制两支热电偶的位置和温度	较低，操作相对简单

2.2.4　高温冶金熔体黏度的测定

熔体黏度的测定在冶金工程中占据核心地位，作为关键的物理化学性质，会影响着冶金过程中的传热效率、传质速率以及化学反应动力学。具体而言，熔渣与金属的有效分离、能否顺畅自炉内排出以及炉衬材料的侵蚀程度等关键工艺环节，均直接受熔体黏度特性的制约。

2.2.4.1　黏度定义与计算公式

根据牛顿内摩擦定律，流体内部各液层间的内摩擦力（黏滞阻力）F 与液层面积 S 和垂直于流动方向二液层间的速度梯度 $\mathrm{d}v/\mathrm{d}y$ 成正比，即：

$$F = \eta \frac{\mathrm{d}v}{\mathrm{d}y} S \tag{2-1}$$

式中　η——黏度系数，简称黏度，$\mathrm{Pa \cdot s}$。

熔体黏度与其组成和温度有关。当熔体的组成一定时，其黏度与温度的关系一般可表示为：

$$\eta = C \times \exp\left(\frac{E_\eta}{RT}\right) \tag{2-2}$$

式中　T——热力学温度，K；

$\quad\quad R$——摩尔气体常数，8.314 $\mathrm{J/(mol \cdot K)}$；

$\quad\quad E_\eta$——黏滞活化能，$\mathrm{J/mol}$；

$\quad\quad C$——常数。

2.2.4.2　测定高温冶金熔体黏度的方法

适合于高温熔体黏度测定的方法包括细管法、扭摆振动法、旋转柱体法和落球法等。

在众多的熔体黏度测定方法中，旋转法与扭摆法以其独特的适用性而广泛使用。旋转法适用于高黏度熔体（如熔渣）的测定，其通过旋转体在熔体中的阻力变化来精确反映黏度水平。相反，扭摆法则适用于低黏度熔体，如熔盐及液态金属等，其利用摆杆在熔体中的扭摆衰减特性来推算黏度值。这两种方法相互补充，共同构成了冶金熔体黏度测定的基石。

2.2.4.3 旋转型黏度计

旋转型黏度计的基本结构由两个同轴圆柱体组成，如图 2-5 所示。采用坩埚盛待测液体，作为外柱体。在待测液体轴心处插入内柱体，内柱体通过悬丝悬挂。实际工作中，可选择外柱体旋转（即坩埚旋转法黏度计，此时悬丝顶端固定）或内柱体旋转（即柱体旋转法黏度计，此时悬丝顶端与马达轴联结）。现以内柱体旋转黏度计为例来说明熔渣的测定过程。

借助图 2-5 中的弹性悬丝 5 测量内柱体所受黏滞力矩。马达以 12 r/min 的转速旋转时，悬丝将转动力矩传递至下端并带动内柱体转动。内柱体 9 浸入待测液体后，液体的内摩擦力（黏滞阻力）对内柱体产生黏滞力矩，致使悬丝扭转。当扭矩与黏滞力矩平衡时，悬丝保持一定扭转角度 φ。依据马达转速 ω 可求出待测液体的黏度：

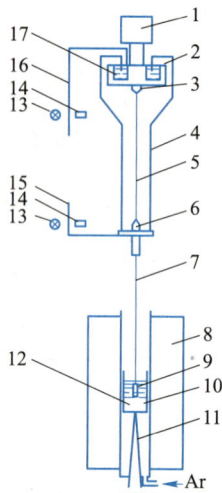

图 2-5 内柱体旋转型黏度计结构示意图

1—马达；2—阻尼盒；3—上卡头；4—阻尼架；5—悬丝；6—卡头；7—转杆；8—电炉；9—内柱体；10—坩埚；11—热电偶；12—熔体；13—小灯泡；14—光电二极管；15—下挡片；16—上挡片；17—阻尼介质

$$\eta = K \frac{\varphi}{\omega} \tag{2-3}$$

式中 K——黏度计装置常数。

采用光电计时法测定悬丝扭转角 $\varphi(\mathrm{rad})$。实验中，当马达作匀速转动时，记录上下挡片分别经过"光电门"的时间差 $t(\mathrm{s})$，t 与悬丝扭转角 φ 成比例。将此比例系数以及马达转速 $\omega(\mathrm{rad/s}$ 或 r/min，且 1 r/min = $2\pi/60$ rad/s）都并入装置常数 K 中，于是得到：

$$\eta = K(t - t_0) \tag{2-4}$$

式中 t_0——旋转系统在空气中转动时上下光电门的时间差，s。

黏度计装置常数 K 用已知黏度的蓖麻油标定得出。

2.2.4.4 扭摆型黏度计

扭摆型黏度计的基本结构与旋转型黏度计类似，可分为内柱体扭摆黏度计和外柱体（即坩埚）扭摆黏度计两种。该类型黏度计量程较窄但灵敏度高，常用于测量低黏度液体的黏度，如液态金属、熔盐等。现以坩埚扭摆黏度计为例阐释其工作原理。

由图 2-6 坩埚扭摆黏度计结构示意图可得知，若

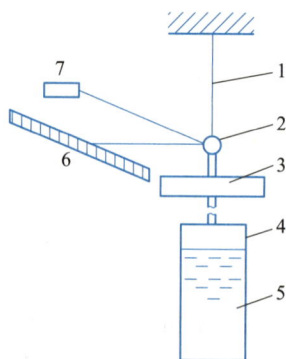

图 2-6 坩埚扭摆黏度计结构示意图

1—悬丝；2—反光镜；3—惯性体；4—坩埚；5—液体；6—标尺；7—光源

先用外力使坩埚从 0 位（平衡位置）往左扭转一个角度 θ，当外力去除后，在弹性悬丝的恢复力与系统惯性力作用下，坩埚会在平衡位置左右往复扭摆摆动。与此同时，坩埚边缘处液层随坩埚以相同角速度扭摆，而中心处液层不动，各液层间存在速度梯度，进而产生内摩擦力。此内摩擦力最终传递给坩埚，成为坩埚扭摆的阻尼力，致使扭摆振幅逐渐衰减。理论上可导出扭摆振幅衰减率与液体黏度等性质之间的关系式，但因其复杂不便使用，实际中仍采用半经验公式，较常用的公式如下：

$$\rho_t / (\rho_m (\Delta - \Delta_0)) = K\sqrt{\eta \rho_t \tau} \tag{2-5}$$

式中　η——待测液体黏度，Pa·s；

　　ρ_t，ρ_m——分别为测量温度下和熔点温度下熔体的密度，kg/m^3；

　　　　τ——扭摆周期，s；

　　　　K——装置常数，对一定类型和几何尺寸的实验装置是一个常数，用已知黏度和密度的标准液体标定；

　　Δ，Δ_0——分别为由实验测得的有试样和空坩埚时振幅的对数衰减率。

$$\Delta = (\ln\lambda_0 - \ln\lambda_N)/N \tag{2-6}$$

式中　λ_0，λ_N——分别为起始和第 N 次扭摆时的振幅，m。

2.2.4.5　黏度计的使用

对于黏度计性能的调整，由于试样不同，常常需要对黏度计的量程、灵敏度、稳定性（或精度）等性能进行适当调整，主要通过改变装置常数 K 的值来实现。因为常数 K 对仪器设备实际上起着放大（或缩小）系数的作用。以旋转型黏度计为例，增大 K 值（如提高悬丝的切变模量 G 等），可用较小扭转角测量较大的黏度值，从而扩大仪器量程，提高系统稳定性，但会降低灵敏度。对于扭摆型黏度计，由式（2-5）可知，增大 K 可提高仪器灵敏度，却会降低量程和稳定性。因此，针对具体试样，应综合考虑各项性能选取适当的装置常数。提高黏度计的准确度，首先要提高系统稳定性，在此基础上再用高准确度的标准液体进行标定。

2.2.4.6　Fe$_t$O 对含磷渣 CaO-SiO$_2$-MgO-Al$_2$O$_3$-P$_2$O$_5$ 黏度影响研究实例

A　黏度测试方法

本实验采用东北大学制造的 RTW-10 型熔体物性综合测试仪，配备 Brookfield 公司生产的黏度仪，通过内柱体旋转法进行黏度测试。该系统由计算机、电炉控制柜、旋转及固定支柱、电机传感器、硅钼棒炉和氩气瓶组成。黏度仪上的硅钼棒炉结构详见图 2-7。主转头和坩埚均为钼材质，通过氧化铝连接杆与黏度计相连。硅钼棒炉由六根 U 形 MoSi$_2$ 棒构成加热元件，通过上端夹具连接形成电路。测温热电偶采用铂铑合金（Pt-10%Rh/Pt），由氧化铝管保护，置于坩埚底部，温度测量误差不超过 ±5 K。

在进行黏度测试前，需用蓖麻油对黏度仪进行黏度常数标定。选择蓖麻油作为标定液，因其黏度稳定且对温度变化敏感。

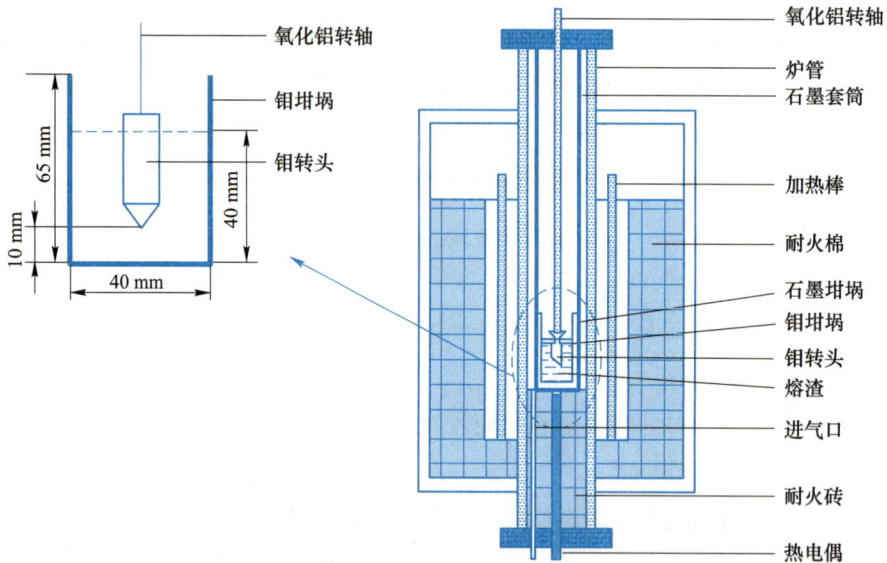

图 2-7   黏度炉体剖面示意图

在进行黏度测试前，将装有 140 g 预熔渣的钼坩埚置于炉子的恒温区，并用石墨坩埚作为保护。为了防止钼转头和钼坩埚氧化，炉子底部需通入 0.3 L/min 的高纯氩气（纯度≥99.999%）进行保护。同时，坩埚上方需加装一个与石墨坩埚直径相同的石墨套筒，以进一步保护实验环境。使用前，需用刷子清除石墨套筒内壁的石墨粉尘，避免加热过程中粉尘落入坩埚，造成污染。

具体控温程序为：首先将炉子加热至 1823 K 并保温 2 h，确保炉渣温度稳定且完全熔融。然后，通过程序控制，缓慢将钼转头浸入熔渣中心，保持其底部距离坩埚底部 10 mm。接着，开始在第一个温度点进行黏度测试。测试完成后，以 5 K/min 的速率降温，并每隔 25 K 进行一次黏度测试，每次测试前保温 30 min 以达到平衡态。

在黏度测试中，每个温度点使用三种不同转速：150 r/min、175 r/min、200 r/min，每种转速测试持续 180 s。最终，将三种转速得到的黏度值取平均，作为该温度点的黏度值。如果三种转速的平均黏度值误差在 3% 以内，则认为熔体为牛顿流体；若误差超过 3%，则认为熔体为非牛顿流体。

B Fe_tO 对 $CaO\text{-}SiO_2\text{-}MgO\text{-}Al_2O_3\text{-}P_2O_5$ 渣系黏度的影响规律

图 2-8 给出了 Fe_tO 含量变化对 $CaO\text{-}SiO_2\text{-}MgO\text{-}Al_2O_3\text{-}P_2O_5$ 渣系黏度的影响。结果表明，随着 Fe_tO 含量的增加，渣系黏度逐渐降低。黏滞活化能从 180.2 kJ/mol 下降至 124.5 kJ/mol，表明黏滞阻力减小，渣系中可能形成了更简单的结构单元。

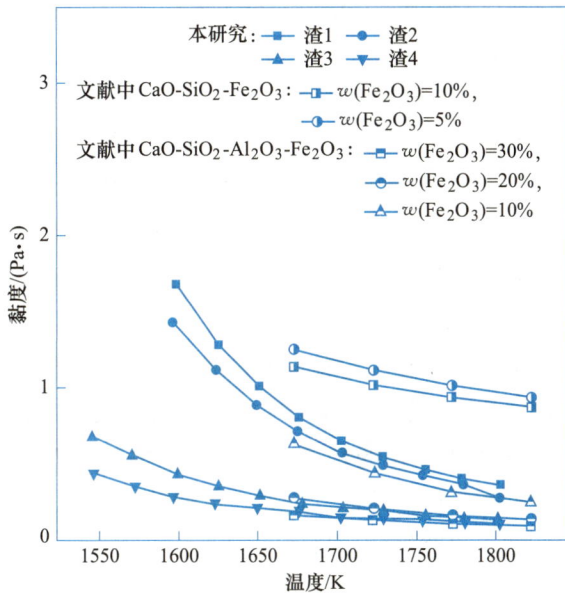

图 2-8　不同 Fe_tO 含量的熔体黏度随温度的变化曲线

2.2.5　熔体表面张力的测定

2.2.5.1　表面张力定义

液体表面层的质点（分子、原子或离子）承受一个向液体内部汇聚的合力作用，若要扩大液体表面积，则需克服此内聚力作功。这一过程揭示了液体表面层质点相较于内部质点拥有更高的能量状态，此额外能量被定义为表面能。同时，这也可理解为液体表面承受着一种使表面积趋于缩小的切向力，此力即为表面张力，其单位常为 N/m 或 mN/m，并用符号 γ 表示。广泛而言，任何两相界面均存在类似的表面张力，特别地，凝聚相与气相之间的这种力传统上称为表面张力，而两凝聚相之间的力则称为界面张力。

表面张力作为熔体至关重要的物理特性之一，在金属冶炼流程中扮演着不可或缺的角色。从液态金属、熔渣到熔盐，它们的表面特性及其相互间的界面性质，在乳化、泡沫渣形成、耐火材料润湿、金属与熔渣分离、夹杂物演变及界面反应动力学等诸多方面发挥着决定性作用。深入研究表面张力不仅能揭示熔体中质点间的相互作用力，还能洞察熔体表面的微观结构，为理解和优化冶金过程提供宝贵依据。下面介绍几种测定熔体表面张力的方法。

2.2.5.2　气泡最大压力法

气泡最大压力法是通过测量气泡形成过程中的最大压力来计算液体的表面张力。将一根毛细管插入高温熔体中，通过向毛细管中通入气体，在管口形成气泡。随着气泡的长大，气泡内的压力逐渐增大，当气泡半径达到最大值时，气泡内的压力等于熔体的静压力与表面张力引起的附加压力之和。根据拉普拉斯方程，附加压力与表面张力和气泡半径有关。具体的计算公式为：

$$\gamma = (\Delta p / 2) \times (r / K) \tag{2-7}$$

式中　γ——表面张力，N/m；

　　Δp——最大气泡压力与熔体静压力之差，Pa；

　　r——毛细管半径，m；

　　K——校正系数，通常与毛细管的形状和尺寸、熔体的性质等因素有关。

其具体检测步骤包括：准备高温炉和熔体容器，将待测熔体加热至所需温度。将毛细管垂直插入熔体中，并连接气体供应系统。缓慢通入气体，当气泡为半球形时，使用压力传感器记录最大气泡压力。

该检测方法操作相对简单，可在一定程度上实现连续测量。但是，校正系数的确定较为复杂，测量结果受毛细管半径、熔体性质、气体流量等因素影响较大。误差主要来源于毛细管的直径测量误差、压力传感器的精度、气体流量的稳定性等。适用于各种高温熔体，尤其是对不与毛细管发生反应的熔体。例如，在钢铁冶金中，用于测定钢液和熔渣的表面张力，以优化炼钢工艺，提高钢的质量。

2.2.5.3　静滴法

静滴法是让高温熔体在特定的容器中形成液滴，通过测量液滴的形状参数（如液滴的高度、宽度等），利用 Bashforth-Adams 方程计算表面张力。液滴在重力和表面张力的作用下达到平衡状态。计算公式如下：

$$\gamma = (\Delta \rho g) \times (d_e^2 / H) \tag{2-8}$$

式中　γ——表面张力，N/m；

　　$\Delta \rho$——熔体与周围环境的密度差，kg/m^3；

　　g——重力加速度，m/s^2；

　　d_e——液滴的等效直径，m；

　　H——液滴的高度，m。

其具体检测步骤包括：将待测熔体放入特定的容器中，加热至所需温度。使用高速摄像机或光学测量设备记录液滴的形状。通过图像处理软件分析液滴的形状参数，代入公式计算表面张力。

该检测方法可以直接测量高温熔体的表面张力，不需要引入其他物质。但是对液滴形状的测量精度要求较高，图像处理过程较为复杂。误差主要来源于液滴形状的测量误差、熔体温度的波动、容器壁的影响等。适用于大多数高温熔体，尤其是对形状规则的液滴容易形成的熔体。例如，在有色冶金中，测定铜、铝等金属熔体的表面张力，以优化熔炼和铸造工艺。

2.2.5.4　拉筒法

拉筒法是通过测量将金属筒（或金属环）拉离熔体表面所需的力来推算表面张力的方法。将一个圆筒浸入高温熔体中，然后缓慢向上提拉圆筒。当圆筒即将脱离熔体表面时，所需要的拉力等于熔体的表面张力与圆筒周长和浸入深度的乘积。计算公式如下：

$$\gamma = F / (2\pi r L) \tag{2-9}$$

式中　γ——表面张力，N/m；

　　　F——提拉圆筒所需的拉力，N；

　　　r——圆筒半径，m；

　　　L——圆筒浸入熔体的深度，m。

其具体检测步骤包括：准备高温炉和熔体容器，加热熔体至所需温度。将圆筒浸入熔体中，并连接拉力测量装置。缓慢向上提拉圆筒，记录拉力。

该方法测量原理相对简单，直接测量拉力即可计算表面张力。其缺点在于圆筒的材质选择要考虑与熔体的相容性，且拉力测量装置的精度要求较高。误差主要来源于圆筒半径的测量误差、拉力测量装置的精度、圆筒浸入深度的控制误差等。适用于各种高温熔体，但对于易与圆筒发生反应的熔体不适用。例如，在冶金过程中，用于测定熔渣的表面张力，以研究熔渣的性质和行为。

冶金高温熔体表面张力的测定是一个复杂的过程，需要根据熔体的性质、实验条件和测量要求选择合适的方法。不同的测定方法有各自的优缺点，在实际应用中需要综合考虑各种因素，以提高测量的准确性和可靠性。同时，随着科技的不断发展，新的测定方法和技术也在不断涌现，为冶金高温熔体表面张力的研究提供了更多的选择和可能性。

2.2.6　熔体电导率的测定

冶金生产中，电导率的精准把握对熔体与电解质至关重要。电解法制取金属需依赖电导率数据优化工艺，高电导率电解液能降低电阻损耗，提升能效并节约成本。电渣重熔技术中，炉渣电导率影响过程效率、钢材品质及成本。理论研究中，电导率测量揭示导电机理与微观结构，结合其他性质研究，深化对冶金熔体及电解质的理解。因此，电导率测定与应用在冶金实践与理论探索中非常重要。

2.2.6.1　电导率定义

电导率是指单位长度、单位截面积的导体在单位时间内通过的电荷量，通常用符号 σ 表示。在冶金高温熔体中，电导率反映了熔体中离子的迁移能力和导电性能。电导率的单位通常为西门子/米（S/m），它是电阻率的倒数。常用的测试方法有四电极法（四端子法）和交流阻抗法。

2.2.6.2　四电极法

四电极法是将四个电极插入高温熔体中，其中两个电极作为电流电极，另外两个电极作为电压电极。通过在电流电极之间施加一定的电流，测量电压电极之间的电压降，根据欧姆定律计算出熔体的电阻，进而得到电导率（σ）。计算公式如下：

$$\sigma = L/(R \times A) \tag{2-10}$$

式中　L——电压电极之间的距离，m；

　　　R——熔体的电阻，Ω；

　　　A——电极的截面积，m^2。

该方法的检测步骤通常包括：准备高温炉和熔体容器，将待测熔体加热至所需温度。

插入四个电极,并连接测量电路。施加一定的电流,测量电压电极之间的电压降。根据公式计算电导率。

四电极法测量精度较高,能够有效地消除电极极化和接触电阻的影响。但是,该方法需要精确控制电极的位置和间距,以及测量电路的稳定性。适用于各种冶金高温熔体,尤其是对于高黏度、易结晶的熔体具有较好的适用性。例如在钢铁冶金中,用于测定钢液和熔渣的电导率,以优化炼钢过程中的电弧炉操作和炉渣控制。

2.2.6.3 交流阻抗法

交流阻抗法是在高温熔体两端施加一定频率的交流电压,测量熔体的阻抗。根据阻抗的实部和虚部分别计算熔体的电阻和电容,进而得到电导率。计算公式如下:

$$\sigma = \omega \times C \times \tan\theta \tag{2-11}$$

式中　σ——电导率,S/m;

　　　ω——角频率,rad/s;

　　　C——电容,F;

　　　$\tan\theta$——损耗角正切值。

该方法的检测步骤通常包括:准备高温炉和熔体容器,将待测熔体加热至所需温度。连接交流阻抗测量仪,设置测量频率和电压。测量熔体的阻抗,并记录数据。根据公式计算电导率。

交流阻抗法可以同时测量熔体的电阻和电容,能够提供更多的信息。但是,该方法需要复杂的测量设备和数据分析方法,且测量结果受频率、温度等因素的影响较大。适用于各种冶金高温熔体,尤其是对于含有复杂离子结构的熔体具有较好的适用性。例如在有色冶金中,用于测定铜、铝等金属熔体的电导率,以优化电解过程中的电流效率和能耗。

冶金高温熔体电导率的测定方法各有优缺点,在实际应用中应根据熔体的性质、实验条件和测量要求选择合适的方法。同时,为了提高测量的准确性,需要对测量设备进行精确校准,控制实验条件,并进行多次重复测量和数据分析。

2.3　化学成分分析方法

化学成分分析是一种用来确定材料或物质的化学组成的方法,可以通过各种化学方法和仪器方法来实现。

2.3.1　化学成分分析方法概述

2.3.1.1　化学分析方法分类

(1)定性分析与定量分析。定性分析的任务在于鉴定物质由哪些元素或化合物组成;定量分析的任务则是测定物质中有关组成的含量。在钢铁冶金实验中,最为常用的是定量分析。

(2)常量分析、半微量分析和微量分析等。依据试样的用量及操作方法的不同,可分为常量分析、半微量分析、微量分析和超微量分析如表 2-2 所示。

表 2-2　各种分析操作时的试样用量

操作方法	试样用量	液体体积/mL
常量分析	>0.1 g	>10
半微量分析	0.01~0.1 g	1~10
微量分析	0.1~1.0 mg	0.01~1
超微量分析	<0.1 mg	<0.01

这些分类反映了化学定量分析中样品量的不同级别，从常量到痕量，样品量逐渐减少，分析的灵敏度和精确度要求逐渐提高。

（3）例行分析、快速分析和仲裁分析。例行分析指一般化验室日常生产中的分析，亦称作常规分析。快速分析属于例行分析的一种，主要用于生产过程的控制。例如炼钢厂的炉前快速分析，要求在尽可能短的时间内报出结果，此时分析误差一般允许较大。仲裁分析是在不同单位对分析结果存在争议时，要求有关单位采用指定的方法进行准确分析，以判断分析结果的准确性。在仲裁分析中，准确度是关键矛盾所在。

（4）化学分析和仪器分析。以物质的化学反应为基础的分析方法称为化学分析法。化学分析历史悠久，是分析化学的基础，故又被称为经典化学分析法。主要的化学分析方法有两种：其一为重量分析法；其二为滴定分析法（容量分析法）。

以物质的物理和物理化学性质为基础的分析方法称为物理和物理化学分析法。由于这类方法通常需要较特殊的仪器，所以一般又称为仪器分析法。在冶金分析中常用的仪器分析法有：分光光度法（比色法）、原子吸收分光光度法、原子发射光谱分析、X 射线荧光光谱分析等。

2.3.1.2　定量分析步骤

在钢铁冶金实验与生产中，定量分析占据核心地位，其详尽流程如下。

（1）取样。取样是定量分析的首要步骤，需根据分析对象（如钢铁、炉渣等）采取适宜方法。钢铁及金属试样常通过钻、车、铣、刨、击碎等技术获取碎屑；炉渣则利用碎样机或手工捣碎后过筛，确保无遗漏粗颗粒以维持试样代表性。对易水化样品（如熟白云石、石灰），应妥善密封保存。取样过程中，确保试样代表性至关重要，以免分析失真或误导结论。

（2）试样分解。试样分解是将固体试样转化为溶液的关键步骤，直接影响分析结果的准确性。分解方法主要分为溶解与熔融两类。

1）溶解：利用水、酸、碱等溶剂分解试样。

2）熔融：在高温下，以碱性或酸性溶剂与试样混合熔融。其中，酸溶解法因其高效便捷而成为常用手段。

（3）测定。根据被测组分的特性、含量需求及实验室条件，选择最合适的化学分析或仪器分析方法。每种方法在灵敏度、选择性和应用范围上各有千秋，因此需深入理解各方法特性，以便精准选择。测定时，需有效排除其他组分的干扰，常采用分离或掩蔽技术。

(4) 计算分析结果。基于试样质量、测量数据及反应计量关系,结合标准样品分析或标准曲线,精确计算试样中各组分含量。此步骤要求严谨细致,确保计算结果准确无误。

(5) 定量分析结果的表示。

1) 钢铁及金属合金:常以元素形式(如 C、Si、Mn、P、S 等)的质量分数表示,而忽略其实际是以固溶态或者化合物形式存在。

2) 炉渣:多采用氧化物形式(如 CaO、MgO、SiO_2、P_2O_5 等)表示,以反映其化学组成。对于价态不明确的元素(如 Fe 的氧化物),可直接以元素质量分数表示(如炉渣中的 $w(TFe)_\%$)。

2.3.2 化学分析方法的分类

化学分析方法主要分为两大类:重量分析法和滴定分析法。化学分析结果普遍采用质量分数作为被测组分含量的标准表示方式。

2.3.2.1 重量分析法

重量分析法,作为一种经典的化学分析方法,其核心在于将被测组分从试样中有效分离,并转化为便于称量的形态,随后通过精密称重来确定其含量。依据分离手段的差异,此法大致可划分为三类。

(1) 沉淀法:沉淀法为重量分析之核心,通过化学反应将被测组分转化为难溶或微溶的化合物沉淀析出。随后,对沉淀物进行过滤、彻底洗涤以去除杂质、烘干或灼烧至恒重,最终通过精确称重计算被测组分的含量(质量分数,%)。计算公式为:

$$被测组分的含量 = \frac{沉淀的质量 \times 被测组分在沉淀中的质量分数}{试样的质量} \times 100\% \quad (2-12)$$

此法操作虽繁,但结果准确可靠。适用于含量在 1% 以上的常量组分分析。

(2) 挥发法:挥发法利用加热或其他技术手段促使试样中的被测组分挥发逸出。根据减重原理,可直接通过试样减重来测定组分含量;亦可采用吸收剂捕获挥发组分,通过吸收剂增重来推算含量(质量分数,%)。计算公式为:

$$被测组分的含量 = \frac{试样的质量 - 残留物的质量}{试样的质量} \times 100\% \quad (2-13)$$

例如,在测定试样中的吸湿水或结晶水时,加热至恒重法及干燥剂吸收法均为有效手段,能精确求得水分含量。适用于含量在 1% 以上的常量组分分析。

(3) 电解法:电解法则巧妙利用电解原理,使溶液中的金属离子在电极表面析出,随后对析出的金属进行称重,从而确定原溶液中金属离子的含量(质量分数,%)。计算公式为:

$$被测组分的含量 = \frac{电极上析出物质的质量 \times 被测组分在析出物质中的质量分数}{试样的质量} \times 100\%$$

$$(2-14)$$

此法以其独特性和高效性。适用于含量在 0.01% 以上的常量组分分析。

　　重量分析法因其直接通过高精度天平称量获得结果，无须依赖标准样品或基准物质进行比对，故而在操作得当且称量精确的前提下，能够提供准确度极高的分析结果，相对误差常可控制在 0.1%～0.2%。操作流程涉及沉淀、过滤、洗涤、灰化等多步骤，耗时较长，同时受限于天平的称量误差和沉淀的最低可称量质量，对微量组分（<0.01%）及痕量组分（<0.0001%）的测定灵敏度不足。当前，重量分析法主要应用于硅、磷、钨、钼、镍、锆、钽等高含量元素的精确分析领域。此外，借助沉淀反应实现的分离与富集技术，亦是分析化学中不可或缺的分离手段之一，对于复杂样品的预处理及纯化具有重要意义。

2.3.2.2　滴定分析法

　　滴定分析法又称容量分析法，是将一种已知准确浓度的试剂溶液（标准溶液）滴加到被测物质的溶液中，直到所加的试剂与被测物质按化学计量关系定量反应为止，然后根据试剂溶液的浓度和用量，计算被测物质的含量。可分为酸碱滴定法、配位滴定法、氧化还原滴定法和沉淀滴定法等。

　　（1）酸碱滴定法：以酸碱中和反应为基础，用已知浓度的酸（或碱）标准溶液滴定被测物质的碱（或酸），根据滴定过程中消耗的标准溶液的体积和浓度，计算被测物质的含量。适用于测定酸、碱以及能与酸、碱发生中和反应的物质，浓度范围一般在 0.1 mol/L 以上。计算公式为：

$$被测物质的含量 = \frac{标准溶液的浓度 \times 标准溶液的体积 \times 被测物质的摩尔质量}{试样的质量} \times 100\%$$

$$(2\text{-}15)$$

单位为质量百分比（%）。

　　（2）配位滴定法：以配位反应为基础，用已知浓度的配位剂标准溶液滴定被测物质中的金属离子，根据滴定过程中消耗的标准溶液的体积和浓度，计算被测物质的含量。适用于测定金属离子，浓度范围一般在 10^{-2} mol/L 以上。计算公式为：

$$被测物质的含量 = \frac{标准溶液的浓度 \times 标准溶液的体积 \times 被测物质的摩尔质量}{试样的质量} \times 100\%$$

$$(2\text{-}16)$$

单位为质量百分比（%）。

　　（3）氧化还原滴定法：以氧化还原反应为基础，用已知浓度的氧化剂（或还原剂）标准溶液滴定被测物质中的还原剂（或氧化剂），根据滴定过程中消耗的标准溶液的体积和浓度，计算被测物质的含量。适用于测定具有氧化还原性质的物质，浓度范围一般在 10^{-3} mol/L 以上。计算公式为：

$$被测物质的含量 = \frac{标准溶液的浓度 \times 标准溶液的体积 \times 被测物质的摩尔质量}{试样的质量} \times 100\%$$

$$(2\text{-}17)$$

单位为质量百分比（%）。

（4）沉淀滴定法：以沉淀反应为基础，用已知浓度的沉淀剂标准溶液滴定被测物质中的离子，根据滴定过程中消耗的标准溶液的体积和浓度，计算被测物质的含量。适用于测定能与沉淀剂生成沉淀的物质，浓度范围一般在 10^{-2} mol/L 以上。计算公式为：

$$被测物质的含量 = \frac{标准溶液的浓度 \times 标准溶液的体积 \times 被测物质的摩尔质量}{试样的质量} \times 100\%$$

（2-18）

单位为质量百分比（%）。

综上所述，重量分析法和滴定分析法在冶金实验过程中各有其独特的优势和适用范围。在选择分析方法时，需要根据待测物质的性质、测定要求和实验条件进行综合考虑。同时，也需要注意各种方法的不足和局限性，以确保测定结果的准确性和可靠性。

2.3.3 仪器分析方法

仪器分析方法在现代化学分析中占据重要地位，它们通过精密的仪器设备对物质进行定性和定量分析。以下是对分光光度法、原子吸收光谱法、原子发射光谱法和 X 射线荧光光谱法的详细介绍。

2.3.3.1 分光光度法（spectrophotometry）

分光光度法基于朗伯-比尔定律（Lambert-Beer Law），即物质的吸光度（A）与其浓度（c）及光程（b，如比色皿的厚度）的乘积成正比，数学表达式为 $A = \varepsilon b c$，其中 ε 为摩尔吸光系数。该方法通过测量样品在特定波长或波长范围内对光的吸收度来进行定性和定量分析。计算公式为：

$$c = A/(\varepsilon b) \tag{2-19}$$

式中　A——吸光度，无单位；

　　　c——待测物质的浓度，mol/L；

　　　ε——摩尔吸光系数，L/（mol·cm）；

　　　b——光程，cm。

分光光度法要求样品须澄清透明，无悬浮物或沉淀，且待测组分的浓度应在仪器和方法的线性范围内。适用于微量至常量组分的分析，浓度范围广泛，具体取决于仪器和试剂的灵敏度。该方法灵敏度高、操作简便、快速、重现性好。但是，对于浑浊或有色溶液需要预处理，以避免散射光的影响。

2.3.3.2 原子吸收光谱法（atomic absorption spectrometry，AAS）

原子吸收光谱法基于气态原子对特定波长光的吸收特性。当光源发出的光通过待测元素的原子蒸气时，原子外层电子吸收特定波长的光而从基态跃迁到激发态，从而产生吸收光谱。吸光度与待测元素的浓度成正比。通过绘制标准曲线（吸光度 A 与浓度 c 的关系图）来进行定量分析。浓度单位通常为 μg/mL、ng/mL 等。

原子吸收光谱法要求样品为液体，需转化为气态原子，通过火焰或石墨炉等方式进行原子化。特别适用于微量及痕量组分分析，浓度范围可达 ng/mL 至 μg/mL。该方法选择性强、灵敏度高、分析范围广、干扰少。但是不能多元素同时分析,对难熔元素和易挥发元素的测定灵敏度较低。

2.3.3.3 原子发射光谱法(atomic emission spectrometry,AES)

原子发射光谱法基于原子在受到激发后从高能态跃迁回低能态时发射特征光谱的原理。每种元素都有其独特的发射光谱线,因此可以通过测量发射光谱线的波长和强度来进行元素定性和定量分析。通过比较发射光谱线的强度与标准光谱线或标准样品的强度来进行定量分析。浓度单位通常为%等。

原子发射光谱法要求样品为固体,需转化为气态原子或离子,通过电弧、火花或激光等方式进行激发。适用于多种元素的定性和定量分析,浓度范围较宽,从 10^{-6} 到%级均可。该方法可多元素同时测定、准确度高、灵敏度高。但是设备复杂、操作要求高、成本高。

2.3.3.4 X 射线荧光光谱法(X-ray fluorescence spectrometry,XRF)

X 射线荧光光谱法利用初级 X 射线光子激发待测物质中的原子,使其内层电子跃迁到高能态,随后外层电子填补内层电子空穴时释放出的能量以 X 射线的形式发射出来,即荧光 X 射线。X 射线的波长和强度与元素的种类和含量有关,因此可以通过测量荧光 X 射线的特性来进行元素分析。通常通过测量荧光 X 射线的强度并与标准样品进行比较来进行定量分析。浓度单位通常为%等。

X 射线荧光光谱法的样品可以是固体、粉末或液体,但需要确保样品表面平整且不含大颗粒杂质,以避免对 X 射线的散射和吸收造成干扰。适用于多种元素的定量分析,浓度范围从 10^{-6} 到%级不等,特别适用于金属元素的测定。该方法灵敏度高、谱线简单、非破坏性分析、可多元素同时分析。但是对轻元素灵敏度较低,分析复杂基体时可能受到基体效应的影响。表 2-3 为分光光度法、原子吸收光谱法、原子发射光谱法和 X 射线荧光光谱法对比说明。

表 2-3 分光光度法、原子吸收光谱法、原子发射光谱法和 X 射线荧光光谱法对比

方法名称	英文全称	测试原理	计算公式	最适宜的测试范围	优 点	缺 点	样品要求
分光光度法	spectrophotometry	朗伯－比尔定律	$c = A/\varepsilon b$	微量至常量组分	灵敏度高、操作简便、快速、重现性好	浑浊或有色溶液需预处理	澄清透明,无悬浮物或沉淀
原子吸收光谱法	atomic absorption spectrometry(AAS)	气态原子对特定波长光的吸收	无直接公式,通过标准曲线定量	微量及痕量组分	选择性强、灵敏度高、分析范围广、干扰少	不能多元素同时分析,对难溶和易挥发元素测定灵敏度低	需转化为气态原子

续表 2-3

方法名称	英文全称	测试原理	计算公式	最适宜的测试范围	优 点	缺 点	样品要求
原子发射光谱法	atomic emission spectrometry（AES）	原子受激发后发射特征光谱	无固定公式，通过比较强度定量	多元素定性和定量分析	可多元素同时测定、准确度高、灵敏度高	设备复杂、操作要求高、成本高	需转化为气态原子或离子
X 射线荧光光谱法	X-ray fluorescence spectrometry（XRF）	初级 X 射线激发原子内层电子跃迁后释放 X 射线	无直接公式，通过比较强度定量	多种元素定量分析，特别适用于金属	灵敏度高、谱线简单、非破坏性分析、可多元素同时分析	对轻元素灵敏度较低，复杂基体可能受基体效应影响	固体粉末表面平整无大颗粒杂质

　　仪器分析方法在化学分析中具有重要地位，各种方法都有其独特的测试原理、计算公式、测试范围和优缺点。在实际应用中，应根据待测样品的性质和分析要求选择合适的分析方法。

2.3.4　色谱分析方法

　　色谱分析方法是一种物理或物理化学分离分析方法，其利用某一特定的色谱方法（如高效液相色谱或气相色谱等）进行混合物中各组分的分离分析。以下是气相色谱和液相色谱的介绍。

2.3.4.1　气相色谱分析方法（gas chromatography，GC）

　　气相色谱的分离基于不同组分在固定相和流动相（通常为气体）之间的分配系数差异。当样品随着流动相（载气）通过色谱柱时，由于各组分与固定相之间的相互作用（如吸附、解吸等）不同，导致它们在色谱柱中的保留时间不同，从而实现分离。保留时间短的组分先流出柱子，保留时间长的组分后流出。

　　气相色谱仪通常由以下部分构成。

　　（1）气源：提供纯净、稳定的载气，如氮气、氩气等。

　　（2）进样系统：包括进样口和进样器，将样品以气态形式引入色谱柱，常见的进样器有微量注射器和自动进样器。

　　（3）色谱柱：是核心部件，分为填充柱和毛细管柱。填充柱内装固定相颗粒，颗粒可以是吸附剂（如硅胶、氧化铝等）或涂有固定液的载体（如硅藻土等）；毛细管柱内壁涂有固定相。

　　（4）柱温箱：精确控制色谱柱的温度，以优化分离效果。

　　（5）检测器：用于检测从色谱柱流出的组分，并将其浓度转化为电信号，常见的检测器有热导检测器（TCD）、氢火焰离子化检测器（FID）、电子捕获检测器（ECD）等。

（6）数据处理系统：采集和处理检测器输出的电信号，生成色谱图并进行数据分析。

气相色谱分析方法适用于分析挥发性和半挥发性的有机化合物，以及一些无机气体。例如，环境监测中的苯系物、多环芳烃等的检测。可以检测低至 10^{-6} 甚至 10^{-9} 级别的浓度。该方法分离效率高，能够分离复杂混合物中的多种组分。灵敏度高，对于微量物质有较好的检测能力。分析速度快，通常一次分析可以在几十分钟内完成。定量准确，通过与标准物质对比，可以实现较准确的定量分析。不足之处在于定性能力有限，需要结合标准物质或其他分析方法进行准确定性。仪器设备较昂贵，维护和运行成本较高。

2.3.4.2　液相色谱分析方法（liquid chromatography，LC）

液相色谱分析方法是基于混合物中各组分对固定相和流动相的亲和力不同而实现分离的。当样品溶液随流动相通过色谱柱时，由于各组分在固定相和流动相之间的分配系数、吸附能力等性质的差异，经过反复多次的吸附-解吸、分配等过程，使得各组分在色谱柱中的移动速度不同，从而实现分离。

液相色谱仪通常由以下部分构成。

（1）输液系统：包括溶剂贮存器、高压泵、梯度洗脱装置等，负责输送流动相。

（2）进样系统：通常采用六通阀进样，能准确将样品引入色谱柱。

（3）色谱柱：是分离的核心部件，填充有固定相，如硅胶、聚合物等颗粒。

（4）检测器：常见的有紫外-可见检测器（UV-Vis）、荧光检测器等，用于检测从色谱柱流出的组分，并将其浓度转化为电信号。

（5）数据处理系统：对检测器输出的信号进行采集、处理和分析。

液相色谱法适用于分析不易挥发、热不稳定、相对分子质量较大的有机化合物和生物大分子。可以分析浓度范围为 μg/mL~ng/mL 的样品。该方法对样品的挥发性和热稳定性要求较低，可以分析多种类型的化合物。分离能力强，可分离结构相似的化合物。可以与多种检测器联用，提高分析的选择性和灵敏度。但是，分析速度相对较慢，一般需要几十分钟到数小时。流动相的选择和优化较为复杂。

2.3.5　色谱-质谱联用分析方法

色谱-质谱联用分析方法（chromatography-mass spectrometry，Chromatography-MS）是一种高效、灵敏且广泛应用的分析技术，它将色谱法的分离能力与质谱法的鉴定能力相结合，实现对复杂样品中多组分的准确分离与鉴定。

2.3.5.1　工作原理

（1）色谱分离。色谱法是一种基于混合物中各组分在固定相和流动相之间分配系数差异的物理或物理化学分离方法。在色谱-质谱联用系统中，色谱仪作为前端分离设备，通过选择合适的色谱柱和流动相，将复杂样品中的各组分按照其在固定相和流动相中的亲和力差异进行分离，形成一系列按顺序流出的组分峰。

（2）质谱检测。质谱仪作为联用系统的核心检测部件，利用电磁场将色谱分离后的组分离子化，并根据离子的质荷比（m/z）进行分离和检测。质谱仪通过测量离子的质荷比和相对丰度，生成质谱图，从而提供关于组分分子结构的丰富信息。质谱法的高灵敏度和高选择性使得其能够检测到极低浓度的组分，并实现对未知组分的准确鉴定。

2.3.5.2 系统组成及分析流程

A 色谱-质谱联用系统组成

（1）色谱仪：包括进样系统、色谱柱、温度控制系统和检测器。在此系统中，检测器通常与质谱仪接口相连，而非直接用于检测。色谱柱是色谱仪的核心部件，其选择直接影响分离效果。

（2）质谱仪：包括离子源、质量分析器和检测器。离子源负责将样品分子离子化；质量分析器根据离子的质荷比进行分离；检测器则记录离子的信号强度。

（3）接口：连接色谱仪和质谱仪的关键部件，负责将色谱仪流出的组分高效、无损失地传输到质谱仪中。接口的设计需考虑高样品传输率、除去载气能力以及维持离子源高真空等要求。

B 分析流程

色谱-质谱联用分析方法的分析流程大致如下。

（1）样品制备：将待分析样品进行适当的预处理，如提取、净化、浓缩等，以去除干扰物质并提高分析灵敏度。

（2）色谱分离：将处理后的样品注入色谱仪中，通过色谱柱的分离作用，将各组分按照一定顺序分离出来。

（3）质谱检测：分离后的组分依次进入质谱仪中，经过离子化、质量分析和检测等步骤，生成质谱图。

（4）数据分析：利用计算机软件对质谱图进行解析和处理，提取出有用的信息，如各组分的分子结构、相对含量等。

C 色谱-质谱联用分析法优势

（1）高分离能力：色谱法能够有效分离复杂样品中的各组分，减少质谱检测中的干扰。

（2）高鉴定能力：质谱法能够提供丰富的分子结构信息，实现对未知组分的准确鉴定。

（3）高灵敏度：联用技术能够检测到极低浓度的组分，满足高灵敏度分析的需求。

（4）适用于多种类型的样品分析：包括有机物、无机物、生物大分子等。

D 在冶金领域的应用

（1）金属有机化合物分析，检测矿石、冶金过程中产生的有机金属络合物，如金属催化剂中的有机配体。

（2）污染物监测，分析冶金废水中的有机污染物，如多环芳烃、农药等。

（3）油品分析，对冶金过程中使用的润滑油、液压油等进行成分分析和质量控制。

（4）材料表面分析，研究金属材料表面的有机涂层、缓蚀剂等的组成和结构。

（5）气体成分分析，测定冶金过程中产生的气体中的有机成分，如焦炉煤气中的苯、甲苯等。

2.4 气体试样特性检测方法

2.4.1 钢中气体检测

钢中常见的气体元素主要包括氮、氢与氧，它们在钢中的存在形态及其对钢性能与质量的影响复杂而显著。氮主要以氮化物的形式存在于钢中，此外，部分氮原子固溶于金属晶格间，形成间隙固溶体，极少数则可能以游离态存在。氢以原子或离子的形式溶解于钢内。氧主要以氧化物夹杂物的形态存在于钢中。

尽管钢中这些气体的含量相对较低，但它们对钢材性能的负面影响却不容忽视。当钢中氮含量超标时，易诱发气泡和疏松等缺陷的形成，同时，氮化物（如 Fe_4N）的析出还可能引起钢的时效硬化和蓝脆现象，显著降低钢的韧性和延展性。氢在钢中的积聚可能导致白点、点状偏析以及严重的氢脆问题，后者更是对钢材的断裂韧性构成直接威胁。至于氧，其以氧化物夹杂的形式存在，不仅破坏了钢的纯净度，还直接降低了钢材的机械强度和加工性能。

鉴于上述因素，需对钢中气体含量进行精确分析，以全面了解并控制其含量水平，对于确保钢材的性能与质量至关重要。

2.4.1.1 滴定分析法测定钢中氮

A 基本原理

测定时，试样用酸溶解，使钢中化合氮转变成铵盐。将试液移入盛有过量 NaOH 溶液的蒸馏瓶中，通蒸汽蒸馏。馏出液用 H_3BO_3 溶液或 H_2SO_4 溶液吸收，前者加入混合指示剂用 H_2SO_4 标准溶液滴定，后者以奈氏试剂显色，测定吸光度。化学定氮的反应原理如下。

（1）试样分解：

$$2Fe_4N + 18HCl == 8FeCl_2 + 2NH_4Cl + 5H_2\uparrow \tag{2-20}$$

$$2FeN + 4H_2SO_4 == Fe_2(SO_4)_3 + (NH_4)_2SO_4 \tag{2-21}$$

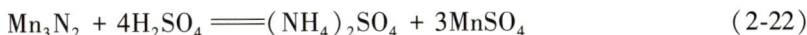
$$Mn_3N_2 + 4H_2SO_4 == (NH_4)_2SO_4 + 3MnSO_4 \tag{2-22}$$

（2）蒸馏过程：

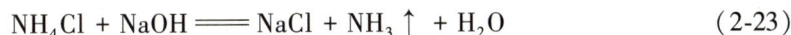
$$NH_4Cl + NaOH == NaCl + NH_3\uparrow + H_2O \tag{2-23}$$

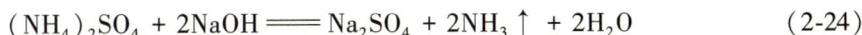
$$(NH_4)_2SO_4 + 2NaOH == Na_2SO_4 + 2NH_3\uparrow + 2H_2O \tag{2-24}$$

（3）逸出的氨和水蒸气冷却成 $NH_3 \cdot H_2O$ 被 H_3BO_3 溶液吸收：

$$NH_3 \cdot H_2O + H_3BO_3 == (NH_4)H_2BO_3 + H_2O \tag{2-25}$$

（4）滴定过程：

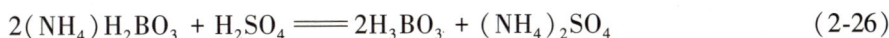
$$2(NH_4)H_2BO_3 + H_2SO_4 == 2H_3BO_3 + (NH_4)_2SO_4 \tag{2-26}$$

（5）测定范围：容量法为 0.05% ~ 0.40%（质量分数）；吸光光度法为 0.002% ~ 0.30%（质量分数）。

B　分析步骤

（1）准备试样：将试样放入 150 mL 锥形瓶中，加入 50 mL 稀释的 H_2SO_4（1:4），低温加热至溶解，然后滴加 0.5 ~ 1 mL H_2O_2（300 g/L）以破坏碳化物，煮沸后冷却。

（2）仪器空白检查：确认仪器空白正常后，将 50 mL NaOH 溶液（500 g/L）加入蒸馏瓶，冲洗漏斗，将试液转移至蒸馏瓶，并用水冲洗锥形瓶和漏斗 2 ~ 3 次，关闭漏斗活塞，开始蒸馏。

（3）容量法测定：蒸馏出的液体用含有 10 mL H_3BO_3 吸收液（1 g/L）的 250 mL 锥形瓶接收，当体积达到 100 ~ 120 mL 时停止，冲洗冷凝器下口，加入甲基红和次甲基蓝指示剂，用 H_2SO_4 标准溶液滴定至溶液由绿变微红，作为终点。

2.4.1.2　真空加热微压法测定钢中氢

A　测定原理

氢在金属中的溶解遵循平方根定律：

$$s[H] = K\sqrt{p_{H_2}} \tag{2-27}$$

式中　$s[H]$——金属中的氢溶解度；

　　　p_{H_2}——氢的分压；

　　　K——比例常数。

利用此原理，将试样置于石英管中，在低于 0.133322 Pa 的真空环境中加热至 650 ~ 800 ℃（具体温度取决于钢种）。通过油扩散泵的作用，降低气相中氢的分压至接近零，促使金属中的氢完全析出。析出的氢气被收集并用麦氏计测量压力。随后，气体通过 450 ~ 500 ℃ 的氧化铜转化炉，将 H_2 氧化成 H_2O，并通过液氮或干冰-丙酮冷却冷凝，反应如下：

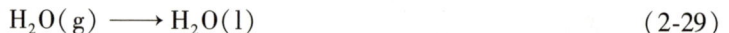

$$CuO + H_2 = Cu + H_2O(g) \tag{2-28}$$

$$H_2O(g) \longrightarrow H_2O(l) \tag{2-29}$$

最后，残余气体再次被收集，进行第二次压力测量。两次压力差换算成标准状态下的氢含量。

B　测定装置和操作步骤

微压法测定钢中氢的装置可自行组装，流程图参见图 2-9。操作时，将试样放入石英炉管内，开启机械泵抽真空，通冷却水并启动油扩散泵，使真空度达到约 0.0133322 Pa。关闭活塞，停止机械泵。用管式炉加热试样，借助油泵将释放的氢气收集至集气瓶中，并用麦氏计测量初始压力 p_1。打开活塞，让气体通过 CuO 转化炉和冷阱后，关闭活塞，再次用麦氏计测量压力 p_2。

两次测量的压力差（$p_1 - p_2$）即为氢的压力 p_{H_2}。根据以下公式，将压力差换算成标准状态下每 100 g 试样中的氢的毫升数：

$$H_2(mL)/100 \text{ g} = \left(\frac{p_{H_2} \times K}{G} \right) \times 100 \qquad (2-30)$$

式中　　K——容积常数，表示在特定条件下，每毫米汞柱压力对应的氢气体积变化量，该
　　　　　常数需预先通过实验测定，mL；

　　　　G——试样的质量，g。

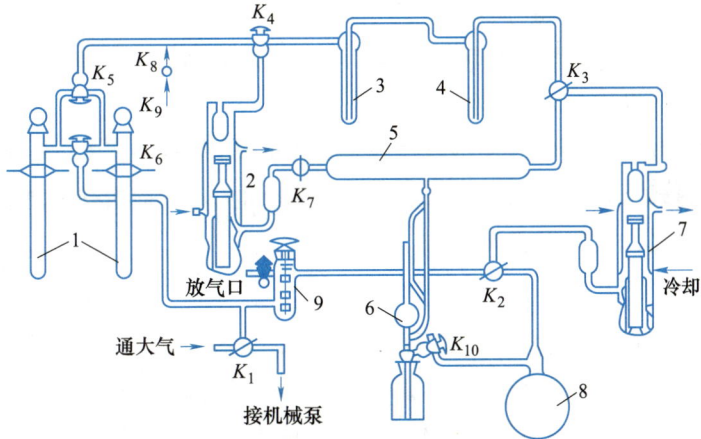

图 2-9　真空加热微压法测定钢中氢装置流程图

1—石英管炉；2—油扩散泵；3—冷阱；4—氧化铜炉管；5—集气瓶；6—麦氏计；7—油扩散泵；

8—储气瓶；9—P_2O_5 干燥瓶；$K_1 \sim K_3$—三通活塞；$K_4 \sim K_7$—两通活塞；

K_8，K_9—小两通活塞；K_{10}—小活塞

2.4.1.3　脉冲加热红外线法测定钢中氧

A　红外线分析钢中氧的基本原理

利用红外线分析气体的原理是基于钢样中释放出来的气体与碳作用生成的多原子气体分子（CO、CO_2 等）的浓度不同，吸收辐射能不同，并选择性地吸收红外线某一波长，根据吸收程度来测定该气体含量。

当红外线通过被测气体后，部分辐射能被吸收，入射光与出射光能量的变量与被测气体的浓度之间的关系符合朗伯-比尔定律，如式（2-19）所示。利用该式即可计算被测气体的浓度。

B　测试过程

利用红外线气体分析仪，在氩气气氛中，将试样加入石墨坩埚内，由脉冲炉加热。脉冲加热是在惰性气氛下，利用低电压（10~12 V）、大电流（600~1000 A）、瞬时（3~4 s）通过夹在两个铜电极间的石墨坩埚而获得 2700~3000 ℃的高温，此时样品迅速熔化。样品中的氧与石墨作用生成 CO，载气把 CO 送入工作室内吸收一部分红外线能量，与参比室比较产生了光能差，通过薄膜微音器转变成电信号，经放大、积分和数据处理后，用四位数字电压表显示，即为样品中的氧的含量。

2.4.1.4　气相色谱法测定钢中氮、氢、氧

A　采用脉冲加热-气相色谱法测定钢中氮、氢、氧

脉冲加热-气相色谱法是测定钢中氮、氢、氧含量的有效手段。该方法主要分为两种类型：

（1）第一种方法通过在氩气气氛中将金属试样置于石墨坩埚内，利用脉冲加热炉加热至 2500~3000 ℃，使试样熔融并释放出 H_2、N_2、CO 等气体。这些气体随后被氩气输送至色谱柱进行分离，并通过热导池检测器测定。气体含量的测定采用峰高含量法，并通过注射标准气体或测定标准样品来校准结果。

（2）第二种方法涉及将释放的混合气体通过 CuO 转化器，将 CO 转化为 CO_2，H_2 转化为 H_2O，分别被碱石棉和无水高氯酸镁吸收。剩余的 N_2 则通过热导池检测，并通过电子电位差计记录峰高，从而测定 N_2 含量。

B　测试过程

在测试过程中，将钢样置于光谱纯石墨坩埚内，并控制载气（Ar）压力为 1 kg/cm^2，流速为 50 mL/min，桥流为 120 mA，热导池和分离柱环境温度设定为 36 ℃。脉冲炉加热熔化试样后，析出的 H_2、N_2、CO 等气体通过 TDX-01 碳分子筛和 13X 分子筛串联分离柱分离，然后由氩气输送至热导池检测器进行测量。

热导池检测器由四根阻值相同的金属丝（如钨丝）组成，构成惠斯登电桥。在纯载气通过时，由于载气与检测器内参考气体的热导率相同，电桥处于平衡状态，无信号输出。当载气中含有 H_2、N_2 或 CO 时，由于不同气体的热导率差异，导致测量臂上的阻值变化，电桥失衡，产生峰形信号。该信号经过放大后，由电子电位差计记录，从而实现对钢中气体含量的精确测定。

2.4.2　高炉煤气检测

高炉煤气的检测方法在钢铁生产中具有重要意义，它不仅有助于了解煤气的成分和特性，还能为生产过程的控制和优化提供重要依据。

2.4.2.1　高炉煤气的成分特点

高炉煤气是高炉炼铁过程中的副产气体，其主要成分包括一氧化碳（CO）、二氧化碳（CO_2）、氮气（N_2）、氢气（H_2）等。

一氧化碳是一种可燃性气体，体积分数通常为 20%~30%，具有毒性和可燃性。二氧化碳体积分数一般为 15%~20%，它是炼铁过程中碳燃烧和还原反应的产物。氮气占据了较大比例，为 55%~60%，主要来自鼓入高炉的空气。氢气含量相对较少，通常为 1%~3%。此外，还可能含有少量的甲烷（CH_4）、硫化物、粉尘等杂质。

2.4.2.2　高炉煤气的检测方法

高炉煤气的检测方法有多种，这些方法各有特点，适用于不同的检测需求和分析目的。

（1）气相色谱法。利用不同气体在色谱柱中的保留时间和分配系数的差异进行分离和检测。首先将高炉煤气样品引入色谱仪，通过载气携带经过色谱柱进行分离，然后使用检测器检测各组分的浓度。该方法检测精度高，能够同时检测多种成分。

（2）红外吸收法。基于不同气体分子对特定波长的红外光具有选择性吸收的特性。让高炉煤气通过红外检测池，测量特定波长红外光的吸收程度，从而确定气体成分的浓度。适用于检测二氧化碳、一氧化碳等。

（3）热导检测法。利用不同气体的热导率差异来测量其浓度。将样品气与参考气通过热导池，比较两者的热导差异来计算气体浓度。对氢气、氮气等检测效果较好。

（4）热值测定法。通过测量高炉煤气燃烧时释放的热量来评估其热值。常用的热值测定仪包括量热计等，能够直接反映煤气的燃烧性能和利用效率。

2.4.2.3　检测流程

（1）样品采集：从高炉煤气系统中采集具有代表性的样品，确保样品能够真实反映煤气的组成和特性。

（2）预处理：对采集的样品进行必要的预处理，如除尘、除湿、稳压等，以减少干扰因素对检测结果的影响。

（3）分析检测：根据选择的检测方法对样品进行分析检测，记录相关数据并进行分析处理。

（4）结果报告：根据检测结果编制检测报告，包括气体组分、浓度、热值等关键信息，为生产过程的控制和优化提供依据。

2.4.2.4　注意事项

（1）选择合适的检测方法和设备：根据高炉煤气的成分特性和检测需求选择合适的检测方法和设备，确保检测结果的准确性和可靠性。

（2）定期维护和校准：对检测设备进行定期维护和校准，确保其处于良好的工作状态和测量精度。

（3）注意安全防护：高炉煤气属于易燃易爆气体，在检测过程中应严格遵守安全操作规程，确保人员和设备的安全。

习题与思考题

习题

（1）试分析在制备冶金实验用合格试样过程中，如何确保试样的化学成分的均匀性。

（2）比较不同类型冶金熔体（如金属熔体、熔渣）在熔化温度、黏度、表面张力和电导率等物理性质上的差异，并解释其原因。

（3）在冶金过程中，定量分析矿石中铁元素含量时，第一步取样过程需要考虑哪些因素，如果取样不当，会对后续哪些定量分析步骤产生影响？

（4）以冶金熔渣中钙、镁含量的定量分析为例，简述在定量分析步骤中的溶解过程有哪些方法，每种方法对后续测定有何要求？

（5）在冶金过程中，对于含量低于 1% 的微量杂质金属的测定，使用滴定分析是否可行，为什么？

（6）以测定冶金过程中产生的废水中的铬含量为例，说明如何确定合适的标准溶液浓度范围。在冶金矿石品位鉴定中，化学分析和仪器分析在测定主金属元素（如铜矿石中的铜）的定量结果上可能会出现哪些差异，这些差异是由什么原因造成的？

（7）在冶金过程中，使用电感耦合等离子体发射光谱仪（ICP-OES）分析金属样品时，对样品的溶解过程有什么要求，如果样品不能完全溶解，会对元素分析产生哪些影响？

（8）以气相色谱法为例，详细解释其在测定钢中氢、氮、氧时，如何通过分离和检测步骤来准确确定每种元素的含量，其原理涉及哪些物理化学过程？

（9）在冶金熔体结晶过程中，过冷度存在一个合适的范围使得晶体生长形态最优和结晶速度最快，请详细描述这个范围是如何确定的，以及不同的金属熔体是否有不同的最优范围？

（10）红外吸收法检测高炉煤气的依据是什么，适用于检测哪些成分？

思考题

（1）在冶金过程中，当同时需要测定钢中的氮、氢、氧含量时，如何选择合适的测定方法组合以达到高效、准确的目的，考虑到不同方法可能受到的干扰因素，怎样进行结果的相互验证？

（2）在冶金熔炼炉的耐火材料选择中，如何考虑熔体黏度随温度变化对耐火材料侵蚀的影响？请以一种常见的冶金熔体（如铜熔体）为例进行说明。

（3）电导率在冶金中的电炉熔炼过程中有何重要意义，如何通过控制电导率来优化熔炼效果？

（4）在原子吸收光谱法中，某元素的特征谱线波长为 589 nm，若使用火焰原子化器，其检测限为 0.05 $\mu g/mL$。现对一未知样品进行测定，在相同条件下，测得其吸光度为 0.25，求该样品中此元素的浓度。

（5）比较气相色谱法和液相色谱法在最适宜测试范围、优缺点方面的差异。

（6）从钢的质量控制角度出发，钢中氮、氢、氧含量过高会导致各种缺陷。请举例说明一种冶金产品（如汽车用高强度钢）在生产过程中，如何通过对这三种元素的存在形式分析和含量测定来保证产品质量，避免因这些元素引起的质量问题？

（7）化学定氮、微压法定氢、红外线法定氧这三种方法的原理都涉及物理化学的基础理论。请结合这些原理，谈谈在冶金新工艺开发中，如何利用这些理论知识来设计更先进的元素含量测定方法或者改进现有的测定技术？

（8）当采用不同的冶金原料（如废钢、铁矿石）时，钢中氮、氢、氧的原始含量和存在形式可能不同。这对定氮、定氢、定氧方法的准确性有什么影响？如何针对不同原料来调整测定方法，以确保得到可靠的结果？

（9）在冶金过程中，有时需要调整熔渣的物理性质以更好地与金属熔体相互作用。请说明可以通过哪些添加剂来改变熔渣的熔化温度、黏度、表面张力和电导率？并解释这些添加剂的作用机制。

（10）金属熔体和熔渣在电导率方面差异巨大，从离子和电子传导的角度来解释这种差异产生的根本原因。这种差异在电解冶金过程中是如何体现其重要性的？

（11）在钢铁冶金分析中，如何选择合适的分析方法（化学分析方法、仪器分析方法、色谱分析方法或色谱-质谱联用分析方法）？请结合具体实例进行说明。

（12）气相色谱法检测高炉煤气时，如何选择合适的色谱柱和检测器？影响分离效果和检测灵敏度的因素有哪些？

参 考 文 献

［1］陈建设．冶金试验研究方法［M］．北京：冶金工业出版社，2005.

［2］李洪桂．冶金原理［M］．北京：科学出版社，2005.

［3］陈伟庆，宋波，郭敏．冶金工程实验技术［M］．北京：冶金工业出版社，2023.

［4］王占军．含磷转炉钢渣磷选择性富集过程中的物理化学性质研究［D］．北京：北京科技大学，2017.

［5］李静．攀枝花含钛高炉渣中钛元素富集与分离基础研究［D］．北京：北京大学，2012.

［6］KASHIWAYA Y, CICUTTI C E, CRAMB A W. An investigation of the crystallization of a continuous casting mold slag using the single hot thermocouple technique［J］. ISIJ International, 1998, 38（4）：357-365.

［7］KASHIWAYA Y, CICUTTI C E, CRAMB A W, et al. Development of double and single hot thermocouple technique for in situ observation and measurement of mold slag crystallization［J］. ISIJ International, 1998, 38（4）：348-356.

［8］ORRLING C, SRIDHAR S, CRAMB A W. In situ observation of the role of alumina particles on the crystallization behavior of slags［J］. ISIJ International, 2000, 40（9）：877-885.

［9］ZHOU L J, WANG W L, MA F J, et al. A kinetic study of the effect of basicity on the mold fluxes crystallization［J］. Metallurgical and Materials Transactions B, 2011, 43（2）：354-362.

［10］王常珍．冶金物理化学研究方法［M］．北京：冶金工业出版社，2013.

［11］LI J, WANG X D, ZHANG Z T. Crystallization behavior of rutile in the synthesized ti-bearing blast furnace slag using single hot thermocouple technique［J］. ISIJ International, 2011, 51（9）：1396-1402.

3 高温冶金实验研究方法

本章深入探讨了高温冶金实验研究的多种方法，涵盖了冶金热力学、氧化物固体电解质以及冶金动力学三个核心领域。通过科学严谨的实验研究，能够更好地掌握冶金过程中的热力学和动力学规律。

在冶金热力学研究方法部分，详细介绍了化学势的建立与平衡时间的确定，阐述如何测定高温冶金反应的平衡常数，以及如何测定炉渣与铁液间元素的平衡分配。此外，还讲解了熔体中溶质活度和元素间相互作用系数的测定方法，这些是理解和控制冶金过程中关键反应的重要参数。

在氧化物固体电解质内容部分，讨论了电池结构与工作原理，介绍了定氧探头的结构和使用方法，以及氧化物固体电解质电池在实际冶金过程中的应用情况。

冶金动力学研究方法部分，系统分析了液相-液相、液相-固相、气相-液相和气相-固相反应动力学。这些研究方法对于揭示冶金过程中的速率控制步骤和机理至关重要，有助于优化工艺条件，提高反应效率。

总体而言，本章为高温冶金实验研究提供了一套全面的方法论，旨在通过精确的实验设计和数据分析，深入理解冶金过程的热力学和动力学行为，从而为冶金工艺的改进和新材料的开发提供科学依据。

3.1 冶金热力学研究方法

3.1.1 冶金反应平衡

冶金热力学研究中，冶金反应平衡的探究极为重要。钢铁冶金过程常见以下几类反应。

（1）气相-液相反应：如气相中氧与钢液元素的反应，以及气体（H_2、N_2 等）在钢液中的溶解。

（2）气相-固相反应：例如各种氧化物的分解、一氧化碳对铁矿石的还原。

（3）液相-液相反应：诸如炉渣对钢液或铁水的脱磷脱硫，熔渣中氧化铁对钢液元素的氧化。

（4）液相-固相反应：例如合金元素于钢液中的溶解，炉渣对耐火材料的侵蚀。

此外，还存在气相-熔渣-金属液反应和熔渣-金属液-炉衬反应等多相反应。

尽管冶金反应多种多样，但都遵循特定的物理化学变化规律，其化学反应通常可用下列方程式表示：

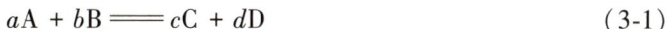

$$aA + bB \Longrightarrow cC + dD \tag{3-1}$$

平衡常数 K 可表示为：

$$K = \frac{a_C^c \cdot a_D^d}{a_A^a \cdot a_B^b} \tag{3-2}$$

非标态下反应的自由能变化为：

$$\Delta_r G_T = \Delta_r G_T^{\ominus} + RT\ln Q \tag{3-3}$$

反应的标准吉布斯自由能变与平衡常数的关系为：

$$\Delta_r G_T^{\ominus} = - RT\ln K \tag{3-4}$$

在研究化学反应平衡时，核心任务是确定反应的平衡常数或平衡状态下反应物质的活度（在气相条件下表现为分压），从而计算相关的热力学数据。平衡常数是衡量化学反应进行程度的关键指标，通过精确求解，可以深入了解反应的趋势和限度。同时，研究反应物质的活度或分压，有助于更清晰地把握反应体系中各物质的实际作用和影响力。

在热力学研究领域，反应的吉布斯自由能变化、熵变和焓变等数据，是计算其他相关热力学参数的基础。这些热力学数据在冶金过程的工艺设计、优化以及对反应过程的控制等方面发挥着重要的作用。它们能够帮助冶金工程师预测反应的趋势，选择合适的反应条件，并评估不同工艺方案的可行性和效率，从而确保整个冶金过程的高效性和经济性。

3.1.2 化学平衡法中实验参数的确定

3.1.2.1 恒温带的调控

为了精确测定热力学数据，实验温度的准确性是基础。因此，应选择具备较长恒温区域的电阻炉，以确保温度的均匀性和稳定性。在气体流动的环境中，炉内温度分布会因气体的导热效应而与无流动时存在显著差异，高温区域会随气体流向而移动。所以，测定恒温带时，应在与实验条件相匹配的气体流动状态下进行，并绘制气体组成与流速的温度曲线，以便在气体成分和流速变化时，能够适时调整坩埚的位置以保持温度一致性。在使用电阻炉时，气体通常在管外进行预热。

当采用感应炉研究气相-渣-金属三相反应时，由于炉渣无法通过感应加热，需要采取辅助加热措施或在坩埚外增设石墨坩埚，以确保渣相和金属相的温度尽可能一致。同时，应注意感应加热过程中气体温度通常远低于受感应的金属熔体温度，因此，需要对熔体上部的气体进行预热。一种有效的预热方法是在导气管外部缠绕电热丝，以提高气体温度，确保实验的准确性。

3.1.2.2 化学势的建立与调控

在探究涉及气体参与的化学反应平衡，例如气相-液相或气相-固相反应体系时，可以通过选择的气体混合物来精准调控气相中元素的化学势。这种方法允许精确控制反应条件，从而实现对化学平衡的有效调控。

例如，利用 H_2 还原金属氧化物的反应，

$$MO(s) + H_2(g) == M(s) + H_2O(g) \qquad (3\text{-}5)$$

气相中水蒸气和氢气的分压比 p_{H_2O}/p_{H_2} 控制反应的方向，也就是控制着反应（3-6）的方向。

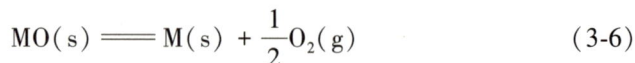

$$MO(s) == M(s) + \frac{1}{2}O_2(g) \qquad (3\text{-}6)$$

如果 p_{H_2O}/p_{H_2} 大于平衡值，金属被氧化；反之，金属氧化物被还原。

H_2-H_2O 气体混合物之所以能控制反应（3-6）的进行方向，是由于气相中 H_2 和 H_2O 之间存在着平衡（3-7）：

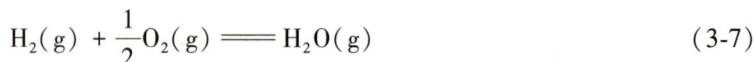

$$H_2(g) + \frac{1}{2}O_2(g) == H_2O(g) \qquad (3\text{-}7)$$

$$\Delta_r G^{\ominus} = -249700 + 57.07(T/K) \text{ J/mol} \qquad (3\text{-}8)$$

相应的平衡常数为：

$$K = \frac{p_{H_2O}}{p_{H_2} p_{O_2}^{1/2}} \qquad (3\text{-}9)$$

所以

$$p_{O_2} = \left(\frac{p_{H_2O}}{p_{H_2}}\right)^2 \cdot \frac{1}{K^2} \qquad (3\text{-}10)$$

根据反应的 $\Delta G\text{-}T$ 关系和 $\Delta G_T^{\ominus} = -RT\ln K$ 关系可以计算不同温度时的 K 值，代入式（3-9）即可求出在某一温度下，不同 p_{H_2O}/p_{H_2} 时所对应的平衡 p_{O_2} 值。

因此，利用 H_2-H_2O 混合气体可以调控气相中氧的化学势，即建立一定的氧位（p_{O_2}）。

基于计算可知，在 1873 K 时，当气相中 p_{H_2O}/p_{H_2} 比值由 1 变化到 10^{-5} 时，气相中氧分压由 1.1×10^{-3} Pa 变化到 1.1×10^{-13} Pa，即 p_{H_2O}/p_{H_2} 比值变化 5 个数量级，将引起氧分压 10 个数量级的变化。

因此，只要控制 p_{H_2O}/p_{H_2} 为 $1\sim10^{-5}$ 中某一个值，就可以控制气相中的氧位为 $1.1\times10^{-3}\sim1.1\times10^{-13}$ Pa 中某一数值。据此，可以研究分解压小的氧化物的分解平衡。

同样，利用 CO 和 CO_2 混合气体也可以建立一定的氧位：

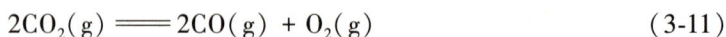

$$2CO_2(g) == 2CO(g) + O_2(g) \qquad (3\text{-}11)$$

$$K = \frac{p_{O_2} p_{CO}^2}{p_{CO_2}^2} \qquad (3\text{-}12)$$

$$p_{O_2} = K\left(\frac{p_{CO}}{p_{CO_2}}\right)^2 \qquad (3\text{-}13)$$

当氧分压控制在 $10^3\sim10^5$ Pa 时，可通过纯氧和惰性气体（如 He、Ar 或 N_2）直接混合制备（见 1.4.3.4 节）。若需要更低的氧分压（如 $10\sim10^3$ Pa）可以采用两步混合法，即，将第一步混合的气体在第二个气体混合器中用惰性气体稀释。但逐步稀释易引入较大误差。另一种办法是利用 CO_2 的高温分解$\left(\text{如 } CO_2 \rightleftharpoons CO + \frac{1}{2}O_2\right)$通过调节温度与压力平衡，

精确控制氧分压。此法尤其适用于低氧分压（如 $10 \sim 10^3$ Pa）的生成。

通常情况下，低氧位的体系环境可以通过使用 H_2-H_2O、CO-CO_2、H_2-CO_2 混合气体来实现，所需的氧分压可以通过计算这些混合气体的比例来确定。为了便于预先估算，可以参考氧化物的标准生成自由能与温度的关系图（见图 3-1）。这些图表通常配有专用的氧分压标尺，以便更准确地进行混合气体比例的计算和预估。通过这种方法，可以有效地控制和调节氧分压，以满足特定工艺要求。

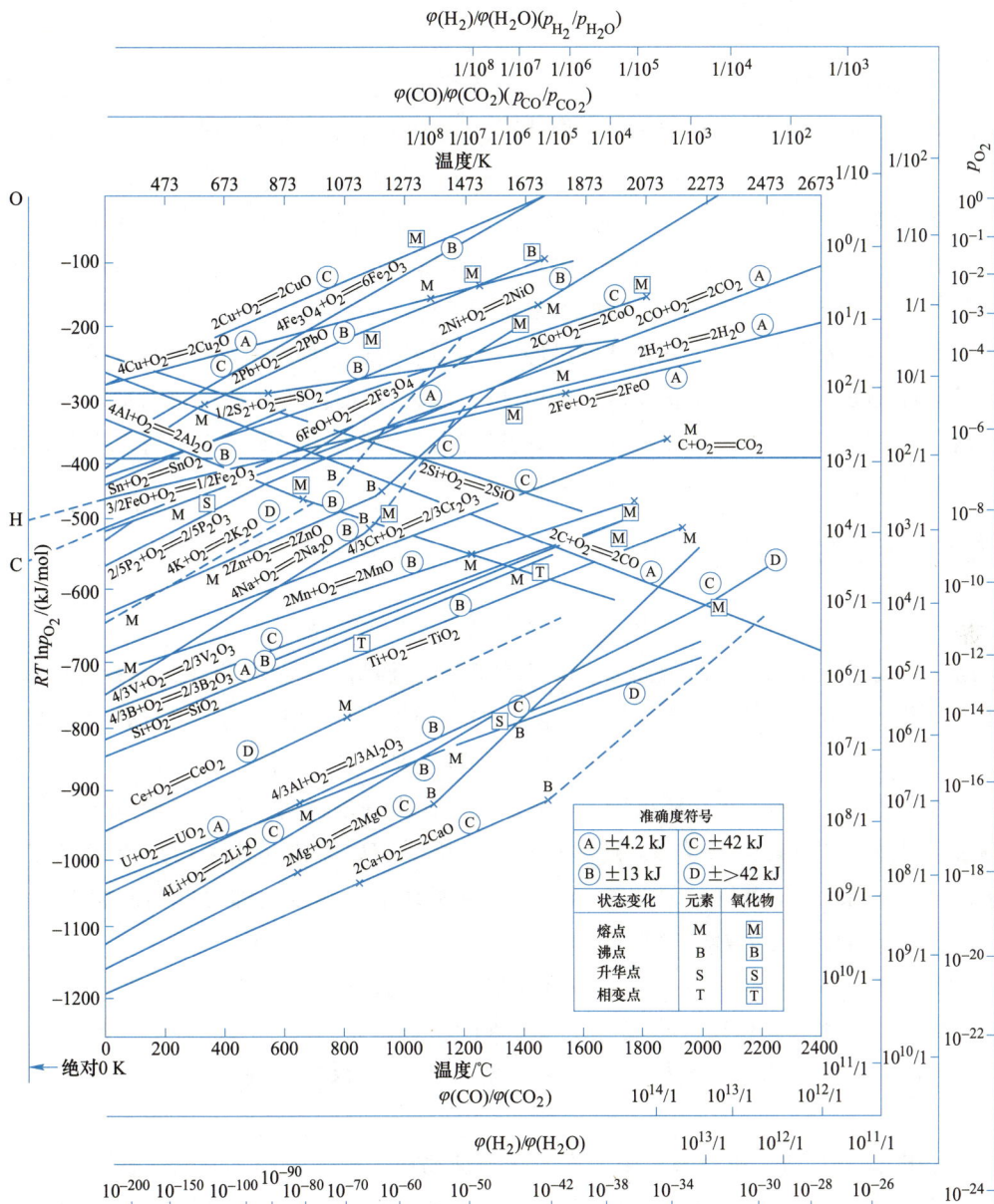

图 3-1 Ellingham-Richardson-Jeffes 图

如同建立氧位一样，还可以利用 H_2-H_2S 混合气体来控制气相中的硫位，通过 H_2-NH_3 混合气体控制气相中的氮位，以及采用 H_2-CH_4 混合气体控制气相中的碳位等。

在实验研究中，需根据不同反应性质的要求来建立不同气相的化学势。需要指出的是，有些气体混合物能够同时建立两种化学势，比如 CO 和 CO_2 混合气体，它既可以建立一定的氧位，又能建立一定的碳位，这是因为在高温条件下，CO 和 CO_2 混合气体能够与 [C] 和 [O] 同时建立平衡。当 CO_2 含量较多时，氧位就会升高；而当 CO 含量较多时，碳位则会升高。

3.1.2.3　平衡时间的确定

在开展冶金反应平衡的研究之前，进行预备实验以确定达到平衡所需的时间是必要步骤，以确保反应体系能够真正地达到平衡状态。对于大坩埚，通常的做法是设置不同的时间间隔（从数十分钟到数小时不等），在这些时间点上进行取样并分析，或者使用定氧探头来测量金属液中的氧活度（$a_{[O]}$）。当样品的组成或氧含量（$a_{[O]}$）在连续取样过程中保持不变时，可以认为体系已经达到平衡。对于小坩埚，可以采取逐步延长加热时间的方法，对所有样品进行淬火处理后，再统一分析其组成。

在正式的实验阶段，为了确保体系已经完全达到平衡，建议将实验时间设置为预备实验中确定的时间加上一定的余量。这样的做法可以避免因时间不足而导致的平衡状态判断不准确，从而确保实验结果的可靠性和精确性。通过这种方法，研究人员可以更准确地分析和理解冶金反应在平衡状态下的行为和特性。

3.1.3　高温冶金反应平衡的测定方法

3.1.3.1　气相-固相反应平衡的测定（又称定组成气流法）

冶金领域中诸如化合物的分解及铁矿石的间接还原等，归类于气相-固相反应体系，可通过定组成气流法探究其平衡特性。此方法广泛适用于由单一或多种气体（诸如 H_2-H_2O、H_2-H_2S、H_2-CH_4、H_2-NH_3、CO-CO_2、CO-CO_2-SO_3 等混合体系）构成的气相环境。

定组成气流法的核心在于精确调控气相成分的比例并维持其恒定，并使该气流持续通过待研究的固相（或液相）样品。通过观察和分析反应后固相（或液相）质量或成分的变化，可准确判断反应是否达到平衡状态。一旦确认平衡达成，即可依据此状态下的数据，精确计算出相关的热力学参数。

为提高分析精度与全面性，定组成气流法常与热重分析法、物相分析技术、化学分析手段等多种方法协同作用，形成一套综合性的研究体系。在实施过程中，各组分气体在混合前需经历严格的净化处理，并精确调控其流量，以确保实验条件的准确性和可重复性。

在气相-固相反应平衡的测定中，当固相为纯物质或化合物时，平衡常数主要取决于气相中反应物和生成物的组成。以 CO 气体还原 FeO 固体为例，由于纯物质的活度固定为 1，平衡常数主要受气相组成影响。具体的化学反应如下所示：

$$FeO(s) + CO(g) = Fe(s) + CO_2(g) \tag{3-14}$$

反应的标准吉布斯自由能变化

$$\Delta_r G^{\ominus} = -RT\ln K \tag{3-15}$$

反应的平衡常数

$$K = p_{CO_2}/p_{CO} \tag{3-16}$$

因此，平衡常数表达式仅涉及气相组分的分压。通过测量反应体系中 CO 和 CO_2 的分压，可以计算出该反应的平衡常数，进而分析和预测反应的热力学行为。

为了探究上述反应的平衡状态，实验中将保持一定比例的 CO-CO_2 混合气体（p_{CO_2}/p_{CO} 值一定）持续通入炉管。在此过程中，利用热天平监测 FeO 与 Fe 混合物质量的变化，以实时记录数据。

通过在恒定温度条件下使用不同比例的 p_{CO_2}/p_{CO} 混合气体进行一系列实验，可以确定在固相质量稳定时对应的气相组成。当固相质量不再发生变化，表明此时的气相组成已经达到该温度下的化学平衡状态。

另一种实验方法是保持气相组成恒定，逐步调整温度。实验继续进行，直到试样的质量稳定，此时记录的温度即为该特定气相组成下反应达到平衡的温度。通过这种方法，可以准确地确定化学反应的平衡温度，为进一步的热力学分析和过程优化提供关键数据。

3.1.3.2 气相-液相反应平衡的测定（Sieverts 法和定组成气流法）

气相与液相之间的反应平衡过程，例如，探究气体在铁液中的溶解行为，可以通过体积法，即 Sieverts 法来进行。这种方法通过测量在不同分压下气体的溶解度，能够准确描述气体与金属液相之间的平衡关系。

对于更复杂的反应，如气体对铁液中元素的氧化作用，以及气体对熔渣中氧化物的还原过程，定组成气流法提供了一种有效的研究手段。该方法通过维持气体成分的恒定，来观察和分析气体与熔融金属或熔渣之间的化学反应，从而深入理解这些过程中的热力学和动力学特性。

A 体积法（Sieverts 法）

Sieverts 法是一种用于探究气体在金属熔体中溶解平衡的实验技术。气体在金属中的溶解度，即其在金属内部的分布浓度，主要取决于金属和气体的种类、气体的压力以及温度条件。在理想情况下，气体与金属接触时会形成均匀的原子溶液。根据相律分析可知，气体在金属中的溶解度仅受其分压的控制。

以氢为例，它在铁液中的溶解反应为：

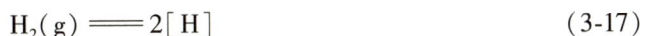

$$H_2(g) = 2[H] \tag{3-17}$$

如果实验使用纯铁，因为氢在铁液中溶解度很小，可忽略元素之间的相互作用，所以 $a_H = w[H]_\%$，则反应的溶解平衡常数为：

$$K = w[H]_\%^2/p_{H_2} \tag{3-18}$$

$$w[H]_\% = K' p_{H_2}^{1/2} \tag{3-19}$$

Sieverts 定律指出，在一定温度下，金属中溶解的气体量（或活度）与气相中该气体平衡分压的平方根成正比。基于这一原理，Sieverts 发展了一种测定气体在金属中溶解度的方法。

测定氢在液态铁中溶解度的实验中，首先将高纯度铁在感应炉内熔化，此过程在一个预先抽真空的密封坩埚中进行，如图 3-2 所示。随后，向系统中引入一定量的 H_2，使得铁液吸收 H_2 直至达到饱和状态，饱和态可以通过观察气相压力达稳定来判断。

通过测量气相压力的变化，可以计算出铁液吸收的 H_2 量。如果已知铁液的体积，便能据此计算出 H_2 的溶解度。最终，通过这些数据，可以确定反应的溶解平衡常数，从而深入理解气体在金属中的溶解行为。

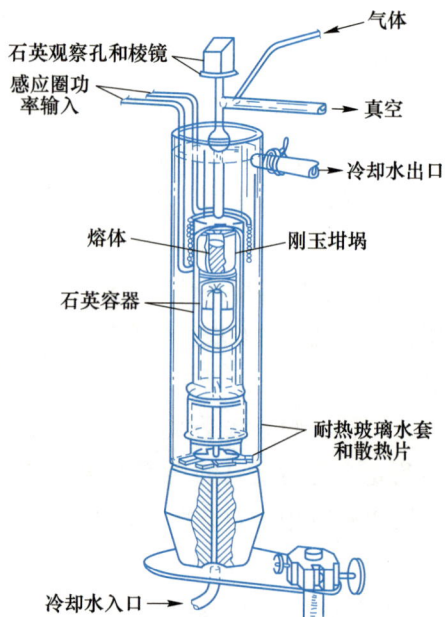

B 定组成气流法

在 3.1.3.1 节中，通过分析气相-固相反应平衡常数的测定方法，特别是定组成气流法，可以得知：当反应涉及多组分溶液时，平衡常数不仅受气相组成的影响，还与反应物的活度密切相关。以铁液中硅的氧化反应为例（见式（3-20）

图 3-2 Elliott 等在 1600 ℃时，测定氢在熔铁和其合金中溶解度所用装置示意图

和式（3-21）），在恒定温度条件下，特定的气相组成对应着铁液中硅的特定活度值。

$$[Si]_{Fe} + 2H_2O(g) \rightleftharpoons 2H_2(g) + SiO_2(s) \tag{3-20}$$

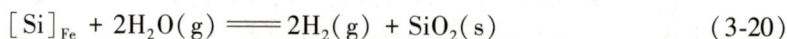

$$K = \left(\frac{p_{H_2}}{p_{H_2O}}\right)^2 \frac{1}{a_{[Si]}} \tag{3-21}$$

自 1945 年起，定组成气流法已成为研究气相-熔体反应平衡的广泛应用技术，尤其在需要精确控制气相和熔体相互作用的场合中显示出重要性。该方法通过维持恒定的气相组成，能够准确测定在不同条件下反应物的活度，从而深入理解反应平衡的特性。

该方法的操作要点如下：

（1）在一定温度下，做混合气体与铁液中某组元的平衡实验，如（CO+CO$_2$）气体与铁液中［C］的平衡，（H$_2$+H$_2$S）气体与铁液中［S］的平衡等。实验时不断改变气体比例，如 p_{H_2}/p_{H_2S} 比，则对于平衡反应

$$[S] + H_2(g) \rightleftharpoons H_2S(g) \tag{3-22}$$

可得到一组平衡值 K'，即

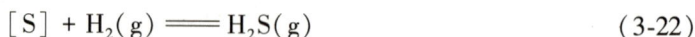

$$K' = \frac{p_{H_2S}}{p_{H_2}} \cdot \frac{1}{w[S]_\%} \tag{3-23}$$

而反应的实际平衡常数为

$$K = \frac{p_{H_2S}}{p_{H_2} \cdot a_{[S]}} = \frac{p_{H_2S}}{p_{H_2} \cdot f_S w[S]_\%} \tag{3-24}$$

（2）作 $\lg K'$ 对硫质量分数 $w[S]_\%$ 的关系图。将所得曲线进行线性回归并外推到 $w[S] \to 0$

则
$$\lim_{w[S] \to 0} \frac{a_{[S]}}{w[S]_\%} = 1 \ (a_{[S]} \text{ 以 } 1\% \text{ 溶液为标准态}) \tag{3-25}$$

因此 $\lim\limits_{w[S] \to 0} \lg K' = \lg K^\ominus$，从而求出 $K^\ominus$。

（3）由 $K^\ominus = \dfrac{p_{H_2S}}{p_{H_2}} \cdot \dfrac{1}{a_{[S]}}$ 可求出不同比例 p_{H_2S}/p_{H_2} 时，不同 $w[S]_\%$ 对应的硫的活度 $a_{[S]}$。

（4）改变温度，可测出不同温度时硫的活度 $a_{[S]}$。

C 上述反应体系中组元 S 的活度相互作用系数 e_S^S 的测定方法

基于 $a_{[S]} = f_S w[S]_\%$，可以求出不同 $w[S]_\%$ 时的 f_S。

将 $\lg f_S$ 对 $w[S]_\%$ 作图，得到图 3-3 中 S 的曲线。

因为
$$\lg f_S = e_S^S w[S]_\% \tag{3-26}$$

且
$$e_S^S = \left(\frac{\partial \lg f_S}{\partial w[S]_\%} \right)_{w[S]_\% \to 0} \tag{3-27}$$

所以，当 $w[S]_\% \to 0$ 时，曲线的切线斜率即为 e_S^S。

对于 Fe-S-j 三元熔体，当加入第三种元素 j 后，将影响 f_S 和 K' 值变化，而 K 值不变。根据式（3-24），已知 p_{H_2S}/p_{H_2} 和 $w[S]_\%$ 值时，加入 j 元素后，可求得 f_S。

因为
$$f_S = f_S^S \cdot f_S^j, \quad \text{则} \quad \lg f_S = \lg f_S^S + \lg f_S^j \tag{3-28}$$

又 $\lg f_S^S = e_S^S w[S]_\%$，且已求得 e_S^S，同时 $w[S]_\%$ 可由实验分析得到，则对于 Fe-S-j 三元系实验，便可求得 $\lg f_S^S$。

基于已求得的 f_S 和 f_S^S 后，可由式（3-28）计算得到 f_S^j。将 $\lg f_S^j$ 与第三元素 $w[j]_\%$ 作图，如图 3-3 所示。求出图中曲线的切线斜率即可得到 e_S^j，即

$$\left(\frac{\partial \lg f_i^j}{\partial w[j]_\%} \right)_{w[i]_\%; w[j]_\% \to 0} \tag{3-29}$$

综上所述，该数据 e_i^j 的获取主要基于实验方法。具体而言，通过对 $\lg f_i^j$ 与 $w[j]_\%$ 进行实验测量，绘出二者之间的关系曲线（见图 3-3），在此基础上，选取低浓度区域对该曲线进行切线处理，并依据切线的斜率，计算得出相关结果。由于各研究者所做实验的浓度范围不同，因此所得 e_i^j 数值也不同。从理论上讲，实验浓度越低越好，但浓度太低会给样品分析带来困难，产生的误差也较大。因此，排除试样中夹杂物的干扰并采用灵敏度高的分析方法，往往可以得到较为准确的 e_i^j 值。

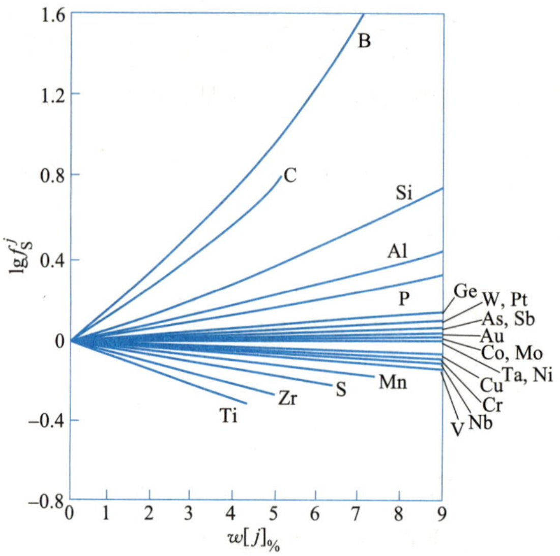

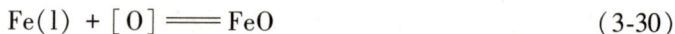

图 3-3   铁液中第三组元 j 对硫的活度系数影响

3.1.3.3   液相-液相反应平衡的测定

高温冶金过程中渣-金之间的反应，例如钢液的脱磷脱硫，元素在渣-钢之间的分配等。以熔渣中 FeO 的活度测定为例进行说明。针对如下反应：

$$Fe(l) + [O] \Longrightarrow FeO \tag{3-30}$$

$$K = \frac{a_{FeO}}{a_{Fe} \cdot a_{[O]}} \tag{3-31}$$

习惯上采用分配常数 L 来表示该反应的平衡常数 K：

$$L = a_{FeO}/a_{[O]} \tag{3-32}$$

将纯 FeO 液体与铁液在一定温度下进行平衡实验。

因为 FeO 为纯物质，其活度为 1，所以

$$L = \frac{1}{a_{[O]}} \tag{3-33}$$

在纯铁液中，可以假定 $f_O = 1$，即

$$a_{[O]} = w[O]_\%, \quad \text{所以} \quad L = 1/w[O]_\% \tag{3-34}$$

在反应达平衡时取样分析其氧含量（此时为铁液中的饱和氧含量），可求得 $L = 1/w[O]_{饱和\%}$ 值。

对任一含 FeO 的炉渣体系与铁液进行平衡实验时，根据以上结果可得：

$$a_{[FeO]} = w[O]_\% \times L = w[O]_\%/w[O]_{饱和\%} \tag{3-35}$$

已知 $w[O]_{饱和\%}$，通过测定该系统平衡时铁液中的氧含量，即可求得 $a_{[FeO]}$。

3.1.3.4   液相-固相反应平衡的测定

在高温冶金实验研究中，液相-固相反应平衡可以用来研究碳在铁液中或氧化物在炉

渣中的溶解度，以及稀土元素对铁液的脱氧和脱硫等。下面以稀土元素铈的脱 S 反应平衡为例进行说明。

铈脱 S 的反应产物为固体 CeS，具体反应方程式如下：

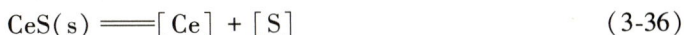

$$CeS(s) \Longrightarrow [Ce] + [S] \tag{3-36}$$

其中，反应的平衡常数为：

$$K = a_{Ce} \cdot a_S = f_{Ce}w[Ce]_\% \cdot f_S w[S]_\% \tag{3-37}$$

表观平衡常数为

$$K' = w[Ce]_\% \cdot w[S]_\% \tag{3-38}$$

$$K = K' \cdot f_{Ce} \cdot f_S \tag{3-39}$$

$$\lg K = \lg K' + e_{Ce}^{Ce}w[Ce]_\% + e_S^{Ce}w[Ce]_\% + e_S^S w[S]_\% + e_{Ce}^S w[S]_\% \tag{3-40}$$

由于 e_S^S、e_{Ce}^{Ce} 的值很小，可忽略不计，上式简化为：

$$\lg K = \lg K' + e_S^{Ce}w[Ce]_\% + e_{Ce}^S w[S]_\% \tag{3-41}$$

由换算式

$$e_{Ce}^S = \frac{1}{230}\left[(230e_S^{Ce} - 1)\frac{M_{Ce}}{M_S} + 1 \right] \tag{3-42}$$

可得

$$e_{Ce}^S = 4.37 e_S^{Ce} \tag{3-43}$$

代入式（3-41）得到：

$$\lg K = \lg K' + e_S^{Ce}(w[Ce]_\% + 4.37w[S]_\%) \tag{3-44}$$

$$-\lg K' = -\lg K + e_S^{Ce}(w[Ce]_\% + 4.37w[S]_\%) \tag{3-45}$$

将 $-\lg K'$ 与 $w[Ce]_\% + 4.37w[S]_\%$ 作图，如图 3-4 所示。

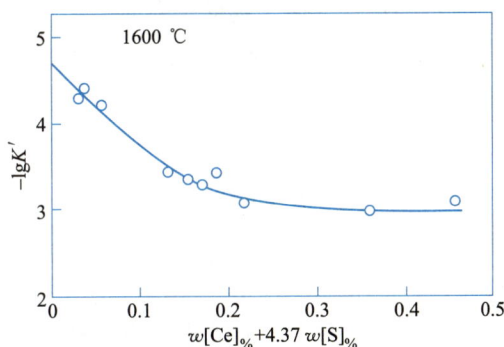

图 3-4　图解法求铈的脱硫平衡常数

其中 $w[Ce]_\%$ 和 $w[S]_\%$ 由平衡时取样分析得到。将图 3-4 中曲线按照变化趋势外推到 $(w[Ce]_\% + 4.37w[S]_\%)$ 为零时，根据式（3-45）可得：

$$-\lg K = -\lg K'$$

如果想得到任意温度下，上述反应的平衡常数 K 值，可以设计相应的实验，将不同温度下实验得到的 K 值对温度作图，即可得到 K 与温度的关系，进而计算出标态下该反应的吉布斯自由能变值（$\Delta_r G^\ominus$）。

3.1.3.5 渣-金属-气相间反应平衡的测定

利用还原性气体或其他还原剂将渣中某一组元还原进入金属相，平衡后，将试样急冷，随后，对渣和金属相进行分析，从而可测定出渣中组元活度。

例如对于反应

$$(SiO_2) + 2H_2(g) = [Si]_{Fe} + 2H_2O(g) \tag{3-46}$$

目标是求出不同渣浓度下 SiO_2 的活度 $a_{(SiO_2)}$。

上述反应的标准吉布斯自由能变化为：

$$\Delta_r G_a^{\ominus} = -RT\ln \frac{a_{[Si]}}{a_{(SiO_2)}} \cdot \left(\frac{p_{H_2O}/p^{\ominus}}{p_{H_2}/p^{\ominus}}\right)^2 \tag{3-47}$$

该 $\Delta_r G_a^{\ominus}$ 可由下面三个反应的 $\Delta_r G^{\ominus}$ 求出：

$$SiO_2(s) + 2H_2(g) = Si(l) + 2H_2O(g) \tag{3-48}$$

反应（3-48）的 $\Delta_r G_1^{\ominus}$ 可由热力学手册查出。

$$Si(l) = [Si] \tag{3-49}$$

当 [Si] 以纯液态 Si(l) 为标准态时，$\Delta_{sol} G_2^{\ominus} = 0$

$$SiO_2(s) = (SiO_2) \tag{3-50}$$

当 (SiO_2) 以纯 $SiO_2(s)$ 为标准态时，$\Delta_{sol} G_3^{\ominus} = 0$

所以，$\Delta_r G_a^{\ominus}$ 就等于 $\Delta_r G_1^{\ominus}$。

该实验设计可以分两步进行：

（1）先求 Fe-Si 溶液中不同硅浓度 x_{Si} 时 [Si] 的活度 $a_{[Si]}$。此时可用 SiO_2 坩埚做实验，气相为 $H_2O(g)$ 和 $H_2(g)$ 的混合气体。其反应为

$$SiO_2(s) + 2H_2(g) = [Si]_{Fe} + 2H_2O(g) \tag{3-51}$$

由于使用纯 SiO_2 坩埚，所以 $a_{(SiO_2)} = 1$。

反应的标准平衡常数为：

$$K^{\ominus} = \left(\frac{p_{H_2O}}{p_{H_2}}\right)^2 \cdot a_{[Si]} \tag{3-52}$$

其值可由 $\Delta_r G_a^{\ominus}$ 求出。

实验时，不断改变 p_{H_2O}/p_{H_2} 比值，即相当于不断改变铁液中硅的浓度 x_{Si}，从而可求出不同 x_{Si} 时硅的活度 $a_{[Si]}$，作 $a_{[Si]}$-x_{Si} 关系图。

（2）再求出二元渣系中 (SiO_2) 的活度 $a_{(SiO_2)}$。

做反应（3-46）的平衡实验，基于式（3-47）可知，其 $\Delta_r G_a^{\ominus}$ 已经求出，分析试样中的 x_{Si}，根据 $a_{[Si]}$-x_{Si} 关系图求出 $a_{[Si]}$，从而可求出不同 p_{H_2O}/p_{H_2} 比值下渣中 (SiO_2) 的活度 $a_{(SiO_2)}$。

3.1.4 熔渣-铁液间元素平衡分配比的测定方法

直接测量元素在熔渣和铁液之间的平衡分配比是一种更为简便和直接的方法。这种

方法的结果能够直观地反映冶金反应的平衡状态及其影响因素，具有重要的实际应用价值。

3.1.4.1 铌在熔渣-钢液间的平衡分配比测定

在含铌铁水提铌或铌渣代替铌铁进行直接合金化时，需要了解铌在渣-钢间的平衡分配比及其影响因素。研究铌在渣-钢间分配平衡时，可采用实际铁水和铌渣，使实验条件尽量接近实际情况，将平衡实验结果与工艺过程相对比，找出渣-钢反映实际状态与平衡状态的差距，以利于对反应进行控制和改进冶炼操作条件。

例如，进行铌渣直接合金化的平衡实验时，可将钢液和铌渣置于 Al_2O_3（或 MgO）坩埚中，在碳管炉内 1600 ℃下的 Ar 气氛中使渣-钢发生反应，如式（3-53）所示。

$$(Nb_2O_5) + \frac{5}{2}[Si] \Longrightarrow 2[Nb] + \frac{5}{2}(SiO_2) \tag{3-53}$$

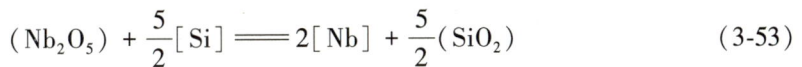

当钢中元素和氧活度不再变化时，即达到平衡。此时，取渣和钢样进行分析，即可计算得到铌的平衡分配比 $w(Nb_2O_5)_\% / w[Nb]_\%$。通过改变熔渣的碱度与氧化性，可以揭示影响该体系中铌的平衡分配比的关键因素。

3.1.4.2 锰在熔渣-钢液间的平衡分配比测定

在顶底复吹少渣精炼或利用锰矿直接合金化时，可加入锰的氧化物使其还原进入钢中，以节省用于钢的合金化的锰铁用量。如要得到尽可能高的锰收得率，需要了解 MnO 被还原进入钢中的热力学条件，以及锰在渣-钢间的平衡分配比。进行平衡实验时，可采用熔渣-钢液直接平衡法（与以上铌的实验方法相同），以测定锰在渣-钢间的平衡分配情况。

3.1.5 差热分析测定相图的方法

3.1.5.1 差热分析原理与 DTA 曲线

差热分析是一种在程序控制温度下测量物质与参比物之间温度差的技术，图 3-5（a）所示为其分析原理。实验中，将两对相同材质的热电偶分别接触装有试样和参比物的坩埚，并将两支热电偶的冷端同极相连，另一极则连接到测量仪表上。这样，可以测得试样与参比物之间的热电势。由于热电势与温度差（ΔT）之间存在函数关系，差热分析通过记录温度-温度差曲线，即 DTA 曲线或差热曲线，来反映这一关系，如图 3-5（c）所示。

参比物（基准物）在研究的温度范围内应保持稳定，不发生任何物理或化学变化，因此不会产生热效应。其温度曲线表现为线性升温、线性降温或恒温曲线，如图 3-5（b）所示。当试样在加热过程中发生物理或化学变化时，会产生热效应，导致试样与参比物之间出现温度差。如果试样经历吸热过程，DTA 曲线上将出现一个向下的吸热峰（BCD）。相反，若试样发生放热过程，则 DTA 曲线上会形成一个向上的放热峰。

3.1.5.2 相图测定与绘制原理

差热分析法在测定相图时具有方便、快速等优点，属于动态法研究相平衡的一种方

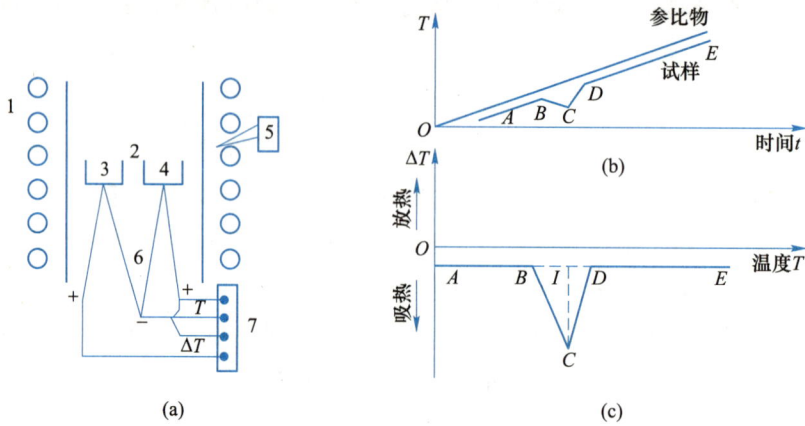

图 3-5　差热分析原理图及 DTA 曲线

（a）分析仪结构简图；（b）升温曲线；（c）DTA 曲线

1—加热炉；2—坩埚；3—试样；4—参比物；5—控温仪；6—差热电偶；7—接记录仪

法。一级相变伴随着热熔的变化，因此在差热曲线上会形成明显的相变峰。对于高级相变，虽然热熔变化不明显，但热容等其他物理量会发生变化，导致差热曲线出现不连续性。例如，玻璃化转变时，由于热容的变化，DTA 曲线上会出现相应的台阶状变化。通过分析差热曲线上的这些特征变化，可以准确确定相转变温度和相变热。为了描述典型相变的差热曲线特性，以某二元体系（见图 3-6）中样品的差热分析为例，介绍 DTA 测定相图的方法和原理。

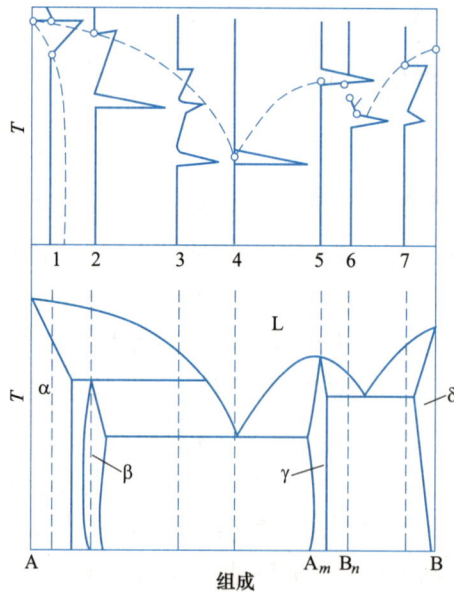

图 3-6　某二元体系的 DTA 曲线（上）和相图（下）

（1）纯组分：当温度加热到纯组分 A 或 B 的熔点时，有液相出现，此时液、固两相共存，根据相律 $F=C-P+1=0$，自由度为零，相变在恒温下进行，DTA 曲线上应出现一个形状规则尖锐的吸热峰。

（2）低共熔（共晶）混合物：当图 3-6 中样品 4 加热到共熔（共晶）点时，发生 β 和 γ 固溶体共熔过程，三相共存，自由度为零，表明该过程有确定的温度，平衡各相组成均固定不变，直至 $\beta+\gamma$ 共晶体全部变成液相。DTA 曲线同样出现一个尖锐的吸热峰。图中 β 和 γ 固溶体由不稳定化合物和稳定化合物 A_mB_n 溶解一定浓度 A 和 B 而形成。

（3）固液同组成化合物：图 3-6 中样品 5 是一种稳定的化合物 AB，像纯组分那样有固定的熔点，DTA 曲线上出现一个形状规则尖锐的吸热峰。

（4）B 溶于 A 的固溶体：当图 3-6 中样品 1 加热到固相线时，α 固溶体开始熔化直到液相线全部熔化。根据相律，二元体系当处于固液两相时，自由度为 1，所以固溶体的熔化过程在一个温度范围内不断升温完成；当温度达到固相线时，DTA 曲线开始偏离基线，熔化吸热峰一直延续到整个体系全部变为液态为止，所以吸热峰比较宽而平缓，尾部比较尖，峰顶温度为液相线的温度。

（5）熔体对一个组分饱和：图 3-6 中的样品 6 和 7，当达到共熔（共晶）点时，γ 和 δ 固溶体熔化，三相共存，自由度为零，DTA 曲线上出现一个尖锐的吸热峰。继续加热时，剩下的某个固相 γ 或 δ 继续熔化，固液两相共存，自由度为 1，形成一个比较尖的吸热峰。达到液相线后 DTA 曲线又再次回到基线。DTA 曲线相当于前面（2）和（4）的 DTA 曲线类型的组合。

（6）固液异组成化合物：图 3-6 中样品 2 是一种不稳定化合物，当熔化时发生转熔（包晶）反应，分解成两个新相（L+α），出现三相平衡，自由度为零，DTA 曲线上出现一个尖锐的吸热峰。该化合物全部分解完毕后，DTA 曲线回到基线。继续升高温度发生 α 相的熔解，DTA 曲线又逐渐偏离基线。由于是两相共存（L+α），自由度为 1，同样形成前沿平缓、尾部比较尖的熔化吸热峰，直到 α 相全部熔化后，DTA 曲线又再次回到基线。通常以峰顶温度作为液相线温度。

（7）有晶型或相转变的体系：图 3-6 中样品 3，在加热过程中当达到共熔温度时，首先发生 β 和 γ 固溶体共熔过程，DTA 曲线峰形同（2），是一个尖锐的吸热峰。继续升高温度，发生 β 相的熔化过程，这时 β 相和液相共存，自由度为 1，DTA 曲线上出现熔化吸热峰，但此峰形与（5）类型不同。

基于上述实验现象，DTA 曲线可以分为三种类型：

第一种类型是相变过程自由度为零的曲线，表现为形状规则且尖锐的峰。

第二种类型是自由度为 1 的相变过程，其曲线特征为前沿平缓而尾部陡峭的宽峰。

第三种类型则出现在有晶型转变的体系中，是前两种类型的组合，即前沿平缓而尾部尖锐的峰。

将图 3-6 中的七条 DTA 曲线上相应的相变温度，包括两个纯组分的熔点，标在组成-温度图中，并将相同意义的点连线，可以初步描绘出该体系的相图轮廓。具体操作为：将各条 DTA 曲线上所有最高温度峰的温度连线，得到液相线；从不同 DTA 曲线上找出相同温度下的尖锐峰,这些峰温代表存在的等温线。在上述例子中,共有三条等温线。为了获得一个完整的相图,还需补充一些不同组成样品的差热分析,以确定相图上剩余的关键点。

3.1.5.3 差热分析用于测定绘制相图的注意事项

采用差热分析测绘相图时,应注意以下问题。

(1)相图是基于平衡态数据绘制的,而差热分析是一种动态方法,因此两者在确定物质相变点时存在差异。为了减小这种差异,建议采用较低的升温速度,或者通过分析不同升温速度下的结果,外推至零升温速度时的数值。由于过热度通常远小于过冷度,因此通常采用升温曲线进行测定。

(2)相图的测定需要多次测定 DTA 曲线,包括重复测定,因此要求每次测定的条件和热阻保持一致。为了减少试样内部的温度梯度,试样的量应尽量控制在较小范围内。

(3)对于相变速度较慢或存在相变滞后现象的体系,使用动态热分析法测定误差较大,甚至可能无法测得准确结果。因此,差热分析法常与高温显微镜、高温 X 射线衍射法等其他方法结合使用,以更准确地测定相图。

3.2　ZrO_2 基固体电解质电池

在炼钢过程中,氧在钢液中扮演着关键角色,它与碳(C)、硅(Si)、锰(Mn)和磷(P)等元素的氧化和脱硫反应密切相关。在脱氧和合金化阶段,脱氧剂的效果、合金元素的回收率以及最终钢的质量,都与钢中氧含量的控制紧密相连。为了深入研究冶金反应的平衡,了解钢中氧的活度和气相中的氧分压非常重要。固体电解质电池定氧法是一种有效的测定方法。以下是其工作原理、操作步骤以及在钢铁冶金和实验研究中的应用简介。

3.2.1　电池结构与工作原理

一般地,导电体主要分为金属导体和电解质导体两类。金属导体的导电机制依赖于自由电子的流动,而电解质导体则依赖于离子的定向迁移。

电解质导体进一步分为溶液或熔融状态的电解质,如盐水、熔盐,以及固体电解质。在某些固体中,特定离子具有较高的迁移速率,尤其在高温下,这些固体电解质表现出较高的电导率。例如,氧化锆(ZrO_2)或氧化钍(ThO_2)基材料在高温下具有较低的电阻,适合用作固体电解质。

3.2.1.1 氧化物固体电解质的晶体结构与高温稳定性

ZrO_2 以其卓越的耐高温性能和化学稳定性而著称,但在 1150 ℃时会经历相变(从单斜晶系转变为立方晶系),伴随约 9%的体积收缩,导致其晶体结构随温度变化而不稳定。为了解决这一问题,向 ZrO_2 中添加 CaO 或 MgO 等氧化物,这些氧化物的阳离子半径与

Zr^{4+} 相近。经过高温煅烧，形成的固溶体为立方晶系，并且其结构不再随温度变化，因此被称为稳定的 ZrO_2。

具体来说，ZrO_2-CaO 型固溶体在 2500 ℃ 以下保持稳定；而 ZrO_2-MgO 型固溶体在 1300 ℃ 以上则不稳定，会分解为四方晶型固溶体和氧化镁。尽管如此，ZrO_2-MgO 型固体电解质的抗热震性能优于 ZrO_2-CaO 型。

3.2.1.2　ZrO₂ 固体电解质中氧空位的形成

在 ZrO_2 中掺杂 CaO 或 MgO 等氧化物时，由于阳离子的化合价差异，形成了置换式固溶体。为维持晶体的电中性，晶体中会产生氧离子空位。氧离子空位的浓度取决于掺杂离子的浓度，即每掺入 1 mol 的 CaO 或 MgO，就会产生 1 mol 的氧离子空位。图 3-7 所示为掺入 CaO 后 ZrO_2 晶格中氧离子空位。

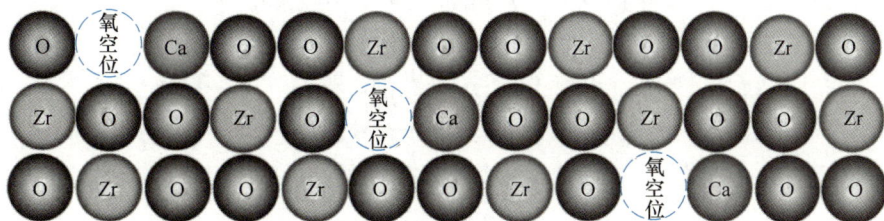

图 3-7　掺入 CaO 后 ZrO_2 的晶格中产生氧离子空位示意图

由于掺杂后的 ZrO_2 晶体存在大量的氧离子空位，在较高温度下，氧离子就有可能通过空位比较容易地移动。如果处在电场的作用下，氧离子将定向移动而成电流。因而，掺杂 ZrO_2 成为氧离子的固体电解质。

3.2.1.3　ZrO₂ 固体电解质电池工作原理

当把固体电解质（如 ZrO_2-CaO）置于不同的氧分压之间，连接金属电极时（见图 3-8），电解质与金属电极的交界处将产生电极反应，并分别建立起不同的平衡电极电位。由它们构成的电池电动势 E 的大小与电解质两侧的氧分压紧密相关，所以，ZrO_2 固体电解质电池可用来测定气相中的氧分压或液态金属中的氧活度。

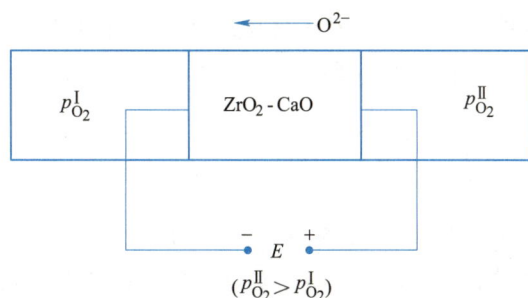

图 3-8　固体电解质氧电池工作原理示意图

对于可逆过程，在高氧分压端的电极反应为：

$$O_2(p_2^{II}) + 4e \rightleftharpoons 2O^{2-} \tag{3-54}$$

气相中的氧分子夺取电极上的四个电子成氧离子并进入晶体。该电极失去四个电子，因而带正电，是正极。

在低氧分压端，发生电极反应：

$$2O^{2-} \rightleftharpoons O_2(p_2^{I}) + 4e \tag{3-55}$$

晶格中的氧离子丢下四个电子变成氧分子并进入气相。此处电极得到四个电子，因而带负电，是负极。

电池的总反应：

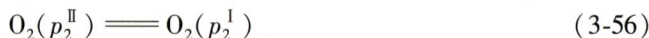

$$O_2(p_2^{II}) \rightleftharpoons O_2(p_2^{I}) \tag{3-56}$$

氧从高氧分压端向低氧分压端迁移，反应的自由能变化为：

$$\Delta G = G^{\ominus} + RT\ln p_{O_2}^{I} - G^{\ominus} - RT\ln p_{O_2}^{II} \tag{3-57}$$

$$\Delta G = -RT\ln \frac{p_{O_2}^{II}}{p_{O_2}^{I}} \tag{3-58}$$

$$\Delta G = -4FE \tag{3-59}$$

$$E = \frac{RT}{4F}\ln \frac{p_{O_2}^{II}}{p_{O_2}^{I}} \tag{3-60}$$

式中　F——法拉第常数，96500 C/mol；

　　　E——电池平衡电动势，V。

式（3-60）为电动势与固体电解质两侧界面上氧分压的关系。

对于一个氧浓差电池，如果测定了 E 和 T 之后，就可以根据 $p_{O_2}^{I}$ 和 $p_{O_2}^{II}$ 中的已知者求得未知者。其中氧分压已知的一侧为参比电极。

3.2.2　ZrO₂ 基固体电解质高温电子导电性与电池电动势 E 的修正

在固体电解质电池中，除了前文提到的离子导电性外，氧化物电解质在高温下还会表现出一定的电子导电性。这种电子导电性会导致电池的电动势降低。如果继续使用式（3-60）进行计算，将引入较大误差。因此，需要对电动势与电解质两侧氧分压之间的关系进行适当修正，以提高计算的准确性。对于 ZrO₂ 基固体电解质，在标准的使用条件下，可以通过以下电子导电修正公式来进行更准确地计算：

$$E = \frac{RT}{F}\ln \frac{p_{e'}^{\frac{1}{4}} + p_{O_2}^{II\,\frac{1}{4}}}{p_{e'}^{\frac{1}{4}} + p_{O_2}^{I\,\frac{1}{4}}} \tag{3-61}$$

式中　$p_{e'}$——特征氧分压，其数值通常由实验进行测定。

例如，我国某单位生产的 ZrO₂-4%CaO（质量分数）固体电解质的测定结果为：

$$\lg p_{e'} = 21.49 - 69336/T \tag{3-62}$$

ZrO₂-MgO 固体电解质的测定结果是：

$$\lg p_{e'} = -95.67 - 0.0435T \tag{3-63}$$

3.2.3 钢液中氧活度的测定

钢液定氧通常使用 Mo/MoO₂ 或 Cr/Cr₂O₃ 作为参比电极，参比电极引线可用 Mo 丝，与钢液接触的回路电极采用 Mo 棒。当使用 ZrO₂-MgO 固体电解质时，电池表达式是：

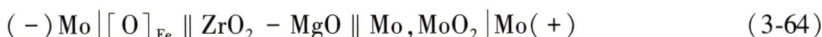

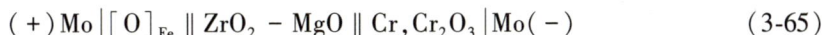

$$(-)\text{Mo}\,|\,[\,\text{O}\,]_{\text{Fe}}\,\|\,\text{ZrO}_2 - \text{MgO}\,\|\,\text{Mo},\text{MoO}_2\,|\,\text{Mo}(+) \tag{3-64}$$

$$(+)\text{Mo}\,|\,[\,\text{O}\,]_{\text{Fe}}\,\|\,\text{ZrO}_2 - \text{MgO}\,\|\,\text{Cr},\text{Cr}_2\text{O}_3\,|\,\text{Mo}(-) \tag{3-65}$$

3.2.3.1 Mo/MoO₂ 作为参比电极

对于电池（3-64），由于 MoO₂ 的分解压大于钢液的平衡氧分压，式（3-61）可写为：

$$E = \frac{RT}{F}\ln\frac{p_{\text{e}'}^{\frac{1}{4}} + p_{\text{Mo}}^{\text{II}\,\frac{1}{4}}}{p_{\text{e}'}^{\frac{1}{4}} + p_{[\text{O}]}^{\text{I}\,\frac{1}{4}}} \tag{3-66}$$

式中，p_{Mo} 为 MoO₂ 的平衡氧分压，由下式计算得到：

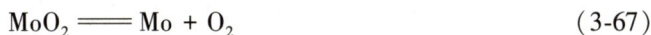

$$\text{MoO}_2 = \text{Mo} + \text{O}_2 \tag{3-67}$$

$$\Delta G_1^{\ominus} = 490700 - 118.32T \tag{3-68}$$

$$p_{\text{Mo}} = \text{e}^{-\Delta G_1^{\ominus}/(RT)} \tag{3-69}$$

若已测得氧电势 E 和温度 T，可利用已知的 p_{Mo} 和 $p_{\text{e}'}$ 由式（3-67）计算出钢液中氧的平衡分压。

由于

$$\text{O}_2 = 2[\,\text{O}\,] \tag{3-70}$$

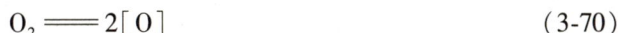

$$\Delta G_2^{\ominus} = -274052 + 15.56T \tag{3-71}$$

$$a_{[\text{O}]}^2 = p_{[\text{O}]} \cdot \text{e}^{-\Delta G_2^{\ominus}/(RT)} \tag{3-72}$$

根据式（3-72），可算出钢液中的氧活度 $a_{[\text{O}]}$。该电池适用于测定铁液中的高氧活度。

3.2.3.2 Cr/Cr₂O₃ 作为参比电极

如果使用 Cr/Cr₂O₃ 作为参比极材料，由于 Cr/Cr₂O₃ 分解压小于钢液的平衡氧分压，对于组装的电池（(+) Mo $|$ [O]$_{\text{Fe}}$$\|$ZrO₂-MgO$\|$Cr，Cr₂O₃$|$Mo(-)），其电池电动势可写为：

$$E = \frac{RT}{F}\ln\frac{p_{\text{e}'}^{\frac{1}{4}} + p_{[\text{O}]}^{\text{II}\,\frac{1}{4}}}{p_{\text{e}'}^{\frac{1}{4}} + p_{\text{Cr}}^{\text{I}\,\frac{1}{4}}} \tag{3-73}$$

由于

$$\frac{2}{3}\text{Cr}_2\text{O}_3 = \frac{4}{3}\text{Cr} + \text{O}_2 \tag{3-74}$$

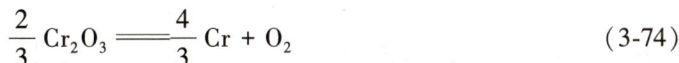

$$\Delta G_3^{\ominus} = 754987 - 171.2T \tag{3-75}$$

所以

$$p_{\text{Cr}} = \text{e}^{-\Delta G_3^{\ominus}/(RT)} \tag{3-76}$$

当已知 E、T、p_O 和 $p_{\text{e}'}$ 时，同样可算出 $p_{[\text{O}]}$，最终计算得到 $a_{[\text{O}]}$。该电池适用于测定

铁液中的低氧活度。

在进行钢液中氧活度测量时，可以通过毫伏仪记录产生的电动势曲线，称为氧电势。为了提高生产过程中的应用效率，建议使用计算机预先计算并绘制氧电势与氧活度之间的对应关系图或表格，以便于快速查阅。此外，采用直读仪可以进一步提高操作的便捷性。

3.2.4 ZrO_2 基氧传感器简介

3.2.4.1 ZrO_2 基氧传感器制备要求

根据 ZrO_2 基固体电解质的高离子传导率、传导离子单一的特性，以及较好的强度、韧性等机械性能，可以将其应用于传感器领域；通过对生产过程的准确控制，实现其在节能、降耗、环境保护等问题上的广泛应用。

将 ZrO_2 固体电解质制备成传感器，其要求可以归纳为以下几点：

（1）要将电池设计成可逆电池（其中包括物质可逆和能量可逆）；

（2）固体电解质材料对于使用环境是热力学稳定的，即在使用条件下不会发生分解，不与电极材料发生非电化学反应等；

（3）依据相律，每个电极体系的自由度都应等于1，即当温度一定时，体系的组成不再发生变化；

（4）固体电解质比较容易产生电子导电，但在使用条件下，作为电解质应具有尽可能小的电子电导，否则会因为存在内部短路电流而导致电池自放电，使电池电动势下降或电流效率下降；

（5）固体电解质、电极材料、电极引线等固态相之间要有良好的电接触；

（6）对一些特定用途，往往有一些特殊要求，如致密度、耐热震性等。

目前，ZrO_2 基固体电解质传感器主要应用于气体中氧含量的测定及金属熔体中元素含量的测定两个方面。气体中氧含量的测定主要包括汽车发动机尾气的检测及控制、金属热处理炉内气氛的控制、锅炉及各种燃烧炉废气氧含量的测定；而金属液体中元素含量的测定主要包括钢液定氧、铜液定氧、铁水定硅、铁液定硫、钢液定铝等。其中，应用最为广泛的为钢液定氧传感器领域。

3.2.4.2 定氧探头的类型

采用固体电解质 ZrO_2 组装的钢液定氧探头有三种类型：塞式、管式和针式探头。常用的管式探头采用 ZrO_2-MgO 固体电解质管组装，耐热震性好，被广泛使用。另外，用于工业上钢液定氧的探头中装有 PtRh30-PtRh6 微型快速测温热电偶，可同时测出氧电势和热电势。这种探头是一次性探头，由插件连接，以便更换。在探头顶部装有防渣铁皮帽，以防通过渣层时与炉渣接触。

3.2.4.3 定氧探头的性能与技术条件

定氧探头应具备的性能和技术条件：测定值要准确可靠；耐热震性好；反应快；结构简单，更换容易。

上述性能和技术条件能否达到，关键在于固体电解质质量和组装工艺。

组装时，参比电极材料必须装填紧密，并保证参比极引线（Mo 丝）与 ZrO$_2$ 管之间有紧密的接触，装成后必须充分烘干。另外，参比电极材料应有足够的纯度，并要经过混磨和过筛。

3.2.4.4　定氧探头在炼钢中的应用

固体电解质定氧探头在控制炼钢操作、提高钢的质量方面发挥了显著作用，主要体现在以下几个方面。

（1）氧气转炉终点碳的控制。钢液含碳量与含氧量存在关联，但因炼钢方法差异，碳氧活度经常处于不平衡状态。利用定氧探头直接测定钢液中的含氧量，结合取样分析[C] 含量，绘制碳-氧关系曲线，从而实现终点碳的控制。

（2）连铸半镇静钢及沸腾钢替代钢种的脱氧控制。连铸生产低碳低硅软线或焊条钢时，钢水含氧量需控制在窄范围，通常以合适加铝量进行调节。铝加入过少，钢水含氧量高，易致皮下气泡；含铝量过高，虽氧含量低，但易造成浇铸水口结瘤。一般在精炼炉中直接定氧，随后喂铝线进行调节。

（3）易切削钢硫化夹杂物形态的控制。易切削钢切削性与硫化夹杂物形态相关。钢液脱氧轻微时，硫化物夹杂呈较大球状至扁豆状颗粒，使钢具良好切削性能。通过直接定氧控制最佳含氧量，既能生成球状硫化物颗粒，又能避免钢液凝固时气泡产生而降低表面质量。

（4）测定转炉炉渣和气相的氧分压。及时掌握炉渣氧化性和气相氧分压变化对炼钢操作帮助极大。例如，在 230 t 的 Q-BOP 炉吹炼普碳钢时，利用定氧探头可以实时检测炉气、渣中和钢液中氧压的变化。

3.2.5　ZrO$_2$基氧传感器在冶金热力学研究中的应用

ZrO$_2$ 基氧传感器在冶金物理化学研究中的应用非常广泛，可用于冶金反应热力学、动力学、电化学等研究。

3.2.5.1　氧化物标准生成自由能的测定

对于简单氧化物 MO（或 NO），可通过组装成下面的电池进行测定和计算：

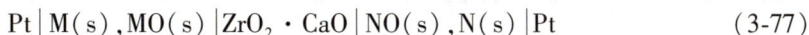

$$\text{Pt} \mid \text{M(s)}, \text{MO(s)} \mid \text{ZrO}_2 \cdot \text{CaO} \mid \text{NO(s)}, \text{N(s)} \mid \text{Pt} \tag{3-77}$$

下面举例进行具体说明：利用 CaO 稳定的 ZrO$_2$ 固体电解质浓差电池计算反应 Fe(s) + NiO(s) ═ FeO(s) + Ni(s) 的 $\Delta_r G^{\ominus}$ 与温度 T 的关系，并利用所给 $\Delta_f G_{\text{FeO}}^{\ominus}$ 数据求出 $\Delta_f G_{\text{NiO}}^{\ominus}$ 与 T 的关系式。

电池结构设计如下：

$$(-)\text{Pt} \mid \text{Fe(s)}, \text{FeO(s)} \mid \text{ZrO}_2 \cdot \text{CaO} \mid \text{NiO(s)}, \text{Ni(s)} \mid \text{Pt}(+) \tag{3-78}$$

不同温度下的电池电动势及 FeO 的标准生成吉布斯自由能数据如表 3-1 所示。

表 3-1   不同温度下的电池电动势 E 及 $\Delta_f G_{FeO}^{\ominus}$

温度/K	E/mV	$\Delta_f G_{FeO}^{\ominus}/(J \cdot mol^{-1})$
1023	260	−197650
1173	276	−187900
1273	286	−181250
1373	296	−174770
1423	301	−171460

电池正极发生的反应为：

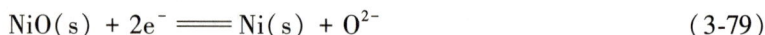

$$NiO(s) + 2e^- \rightleftharpoons Ni(s) + O^{2-} \tag{3-79}$$

电池负极发生的反应为：

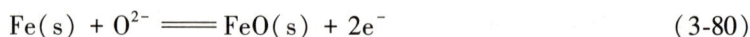

$$Fe(s) + O^{2-} \rightleftharpoons FeO(s) + 2e^- \tag{3-80}$$

电池总反应为

$$Fe(s) + NiO(s) \rightleftharpoons FeO(s) + Ni(s) \tag{3-81}$$

由于参加反应的物质均为纯物质，故

$$\Delta_r G = \Delta_r G^{\ominus} \tag{3-82}$$

$$\Delta_r G^{\ominus} = -zE^{\ominus}F \tag{3-83}$$

式中 z——电化学反应的得失电子数目；

E——电动势，V；

F——法拉第常数，96487 C/mol，可近似为 96500 C/mol。

将不同温度下电动势值代入式（3-83）即可得出不同温度下的 $\Delta_r G^{\ominus}$ 值。

由 $\Delta_r G^{\ominus} = \Delta_f G_{FeO}^{\ominus} - \Delta_f G_{NiO}^{\ominus}$ 可得：

$$\Delta_f G_{NiO}^{\ominus} = \Delta_f G_{FeO}^{\ominus} - \Delta_r G^{\ominus} = \Delta_f G_{FeO}^{\ominus} + zE^{\ominus}F \tag{3-84}$$

将 $z=2$，$F=96500$ C/mol 以及不同温度下的 $\Delta_f G_{FeO}^{\ominus}$ 值及 $E^{\ominus}$ 值代入式（3-84），即可计算出不同温度下的 $\Delta_f G_{NiO}^{\ominus}$ 如表 3-2 所示。

表 3-2   不同温度下的 $\Delta_f G_{NiO}^{\ominus}$

温度/K	1023	1173	1273	1373	1423
$\Delta_f G_{NiO}^{\ominus}/(J \cdot mol^{-1})$	−147470	−134632	−126052	−117642	−113367

利用最小二乘法处理得：

$$\Delta_f G_{NiO}^{\ominus} = (-234630 + 85.23T) \text{ J/mol}$$

3.2.5.2   金属熔体中组元活度与活度相互作用系数的测定

基于固体电解质定氧，以测定 Fe-V-O 熔体中 V 的活度 a_V 及活度相互作用系数 e_V^V 和 e_O^V 为例进行说明。

A   V 的活度 a_V 的测定

组装电池

$$Mo \mid Cr, Cr_2O_3 \mid ZrO\text{-}CaO \mid Fe\text{-}V\text{-}O(1) \mid Mo \tag{3-85}$$

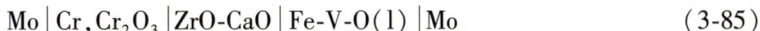

假设在实验温度和组成范围内，在 Fe-V-O 熔体中 V 和 O 平衡的固体为 V$_2$O$_3$（s）。

针对上述电池，参比电极反应为：

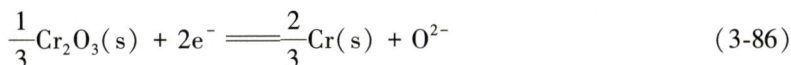

$$\frac{1}{3}Cr_2O_3(s) + 2e^- \Longrightarrow \frac{2}{3}Cr(s) + O^{2-} \tag{3-86}$$

待测电极反应为：

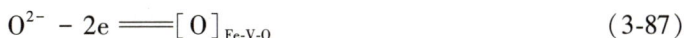

$$O^{2-} - 2e \Longrightarrow [O]_{Fe\text{-}V\text{-}O} \tag{3-87}$$

电池总反应为：

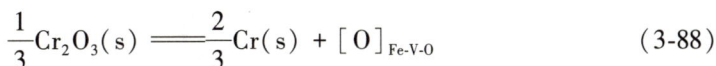

$$\frac{1}{3}Cr_2O_3(s) \Longrightarrow \frac{2}{3}Cr(s) + [O]_{Fe\text{-}V\text{-}O} \tag{3-88}$$

此反应的吉布斯自由能变化为：

$$\Delta_r G = \Delta_r G^{\ominus} + RT\ln a_{[O]_{Fe\text{-}V\text{-}O}} = -2EF \tag{3-89}$$

所以

$$\ln a_{[O]_{Fe\text{-}V\text{-}O}} = \frac{1}{RT}\left(\frac{1}{3}\Delta_f G^{\ominus}_{Cr_2O_3} - \Delta_{sol} G^{\ominus}_{[O]} - 2EF\right) \tag{3-90}$$

式中，$\Delta_{sol} G^{\ominus}_{[O]}$ 为氧在熔体中的溶解自由焓；$\Delta_f G^{\ominus}_{Cr_2O_3}$ 为 Cr$_2$O$_3$ 的标准生成自由焓；$\Delta_{sol} G^{\ominus}_{[O]}$ 和 $\Delta_f G^{\ominus}_{Cr_2O_3}$ 均可由热力学数据表查到，因此，只要测定了温度 T 和电池电动势 E，便可得知 $a_{[O]_{Fe\text{-}V\text{-}O}}$。

由于熔体被 V$_2$O$_3$ 饱和，则存在平衡反应：

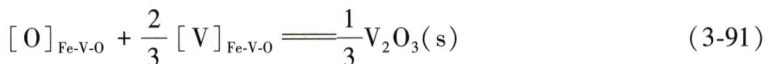

$$[O]_{Fe\text{-}V\text{-}O} + \frac{2}{3}[V]_{Fe\text{-}V\text{-}O} \Longrightarrow \frac{1}{3}V_2O_3(s) \tag{3-91}$$

则反应的标准吉布斯自由能变化为：

$$\Delta_r G^{\ominus} = \frac{1}{3}\Delta_f G^{\ominus}_{V_2O_3} - \Delta_{sol} G^{\ominus}_{[O]_{Fe\text{-}V\text{-}O}} - \frac{2}{3}\Delta_{sol} G^{\ominus}_{[V]_{Fe\text{-}V\text{-}O}} = RT\ln\left(a_{[O]_{Fe\text{-}V\text{-}O}} \cdot a_{[V]_{Fe\text{-}V\text{-}O}}\right) \tag{3-92}$$

整理得：

$$\ln a_{[V]_{Fe\text{-}V\text{-}O}} = \frac{3}{2RT}\left(\frac{1}{3}\Delta_f G^{\ominus}_{V_2O_3} - \Delta_{sol} G^{\ominus}_{[O]_{Fe\text{-}V\text{-}O}} - \frac{2}{3}\Delta_{sol} G^{\ominus}_{[V]_{Fe\text{-}V\text{-}O}} - RT\ln a_{[O]_{Fe\text{-}V\text{-}O}}\right) \tag{3-93}$$

若 $a_{[V]_{Fe\text{-}V\text{-}O}}$ 取 $w[V] = 1\%$ 作标准态，$\Delta_f G^{\ominus}_{V_2O_3}$、$\Delta_{sol} G^{\ominus}_{[O]}$ 和 $\Delta_{sol} G^{\ominus}_{[V]}$ 均为已知，$a_{[O]_{Fe\text{-}V\text{-}O}}$ 基于式（3-90）已经测量得到，因此 $a_{[V]_{Fe\text{-}V\text{-}O}}$ 也可求出。

B 活度相互作用系数 e_V^V 的测定

对于 Fe-V-O 体系，$f_V = f_V^V \cdot f_V^O$，则

$$\lg f_V = e_V^V w[V]_\% + e_V^O w[O]_\% \tag{3-94}$$

因为 $w[O]_\%$ 很小，故 $e_V^O w[O]_\%$ 值可忽略不计。

将不同炉次实验得到的 $\lg f_V$ 对 $w[V]_\%$ 作图，求出图中曲线通过原点所作切线的斜率即为 e_V^V。即

$$e_V^V = \left(\frac{\partial \lg f_V}{\partial w[V]_\%}\right)_{w[V]_\% \to 0} \tag{3-95}$$

C　活度相互作用系数 e_O^V 的测定

对于 Fe-V-O 体系，$f_O = f_O^O \cdot f_O^V$，则

$$\lg f_O = e_O^O w[O]_\% + e_O^V w[V]_\% \tag{3-96}$$

e_O^O 为已知值，如熔体中不含有 V_2O_3，$w[O]_\%$ 可用真空熔化法测定。将金属液中溶解的 $w[O]_\%$ 保持不变，向此金属液中逐渐加入元素 V，每改变一次 $w[V]_\%$，测定平衡电动势 E，对应求出值 f_O^V。取 $\lg f_O^V$ 对 $w[V]_\%$ 作图，求出图中曲线通过原点所作切线的斜率即为 e_O^V。即：

$$e_O^V = \left(\frac{\partial \lg f_O^V}{\partial w[V]_\%} \right)_{w[V]_\% \to 0} \tag{3-97}$$

3.2.6　ZrO_2 基辅助电极型定硅（定铝）传感器

3.2.6.1　ZrO_2 基辅助电极型传感器概述

1988 年，Iwase 首先提出了辅助电极的概念。辅助电极是在氧传感器电解质外侧涂覆含有被测元素的氧化物或盐，通过建立氧和待测元素的化学平衡，用该传感器可测得平衡氧势，从而确定待测元素的活度或者浓度。

铁水含硅量是高炉炉缸热制度的重要表征，也是炼钢过程的主要杂质元素，因此快速准确测定铁水中的硅含量十分有用。对于辅助电极型硅传感器，为了获得优越的定硅性能（响应时间短、准确性高、稳定性好），对制得的辅助电极涂层有一定的要求。首先，必须保证快速达到固体电解质、铁液及辅助电极材料三相平衡，即辅助电极涂层采用局部涂覆方式或者涂层中有低熔点物质存在，以获得短的响应时间；其次，涂层中必须要有活性物质的存在，并且与之共存的其他物质不会对传感器的准确性造成影响；最后，必须保证涂层能够均匀分布于固体电解质管表面，以获得好的电动势稳定性。

3.2.6.2　$ZrSiO_4$-ZrO_2 型固体电解质硅传感器

由 Iwase 所提出的 $ZrSiO_4(s)$-$ZrO_2(s)$ 型硅传感器最先被开发并使用。其中，作为辅助电极材料的 $ZrSiO_4$ 需要由一定比例的 SiO_2 与 ZrO_2 混合粉末在 1400 ℃ 条件下焙烧 25 h 制得，将其充分球磨后与 ZrO_2 粉末按质量比 1∶1 混合，最后将 ZrO_2 与 $ZrSiO_4$ 的混合粉末点涂在固体电解质管外表面，并在 1400 ℃ 下焙烧 20 h 制得最终的辅助电极涂层。其电池可表示为：

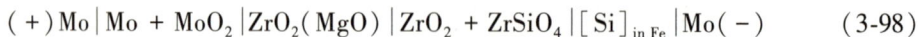

$$(+)Mo \mid Mo + MoO_2 \mid ZrO_2(MgO) \mid ZrO_2 + ZrSiO_4 \mid [Si]_{in\,Fe} \mid Mo(-) \tag{3-98}$$

其中（ZrO_2+$ZrSiO_4$）是点涂在固体电解质管外表面的辅助电极材料。

负极反应为：

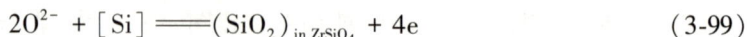

$$2O^{2-} + [Si] = (SiO_2)_{in\,ZrSiO_4} + 4e \tag{3-99}$$

正极反应为：

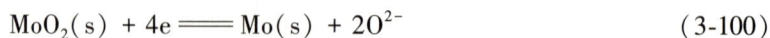

$$MoO_2(s) + 4e = Mo(s) + 2O^{2-} \tag{3-100}$$

电池反应为：

$$MoO_2(s) + [Si] = (SiO_2)_{in\ ZrSiO_4} + Mo(s) \tag{3-101}$$

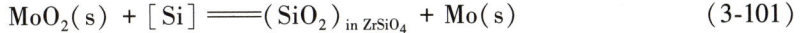

由于固体电解质管表面点涂有辅助电极材料，在固体电解质管、辅助电极材料和铁液的三相界面处的反应为：

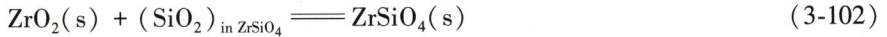

$$ZrO_2(s) + (SiO_2)_{in\ ZrSiO_4} = ZrSiO_4(s) \tag{3-102}$$

总的反应为：

$$MoO_2(s) + ZrO_2(s) + [Si] = ZrSiO_4(s) + Mo(s) \tag{3-103}$$

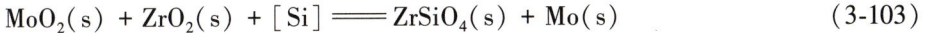

固态纯物质活度为 1，则上述反应有：

$$\Delta_r G = \Delta_r G^0 + RT\ln\frac{1}{a_{[Si]}} \tag{3-104}$$

电池电动势：

$$E = E^0 + \frac{RT}{4F}\ln a_{[Si]} \tag{3-105}$$

式中　F——法拉第常数；

　　　R——摩尔气体常数；

　　　T——热力学温度；

　　　E^0——$a_{[Si]}=1$ 时的电动势，可从理论计算，也可由实验确定。

如果考虑固体电解质电子电导的影响，则电池电动势与铁液中硅活度的关系为：

$$E = \frac{RT}{F}\ln\frac{p_{(Mo/MoO_2)}^{\frac{1}{4}} + p_e^{\frac{1}{4}}}{[Ka_{[Si]}]^{\frac{1}{4}} + p_e^{\frac{1}{4}}} \tag{3-106}$$

式中　　K——反应 $ZrO_2(s) + [Si]_{Fe} + O_2 = ZrSiO_4(s)$ 的平衡常数；

　$p_{(Mo/MoO_2)}$——（MoO_2+Mo）体系的平衡氧分压，Pa；

　　　p_e——固体电解质的电子特征氧分压，Pa；

　　　R——摩尔气体常数，8.314 J/(mol·K)；

　　　F——法拉第常数，96500 C/mol。

此类传感器辅助电极材料采用点涂的方式，反应平衡时间短，极大地缩短了响应时间。但其辅助电极材料及传感器的制备较复杂，而且由于辅助电极采用手工点涂的方式，固体电解质管表面辅助电极材料的均匀性不好，对传感器最终的准确性也会有一定的影响。

3.2.6.3　CaF₂-SiO₂ 型固体电解质硅传感器

为了获得较短的响应时间、简化传感器制备工艺，一些学者提出利用 CaF_2+SiO_2 作为辅助电极材料，将其均匀涂覆于固体电解质管表面制备定硅传感器，该类传感器的电池形式为：

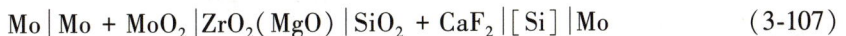

$$Mo\ |\ Mo + MoO_2\ |\ ZrO_2(MgO)\ |\ SiO_2 + CaF_2\ |\ [Si]\ |\ Mo \tag{3-107}$$

由 CaF_2-SiO_2 二元系相图得知，炼钢温度下，存在一个很大的（熔体+SiO_2）两相区。例如在 1450 ℃时，只要 $w(CaF_2)<44\%$，二元系中就存在固相 SiO_2。换言之，辅助电极体

系熔体中的 SiO₂ 是饱和的，$a_{SiO_2} = 1$，因此，在金属液与电解质界面存在如下平衡反应：

$$[Si] + 2[O]_{interface} \Longleftrightarrow SiO_2(s) \tag{3-108}$$

$$\Delta_r G^{\ominus}(1723\ K) = -196.51\ kJ/mol \tag{3-109}$$

即固体电解质界面液膜中的氧含量 [O] 取决于铁液中硅的含量 [Si]。

电池总反应为：

$$\frac{2}{3}Cr_2O_3(s) + [Si] = SiO_2(s) + \frac{4}{3}Cr(s) \tag{3-110}$$

考虑到固体电解质电子电导的影响，电池电动势与铁液中硅活度的关系式为：

$$E = \frac{RT}{F}\ln\frac{p_{(Cr/Cr_2O_3)}^{\frac{1}{4}} + p_e^{\frac{1}{4}}}{(K \cdot a_{[Si]})^{\frac{1}{4}} + p_e^{\frac{1}{4}}} \tag{3-111}$$

式中　　K——反应 $[Si] + O_2 = SiO_2$ 的平衡常数；

　　　　p_e——固体电解质的电子特征氧分压，Pa；

　　　　R——摩尔气体常数，8.314 J/(mol·K)；

　　　　F——法拉第常数，96500 C/mol；

　　$p_{(Cr/Cr_2O_3)}$——参比电极 Cr/Cr₂O₃ 的平衡氧分压，Pa。

此类传感器中 CaF₂ 在定硅过程中以液态形式存在，有利于 [Si] 与 [O] 在涂层中的扩散，提高了辅助电极涂层中固态 SiO₂ 与铁液中 [Si] 以及 [O] 平衡的速度，缩短了响应时间，但是传感器的准确性以及稳定性还不够理想，有待提高。

3.2.6.4　ZrO₂-SiO₂-CaO·MgO·2SiO₂ 型硅传感器

郭敏等以 ZrO₂(MgO) 为固体电解质，Cr/Cr₂O₃ 为参比电极，SiO₂+CaF₂ 为辅助电极材料，成功制备得到了 ZrO₂-SiO₂-CaO·MgO·2SiO₂ 型硅传感器，其电池表达式为：

$$Mo|Cr + Cr_2O_3|ZrO_2(MgO)|SiO_2|[Si]|Mo \tag{3-112}$$

由于固态 SiO₂ 的存在，辅助电极体系熔体中的 SiO₂ 是饱和的，即 $a_{SiO_2} = 1$。因此，在金属液与电解质界面存在如下平衡反应：

$$[Si] + 2[O]_{interface} = SiO_2(s) \tag{3-113}$$

即固体电解质界面液膜中的氧含量 [O] 取决于铁液中硅含量 [Si]。电极反应如式 (3-114)~式 (3-117)：

正极反应：

$$\frac{2}{3}Cr_2O_3 = O_2 + \frac{4}{3}Cr \tag{3-114}$$

$$O_2 + 4e^- = 2O^{2-} \tag{3-115}$$

$$\frac{2}{3}Cr_2O_3 + 4e^- = \frac{4}{3}Cr + 2O^{2-} \tag{3-116}$$

负极反应：

$$2O^{2-} = 2[O] + 4e^- \tag{3-117}$$

同时考虑界面液膜中存在的辅助电极反应 (3-113)，所以电池总反应为：

$$\frac{2}{3}Cr_2O_3(s) + [Si] = SiO_2(s) + \frac{4}{3}Cr(s) \tag{3-118}$$

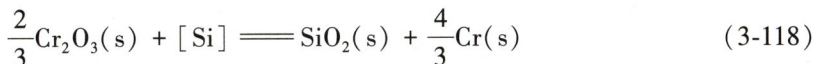

考虑到固体电解质电子电导的影响，电池电动势与铁液中硅活度的关系式为：

$$E = \frac{RT}{F}\ln\frac{p_{(Cr/Cr_2O_3)}^{\frac{1}{4}} + p_e^{\frac{1}{4}}}{(K \cdot a_{[Si]})^{1/4} + p_e^{\frac{1}{4}}} \tag{3-119}$$

式中 K ——反应 $[Si] + O_2 = SiO_2$ 的平衡常数；

      p_e ——电子特征氧分压，Pa；

      E ——硅传感器测得的电动势，V；

      R ——摩尔气体常数，8.314 J/(mol·K)；

      F ——法拉第常数，96500 C/mol；

$p_{(Cr/Cr_2O_3)}$ ——参比电极 Cr/Cr₂O₃ 的平衡氧分压，Pa。

通过硅传感器测得的电动势，及测得的铁液温度，就可以计算出铁液中硅的活度。

为了使辅助电极涂层能有效地黏结于固体电解质管表面，辅助电极原料中 CaF₂ 的质量分数不能低于 20%、辅助电极材料与 PVA 固液比不能超过 10 g/10 mL，否则很难通过增加焙烧温度的方法使涂层具有良好的黏结性。另外，膜层中不存在 CaF₂，而是以 SiO₂ 固体颗粒、CaO·MgO·2SiO₂ 固溶体及 ZrSiO₄ 为主。硅传感器结构示意图如图 3-9 和图 3-10 所示。

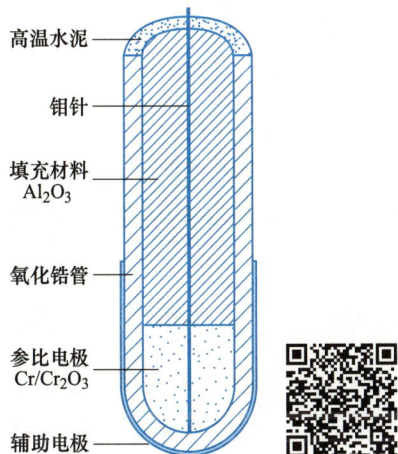

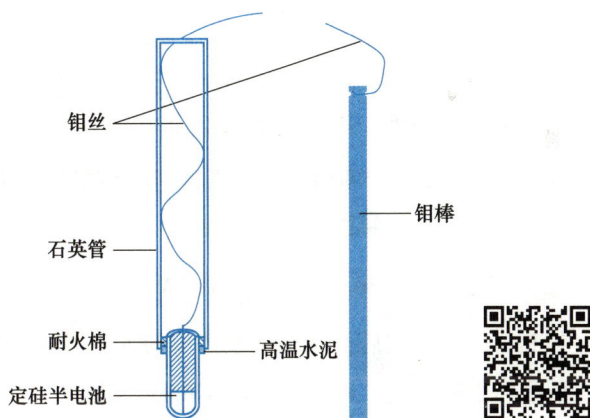

图 3-9   定硅半电池   扫码看彩图   图 3-10   硅传感器结构示意图   扫码看彩图

结构示意图

将焙烧后具有良好黏结性的膜电极组装成定硅传感器，在 CaF₂ 质量分数为 20%、辅助电极材料与 PVA 固液比为 10 g/10 mL、焙烧温度高于 1400 ℃，以及 CaF₂ 质量分数为 30%、辅助电极材料与 PVA 固液比为 10 g/10 mL、焙烧温度高于 1350 ℃ 的条件下，硅传感器均能具有较好的定硅性能，测试装置如图 3-11 所示。在 1450 ℃ 下对铁液中硅含量进行了测试，传感器响应时间在 15 s 左右，稳定时间在 20 s 以上，而且传感器的重复性也很理想。

对在最优制备条件下制得的硅传感器（质量分数为 20% CaF₂、液固比为 10 g/10 mL，在高纯 Ar 气的保护下于 1400 ℃ 焙烧 30 min）研究发现：铁液温度对传感器的测试结果影响较小，传感器测试结果主要受铁液中硅含量的影响；当铁液中硅含量在 0.5%～1.5% 时，硅传感器测量值与化学分析法分析值基本吻合（见图 3-12）。

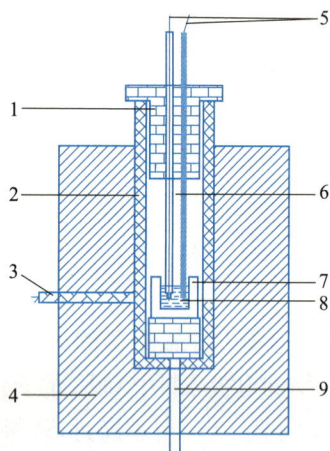

图 3-11 定硅实验装置示意图

1—耐火砖；2—刚玉炉管；3—热电偶；

4—炉体；5—引线；6—定硅传感器；

7—石墨坩埚；8—铁液；9—通气管

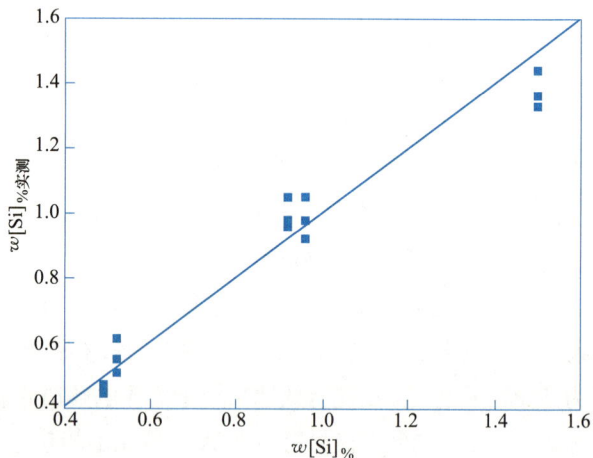

图 3-12 硅传感器测量值与铁液实际硅含量对比图

3.2.6.5 $Al_2O_3+Na_3AlF_6$ 型铝传感器

根据同样的原理，李福燊等以 $ZrO_2(MgO)$ 为固体电解质，（$Al_2O_3+Na_3AlF_6$）做辅助电极（Al_2O_3 含量大于 40%），组装成钢液直接定铝传感器，在实验室条件下测定了钢水中的铝活度。定铝传感器的电池组成为：

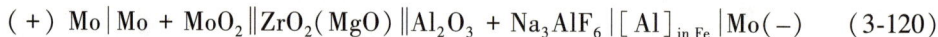

$$(+)\ Mo\,|\,Mo + MoO_2\,\|\,ZrO_2(MgO)\,\|\,Al_2O_3 + Na_3AlF_6\,|\,[Al]_{in\ Fe}\,|\,Mo(-) \qquad (3\text{-}120)$$

传感器插入钢水后，涂敷在固体电解质管外壁的辅助电极将熔化形成液膜，它不仅不会阻碍氧离子的传递，而且被 Al_2O_3 饱和，因此固体电解质外表面的液膜中，存在 [Al]-[O] 间的可逆平衡反应。考虑了固体电解质的电子导电后，传感器的理论电动势表达式为：

$$E = \frac{RT}{4F}\ln\frac{p_{O_2}^{(\mathrm{ref})\frac{1}{4}} + p_e^{\frac{1}{4}}}{(K \cdot a_{Al}^{\frac{4}{3}})^{-\frac{1}{4}} + p_e^{\frac{1}{4}}} \qquad (3\text{-}121)$$

式中 K——平衡反应 $\frac{4}{3}[Al] + O_2 = \frac{2}{3}Al_2O_3$ 的平衡常数；

a_{Al}——钢液中 [Al] 的活度。

研究表明，传感器的测定结果与理论值和化学分析测量值吻合较好。

3.3 冶金动力学研究方法

冶金动力学研究的核心目标是揭示金属提取和精炼过程中的反应机理、速率及其影响因素，这与热力学的研究内容和方法存在显著差异。冶金过程通常较为复杂，不仅涉及化学反应，还包括物理过程，尤其是物质的传输过程。

首先，冶金动力学研究的基础在于化学反应动力学，即微观动力学。这包括理解化学反应速率与反应物浓度、温度等因素之间的关系。掌握这些基础知识有助于深入把握化学反应的本质特性。

其次，冶金过程的速率不仅受化学反应动力学的影响，还与物质的传质速率密切相关，并且受到传热过程以及反应器设计（如形状、尺寸）等宏观因素的影响。因此，冶金动力学的研究需要在化学反应动力学的基础上，进一步探讨流体流动特性、传质和传热特点对过程速率的影响，这部分内容被称为宏观动力学。

冶金动力学的研究对于揭示反应机理、加强冶金过程的控制、优化操作工艺、提升生产效率具有重要意义。特别是在火法冶金过程中，高温多相反应尤为常见。在这些过程中，尽管化学反应本身可能迅速进行，但传质速率往往较慢，成为整个过程的限制性环节。多相反应动力学涵盖了气相-固相、气相-液相、液相-液相、液相-固相等多种反应类型，这些反应类型的动力学研究对于理解和优化冶金过程至关重要。以下将介绍高温下冶金反应动力学的研究方法。

3.3.1 气相-固相反应动力学

3.3.1.1 常用方法简介

A 热重分析法（TGA）

冶金气相-固相反应的研究中，热重分析（TGA）实验方法扮演着核心角色。TGA 技术能够精确捕捉样品在不同温度条件下的质量变化，无论是在恒温还是动态升温（以 $10 \sim 30$ K/min 的升温速率）过程中。对于有显著热效应的过程，TGA 常与差热分析（DTA）或差示扫描量热（DSC）联用，实现同步测量，以获得更全面的信息。现代热重分析仪不仅能够连续监测并记录样品的质量数据，还能将这些数据以图形或数据文件的形式输出，便于后续分析。

此外，TGA 实验方法的强大之处在于其能够对样品质量数据进行微分处理，从而揭示质量变化速率与温度之间的关系。部分设备还内置了软件，能够利用已知的动力学模型对实验数据进行拟合，为反应机理的深入分析提供了强有力的工具。

B 热天平法（减重法）

在钢铁冶金中所涉及的气相-固相反应中，研究最多的是铁矿石还原过程。研究气体还原铁矿石动力学的常用方法是热天平法。用该方法实验时，将矿球用铂丝悬挂在天平上，吊在高温炉内，在惰性气氛中升温至预定温度，通入恒压恒流量的还原气体进行还原。随着反应的进行，矿球的质量因失氧不断减少，其值可从天平上读取。

反应 t 时刻的矿球还原率 F 可由下式表示：

$$F = \frac{W_0 - W_t}{W_0 \left[0.43w(TFe)_\% - 0.0112w(FeO)_\% \right]} = \frac{t\text{ 时刻矿球累计减重（失氧量，mg）}}{\text{矿球中总氧量}}$$

(3-122)

式中 W_0——试验前矿球的质量；

　　　　W_t——还原开始 t min 后矿球质量；

$w(TFe)_\%$——还原前矿球中总 Fe 含量；

$w(FeO)_\%$——还原前矿球中 FeO 含量。

C   气相成分分析法

气相分析法是利用红外线气体分析仪在线测量还原反应逸出的气体中组分（CO，CO_2）的浓度，并根据逸出气体的流量得到矿石样品的还原率 F，如式（3-123）所示：

$$F = \frac{n_1 - n_2}{n_{\Sigma O}}$$

(3-123)

式中 n_1——以 CO 形式逸出的氧，mol，$n_1 = \sum \dfrac{1}{22.4} fw(CO)_\% \Delta t$；

　　　　n_2——以 CO_2 形式逸出的氧，mol，$n_2 = \sum \dfrac{1}{22.4} fw(CO_2)_\% \Delta t$；

　　　　f——逸出气体的流量。

D   固相化学分析法

固相化学分析法涉及在材料的还原过程中，通过定期取样并进行化学分析来监测材料内部的化学变化。这种方法的核心在于通过分析固体样品的化学成分，来推断还原反应的进程和效率。还原率是指在还原过程中，材料中特定元素（通常是氧）被移除的百分比，这是评估还原效果的重要指标。

相比较而言，热天平法虽然测试简单、精度高，是研究气体（CO，H_2）还原铁矿石的动力学的常用方法，但是对于还原反应外有失重的原料不再适用。

3.3.1.2   实例解析

A   氢还原 Co_3O_4 粉末动力学

a   实验方法

在本实验中，选用分析纯 Co_3O_4 粉末，其平均粒径为 0.23 μm，有助于减少固体产物层的厚度，进而降低气体通过该层的扩散阻力。实验过程中，每次取用约 15 mg 的 Co_3O_4 粉末，均匀铺展于铂坩埚中，形成一层薄薄的均匀层。此外，采用较大的氢气流量，有效降低气体在扩散过程中的阻力，确保实验的准确性和效率。通过等温和非等温的 TGA 实验，研究其还原动力学。

b   实验结果的分析与讨论

首先，设计实验研究界面化学反应控速时的动力学行为。

选取了五个不同的温度点（523~603 K）进行热重实验，结果如图 3-13 所示。在该图中，t 代表还原时间，X 代表反应（还原）分数，定义为 $X = (m_0 - m)/(m_0 - m_\infty)$，即样品已失去的质量与完全还原为钴所需失去的质量之比。由图 3-13 可知，X 随 t 变化的曲线在 $X = 0.23 \sim 0.26$ 处均出现了转折。这一转折点的 X 值与理论计算的 Co_3O_4 还原为 CoO 时的相对质量损失相吻合，表明 Co_3O_4 的氢还原过程可以分为两个阶段：首先还原为 CoO，随后 CoO 再还原为 Co。通过对这两个阶段的 X-t 关系数据进行分别处理，可以获得关于反应机理的详细信息和相关数据。以下将以第一阶段为例进行说明。

Co_3O_4 粉末可以近似地被视为由大量直径相同、致密的球形颗粒组成。在氢还原过程中，这些颗粒的直径保持不变，但会出现空隙和微裂纹，导致颗粒密度降低。基于这一假设，可以应用未反应核模型来分析其动力学过程。图 3-13 中的热重曲线第一段，即 Co_3O_4 等温还原为 CoO 的步骤，其 X-t 关系被转换为 $1 - (1 - X)^{1/3}$ 与 t 的关系，进而得到了图 3-14。图中的离散点代表实验数据，而直线则是通过 $1 - (1 - X)^{1/3} = kt$ 线性方程拟合的结果。可以看出，拟合结果具有较高的精度。结合球形颗粒的气固反应未反应核模型，可以得出在实验条件下，Co_3O_4 还原为 CoO 的过程符合球形颗粒气-固反应界面在化学反应控速时的未反应核模型。

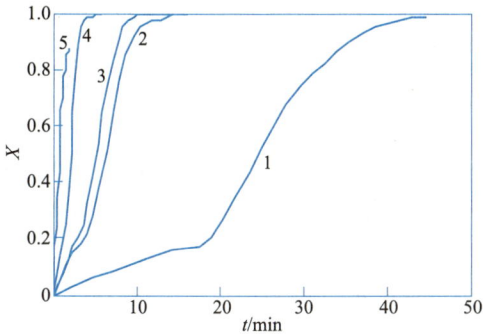

图 3-13　Co_3O_4 氢还原等温热重曲线

1—523 K；2—553 K；3—563 K；4—583 K；5—603 K

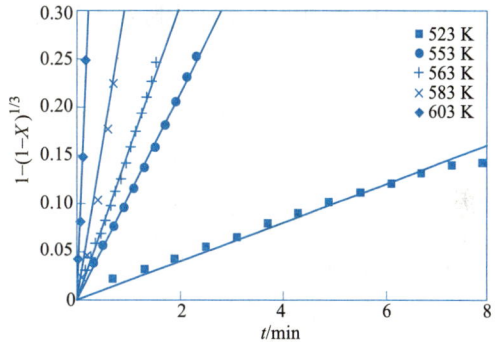

图 3-14　Co_3O_4 还原为 CoO 步骤的

$1 - (1 - X)^{1/3} - t$ 关系图

通过图 3-14 中各条直线的斜率，可以确定各个实验温度下界面化学反应的速率常数 k 值。将不同温度下的 k 值取对数，并绘制 $\ln k$ 对 $1/t$ 的阿累尼乌斯图，从而计算出 Co_3O_4 等温还原为 CoO 步骤的活化能为 129 kJ/mol。采用相同的方法对第二步骤的热重实验数据进行分析，结果表明 CoO 还原为 Co 的过程同样受界面化学反应控速，其活化能为 88 kJ/mol。

B　采用固相分析法进行含锌粉尘配碳球团中 Zn 的还原挥发动力学研究

a　试验方法

将含锌粉尘（高炉尘或电炉尘）与转炉粉尘混匀，配入煤粉和结合剂，在圆盘造球机上造出直径为 10 mm 的球团，烘干后放入钼丝网袋中，吊在碳管炉内，炉内为氮气气氛，温度已升到预定值（1100 ℃及以上），达到预定时间后取出球团激冷，然后将球团粉碎进行化学分析。

以f_{Zn}表示锌的还原率，则

$$f_{Zn} = 1 - \frac{[w(Zn)_\% \cdot W]}{[w(Zn_0)_\% \cdot W_0]} = 1 - \frac{[还原球团中含 Zn 总量]}{[生球团中含 Zn 总量]} \tag{3-124}$$

式中 $w(Zn_0)_\%$，$w(Zn)_\%$——分别为生球团中以及还原球团中 Zn 的含量，质量分数；

W_0，W——分别为生球团和还原球团的质量，g。

b   限制性环节的确定

球团中氧化锌还原的反应方程式为：

$$ZnO(s) + CO = Zn(g) + CO_2 \quad （间接还原反应） \tag{3-125}$$

$$C(s) + CO_2 = 2CO \quad （碳的气化反应） \tag{3-126}$$

首先，将不同碳含量的球团进行还原实验，结果表明，不同碳含量时球团中锌的挥发速度相同，因此可排除碳的气化反应为限制性环节的可能性。

在实验中，由于氧化锌（ZnO）的沸点为 906 ℃，当实验温度达到或超过 1100 ℃时，ZnO 会还原成金属锌（Zn），并迅速挥发。此现象导致球团的粒径逐渐减小。因此，可以采用缩小核模型来深入分析其动力学过程。

当反应体系内气相扩散为限制性环节时：

$$t = K_1 \left[1 - (1 - f_{Zn})^{\frac{2}{3}} \right] \tag{3-127}$$

ZnO 与 CO 的界面化学反应为限制性环节时：

$$t = K_2 \left[1 - (1 - f_{Zn})^{\frac{1}{3}} \right] \tag{3-128}$$

式中 t——反应时间，s；

K_1，K_2——常数；

f_{Zn}——锌的还原率。

实验结果表明，f_{Zn}-t 关系符合式（3-128），说明 ZnO 与 CO 的界面化学反应为球团中锌还原挥发过程的限制性环节。

3.3.2   气相-液相反应动力学

钢铁冶金中的气相-液相反应，一般有钢液的吸氮、吸氢，氧气对钢中元素的氧化，碳氧反应，钢液与空气接触时的二次氧化和真空处理等。以测量液态铁被氧气氧化的速度为例，介绍高温下气相-液相反应动力学的研究方法。

3.3.2.1   实验方法

研究液态铁的氧化速度时，可采用恒容法，其装置如图 3-15 所示。利用差压变送器测量系统总压力变化，电压信号送电子电位差计自动记录。用气相色谱仪分析气相成分。恒容法的特点是，实验系统的容积不变，但总压力改变，所测量的是某一压力下的瞬间溶解速度。

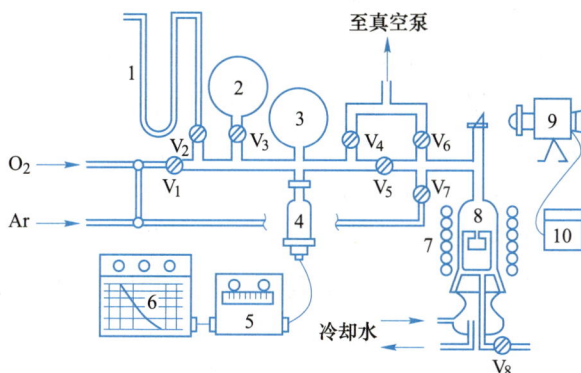

图 3-15　恒容法实验装置

1—水银压力计；2—参比气室；3—氧气储气室；4—薄膜压力计；5—电桥控制器；6—记录仪；7—感应线圈；

8—石英反应室；9—高温计；10—温度记录仪；$V_1 \sim V_8$—真空阀

实验时，将纯铁样品放入 MgO 坩埚内，然后向系统中通入纯氩，排除空气。试样在氩气气氛中熔化，当钢液达到预定温度时，将系统抽真空（60 s 真空度可达 0.13322 Pa）。之后，将恒压瓶中的氧气通入反应室内，并测定氧气总压力的变化。

3.3.2.2　实验结果分析与讨论

在实验时，纯铁液氧化过程中反应室内氧气压力的变化见图 3-16。从图中可以看出，液态铁的吸氧过程分两个明显不同的阶段。在液态铁与氧气接触阶段，发生 $2[Fe] + O_2 = 2(FeO)$ 的反应，并放出大量化学热，这个阶段时间极短，仅有零点几秒。当生成的 FeO 与液态铁中的溶解氧含量达到平衡时，FeO 不再溶解于铁液，而在液态铁表面生成氧化膜。如果氧气继续与铁液反应，则必须通过氧化膜，即进入 $O_2 \rightarrow$ 氧化膜 $\rightarrow$ 铁液的非均相反应阶段。

图 3-16　在纯铁液氧化过程中反应室内氧气压力变化的曲线

1—反应开始；2—氧气冲入真空室中压力降低；3—氧气与钢液迅速反应；4—表面产生氧化铁膜后的反应阶段

当铁液表面存在氧化膜时，铁液吸收氧气的过程可以分为以下几个连续的步骤。

（1）氧气的扩散与吸附：首先，氧气在气相中扩散至铁液表面，随后被氧化膜表面吸附。在此过程中，气体分子解离成单个氧原子，并在靠近气相一侧开始迁移。

（2）界面反应：接着，氧原子在气相-氧化物相界面附近参与界面反应，这是氧气与氧化膜相互作用的关键步骤。

（3）氧离子的扩散与反应：随后，氧原子转变为氧离子，并在氧化物层内进行扩散。这些氧离子最终到达氧化物-铁液界面，并与铁液中的金属发生反应。

（4）氧原子在铁液中的扩散：最后，氧原子在铁液相内继续扩散，完成整个氧气吸收过程。

一般情况下，反应过程的总速率取决于其中最慢环节的速率。当有氧化膜存在时，可认为氧原子在气相-氧化物界面靠近氧化物侧的扩散速率是反应的限制性环节，因而铁液吸氧速度方程为：

$$-\frac{dn_0}{dt} = A \cdot K_L(C_0 - C_0') \tag{3-129}$$

假定在气相-氧化物界面上氧分子首先解离，氧气与氧化物之间处于平衡状态，则 $1/2O_2 = O$（氧化铁中）

$$K' = \frac{C_0'}{p_{O_2}'^{\frac{1}{2}}} \tag{3-130}$$

因为 $n_0 = 2n_{O_2}$，将式（3-129）和式（3-130）合并可得

$$-\frac{dn_0}{dt} = A \cdot K_L \cdot K' \frac{1}{2}(p_{O_2}^{\frac{1}{2}} - p_{O_2}'^{\frac{1}{2}}) \tag{3-131}$$

式中　　p_{O_2}——实验中的氧分压（$10^{-3} \sim 10^{-1}$ MPa）；

p_{O_2}'——与铁液平衡时液态氧化铁的氧分压（约为 10^{-8} MPa），与 p_{O_2} 相比可忽略。

因为 $p_{O_2} \cdot V = n_{O_2} \cdot RT$，令 $K_m = \frac{1}{2}K_L \cdot K'$，式（3-131）可改写为：

$$-\frac{dn_0}{dt} = K_m\left(\frac{ART}{V}\right)p_{O_2}^{\frac{1}{2}} \tag{3-132}$$

当 $t=0$ 时，$p_{O_2}=p_{O_2}^0$，将式（3-132）积分可得：

$$2(p_{O_2}^{0\frac{1}{2}} - p_{O_2}^{\frac{1}{2}}) = K_m\left(\frac{ART}{V}\right) \cdot t \tag{3-133}$$

将实验结果按式（3-133）的关系作图得到图 3-17，说明以上铁液吸氧的速率方程式符合实际情况，证明了铁液通过氧化膜被氧化的速度限制性环节是氧原子在气相-氧化物界面靠氧化物侧的扩散。

图 3-17 中的斜率 K_m 代表了反应过程中铁液吸氧速率的大小。实验时，还可在铁液中添加不同的合金元素，以研究铁液中各种元素对铁液吸氧速度的影响。

图 3-17　$2(p_{O_2}^{0\frac{1}{2}} - p_{O_2}^{\frac{1}{2}})$ 与 $(ART/V)t$ 的关系

液相-液相反应动力学

高温下的液相-液相反应通常是指熔渣-钢液之间的反应，例如：炉渣对钢液的脱磷，如图 3-18 所示；渣中 FeO 对钢中元素的氧化；渣中氧化物向金属液中还原等。

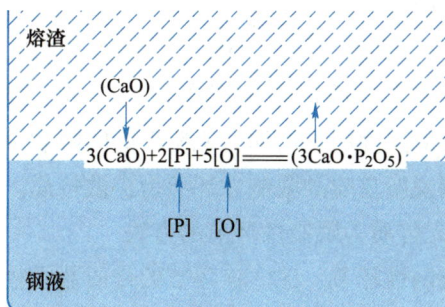

图 3-18　熔渣对钢液的脱 P 过程示意图

这里以熔渣对钢液的脱磷过程为例，介绍液-液反应动力学的研究方法。熔渣脱磷过程一般包括渣中组元传质、界面化学反应、钢中组元传质等几个环节。其中，最慢的环节限制了总过程的进行。所以，渣-钢间氧化物还原动力学研究的重点是搅拌条件、反应温度、渣和钢的成分对还原速度的影响，并利用数学模型分析确定总过程的限制性环节。

3.3.3.1　实验方法

实验可在碳管炉中进行，为避免气相中的氧参与反应，将 Ar 气通入炉内保护。实验过程中，间隔一定时间取钢样或渣样，以测得反应物（或产物）浓度随时间的变化。

A　反应初始时间的确定方法

在研究渣-钢反应动力学时，必须准确确定初始反应时间，常用的确定方法如下。

（1）预熔渣顶加法：先将金属料在坩埚中熔化。然后将渣料加入纯铁坩埚，吊在钢液面上方预熔。当渣熔化后，使纯铁坩埚底部与钢液面接触熔化，以熔渣铺向钢液表面的时刻为反应初始时间。

（2）混合渣投入法：易被还原的氧化物（如氧化钼），在纯铁坩埚中预熔时，能被 Fe 还原，所以可采用直接投入法。实验时，将渣料混合均匀，用纸包投入钢液表面，以渣料与钢液接触时作为反应初始时间。

B 搅拌方法

改变熔池动力学条件可采用两种搅拌方法。

（1）气体搅拌：将 Al_2O_3 双孔管插入钢液内，以合适的流量吹 Ar 搅拌。

（2）机械搅拌：用电机带动搅拌棒，以一定转速在钢液中搅拌。

C 限制性环节的判断方法

渣-钢反应在高温下进行，一般反应速度的限制性环节为渣中或钢中组元的传质，但也有界面化学反应为限制性环节的情况。

a 判断传质或界面反应为限制性环节的方法

（1）增强熔池搅拌，测其对反应总速度的影响。如增加搅拌，反应速度明显加快，可说明反应过程受传质条件影响，反之则说明反应过程受界面化学反应限制。

（2）改变反应体系温度时，对表征传质特征的扩散系数 D 和表征化学反应特征的速率常数 k 均有影响，它们与温度 T 的关系分别为：

$$D = D_0 e^{-E_D/(RT)} \quad 和 \quad k = Z_0 e^{-E/(RT)} \tag{3-134}$$

由于化学反应活化能 E 比扩散活化能 E_D 的数值大得多，所以温度对 k 的影响也大得多。当温度升高时，如果反应速度明显增加，说明反应的限制性环节为化学反应；当温度对反应速度影响较小时，则说明反应的限制性环节为扩散传质。

b 判断钢中或渣中组元传质为限制性环节的方法

通过假定某一环节为限制性环节，建立该环节的传质数学模型。然后运用数值法将实验结果代入模型进行计算分析，考察是否符合传质模型所表达的关系。

3.3.3.2 钢中 Si 还原渣中 Nb_2O_5 的动力学研究实例

氧化物代替铁合金进行钢的直接合金化，实质上是渣中氧化物被钢液中组元还原的过程，当热力学条件合适时，渣中合金元素的氧化物向钢液中还原的速度决定了该合金元素的收得率，因而需研究渣中氧化物的还原动力学。

下面以渣中 Nb_2O_5 被钢中 Si 还原的动力学研究为例进行介绍。

在实验时，利用 Al_2O_3 坩埚盛钢液，采用预熔渣顶加法将含有 Nb_2O_5 的炉渣加入钢水中，用双孔管插入钢液吹 Ar 搅拌。

熔渣与钢液之间将发生如下反应：

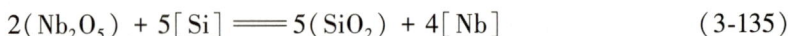

$$2(Nb_2O_5) + 5[Si] =\!=\!= 5(SiO_2) + 4[Nb] \tag{3-135}$$

按一定时间间隔取钢样分析，将实验结果用 $w[Nb]_{\%t}/w[Nb]_{\%s}$（t 时刻钢中 Nb 含量/钢中 Nb 达稳定时的 Nb 含量）表示钢中 Nb 的增加速度，亦即渣中 Nb_2O_5 的还原速度。将

$w[\mathrm{Nb}]_{\%t}/w[\mathrm{Nb}]_{\%s}$ 与时间 t 作图，可看出（$\mathrm{Nb_2O_5}$）的还原速度随时间的变化规律。

通过改变吹 Ar 搅拌的流量和反应温度，可得到图 3-19 和图 3-20。

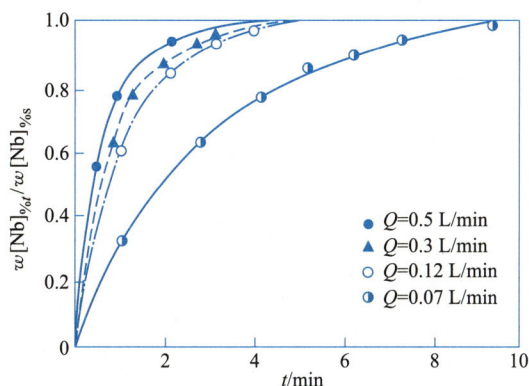

图 3-19　不同吹 Ar 流量 Q 下，$w[\mathrm{Nb}]_{\%t}/w[\mathrm{Nb}]_{\%s}$ 随时间的变化

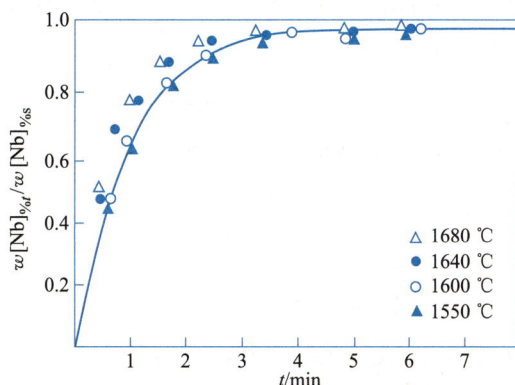

图 3-20　不同温度下，$w[\mathrm{Nb}]_{\%t}/w[\mathrm{Nb}]_{\%s}$ 随时间的变化

吹 Ar 流量对 $\mathrm{Nb_2O_5}$ 的还原速度有显著影响，温度则影响不大。说明渣中 $\mathrm{Nb_2O_5}$ 还原速度的限制性环节是渣-钢间组元的传质而不是界面化学反应。

按液相-液相反应的双膜理论，渣-钢间的反应过程可分为五个环节：

（1）$\mathrm{Nb_2O_5}$ 从渣中向渣钢界面传质；

（2）Si 从钢中向钢渣界面传质；

（3）在渣钢界面上（$\mathrm{Nb_2O_5}$）与［Si］发生化学反应；

（4）在界面上生成的 Nb 向钢中传质；

（5）在界面上生成的 $\mathrm{SiO_2}$ 向渣中传质。

在有关传质的四个环节，究竟哪个环节是限制性环节，可首先假定某一步可能是速度最慢的限制性环节，并导出还原速度方程式，然后将这个公式利用实验结果验证，如相符可确定；如不符可排除。

分别假定环节（1）（2）（4）（5）为限制性环节时，其传质速度方程式可表示为：

渣中 Nb_2O_5 传质：

$$\frac{dw(Nb_2O_5)_\%}{dt} = \frac{D_{Nb_2O_5}}{\delta_{Nb_2O_5}h_s} \cdot [w(Nb_2O_5)_\% - w(Nb_2O_5)_\%^*] \qquad (3\text{-}136)$$

钢中 Si 传质：

$$\frac{dw[Si]_\%}{dt} = \frac{D_{Si}}{\delta_{Si}h_m} \cdot (w[Si]_\% - w[Si]_\%^*) \qquad (3\text{-}137)$$

钢中 Nb 传质：

$$\frac{dw[Nb]_\%}{dt} = \frac{D_{Nb}}{\delta_{Nb}h_m} \cdot (w[Nb]_\%^* - w[Nb]_\%) \qquad (3\text{-}138)$$

渣中 SiO_2 传质：

$$\frac{dw(SiO_2)_\%}{dt} = \frac{D_{SiO_2}}{\delta_{SiO_2}h_s} \cdot [w(SiO_2)_\%^* - w(SiO_2)_\%] \qquad (3\text{-}139)$$

将界面反应平衡关系及渣钢间的 Nb 和 Si 质量平衡关系分别代入式中，可导出以下 4 个积分式：

$$\int_{w[Nb]_{\%t=0}}^{w[Nb]_{\%t=t}} \frac{5.72Q dw[Nb]_\%}{w(Nb_2O_5)_\%^0 - 1.43Qw[Nb]_\% - \left\{w[Nb]_\%^2 / K'^{\frac{1}{2}} (w[Si]_\%^0 - 0.38w[Nb]_\%)^{\frac{5}{2}}\right\}}$$

$$= \frac{D_{Nb_2O_5}}{\delta_{Nb_2O_5}h_s}t \qquad (3\text{-}140)$$

$$\int_{w[Nb]_{\%t=0}}^{w[Nb]_{\%t=t}} \frac{0.24 \left\{w(Nb_2O_5)_\%^0 - 1.43Qw[Nb]_\%\right\}^{\frac{2}{5}} K'^{\frac{1}{5}} \cdot dw[Nb]_\%}{w[Si]_\% - 0.38w[Nb]_\% - w[Nb]_\%^{\frac{4}{5}}} = \frac{D_{Si}}{\delta_{Si}h_m}t \qquad (3\text{-}141)$$

$$\int_{w[Nb]_{\%t=0}}^{w[Nb]_{\%t=t}} \frac{dw[Nb]_\%}{\left\{w(Nb_2O_5)_\%^0 - 1.43Qw[Nb]_\%\right\}^{\frac{1}{2}} K'^{\frac{1}{4}} \left\{w[Si]_\%^0 - 0.38w[Nb]_\%\right\}^{\frac{5}{4}} - w[Nb]_\%}$$

$$= \frac{D_{Nb}}{\delta_{Nb}h_m}t \qquad (3\text{-}142)$$

$$\int_{w[Nb]_{\%t=0}}^{w[Nb]_{\%t=t}} \frac{0.52\left\{w[Nb]_\%^{\frac{4}{5}} - w(SiO_2)_\%^0 - 0.52Qw[Nb]_\%\right\} \cdot dw[Nb]_\%}{K'^{\frac{1}{5}} \left\{w(Nb_2O_5)_\%^0 - 1.43Qw[Nb]_\%\right\}^{\frac{2}{5}} \left\{w[Si]_\%^0 - 0.38w[Nb]_\%\right\}^{\frac{5}{4}}}$$

$$= \frac{D_{SiO_2}}{\delta_{SiO_2}h_s}t \qquad (3\text{-}143)$$

在实验条件一定时，各式左边均为 $w[Nb]_\%$ 的函数，记为 $F(w[Nb]_\%)$。

如果各假定条件成立，以上各式求得 $F(w[Nb]_\%)$ 与时间 t 的关系均应为直线关系，其斜率为 $D_i/\delta_i h_i$，将实验中得到的 t 时刻的 $w[Nb]_\%$ 和其他有关参数代入以上各式，并用计算机进行数值积分，可得到 $F(w[Nb]_\%)$ 与时间 t 的关系如图 3-21 所示。

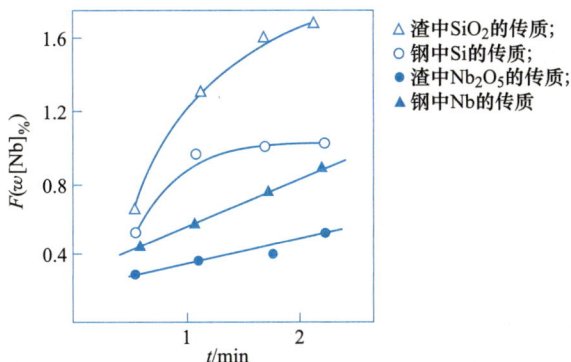

图 3-21　假定不同限制性环节时，$F(w[Nb]_\%)$ 与时间的关系

由图 3-21 可看出，$[Si]$ 和 (SiO_2) 的传质不是直线关系，说明其假定条件是错误的，因此可以认为这两步不是限制性环节。而 $[Nb]$ 和 (Nb_2O_5) 的传质都是直线关系，还需用其他实验确定二者哪一步是限制性环节。

改变初始 $(Nb_2O_5)^0$ 的含量进行实验，将结果代入式（3-140）和式（3-142）再进行数值积分，结果如图 3-22 所示。如搅拌条件已定，改变初始 $(Nb_2O_5)^0$ 的含量不会影响 $F(w[Nb]_\%)$-t 直线的斜率。

图 3-22 表明，Nb_2O_5 在渣中传质的两条直线斜率相差很大，而 Nb 在钢中传质的两直线斜率基本不变，因而可确定 Nb 由渣-钢界面向钢中传质是还原反应的限制性环节。其传质速率方程式如式（3-138）所示。

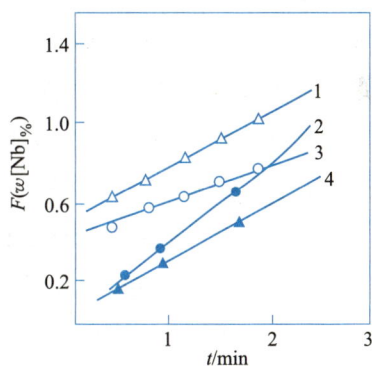

图 3-22　不同 $w(Nb_2O_5)^0_\%$ 时，
$F(w[Nb]_\%)$ 与时间的关系
1，4—钢中 Nb 的传质；
2，3—渣中 Nb_2O_5 的传质

3.3.4　液相-固相反应动力学

在冶炼过程中，炉渣对耐火材料的侵蚀、炼钢转炉中石灰的溶解、废钢和铁合金的溶解以及钢液和合金的凝固等，都是液相-固相间的关键反应。这些固相-液相反应的速率不仅直接关系到生产效率，而且对冶金产品的质量有着显著影响。例如，在合金凝固过程中，界面晶体的生长形态以及凝固后成品的宏观偏析都与凝固速率密切相关。

耐火材料在熔渣中的溶解是导致炉衬侵蚀和炉龄缩短的主要原因。因此，深入研究耐火材料在渣中的溶解机理和动力学，对于延长炉衬寿命、降低冶炼成本具有重要意义。同时，抗渣侵蚀性能的研究也是开发新型耐火材料的关键环节。耐火材料与熔渣之间的相互作用是一个典型的固相-液相反应过程，通常包括化学反应和物质传递两个步骤。界面化学反应和物质传递的规律同样适用于熔渣中耐火材料溶解过程的动力学研究。

氧化镁质耐火材料作为碱性炉的主要炉衬材料，其在转炉渣中的溶解速度是研究耐火材料抗熔渣侵蚀动力学的一个重要案例。以下将以碱性耐火材料在转炉渣中的溶解为例，探讨耐火材料抗熔渣侵蚀动力学研究的一般方法。

3.3.4.1　一般试验方法

耐火材料抗熔渣侵蚀的动力学实验通常分为静态实验和动态实验两种类型。静态实验主要研究熔渣离子通过扩散对耐火材料的侵蚀影响，动态实验则关注在强制对流条件下熔渣对耐火材料的侵蚀效果。图 3-23 所示为一种典型的耐火材料抗熔渣侵蚀动力学实验装置。

在实验开始之前，耐火材料需要被加工成圆柱形状的样品棒。在进行静态实验时，将耐火材料样品棒浸入静止的熔渣中，保持一定时间后迅速冷却。随后，使用化学方法清除样品棒表面的残渣和固体产物层，并测量样品棒侵蚀后的直径。在离子扩散控制的条件下，侵蚀后的直径减少量（ΔR）与时间的平方根成正比，即遵循抛物线方程 $\Delta R = kt^{\frac{1}{2}}$。

动态实验中，耐火材料样品棒与电机相连，以一定的角速度旋转，从而在熔渣中形成强制对流。随着旋转速度的增加，样品棒的侵蚀速率也会相应提高。通常情况下，部分浸入熔渣的试棒在液相–气相界面处会经历更强烈的溶解。此现象可以通过界面处液相表面张力引起的自然对流来解释，自然对流进一步加速了溶解过程。

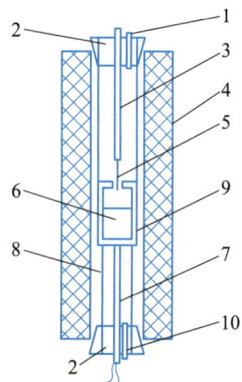

图 3-23　耐火材料的抗熔渣
侵蚀实验装置

1—气体入口；2—橡皮塞；3—持样杆；
4—高温炉；5—样棒；6—熔渣；
7—热电偶；8—耐火材料衬管；
9—坩埚；10—气体出口

此外，动态实验还可以采用耐火材料圆盘，在熔渣中侵蚀一段时间后测量圆盘厚度的减少值，以评估侵蚀程度。通过这些实验，可以更深入地理解耐火材料在不同条件下的抗熔渣侵蚀性能，为耐火材料的优化设计和应用提供科学依据。

在耐火材料样品经历渣侵蚀试验后，采用高分辨率光学显微镜对样品进行观察。具体步骤包括将样品急冷后，观察其断面，以判断是否存在固体产物层，并精确测量该层的厚度。通过对固体产物层的观察和测量，可以更深入地理解耐火材料在实际应用中的耐久性和稳定性。

3.3.4.2　实例解析

以氧化镁（MgO）在熔渣中的溶解动力学为研究对象。实验中，采用纯度高达 99.9% 的 MgO 粉末，将其压制成直径为 6 mm 的棒状试样。实验选用的熔渣体系为 CaO-FeO-SiO$_2$-CaF$_2$，其中各组元的质量分数分别为 23.5%、45.0%、23.5% 和 8.0%。实验装置参见图 3-23，试棒被放置于内径 2.5 cm、高 5 cm 的铁坩埚中。

在 1400 ℃ 的高温条件下，试样被浸入静止的熔渣中。经过预定时间后，连同熔渣及坩埚一起迅速取出并放入水中进行急冷处理。随后，对试样进行横向切割，并观察其断面。

通过光学显微镜拍摄的断面照片显示，在未溶解的试样与熔渣之间形成了一层固体产物。在 MgO 试棒溶解的过程中，其半径 R 逐渐减小，即半径变化量 ΔR 逐渐增大；同时，固体产物层的厚度 Δx 也在不断增加。观察结果表明，液相-固相反应主要在界面上进行。进一步分析发现，固体产物层是由 FeO 和 MgO 形成的单一固溶体相（$Mg_{1-x}Fe_xO$），其中 Mg 和 Fe 的浓度随距离试棒表面的距离而变化。

实验数据表明，ΔR 和 Δx 与时间的平方根之间存在直线关系，具体关系式如下：

$$\Delta x = 0.0019t^{\frac{1}{2}} \pm 0.012 \tag{3-144}$$

$$\Delta R = 0.0024t^{\frac{1}{2}} \pm 0.012 \tag{3-145}$$

式中，长度单位为 mm，时间单位为 s。

以上实验结果揭示了 MgO 的溶解过程受扩散控制，其中阳离子的扩散在该过程中起到了主导作用。

📖 习题与思考题

习题

（1）在冶金过程的平衡实验中，详细说明建立化学势的具体步骤和关键要点。

（2）请准确解释平衡分配比的概念，并说明在冶金过程中，不同元素（如常见的合金元素）的平衡分配比是如何受到温度、成分等因素影响的。详细描述测定平衡分配比的实验步骤，以及在炼钢工艺中，如何根据平衡分配比来优化工艺参数（如脱氧、脱硫等操作）。

（3）在进行液相-液相反应动力学研究时，说明确定初始反应时间的实验方法和判断依据，以及如何保证初始反应时间确定的准确性。

（4）表观平衡常数在冶金过程的动态研究中有什么特殊意义？请结合一个具体的冶金反应，说明表观平衡常数随时间变化的规律以及这种变化对反应进程的影响。

（5）在采用某种方法研究耐火材料在渣中的溶解速度时，如何保证实验结果的重复性和可靠性？从实验条件控制、样本准备、数据采集等方面进行阐述。

（6）对于一个复杂的多相冶金反应，如何通过实验设计来初步估计其平衡时间的大致范围？

（7）在 ZrO_2 中掺杂 CaO 或 MgO 后，固体电解质的晶体结构发生了怎样的变化，这种变化是如何影响其离子传导性能的？

（8）请分别列举钢铁冶金中三个典型的气相-固相反应、固相-液相反应、液相-液相反应和气相-液相反应，并写出相应的化学反应方程式。对于每个反应，解释反应发生的条件以及在钢铁冶金过程中的重要性。

（9）氧浓差电池能够测定的热力学参数除了氧分压还有哪些？请详细解释每个热力学参数与氧浓差电池电动势之间的关系。

（10）定氧探头测定结果与红外线法（或气相色谱法）定氧结果在精度、响应速度、适用范围等方面有哪些详细的对比？

（11）如何通过实验测定多元熔体中元素间的相互作用系数？

（12）设计一个利用氧化物固体电解质电池研究某冶金反应热力学参数的实验方案，包括电池的构建、实验条件的选择、数据处理等。

思考题

（1）如果要建立特定元素（除氧外）的化学势，如硫元素，在冶金平衡实验中可以采用什么物质或者方法？并阐述其操作步骤和原理。

（2）在测定液相-液相反应平衡时，Ar 气氛的纯度对实验结果有怎样的影响，如果 Ar 气氛中含有少量的氧气或者其他杂质气体，实验结果会出现怎样的偏差？

（3）当确定了液相-液相反应的限制性环节后，如何通过改变工艺条件（如搅拌速度、反应物浓度等）来突破这个限制，从而提高反应速率？请解释其原理。

（4）耐火材料在渣中的溶解速度与渣的成分、温度、黏度等因素密切相关，请详细说明这些因素如何影响溶解速度，可以通过什么实验来验证这些影响因素？

（5）平衡分配比与温度、浓度等因素之间存在定量关系。请以某一具体的炼钢过程中的元素为例，推导其平衡分配比与温度、浓度的关系式，并解释关系式中各项的物理意义。

（6）在钢铁冶金的气相-固相反应中，以铁矿石的还原反应为例，从微观角度解释反应是如何在气相-固相界面发生的，反应的动力学过程受到哪些因素的影响？

（7）在不同的冶金熔体（如铁基、镍基、铜基熔体）中，对参比电极的要求有哪些差异，如何根据这些差异选择合适的参比电极材料？

（8）请详细解释反应速度的限制性环节的概念，并以液相-液相反应为例，说明如何通过实验手段（如改变反应物浓度、温度等）来确定限制性环节。在冶金生产中，了解反应的限制性环节对控制反应速度和产品质量有什么重要意义？

（9）在冶金过程中，可能会出现一些异常情况（如钢液成分波动、温度突变等）。请分别说明在这些情况下，固体电解质相关技术（包括固体电解质本身、氧浓差电池、参比电极、定氧探头等）会受到怎样的影响，如何利用这些技术本身的特点来及时发现和解决这些问题，以保证冶金过程的正常进行和产品质量的稳定？

（10）请详细描述一个完整的利用固体电解质相关技术（包括固体电解质本身、氧浓差电池、参比电极、定氧探头等）进行冶金产品氧含量检测和控制的流程。在这个流程中，解释每个步骤的目的、涉及的原理（如固体电解质的离子传导、氧浓差电池的电动势产生、参比电极的电位稳定、定氧探头的工作原理等）以及它们之间如何相互配合。同时，说明在这个过程中可能出现的误差来源以及如何进行修正。

（11）对于钢铁冶金中的气相-液相反应和液相-液相反应，在平衡实验和动力学研究方面有哪些相似点和不同点，在建立化学势、确定反应初始时间等方面分别如何体现这些异同？

（12）在一个涉及多种反应类型（如同时存在气相-固相和液相-液相反应）的冶金过程中，如何分别确定不同反应类型的平衡分配比和平衡常数，这些平衡参数之间是否会相互影响，如果会，是通过什么机制影响的？

参 考 文 献

[1] 王常珍. 冶金物理化学研究方法 [M]. 北京：冶金工业出版社，2013.

[2] 李洪桂. 冶金原理 [M]. 北京：科学出版社，2005.

［3］陈伟庆，宋波，郭敏. 冶金工程实验技术［M］. 北京：冶金工业出版社，2023.

［4］刘建华，张家芸，周土平，等. Co_3O_4 的氢还原过程动力学研究［J］. 金属学报，2000，36（8）：837-841.

［5］鞠靓辰. ZrO_2-SiO_2-CaO·MgO·$2SiO_2$ 型硅传感器的制备与性能研究［D］. 北京：北京科技大学，2015.

［6］杨学民，史成斌，张盟. 基于冶金热力学的钢液定氧探头氧浓度单位确定［J］. 过程工程学报，2011，11（1）：86-91.

［7］HONG Y R, JIN C J, LI L S. An application of the electrochemical sulfur sensor in steelmaking［J］. Sensors and Actuators B, 2002, 87：13-17.

［8］唐裕华，李福燊，刘庆国. 金属液的长寿命定氧测头［J］. 钢铁，1994，29（10）：53-56.

［9］LI F S, HE H P, LI L S. A study on aluminum sensor for steel melt［J］. Sensors and Actuators B, 2000, 63：31-34.

［10］刘庆国，李福燊，吴林冲. 钢液固体电解质定氧电池的改进和应用［J］. 钢铁，1981，16（3）：21-27.

［11］鞠靓辰，李杨，满文宽，等. CaF_2-SiO_2 型硅传感器辅助电极的制备及其定硅性能的研［J］. 工程科学学报，2016，38（4）：476-483.

［12］李福燊，何洪鹏，李丽芬. 钢液直接定铝传感器的研究［J］. 金属学报，1999，35（1）：70-72.

［13］JU L C, LU H, MAN W K, et al. Preparation of an electrochemical sensor for measuring the silicon content in molten iron［J］. Sensors and Actuators B, 2016, 240：1189-1196.

4 有色冶金实验研究方法

有色金属作为国家工业发展的重要基础材料，其提取和精炼技术的进步对于推动科技进步和经济发展具有重要意义。本章将深入了解有色金属冶金的实验技术，这些技术不仅是学术研究的基石，也是实现资源高效利用和环境保护的关键。

本章主要讲解了有色金属冶金实验研究方法，涵盖了有色金属冶金的四大基本技术：火法冶金、湿法冶金、电化学冶金和生物湿法冶金。重点介绍了浸出过程的研究方法，包括浸出过程的概述、溶液活度与活度系数的测定、浸出热力学和动力学的研究方法。同时，探讨了浸出液净化分离的多种技术，如沉淀与结晶法、离子交换法、溶剂萃取法和电渗析法。此外，还涉及了从净化液中提取金属的多种方法，包括电沉积法、化学还原法、结晶法和离子交换法。最后，介绍了超临界流体萃取分离方法和深共晶溶剂提取分离方法，包括其分离原理、具体步骤与分析流程、适用范围与优缺点，并通过实例进行了说明。

本章重点在于理解和掌握有色金属冶金的实验技术，特别是浸出过程的热力学和动力学研究方法，以及浸出液的净化分离技术。难点在于深入理解各种冶金技术的基本原理和实验操作，以及如何将这些技术应用于实际的有色金属提取过程中，特别是在浸出液的净化和金属提取环节，需要掌握多种分离和提取技术的原理和应用条件，以及如何根据实验目的和条件选择合适的方法。

4.1 有色冶金实验技术概述

在冶金工业中，金属被划分为黑色金属和有色金属两大类。黑色金属主要包括铁、铬、锰，而有色金属则涵盖了铝、镁、钛、铜、铅、锌、钨、钼、稀土金属以及金、银等。有色金属的分类进一步细化，依据密度、化学特性、自然分布和传统命名，分为轻金属、重金属、稀有金属和贵金属。

轻金属，例如铝、镁、铍、钛等，通常通过熔盐电解或真空冶金技术提取。重金属，如铜、镍、钴、铅、锌等，主要采用火法冶金或湿法冶金工艺。稀有金属，包括钨、钼、锆、铪、铌、钽及稀土元素，其提取技术更为多样化，涉及火法冶金、湿法冶金、熔盐电解和真空冶金。贵金属，如金、银和铂族金属，则可以通过火法或湿法冶金技术提取。

有色金属的多样性及其提取方法的多样性构成了其显著特点，使得有色金属冶金实验技术内容广泛且复杂。这一领域涵盖了火法冶金、湿法冶金、电化学冶金、真空冶金、生物冶金和冶金反应工程学等多个学科，体现了有色金属冶金技术的深度和广度。

4.1.1 火法冶金实验技术概述

有色金属火法冶金实验技术主要是利用高温条件对有色金属矿石进行熔炼、精炼等处理。包括焙烧、熔炼、精炼等主要环节。通过控制温度、气氛等条件，使金属与杂质分离，从而提取出所需的有色金属。该技术在实验中需精确控制各种参数，以确保实验效果和产品质量。其优点包括处理能力大，适合大规模生产。工艺相对成熟，可有效提取多种有色金属。缺点为能耗高，对能源需求大。可能产生较多的废气、废渣等污染物，对环境影响较大。

4.1.1.1 火法冶金实验流程与单元分析

火法冶金是一种在高温条件下提取或精炼有色金属的技术，特别适用于 700 K 以上的温度范围。此过程通常涵盖原料准备、焙烧、熔炼、吹炼以及精炼等关键步骤。以下是对这些步骤的详细阐述。

（1）试料准备。试料准备涉及将精矿、矿石、熔剂和烟尘等原料，根据冶炼要求配制成具有特定化学成分和物理特性的炉料。步骤包括贮存、配料、混合、干燥、制粒、制团、焙烧和煅烧等环节。除了焙烧和煅烧会引起化学变化外，其他过程主要为物理变化。某些火法工艺可能不需要制粒或焙烧，精矿可以直接用于冶炼研究。

1）配料：根据冶炼要求，将不同物料按比例混合。分为干式和湿式两种，干式配料通过称量混合，湿式配料则以矿浆形式混合。

2）干燥：通过干燥设备去除试料中的水分，温度控制在 100~300 ℃，持续时间 1~4 h，直至重量稳定。

3）制粒与制团：制粒是将松散试料与胶黏剂和水分混合，在制粒机中形成球体。制团则是将粉状试料压制成团块，分为热压和冷压两种方法。

（2）焙烧。焙烧是在低于原料熔点的温度下进行的化学反应过程，旨在为熔炼或浸出等后续工艺做准备。焙烧类型包括氧化焙烧、盐化焙烧和还原焙烧。

1）氧化焙烧：使用氧化剂将金属化合物转化为氧化物，常用于硫化矿冶炼。

2）盐化焙烧：包括硫酸化焙烧和氯化焙烧，目的是将金属硫化物或氧化物转化为可溶盐。

3）还原焙烧：在还原气氛中，将金属氧化物还原成金属或低价化合物。

（3）熔炼。熔炼是在 1300~1600 K 的高温炉内进行的物理化学变化过程，目的是产生粗金属或金属富集物以及炉渣。熔炼过程中可能需要添加熔剂、还原剂和燃料，并可能需要空气或富氧空气来维持必要的温度。

1）氧化熔炼：以氧化反应为主，如硫化铜造锍熔炼。

2）还原熔炼：使用碳质还原剂，如煤、焦炭，在还原气氛中进行。

（4）精炼。精炼是去除粗金属中杂质的提纯过程，分为化学精炼和物理精炼。

1）化学精炼：利用氧化剂、硫、氯或碱等化学物质，根据主金属与杂质的不同化学性质进行分离。

2）物理精炼：基于物理性质的差异进行杂质去除，包括精馏、真空和熔析精炼等方法。

通过这些步骤，火法冶金能够高效地从冶金原料中提取和精炼有色金属，为有色金属工业提供了重要的技术支持。

4.1.1.2　火法冶金实验的设计原则

火法冶金实验的设计涉及多个环节，其原则与程序需遵循科学性和实践性。

（1）科学性。

1）理论基础：火法冶金实验应基于坚实的热力学和动力学原理，通过化学势图、相图等热力学基础工具指导实验设计。

2）精确性：实验过程中的温度、压力、气氛等条件需精确控制，以确保实验结果的准确性和可重复性。

（2）安全性。

1）防火防爆：由于火法冶金涉及高温、易燃易爆物质，实验设计必须严格遵循安全操作规程，采取必要的防火防爆措施。

2）环境保护：实验过程中产生的废气、废渣等需妥善处理，符合环保要求。

（3）经济性。

1）成本控制：在保证实验效果的前提下，合理控制实验材料和设备的成本。

2）能源节约：采用高效能的加热设备，优化热效率，减少能源浪费。

（4）可行性。

1）实验条件：确保实验室具备进行火法冶金实验所需的设备、场地和人员条件。

2）原料选择：选择易于获取、成本低且符合实验要求的原料。

4.1.1.3　火法冶金实验的设计程序

（1）实验准备。

1）原料准备：包括精矿、熔剂、燃料等原料的采集、加工和配制。精矿需进行干燥、制粒等预处理，以提高其物理性能和反应活性。

2）设备选择：根据实验需求选择合适的炉型（如竖井炉、转窑、流态床反应器等）和辅助设备（如送风系统、排烟系统等）。

（2）实验设计。

1）反应条件：确定实验所需的温度、压力、气氛等条件，并设计相应的加热、冷却和气体控制系统。

2）操作步骤：制定详细的实验操作步骤，包括原料的装填、加热、反应、冷却和产物收集等过程。

（3）实验实施。

1）安全操作：严格遵守实验室安全操作规程，穿戴好个人防护装备，确保实验过程中的安全。

2）数据记录：实时记录实验过程中的温度、压力、气氛等参数变化，以及产物的外观、质量等信息。

（4）结果分析。

1）产物分析：对实验产物进行化学分析和物理性能测试，确定其成分、结构和性能。

2）效果评估：根据实验目的和预期目标，评估实验效果，分析成功或失败的原因。

（5）优化改进。

1）总结反思：对实验过程进行总结反思，找出存在的问题和不足。

2）优化方案：针对存在的问题和不足，提出优化改进方案，为下一次试验提供参考。

通过以上原则和程序的遵循，可以确保火法冶金实验的科学性、安全性、经济性和可行性，为冶金工业的发展提供有力支持。

4.1.2　湿法冶金

湿法冶金作为冶金领域的一个重要分支，是指在水溶液或其他液体介质中，通过化学反应等方式，从矿石、精矿、二次资源或其他原料中提取有价金属或化合物，并将其制成金属、化合物或中间产品的冶金过程。湿法冶金技术因其高效、低能耗及环保等优点，在有色金属提取中占据重要地位。

4.1.2.1　湿法冶金实验流程与单元分析

湿法冶金工艺是一种通过溶液分离和提取金属的技术，广泛应用于有色金属、稀有金属及贵金属的提取。其具体流程可以概括为以下几个主要单元操作过程：预处理、浸出、固液分离、溶液净化与富集、金属提取以及废水处理。以下是各个单元的详细分析。

（1）原料预处理过程。通过物理或化学方法，使矿石或精矿中的金属成分更易于被浸出剂提取。包括矿石的粉碎、磨细，以及可能的焙烧、加压氧化、细菌氧化等处理手段。这些处理能够增大矿石的表面积，改变其物理化学性质，从而提高浸出效率。预处理工序是湿法冶金过程的起始步骤，对后续工序的效率和效果具有重要影响。

（2）浸出过程。利用化学溶剂（如酸、碱或盐溶液）将原料中的有用金属组分溶解在溶液中，实现有用金属与杂质的初步分离。根据浸出剂的不同，可分为酸浸出、碱浸出和盐浸出；根据浸出条件的不同，还可分为常压浸出、加压浸出等。浸出过程中，金属与浸出剂发生化学反应，生成可溶性的金属盐类进入溶液。浸出工序是湿法冶金中的关键步骤，其效果直接决定了后续工序的难易程度和金属回收率。

（3）固液分离过程。将浸出后的矿浆（即含有金属离子的溶液和固体残渣的混合物）分离成液相和固相，以便对溶液中的金属进行进一步处理。常用的固液分离方法有沉降分离和过滤分离。沉降分离是借助重力作用将矿浆分离为含固体量较多的底流和清亮的溢流；过滤分离则是利用多孔介质拦截固体粒子，使液体通过微孔实现固液分离。固液分离工序是确保浸出液中金属离子纯度的重要步骤，为后续溶液净化和金属提取提供了必要的条件。

（4）溶液净化与富集工序。去除浸出液中的杂质离子，并对有用金属离子进行富集，以提高金属提取的效率和纯度。常采用离子交换、溶剂萃取、结晶、蒸馏、沉淀等多种方法综合使用。这些方法能够有效地去除溶液中的杂质离子，并富集有用金属离子。溶液净化与富集工序对于提高最终产品的纯度和质量具有至关重要的作用。

（5）金属提取工序。从净化后的溶液中提取出金属或金属化合物。常用的提取方法包括电解法、置换法、还原法等。其中，电解法因高效、环保等优点而被广泛应用。在电解过程中，金属离子在阴极上得到电子被还原成金属单质析出。金属提取工序是湿法冶金过程的最终步骤，也是实现金属回收的直接手段。

（6）废水处理工序。对湿法冶金过程中产生的废水进行处理，以减少对环境的污染。废水处理方法包括中和、沉淀、吸附、离子交换等多种手段。通过这些方法可以有效地去除废水中的有害物质，并使其达到排放标准。废水处理工序是湿法冶金工艺中不可或缺的环保环节，对于保护生态环境具有重要意义。

综上所述，湿法冶金工艺是一个复杂而精细的过程，需要各个环节的紧密配合和高效协作。通过不断优化工艺流程和技术手段，可以提高金属回收率、降低生产成本、减少环境污染，为有色金属、稀有金属及贵金属的提取提供更加高效、环保的解决方案。

4.1.2.2　湿法冶金实验的设计原则

湿法冶金实验的设计旨在通过水溶液或其他液体介质，将金属从其原始矿石或废料中提取并纯化。

（1）化学反应原理明确：基于明确的化学反应原理设计实验步骤，确保目标金属能够有效地从原料中溶解或置换出来。

（2）溶液体系优化：选择合适的溶剂和添加剂，以优化溶液的 pH 值、温度、浓度等条件，提高金属浸出率和选择性。

（3）环境友好：尽量减少或避免使用有毒有害的化学物质，确保实验过程对环境的影响最小化。

（4）经济效益：综合考虑原料成本、溶剂回收、能源消耗等因素，确保试验方案的经济可行性。

（5）安全性：严格遵守实验室安全操作规程，防止化学品泄漏、火灾、爆炸等安全事故的发生。

（6）可重复性：设计实验时考虑到结果的可重复性，确保在相同条件下能够得到一致的实验结果。

4.1.2.3　湿法冶金实验的设计程序

（1）前期准备：

1）确定实验目标和所需提取的金属种类；

2）收集和分析原料的化学成分及物理性质；

3）选择合适的溶剂、添加剂和反应条件。

（2）实验方案设计：

1）制定详细的实验步骤，包括原料的预处理、溶剂的配制、反应条件的设定、产物的收集与分离等；

2）设计对照组实验，以评估不同因素对实验结果的影响。

（3）实验操作：

1）按照实验方案进行实验操作，注意控制反应条件，如温度、搅拌速度、反应时间等；

2）实时记录实验现象和数据，如溶液颜色变化、气体产生情况、沉淀生成等。

（4）产物分析与处理：

1）对收集到的产物进行化学分析，确定其成分和纯度；

2）根据需要进一步处理产物，如洗涤、干燥、纯化等。

（5）结果分析与讨论：

1）分析实验结果，比较不同条件下的金属浸出率和选择性；

2）讨论实验中的成功经验和不足之处，提出改进意见。

（6）优化与验证：

1）根据实验结果和讨论，优化实验方案，如调整溶剂配方、改变反应条件等；

2）进行验证实验，确认优化后的方案是否能够提高金属提取效率和纯度。

（7）总结报告：撰写实验总结报告，包括实验目的、原理、方法、结果、分析与讨论以及结论等内容。

通过以上原则和程序的遵循，可以确保湿法冶金实验的科学性、有效性、环境友好性和经济性，为金属提取和纯化提供可靠的技术支持。

4.1.3　电化学冶金

电化学冶金，亦称为电解法，是一种高效的金属提炼技术，其核心在于通过电解池将直流电能转化为化学能，从而促使金属离子在阴极上还原为金属单质。此过程利用电极反应的原理，实现金属的冶炼与提纯。电化学冶金技术根据电解质的性质可分为水溶液电解与熔盐电解两大类别，而根据阳极特性的不同，又可细分为电解提取与电解精炼两大工艺。

电解精炼技术关键在于利用阳极上各组分氧化难易及阴极析出速度的差异，以及杂质在电解液中形成难溶盐的特性，实现金属的提纯。该技术分为水溶液电解精炼与熔盐电解精炼。前者多适用于电极电位较正的金属，如铜、镍、钴、金、银等，通常在酸性电解液中进行；后者则主要针对电极电位较负的金属，如铝、镁、钛、铍、锂、钽、铌等，采用氯化物、氟化物或氟氯化物等作为电解质，通常在熔融状态下进行。

对于那些电位远低于氢，难以通过水溶液电解析出或利用氢、碳等还原剂还原的金属，如所有碱金属、铝及部分金属镁、多种稀有金属，熔盐电解法是首选的制备方法。在此过程中，还可能观察到如金属雾形成、阳极效应等独特现象。

在进行电化学冶金实验时，首要任务是深入理解其基本原理，并细致考察包括电极状况、电解液组成、电流密度等在内的工艺条件。同时，需掌握电流效率、电耗、电能效率等关键技术指标的计算方法，以全面分析影响电化学冶金过程的各种因素。此外，熟悉并熟练使用电化学冶金设备也是实验成功不可或缺的一环。

4.1.3.1　电化学冶金流程与分析

A　电化学冶金流程

（1）原料准备。选择合适的矿石或其他含金属原料，并进行必要的预处理。

（2）电解液制备。根据所需提取的金属，配置相应的水溶液或熔盐电解液。

（3）电解槽准备。设置电解槽，并安装阳极、阴极和必要的设备。

（4）电解过程。

1）水溶液电解：在低温水溶液中进行，使金属从含金属盐类的溶液中析出。

2）熔盐电解：在高温熔融体中进行，使金属从含金属盐类的熔体中析出。

（5）产品提取。从阴极收集沉积的金属，从阳极收集溶解的金属（如果进行电解精炼）。

（6）后处理。包括电解液的净化、回收和金属产品的进一步加工。

B　电化学冶金分析

（1）热力学分析：确定电解反应的可行性、平衡电位和反应热。

（2）动力学分析：研究电极反应的速率和机理，包括电荷转移和物质传递过程。

（3）电流效率：评估电解过程中电能的有效利用，以降低能耗。

（4）操作条件优化：包括电解液组成、温度、电流密度等，以提高金属提取率和纯度。

（5）环境影响评估：考虑电解过程中可能产生的废物和副产品，采取措施减少环境污染。

电化学冶金的优点包括产品纯度高、能够处理低品位矿石和复杂多金属矿。此外，电解精炼可以产出高纯度金属，而电解提取则适用于从水溶液或熔融盐中直接提取金属。

在实际操作中，电化学冶金流程需要综合考虑技术、经济和环境因素，以实现高效、环保的金属提取和精炼。

4.1.3.2　电化学冶金实验的设计原则

（1）科学性：实验设计必须基于坚实的电化学理论，以确保能够准确捕捉电化学冶金中的化学和物理变化。

（2）可行性：实验方案需考虑实验室条件、设备能力和原料供应，以保证实验在实际操作中的可行性。

（3）安全性：实验中使用的化学物质、电流和电压必须控制在安全范围内，并采取适当的安全措施。

（4）经济性：实验方案应优化以减少资源浪费，降低成本，提升经济效率。

（5）环保性：实验过程中产生的废弃物必须按照环保标准妥善处理，以减少对环境的负面影响。

4.1.3.3 电化学冶金实验的设计程序

（1）明确实验目的：确定实验的目标，如金属提取、电解条件优化或电极反应机理研究。

（2）选择电解质和电极材料：根据实验目标和电化学原理，挑选适合的电解质溶液和电极材料。

（3）设计电解装置：设计电解池结构、电极布局和电解液循环系统，确保电解过程的顺利进行。

（4）确定电解条件：设定电解的关键参数，如电压、电流密度、时间和温度，并制定控制策略以优化实验结果。

（5）预实验：在正式实验前进行预实验，以验证实验装置的性能，调整和优化实验条件。

（6）正式实验：按照既定方案进行实验，详细记录数据，观察现象，并时刻注意安全。

（7）数据分析与处理：对收集的数据进行分析，计算关键指标，如电流效率和电耗，以评估实验成果。

（8）总结与反思：反思实验过程，分析成功和失败的原因，提出改进建议，为未来研究提供经验。

遵循这些原则和程序，电化学冶金实验将更加科学、高效、安全，并具有环保性和经济性，从而为电化学冶金领域的研究提供坚实的基础。

4.1.4 生物湿法冶金

生物湿法冶金是微生物学与湿法冶金结合的技术，分为生物吸附、生物积累和生物浸出三种形式。生物吸附是金属离子在微生物细胞表面结合的过程；生物积累通过代谢活动将金属离子累积在生物体内；生物浸出则利用微生物的氧化还原特性直接或间接提取矿物中的金属。

生物浸出技术在工业上用于从废石和低品位矿石中回收铜、金、铀等金属，也用于处理高品位硫化矿和精矿，甚至用于环保领域的煤脱硫。它能有效地处理传统方法难以溶解的硫化矿和某些氧化矿。

微生物根据生存条件分为自养和异养两类，其中氧化铁硫杆菌和氧化硫硫杆菌等六种菌种在浸矿中特别重要。

生物浸出实验包括菌株的采集、鉴定、分离培养、驯化和活性测定等步骤。浸出技术有气升渗滤器、柱浸、静置和搅拌浸出等多种方式，而浸出效率受微生物、矿物特性、环境条件和操作参数等因素影响，需要综合优化。

4.1.4.1 生物湿法冶金流程与单元分析

生物湿法冶金是一种利用微生物进行矿物处理的湿法冶金技术，其核心在于利用微生物的代谢活动来溶解矿石中的有价金属，进而实现金属的提取和回收。以下是生物湿法冶金的流程与单元分析。

（1）矿石准备：首先需要对矿石进行破碎和分级，以增加矿石与微生物接触的表面积。

（2）微生物接种：将适合的微生物接种到矿石上，这些微生物通常是能够耐受酸性环境的铁氧化细菌或硫酸盐还原细菌。

（3）生物浸出：在生物浸出过程中，微生物通过其代谢活动产生酸性物质，这些物质可以溶解矿石中的金属硫化物，生成可溶性的金属离子。

（4）液固分离：浸出后，通过沉降、过滤等物理方法将含金属的溶液与固体残渣分离。

（5）溶液净化：浸出液中含有的杂质需要通过化学沉淀、溶剂萃取、离子交换等方法去除，以提高金属的纯度。

（6）金属回收：净化后的溶液通过电积、化学沉淀等方法回收金属。

（7）废水处理：处理过程中产生的废水需要进行处理，以防止环境污染。

（8）循环利用：在循环湿法冶金中，尽可能地回收和再利用水、试剂和能量，以实现资源的高效利用。

（9）微生物的维持与控制：在整个过程中，需要对微生物的生长和活性进行监控和控制，以保持浸出效率。

（10）过程优化：通过不断地实验和数据分析，对生物湿法冶金过程进行优化，提高金属回收率和降低成本。

4.1.4.2 生物湿法冶金实验的设计原则

（1）目标明确：确定实验的具体目标，如提高特定金属的浸出率或优化微生物的生长条件。

（2）科学性：基于微生物学和化学原理，确保实验设计有科学依据。

（3）可行性：考虑实验的实际操作条件，包括设备、材料的可获得性。

（4）安全性：评估微生物操作的生物安全风险，确保试验安全。

（5）可控性：确保实验条件可以精确控制和重复，以便于结果的复现。

（6）经济性：考虑实验成本，优化资源使用。

4.1.4.3 生物湿法冶金实验的设计程序

（1）预实验：进行小规模的预实验以确定最佳实验条件。

（2）实验设计。

1）变量选择：确定实验的自变量（如 pH、温度、微生物种类等）和因变量（如金属浸出率）。

2）控制变量：保持其他条件不变，以便准确评估自变量的影响。

（3）实验准备。

1）原料准备：选择合适的矿石样本，并进行必要的预处理。

2）微生物培养：根据需要培养或获取特定的微生物。

3）设备准备：准备实验所需的设备，如摇床、发酵罐等。

（4）实验操作。

1）接种：将微生物接种到矿石样本中。

2）培养：在控制条件下培养微生物，使其与矿石发生作用。

3）监测：定期监测微生物的生长状况和金属的浸出情况。

（5）数据收集。

1）样品分析：收集样品并使用适当的分析方法（如原子吸收光谱）测定金属浓度。

2）数据处理：记录和整理实验数据。

（6）结果分析。

1）数据分析：分析实验结果，确定金属浸出率与实验条件的关系。

2）模型建立：根据实验结果建立数学模型，预测不同条件下的浸出效果。

（7）实验优化：根据实验结果调整条件，优化参数，以提高金属的浸出率。

（8）实验报告：撰写报告即详细记录实验步骤、结果和结论。进行结果讨论，如分析实验结果，讨论可能的改进方向。

生物湿法冶金技术在处理低品位、复杂、难处理的矿产资源方面显示出强大优势，有助于提高矿产资源的开发利用率。

4.2 浸出过程研究方法

4.2.1 浸出过程概述

湿法冶金中的浸出过程是一个核心环节，是指将矿石、精矿、焙砂或其他物料浸入选定的溶剂（如酸、碱、盐的水溶液或有机溶剂）中，通过化学反应使原料中的有用金属组分转化为可溶性化合物，并有选择性地溶解出来，得到含金属的溶液，从而实现有用组分与杂质组分或脉石组分的分离，最终达到回收有价金属的目的。这个过程主要包括浸出剂的选择、浸出条件的控制以及浸出液的后续处理等环节。其优点体现在如下几个方面。

（1）高效性：湿法冶金浸出过程能够高效地处理低品位、细分散、组成复杂的矿石以及精矿、废矿石、矿渣和各种二次物料（如熔渣、烟道灰、废旧金属等），提高金属回收率。

（2）环保性：与火法冶金相比，湿法冶金浸出过程产生的废气、废渣较少，对环境影响较小，有利于实现绿色冶金。

（3）经济性：湿法冶金浸出过程投资少，见效快，尤其适合大规模工业生产，能够降低生产成本，提高经济效益。

（4）选择性：通过调整浸出剂的种类、浓度、温度、压力等条件，可以实现对目标金属的选择性浸出，减少杂质干扰，提高产品质量。

（5）工艺灵活性：湿法冶金浸出过程工艺灵活多样，可以根据原料特性和产品需求选择合适的浸出方式和后续处理工艺。

同时其缺点可能包括以下几个方面。

（1）处理工艺复杂：湿法冶金浸出过程涉及多个单元操作，如浸出、液固分离、溶液净化、溶液中金属提取及废水处理等，需要严格控制各个环节的工艺参数，以确保浸出效果和产品质量。这增加了工艺复杂性和操作难度。

（2）能耗较高：湿法冶金浸出过程通常需要加热、搅拌等操作，以提高浸出效果和反应速率。这些操作会消耗大量的能源，增加了生产成本。

（3）对原料适应性有限：虽然湿法冶金浸出过程能够处理多种类型的原料，但其对原料的适应性仍有一定限制。例如，对于某些难溶或稳定性较高的金属矿物，可能需要采用特殊的浸出剂或工艺条件才能实现有效浸出。

在实际应用中，需要根据具体情况选择合适的浸出方式和工艺条件，以充分发挥其优势并克服其缺点。

4.2.2　溶液中组分活度与活度系数的测定方法

湿法冶金浸出过程中，溶液的活度与活度系数是研究溶液性质、优化浸出条件以及提高金属回收率的重要参数。其中，溶液中溶质的活度是描述溶质在溶液中有效浓度的物理量，它考虑了溶质分子或离子间的相互作用对溶质浓度的影响。活度系数是实际溶液的活度与相同条件下理想溶液的浓度之比，用于量化溶液中溶质分子或离子间的相互作用对溶质活度的影响。以下详细阐述溶液活度与活度系数的主要测定方法。

4.2.2.1　实验测定方法

A　电动势法

电动势法是基于能斯特方程（Nernst equation）的原理，通过测量电池电动势的变化来计算溶液中离子的活度系数。该方法是直接测定电解质溶液活度系数准确的方法之一，能准确测定极稀和低浓度溶液中溶质的活度系数及活度。

a　实验原理与设计

活度系数（γ）是用于表示真实溶液与理想溶液中任一组分浓度的偏差而引入的一个校正因子。它与活度（a）、摩尔分数（x）之间的关系为：$\gamma = a/x$。在理想溶液中各电解质的活度系数为1，在稀溶液中活度系数近似为1。对于电解质溶液，由于溶液是电中性的，所以单个离子的活度和活度系数是不可测量、无法得到的。通过实验只能测量离子的平均活度系数 $\gamma_{\pm}$。

实验设计通常包括构建适当的电池系统，确保电池中包含待测溶液，并使用高精度的电压表或电位计测量电池的电动势。

电池构成一般为双液电池：

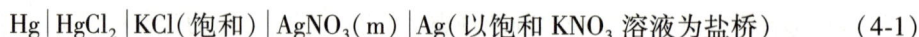

$$\text{Hg} \mid \text{HgCl}_2 \mid \text{KCl（饱和）} \mid \text{AgNO}_3(m) \mid \text{Ag（以饱和 KNO}_3 \text{溶液为盐桥）} \tag{4-1}$$

电池电动势：

$$E = \varphi^{\ominus}(\text{Ag}^+/\text{Ag}) - \varphi(\text{甘汞}) \tag{4-2}$$

由于饱和甘汞电极的电势值与温度的关系为：

$$\varphi(甘汞) = 0.2415 - 7.6 \times 10^{-4}(t - 25) \tag{4-3}$$

若温度恒定在 25 ℃时，

$$E = \varphi^{\ominus}(Ag^+/Ag) + 0.05915 \lg a(Ag^+) - 0.2415 \tag{4-4}$$

式中

$$a(Ag^+) = x(Ag^+) \cdot \gamma(Ag^+) \tag{4-5}$$

由于 $AgNO_3$ 是 1-1 型电解质，所以 $x(Ag^+) = x$，而单种离子的活度系数不可测定，故常近似认为 $\gamma_+ = \gamma_- = \gamma_\pm$，所以式（4-4）可写为：

$$E = \varphi^{\ominus}(Ag^+/Ag) + 0.05915 \lg \gamma_\pm x - 0.2415 \tag{4-6}$$

所以

$$\lg \gamma_\pm = \{E - [\varphi^{\ominus}(Ag^+/Ag) - 0.2415] - 0.05915 \lg x\}/0.05915 \tag{4-7}$$

定义：

$$E' = \varphi^{\ominus}(Ag^+/Ag) - 0.2415 \tag{4-8}$$

则式（4-7）可整理如下：

$$\lg \gamma_\pm = (E - E' - 0.05915 \lg x)/0.05915 \tag{4-9}$$

依据 Debye-Hückel 极限公式，在 1-1 价型电解质的极稀溶液情形下，离子平均活度系数存在如下特定关系式：

$$\lg \gamma_\pm = -Ax^{1/2} \tag{4-10}$$

所以，

$$\lg \gamma_\pm = (E - E' - 0.05915 \lg x)/0.05915 = -Ax^{1/2} \tag{4-11}$$

或者

$$E - 0.05915 \lg x = E' - 0.05915 Ax^{1/2} \tag{4-12}$$

因此，当把不同浓度的硝酸银稀溶液构建成上述双液电池时，分别测定出其对应的电动势 E 值。以（$E - 0.05915 \lg x$）作为纵坐标，$x^{1/2}$ 作为横坐标来绘制图像，能够得到一条直线。把该直线进行外推，便可求得 E'（直线与纵坐标相交的截距可认定为 E'）。之后把 E' 值以及在各不同浓度硝酸银溶液中所测得的相应 E 值代入式（4-9），就能计算出各溶液的离子平均活度系数 $\gamma_\pm$。

b　具体操作步骤

所用仪器及药品：电位差综合测试仪，恒温槽，饱和甘汞电极，银电极（1 支），饱和 KCl 溶液，0.1000 mol/kg $AgNO_3$ 标准溶液。

配制不同浓度的 $AgNO_3$ 溶液：利用 0.1000 mol/kg $AgNO_3$ 标准溶液配制质量摩尔浓度分别为 0.0015 mol/kg、0.0030 mol/kg、0.050 mol/kg、0.0080 mol/kg、0.0100 mol/kg $AgNO_3$ 溶液（由于溶液很稀，所以可用浓度代替质量摩尔浓度）各 100 mL。

电池电动势的测定：以饱和 KNO_3 溶液为盐桥，$Ag|AgNO_3(m)$ 电极为正极，饱和甘汞电极为负极组成电池（见图 4-1）。将该电池置于温度为 25 ℃的超级恒温槽内，恒温 10 min 左右，用电位差综合测试仪测定该电池的电动势。在进行电动势测定时，一定要等到电位显示值基本稳定时才能作为记录值使用。

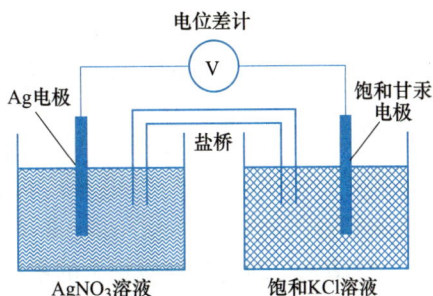

图 4-1　测定电动势实验装置示意图

电动势法测定准确度高，特别适用于极稀和低浓度溶液。该方法操作相对简单，且测定时间短（见图4-1）。

B　蒸气压法

蒸气压法是一种用于测定溶液中溶质活度系数的实验技术。

a　实验原理与设计

蒸气压法基于测量溶液在特定浓度下的蒸气压与纯溶剂的饱和蒸气压之比，再除以溶质的摩尔分数，从而计算出活度系数。实验设计的核心是构建一个密闭系统，该系统能够直接测量不同温度下液体的饱和蒸气压。

b　具体操作步骤

准备阶段：将待测液体准确地注入等位计中，确保所有接口完全密封，防止蒸气泄漏。

压力调节：通过调节外部压力，使之与液体的蒸气压达到平衡状态，这是确保测量准确性的关键步骤。

测量与记录：一旦压力平衡，测量并记录此时的外部压力。这个压力值即为该特定温度下的饱和蒸气压。

c　结果分析

根据蒸气压法，活度系数可以通过以下公式计算：

$$\gamma_i = \frac{p_i}{p_i^{\ominus}} \cdot \frac{1}{x_i} \tag{4-13}$$

实验数据通常包括不同温度下的饱和蒸气压值，可以绘制成图表，以蒸气压为纵坐标，温度的倒数为横坐标，从而分析活度系数的变化趋势。通过直线的斜率可以求出实验温度范围内液体平均摩尔汽化热。

蒸气压法适用于挥发性组分的活度系数测定，简单易行，但只适用于挥发性组分。

除了上述测定方法外，还有湿度法、等压法以及标准比较法等。

4.2.2.2　理论计算方法

A　德拜-休克尔（Debye-Hückel）理论

德拜-休克尔理论最初将离子视为点电荷，溶剂视为具有特定介电常数的连续介质。该理论提出了离子氛的概念，即每个离子都被一个离子群所围绕，其离子分布为球形对称的电荷分布。该理论及其演变主要适用于极稀的电解质溶液。

计算公式为：

$$\ln\gamma = \frac{Az^2\sqrt{I}}{1 + BR\sqrt{I}} \tag{4-14}$$

式中　A，B——与溶剂性质相关的常数；

$\quad\quad z$——离子的电荷数；

$\quad\quad I$——离子强度，mol/kg；

R——离子半径，Å 或 pm。

该公式描述了离子的活度系数如何依赖于离子的电荷、离子强度以及溶剂的性质。

B 皮策（Pitzer）方程

皮策方程是目前使用最广的活度系数计算方法。它导出了一些能在实验精度内重现测量值的紧凑而方便的方程，需要较少的参数，且参数具有一定的物理意义。皮策方程适用于多种电解质溶液，包括混合电解质溶液。它可以用来计算较浓的溶液，特别是低价的 1∶1 型简单电解质溶液。通过皮策方程，可以较为准确地计算出溶液中离子的活度系数。

计算公式为：

$$\ln\gamma = \sum_{j\neq i} x_j \left(\frac{A_{ij}}{x_i + A_{ij}} + \frac{A_{ji}}{x_j + A_{ji}} \right) \tag{4-15}$$

式中　x——离子的摩尔分数（mole fraction）或与离子浓度相关的变量；

　　A_{ij}，A_{ji}——与组分间相互作用相关的参数。

皮策方程通过考虑离子间的相互作用参数，提供了一种计算活度系数的方法，这些参数可以反映不同离子之间的相互作用强度。

4.2.2.3 研究方法的选择与应用

在实际研究中，应根据具体的研究目的、溶液类型、浓度范围以及实验条件等因素选择合适的研究方法。对于极稀和低浓度溶液，电动势法可能是首选；对于中等浓度到较高浓度的溶液，湿度法和等压法则更为适用。同时，理论计算法如德拜-休克尔理论和皮策方程可以作为实验测定的辅助工具，用于验证实验数据的准确性和可靠性。

4.2.3 浸出热力学研究方法

4.2.3.1 研究方法概述

研究湿法冶金浸出反应热力学平衡主要有以下几种方法，这些方法致力于深入剖析浸出过程中物质的稳定性、反应条件以及反应进行的可能性与限度。

（1）热力学图解分析。主要包括电位-pH 图（Pourbaix 图）、$\lg a_{Me}$-pH 图（或 pM-pH 图）、$\lg a_{Me}$-$\lg a_X$ 图（或 pM-pX 图）等。这些图解方法能够直观地表示体系中各组分在不同条件下的稳定性区域，为湿法冶金过程提供热力学依据。

（2）平衡常数法。平衡常数（K）是浸出反应达平衡后生成物与反应物活度之比。通过测定和计算平衡常数，可了解反应进行的可能性和限度。测定方法有多种，如表观平衡常数 K_c，即在给定条件下测定反应平衡后生成物和反应物的浓度商，通过比较不同条件下的 K_c 值判断反应难易程度；外延法，测定不同离子强度下的 K_c 值后将其对离子强度作图并外延至离子强度为 0，得到真实平衡常数 K；活度系数法，测定平衡后溶液成分，结合已知活度系数求出各组分活度进而得出平衡常数值。其优点是能够量化反应进行的程度和方向，为反应条件优化提供定量依据。

（3）热力学计算法。根据已有热力学数据（如标准吉布斯自由能变化 $\Delta_r G^{\ominus}$），利用

等温方程 $\Delta_r G^{\ominus} = -RT\ln K$，可计算出浸出反应的平衡常数值。该方法能直接利用已知热力学数据进行计算，快速得到平衡常数理论值。

（4）实验研究法。实验设计为通过一系列不同条件下的浸出实验，观察并记录反应现象和结果。数据分析则是利用实验数据计算平衡常数、反应速率等参数，分析不同条件对浸出反应热力学平衡的影响。其优点是能够直观展示反应过程的变化规律，为理论研究和实际应用提供实验依据。

这些方法各有优劣，均是深入理解浸出过程热力学平衡的重要手段。在实际应用中，可根据具体需求和条件选择合适的方法进行研究。

4.2.3.2　电位-pH 图（E-pH 图，优势区图）

A　简介

在研究湿法冶金浸出反应的热力学平衡方法中，浸出体系的电位-pH 图和组分图是重要的分析工具。电位-pH 图是基于化学热力学原理建立起来的一种电化学的平衡相图，它以电极电位为纵坐标，溶液的 pH 值为横坐标，反映了在不同电位和 pH 条件下，体系中各种物质的稳定存在区域及可能发生的电化学反应。

根据体系电位和 pH 值的关系，水溶液中的化学反应可分为四种类型。第一类：有电子参与但无氢离子的反应；第二类：无电子参与但有氢离子的反应；第三类：既有电子又有氢离子参与的反应；第四类：既无电子又无氢离子参与的反应。前三类反应可以通过电位-pH 图表示出，在给定 pH 条件下该反应体系中热力学最稳定的化学组分。

对应这三类反应，电位-pH 图上有三种形式的平衡线。

（1）第一类反应对应一组平行于横坐标轴（pH 轴）的平衡线，每条线对应一个活度值。对于给定的离子活度，电位高于相应的平衡线时，电极反应将从还原体向氧化体方向进行，即发生氧化反应，电极反应的氧化体一侧是稳定的。相反，电位低于相应的平衡线时，电极反应的还原体一侧是稳定的。

（2）第二类反应对应一组平行于纵坐标轴（E 轴）的平衡线，每条线对应一个 pH 值。溶液的 pH 值大于相应的平衡线时，反应将向产生 H^+ 或消耗 OH^- 的方向进行；溶液的 pH 值小于相应的平衡线时，反应将向消耗 H^+ 或产生 OH^- 的方向进行。

（3）第三类反应则对应一条斜线。

B　绘制原理与具体的制作流程

E-pH 图是在给定的温度和组成活度（常简化为浓度）或气体逸度（常简化为气相分压）下，表示反应过程电位与 pH 的关系图。其绘制基于化学反应的热力学平衡原理，将抽象的化学反应热力学平衡关系用图解的方法表示出来，以直观展示不同条件下物质的稳定存在区域和反应趋势。

（1）确定反应体系：明确研究的金属−水体系或金属化合物−水体系。

（2）列出平衡反应：列出体系中可能发生的各类反应及其平衡方程式。

（3）计算热力学数据：根据参与反应的各组分的热力学数据，计算反应的 $\Delta_r G^{\ominus}$（标准吉布斯自由能变化）或电位 $\varphi^{\ominus}$（标准电极电位）。

（4）导出关系式：由热力学数据导出各个反应的电极电位 φ 与 pH 值之间的关系式。

（5）计算特定条件下的电位和 pH 值：在指定离子活度或气相分压条件下，计算在反应温度下的电位和 pH 值。

（6）绘图：以电位 E 为纵坐标，pH 值为横坐标，根据计算得到的电位和 pH 值绘制电位-pH 图。

C　水的 E-pH 图

在湿法冶金过程中，由于所研究的体系中均含有水，因此所有优势区图中均包含了水的电化学平衡图。这意味着图中显示了反应水中稳定区的两条平衡线。这两条线代表了水在不同电位和 pH 条件下的稳定存在区域，是分析湿法冶金过程中物质稳定性和反应条件的关键参考。

首先确定体系中的物质及可能发生的反应。对于水的电化学平衡图，主要考虑水的解离反应以及与水相关的氧化还原反应，如氢气的析出反应、氧气的析出反应等。然后写出反应方程式：

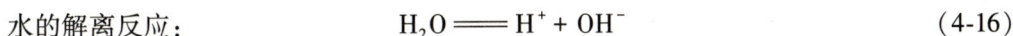

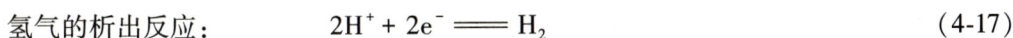

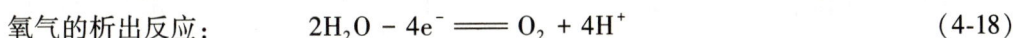

水的解离反应： $$H_2O \Longrightarrow H^+ + OH^- \tag{4-16}$$

氢气的析出反应： $$2H^+ + 2e^- \Longrightarrow H_2 \tag{4-17}$$

氧气的析出反应： $$2H_2O - 4e^- \Longrightarrow O_2 + 4H^+ \tag{4-18}$$

再根据能斯特方程计算电极电位与 pH 的关系，对于氢气的析出反应，能斯特方程为：

$$E = E^{\ominus} + \frac{RT}{nF}\ln\left(\frac{a_{H^+}}{p_{H_2}}\right) \tag{4-19}$$

式中　R——气体常数，8.314 J/(mol·K)；

　　　T——温度，K；

　　　n——反应转移的电子数；

　　　F——法拉第常数，96500 C/mol；

　　　p_{H_2}——氢气的分压。

在标准状态下 $E^{\ominus}=0$ V，当 $p_{H_2}=1$ atm 时，简化后可得：

$$E = -0.059\,pH \tag{4-20}$$

对于氧气的析出反应，能斯特方程为：

$$E = E^{\ominus} + \frac{RT}{nF}\ln\frac{p_{O_2}a_{H^+}^4}{a_{H_2O}^2} \tag{4-21}$$

在标准状态下 $E^{\ominus}=1.229$ V，当 $p_{O_2}=1$ atm 时，简化后可得：

$$E = 1.229 - 0.059\,pH \tag{4-22}$$

根据上述计算式，在电位-pH 坐标图上分别画出各反应的平衡线（见图 4-2）。例如，氢气析出反应的平衡线是一条斜率为 -0.059 的直线ⓐ，氧气析出反应的平衡线是一条斜率为 -0.059 且截距为 1.229 的直线ⓑ。

根据各反应的平衡线,将电位-pH图划分为不同的区域,每个区域代表了特定物质在该电位和pH条件下的稳定存在形式。例如,在低电位和低pH区域,氢气是稳定的;在高电位和高pH区域,氧气是稳定的;而在中间区域,水是稳定的。

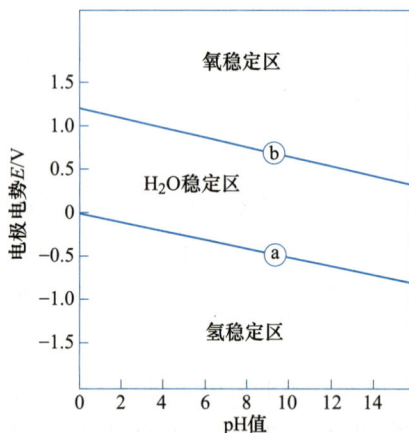

图 4-2　水的 E-pH 图

4.2.3.3　Fe-H₂O 体系的 E-pH 图

在 Fe-H₂O 体系中,存在如下离子和分子:Fe、Fe^{2+}、Fe^{3+}、$Fe(OH)_2$、$Fe(OH)_3$、H^+、OH^-、H_2O。25 ℃、体系处于标准态,相关反应分为以下三种类型。

A　无 H^+、有电子参加的反应

(1) $Fe^{2+} + 2e^- \longrightarrow Fe$　　$\varphi_1^\ominus = -0.44\ V$　　　　　　　　　　　(4-23)

$\varphi_1 = \varphi_1^\ominus + 0.0295 \lg a_{Fe^{2+}} = -0.44\ V + 0.0295 \lg a_{Fe^{2+}}$　　　　　(4-24)

当 $a_{Fe^{2+}} = 1$ 时,$\varphi_1 = -0.44\ V$　　　　　　　　　　　　　　　　(4-25)

在 E-pH 图得到 $\varphi_1 = -0.44\ V$ 的水平线。

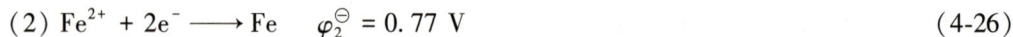

(2) $Fe^{2+} + 2e^- \longrightarrow Fe$　　$\varphi_2^\ominus = 0.77\ V$　　　　　　　　　　(4-26)

$\varphi_2 = \varphi_2^\ominus - 0.059 \lg(a_{Fe^{2+}}/a_{Fe^{3+}})$　　　　　　　　　　　　　(4-27)

当 $a_{Fe^{2+}} = a_{Fe^{3+}} = 1$ 时,$\varphi_2 = 0.77\ V$　　　　　　　　　　　　(4-28)

在 E-pH 图得到 $\varphi_2 = 0.77\ V$ 的水平线。

B　有 H^+、有电子参加的反应

(3) $Fe(OH)_3 + 3H^+ + e^- \longrightarrow Fe^{2+} + 3H_2O$　　　　　　　　　(4-29)

$\varphi_3 = \varphi_3^\ominus - 0.059 \lg\left[a_{Fe^{2+}}/(a_{H^+})^3\right] = \varphi_3^\ominus - (0.059 \times 3)pH - 0.059 \lg a_{Fe^{2+}}$　(4-30)

根据 $E^\ominus = -\Delta G^\ominus/(zF)$

$$\varphi_3^\ominus = -\frac{\Delta G_{Fe^{2+}}^\ominus + 3\Delta G_{H_2O}^\ominus - 3\Delta G_{Fe(OH)_3}^\ominus - 3\Delta G_{H^+}^\ominus}{96500} = 1.045\ V \qquad (4\text{-}31)$$

$\varphi_3 = 1.045\ V - (0.059 \times 3)pH - 0.059 \lg a_{Fe^{2+}}$　　　　　　(4-32)

当 $a_{Fe^{2+}} = 1$ 时,$\varphi_3 = 1.045 - 0.177\ pH$　　　　　　　　　　(4-33)

在 E-pH 图得到斜率位 -0.177 斜线，并与（2）水平线相交，交点坐标计算如下：

当两线相交时，$\varphi_2 = \varphi_3$，即 $\varphi_2^{\ominus} = 1.045\ \text{V} - 0.177\ \text{pH}$，$\text{pH} = (1.045 - 0.77)/0.177 = 1.52$。

即交点坐标 $(1.52, 0.77)$。

$$(4)\ \text{Fe(OH)}_2 + 2\text{H}^+ + 2\text{e}^- \longrightarrow \text{Fe} + 2\text{H}_2\text{O} \tag{4-34}$$

$$\varphi_4 = \varphi_4^{\ominus} - 0.059/2\lg[1/(a_{\text{H}^+})^2] = \varphi_4^{\ominus} - 0.059\ \text{pH} \tag{4-35}$$

$$\text{与（3）同理求得 } \varphi_4 = -0.047\ \text{V} - 0.059\ \text{pH} \tag{4-36}$$

故（4）在 E-pH 图中得到斜率为 0.059 的斜线，并与（1）水平线相交，交点坐标为 $(6.6, -0.44)$

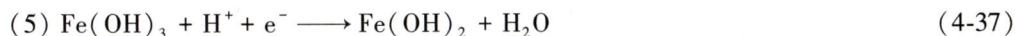

$$(5)\ \text{Fe(OH)}_3 + \text{H}^+ + \text{e}^- \longrightarrow \text{Fe(OH)}_2 + \text{H}_2\text{O} \tag{4-37}$$

$$\text{与（4）同理得}, \varphi_5 = 0.260\ \text{V} - 0.059\ \text{pH} \tag{4-38}$$

故（5）在 E-pH 图中得到斜率为 0.059 的斜线，并与（3）水平线相交，交点坐标为 $(6.6, -0.11)$

C　有 H^+、无电子参加的反应：

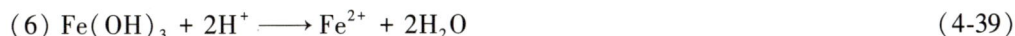

$$(6)\ \text{Fe(OH)}_3 + 2\text{H}^+ \longrightarrow \text{Fe}^{2+} + 2\text{H}_2\text{O} \tag{4-39}$$

$$\lg K = \lg[a_{\text{Fe}^{2+}}/(a_{\text{H}^+})^2] \tag{4-40}$$

$$\text{又 } \lg K = -\Delta G^{\ominus}/(2.303RT) = -75600/(2.303RT) = 13.29 \tag{4-41}$$

$$\text{故 } \lg[a_{\text{Fe}^{2+}}/(a_{\text{H}^+})^2] = 13.29 \tag{4-42}$$

$$\text{当 } a_{\text{Fe}^{2+}} = 1 \text{ 时}，\text{则 pH} = 6.6 \tag{4-43}$$

故（6）在 E-pH 图得到与横轴垂直的直线与横轴交点为 6.6。

$$(7)\ \text{Fe(OH)}_3 + 3\text{H}^+ \longrightarrow \text{Fe}^{3+} + 3\text{H}_2\text{O} \tag{4-44}$$

$$\text{当 } a_{\text{Fe}^{3+}} = 1，\text{与（6）同理可得 pH} = 1.54 \tag{4-45}$$

故（7）在 E-pH 图得到与横轴垂直的直线与横轴交点为 1.54。

根据各自的 E-pH 关系式绘制出相应的斜线或曲线，这些线将整个平面划分为不同的区域，分别对应着 Fe、Fe^{2+}、Fe^{3+}、Fe(OH)_2、Fe(OH)_3 的稳定存在区域，如图 4-3 所示。

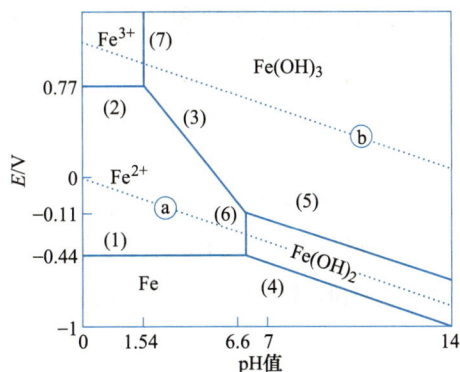

图 4-3　Fe-H$_2$O 体系的 E-pH 图（298 K，铁离子的活度为 1，$p_{\text{H}_2} = p_{\text{O}_2} = 1$ atm）

另外，在湿法冶金过程中，一个常见的挑战是硫化矿物的氧化浸出以及溶液中金属硫化物的沉淀。因此，S-H$_2$O 体系的 E-pH 图（见图 4-4）在湿法冶金中扮演着至关重要的角色。

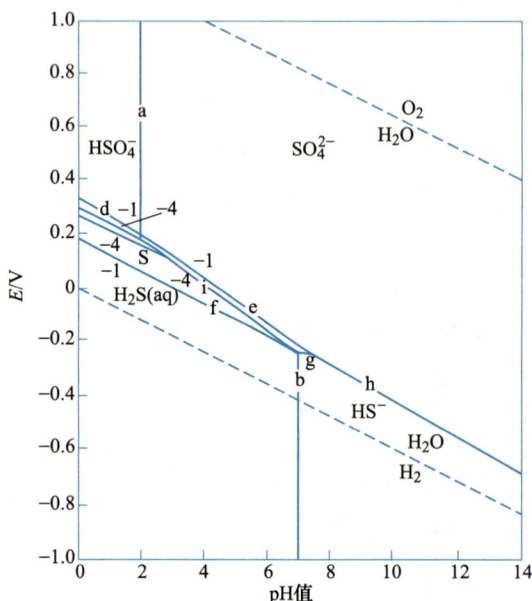

图 4-4   S-H$_2$O 体系的 E-pH 图（298 K，S 和 H$_2$S 的活度分别为 10^{-1} 和 10^{-4}）

在 S-H$_2$O 体系中，已知热力学上稳定的组分包括 S、H$_2$S（aq）、HS$^-$（aq）、S^{2-}（aq）、SO$_4^{2-}$（aq）及 HSO$_4^-$。其他已知的含硫酸及其盐则处于介稳状态。这些含硫酸包括亚硫酸（H$_2$SO$_3$）、硫代硫酸（H$_2$S$_2$O$_3$）、连二亚硫酸（H$_2$S$_2$O$_4$）、连二硫酸（H$_2$S$_2$O$_6$）及连多硫酸（H$_2$S$_n$O$_6$）。此外，碱金属的硫化物（M$_2$S）和硫氢化物（MHS）形成通式为 M$_2$S$_n$ 的多硫化物，这些多硫化物含有不带支链的阴离子 S$_n^{2-}$。

上述介稳化合物的热力学数据可以通过查阅文献获得。它们之间的相互关系可以通过绘制 E-pH 图来分析，且不考虑硫酸及其衍生的离子。这种方法有助于更好地理解硫化矿物在湿法冶金过程中的行为，从而优化工艺参数和提高金属回收效率。

4.2.3.4   电位-pH 图的作用

（1）指明反应自发进行的条件：电位-pH 图可以清晰地显示反应能够自发进行的区域，以及反应受到抑制的区域。

（2）指出物质稳定存在的区域：图中不同区域对应着不同的物质形态，如金属、金属离子、氧化物等，通过电位-pH 图可以判断在给定条件下最稳定的形态。

（3）优化浸出条件：根据电位-pH 图，可以选择合适的电位和 pH 值范围，以实现目标金属的最佳浸出效果。

4.2.3.5   电位-pH 图的适用范围与局限性

电位-pH 图是湿法冶金领域的核心分析工具，为金属离子的氧化还原反应提供热力学指导，对浸出、净化、电解等关键过程至关重要。尽管如此，它在应用中也显现出一些局限性。

首先，电位-pH图基于热力学平衡，能够预测反应的自发性，但往往忽略了动力学因素。这意味着，尽管某些反应在理论上是可行的，实际中可能因动力学障碍而进展缓慢或无法观察。此外，该图谱在构建时通常简化了体系，未考虑其他离子的影响，这在多离子存在的实际浸出体系中可能对预测结果产生显著偏差。

其次，电位-pH图在处理多组分体系时面临挑战，因为多种金属和化合物间的相互作用，使得图谱难以绘制和解释。对于非水溶液体系，如有机溶剂或熔融盐，电位-pH图的适用性有限，尽管理论上可以通过额外的实验和理论工作来扩展其应用。

在高温环境下，电位-pH图的准确性和可靠性可能会受到一定限制，这是由于溶液的物理化学性质，如黏度和离子活度，会发生显著变化从而影响电位-pH图的预测精度。这种局限性在一定程度上限制了其在高温金属腐蚀等领域的应用范围。

最后，电位-pH图无法完全预测实际过程的结果。实际过程中的多种变量，如温度变化、搅拌强度和固体颗粒的存在，都可能影响反应的进程和结果。此外，电位-pH图的绘制依赖于实验数据，而这些数据可能包含误差和不确定性，这些误差在应用过程中可能会被放大，影响最终的准确性和可靠性。因此，虽然电位-pH图为湿法冶金提供了宝贵的理论支持，但在应用时需要谨慎，并结合实际过程的具体情况进行调整和解释。

4.2.3.6 组分图

组分图是一种用于展示溶液中特定组分浓度或活度以及各组分比例随化学条件变化的图表。其最直观的形式是呈现某一金属的特定组分占该金属总量的比例随着某些条件（如pH值、电位、配位体浓度等）的变化趋势。在包含多种金属和阴离子的复杂多元溶液中，如果为每种组分设定了总活度分数，无论是简单组分还是复杂组分，其活度都可以被绘制出来。类似于绘制优势区图，此过程通常需要借助计算机程序来实现。通过这种方法，可以清晰地观察到不同化学条件下各组分的活度变化，从而为化学分析和实验设计提供有力的支持。

电位-pH图（优势区图）有助于研究体系在不同电位和pH条件下的平衡关系，并能够判断反应趋势。然而，未能解决溶液中成分随配位体对金属离子摩尔比变化的问题，而组分图正好能解决此问题。

A 简单组分图绘制方法

最简单的组分图是针对由一种金属离子和一种配位体组成的溶液。在溶液中金属总浓度保持不变的情况下，随着配位体总浓度从零逐渐增加，首先会形成配合物 ML，其浓度逐渐增加。当配合物 ML_2 开始生成时，ML 的浓度开始下降。类似地，配合物 ML_2 的浓度也会逐渐增加，直到更高级的配合物生成时再下降。配合物 ML_n 的分数定义为：

$$\alpha_{ML} = C[ML_n]/C[M_t] \tag{4-46}$$

只要知道所有形式的金属总浓度 $C[M_t]$、配位体总浓度 $C[L_t]$ 以及相关的平衡常数，就可以计算出 α_{ML}。

下面以镍氨溶液组分图的绘制为例进行说明。溶液中 Ni^{2+} 的总浓度约为 40 g/L，硫酸铵总浓度为 2.5~3 mol/L。以 2 mol/L 硝酸铵为支持电解质，测得各级镍氨配合物的平衡常数 lgK_n 的数值如表 4-1 所示。

表 4-1   各级镍氨配合物的平衡常数 lgK_n

n	1	2	3	4	5	6
lgK_n	2.80	2.24	1.73	1.19	1.75	0.03

通过计算，可以得到各级镍氨配合物所占比例随游离氨活度的变化，并绘制成组分图（见图 4-5）。图中展示了镍作为简单水合离子和 6 种镍氨配合离子的分数与 lgc_{NH_3} 的函数关系。

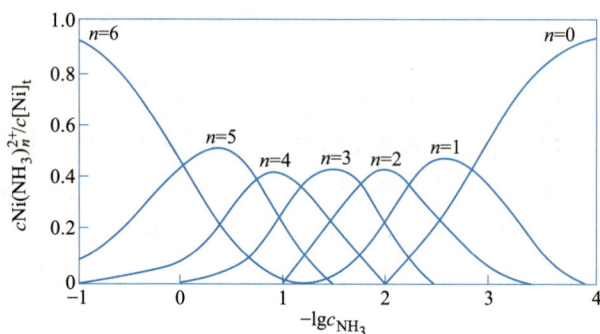

图 4-5   镍氨溶液的组分图

B   组分图的作用

（1）揭示组分浓度和活度的变化规律：组分图可以展示溶液中特定组分的浓度或活度，以及各组分比例随配位体浓度等的变化，有助于理解和预测湿法冶金过程中各组分行为。

（2）识别优势区：通过绘制组分图，可以识别出在特定化学条件下哪些组分是主导的，这对于优化湿法冶金过程中的化学反应条件非常有用。

（3）指导工艺优化：通过分析组分图，可以了解哪些组分在特定条件下更容易形成或分解，为优化浸出工艺提供指导。

（4）明确溶解度和结晶行为：组分图可以帮助研究不同组分在湿法冶金过程中的溶解度和结晶行为，避免不希望的结晶产生，从而优化结晶过程。

C   组分图的适用范围

组分图适用于需要详细了解浸出体系中各组分变化规律及其相互作用和影响的场合，特别适用于复杂矿物体系或含有多种金属离子的浸出过程。

综上所述，电位-pH 图和组分图是研究湿法冶金浸出反应热力学平衡的重要工具。它们通过不同的方式和角度揭示了浸出过程中物质的稳定性和变化规律，为优化浸出工艺提供了有力的支持。

4.2.4 浸出动力学研究方法

湿法冶金浸出反应动力学的主要研究方法包括实验法、模型法和数值模拟法。这些方法旨在揭示浸出过程中各步骤的速率及其影响因素，以确定控制整个浸出速率的限制性环节。

4.2.4.1 主要研究方法

（1）实验法。通过设计并实施一系列实验，观察不同条件下浸出反应速率的变化。常用的实验方法包括改变温度、浓度、搅拌强度等条件，以考察它们对浸出速率的影响。实验数据可用于初步判断哪些步骤可能成为限制性环节。

（2）模型法。基于浸出过程的物理化学原理和实验结果，建立相应的动力学模型。模型通常包括描述各步骤速率的数学表达式和相关的动力学参数。通过拟合实验数据，可以估计模型参数并验证模型的准确性。

（3）数值模拟法。利用计算机模拟技术，对浸出过程进行数值模拟。通过改变模拟条件，观察浸出速率的变化趋势，进一步验证和优化动力学模型。

4.2.4.2 确定限制性环节的步骤

（1）实验观察与初步分析。通过实验观察不同条件下浸出速率的变化情况；初步分析哪些因素可能对浸出速率产生显著影响；识别出可能成为限制性环节的步骤。

（2）动力学模型建立。根据浸出过程的物理化学原理，建立包含各步骤速率的动力学模型；明确模型中各步骤的速率表达式和相关的动力学参数。

（3）参数估计与模型验证。利用实验数据对模型参数进行估计；通过对比实验数据与模型预测结果，验证模型的准确性和可靠性；如果模型预测结果与实验数据存在较大偏差，则需要调整模型或重新进行参数估计。

（4）限制性环节确定。在验证的模型基础上，分析各步骤的速率常数和活化能等动力学参数；确定哪一步骤的速率最慢，即为控制整个浸出速率的限制性环节；分析限制性环节的影响因素，提出优化浸出过程的措施。

4.2.4.3 低冰镍氧化酸浸提取 Ni、Cu、Co 实例解析

根据对低冰镍的表征分析，为了综合浸提低冰镍中的 Ni、Cu、Co，金属硫化物与 FeNi 合金需被氧化溶解。酸性溶液中 Fe^{3+} 具有较强的氧化性，常被用于氧化浸出金属硫化物。另外，考虑到氯化物体系浸出金属硫化物时生成的金属氯化物溶解度大，并且反应生成的单质 S 为多孔疏松状，对反应剂扩散传质的阻碍较小，有利于金属元素的浸出。因此，选取 $FeCl_3$ 作为氧化剂，添加 HCl 溶液抑制 Fe^{3+} 的水解，在 $FeCl_3$-HCl 溶液综合浸出低冰镍中的有价金属元素，主要反应如式（4-47）~式（4-51）所示：

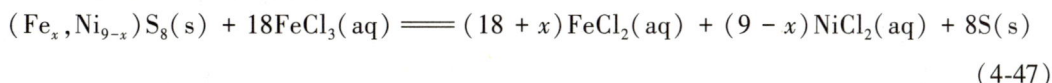

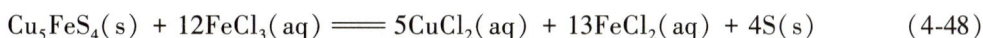

$$(Fe_x, Ni_{9-x})S_8(s) + 18FeCl_3(aq) = (18+x)FeCl_2(aq) + (9-x)NiCl_2(aq) + 8S(s)$$

$$(4-47)$$

$$Cu_5FeS_4(s) + 12FeCl_3(aq) = 5CuCl_2(aq) + 13FeCl_2(aq) + 4S(s) \tag{4-48}$$

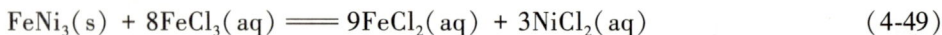

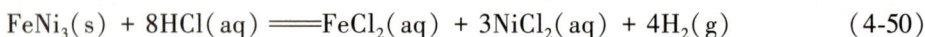

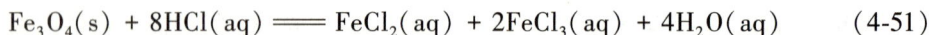

$$FeNi_3(s) + 8FeCl_3(aq) === 9FeCl_2(aq) + 3NiCl_2(aq) \tag{4-49}$$

$$FeNi_3(s) + 8HCl(aq) === FeCl_2(aq) + 3NiCl_2(aq) + 4H_2(g) \tag{4-50}$$

$$Fe_3O_4(s) + 8HCl(aq) === FeCl_2(aq) + 2FeCl_3(aq) + 4H_2O(aq) \tag{4-51}$$

由上述反应式可知，目标金属 Ni、Cu 随着（Fe_x，Ni_{9-x}）S_8、Cu_5FeS_4 和 $FeNi_3$ 的溶解以氯化物形式进入溶液，伴生在（Fe_x，Ni_{9-x}）S_8 和 Fe_3O_4 的 Co 随其溶解以 $CoCl_2$ 形式进入溶液。

（1）实验观察。设计酸浸时不同的实验条件，包括 $FeCl_3$ 溶液浓度、HCl 溶液浓度、浸出温度和时间，观察其对 Ni、Cu、Co 浸出率的影响规律。

（2）不同控速步骤的浸出动力学方程建立。在 $FeCl_3$ 浓度 1.0 mol/L，HCl 溶液浓度 0.5 mol/L，液固比 20∶1 mL/g，搅拌速度 900 r/min 的条件下，研究不同浸出温度、不同浸出时间对于 Ni 浸出率的影响，如图 4-6 所示。低冰镍在 $FeCl_3$-HCl 溶液中浸出反应是液相-固相反应，采用未反应核模型进行分析，其反应控制环节可能是扩散控速或界面化学反应控速，相应的动力学表达式如式（4-52）和式（4-53）所示：

$$1 - (2/3)x - (1-x)^{2/3} = kt \tag{4-52}$$

$$1 - (1-x)^{1/3} = kt \tag{4-53}$$

式中　k——表观速率常数，min^{-1}；

　　　x——Ni 浸出率，%；

　　　t——反应时间，min。

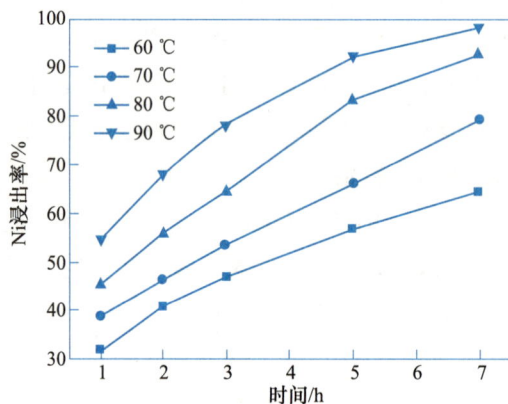

图 4-6　不同温度下 Ni 浸出率随时间变化

（3）模型验证与限制性环节的确定。为了确定浸出过程的控制步骤，将图 4-6 所示的 Ni 浸出率分别代入式（4-52）和式（4-53）并作图，以时间 t 为横坐标，$1 - (2/3)x - (1-x)^{2/3}$ 和 $1 - (1-x)^{1/3}$ 分别为纵坐标，结果如图 4-7 所示。由于低冰镍中 Ni 赋存在 FeNi 合金和（Fe，Ni）$_9S_8$ 中，酸性条件下，FeNi 合金比（Fe，Ni）$_9S_8$ 易溶且反应速度很快，所以图 4-7 中动力学曲线没有经过原点。由图 4-7 可知，$1 - (1-x)^{1/3}$-t（图 4-7（b））的线性相关性（$R^2 > 0.990$）比 $1 - (2/3)x - (1-x)^{2/3}$-t（图 4-7（a））的线性相关性（$R^2 > 0.969$）更好，所以认为 Ni 浸出反应过程可能是界面化学反应控速。

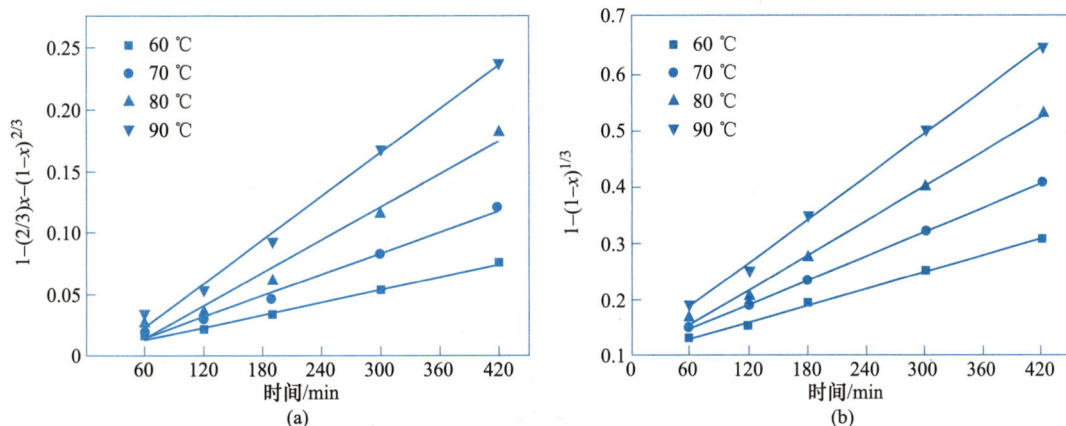

图 4-7 不同温度下的浸出关系曲线

（a）$1-(2/3)x-(1-x)^{2/3}$ 与浸出时间的关系曲线；（b）$1-(1-x)^{1/3}$ 与浸出时间的关系曲线

（4）Ni 浸出反应的表观活化能的计算。阿伦尼乌斯（Arrhenius）方程：

$$k = A\exp[-E_a/(RT)] \tag{4-54}$$

对阿伦尼乌斯方程两边同时取对数可得方程：

$$\ln k = \ln A - E_a/(RT) \tag{4-55}$$

式中　k——速率常数，min^{-1}；

　　A——指前因子；

　　E_a——浸出反应的表观活化能，J/mol；

　　R——摩尔气体常数，8.314 J/(mol·K)；

　　T——热力学温度，K。

基于前面分析可知，Ni 的浸出反应由界面化学反应控速，根据图 4-7（b）中直线斜率得到温度为 333 K、343 K、353 K、363 K 时的表观速率常数 $k = 4.66×10^{-4}\ min^{-1}$、$7.09×10^{-4}\ min^{-1}$、$1.14×10^{-3}\ min^{-1}$ 和 $1.44×10^{-3}\ min^{-1}$。以 $\ln k$ 对 T^{-1} 作图并分析，如图 4-8 所示，线性回归方程为 $y = 6.205 - 4614x$，$R^2 = 0.98$，得出 Ni 浸出反应过程由界面化学反应控速时的表观活化能 $E_a = 4614×8.314 = 38.4\ kJ/mol$。

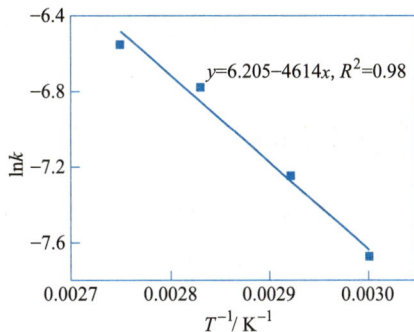

图 4-8 $\ln k$-T^{-1} 的关系图

4.3 浸出液净化分离研究方法

湿法冶金是一种重要的金属提取技术，通过水溶液或其他液体与矿石、精矿等原料接触，利用化学反应将有用金属转入液相，随后进行分离富集和回收。浸出液净化是湿法冶金过程中的关键环节，旨在去除浸出液中的杂质，得到高纯度的金属溶液。以下将阐述沉淀与结晶、离子交换、萃取、电渗析等湿法冶金浸出液净化的研究方法。

4.3.1 沉淀与结晶法

（1）分离原理。沉淀法通过加入沉淀剂，使溶液中的杂质离子形成难溶的沉淀物，从而与目标金属离子分离；结晶法则是通过控制溶液的条件，使目标金属离子以晶体的形式析出，而杂质则留在溶液中。

（2）具体步骤与分析流程。

步骤：确定沉淀剂种类和用量→加入沉淀剂→搅拌反应→沉淀分离→洗涤沉淀→干燥处理。

分析流程：首先对浸出液进行成分分析，确定杂质离子的种类和含量；然后根据杂质离子的性质选择合适的沉淀剂；加入沉淀剂后，通过搅拌使反应充分进行；沉淀分离后，对沉淀进行洗涤，去除残留的杂质；最后对沉淀进行干燥处理，得到纯净的沉淀物。

对沉淀前后的溶液进行成分分析，确定沉淀效果；通过 X 射线衍射、扫描电镜等手段对沉淀产物进行表征，了解其物相组成和形貌。

（3）影响因素。

1）沉淀剂的种类和用量：不同的沉淀剂对杂质离子的沉淀效果不同，用量过多或过少都会影响沉淀效果。

2）溶液的 pH 值：pH 值对沉淀的形成有很大影响，不同的杂质离子在不同的 pH 值下沉淀效果不同。

3）温度：温度会影响沉淀的速率和结晶的形态。

4）搅拌速度：搅拌速度影响反应的均匀性和沉淀的分离效果。

（4）适用范围。沉淀法适用于去除浸出液中的高浓度杂质离子，如铁、铝、铜等；结晶法适用于分离溶解度差异较大的金属离子，如从盐湖卤水中提取锂、钾等。

4.3.2 离子交换法

（1）分离原理。离子交换是利用离子交换树脂上的可交换离子与溶液中的目标金属离子和杂质离子进行交换反应，从而实现分离的目的。

（2）具体步骤与分析流程。

步骤：选择合适的离子交换树脂→树脂预处理→离子交换反应→树脂再生。

分析流程：首先根据浸出液的成分和分离要求选择合适的离子交换树脂；然后对树脂进行预处理，去除杂质和水分；将预处理后的树脂与浸出液进行离子交换反应，使目标金属离子被吸附在树脂上，杂质离子则留在溶液中；最后对吸附了目标金属离子的树脂进行再生，恢复树脂的交换能力。

对交换前后的溶液进行成分分析，确定离子交换效果；通过测定离子交换容量、交换速率等参数，评估离子交换树脂的性能。

（3）影响因素。

1）树脂的类型和性能：不同类型的树脂对不同金属离子的选择性不同，树脂的交换容量、交换速率等性能也会影响分离效果。

2）溶液的 pH 值：pH 值会影响金属离子在溶液中的存在形态和树脂的交换性能。

3）温度：温度会影响离子交换反应的速率和平衡。

4）溶液的流速：流速过快会导致离子交换不充分，流速过慢则会降低生产效率。

（4）适用范围。离子交换法适用于去除浸出液中的低浓度杂质离子，如重金属离子、放射性离子等。也适用于分离性质相似的金属离子，如镍、钴等。

4.3.3 溶液萃取法

（1）分离原理。萃取是利用萃取剂与溶液中的目标金属离子和杂质离子的亲和力差异，将目标金属离子从溶液中提取到萃取剂中，从而实现分离的目的。

（2）具体步骤与分析流程。

步骤：选择合适的萃取剂→萃取剂预处理→萃取反应→反萃取。

分析流程：首先根据浸出液的成分和分离要求选择合适的萃取剂；然后对萃取剂进行预处理，去除杂质和水分；将预处理后的萃取剂与浸出液进行萃取反应，使目标金属离子被萃取到萃取剂中，杂质离子则留在溶液中；最后对萃取了目标金属离子的萃取剂进行反萃取，将目标金属离子从萃取剂中提取出来，得到纯净的金属溶液。

通过测定萃取率、分配比等参数，评估萃取效果；对反萃取液进行成分分析，确定目标离子的回收率。

（3）影响因素。

1）萃取剂的种类和性能：不同的萃取剂对不同金属离子的选择性和萃取能力不同。

2）溶液的 pH 值：pH 值会影响金属离子在溶液中的存在形态和萃取剂的萃取性能。

3）温度：温度会影响萃取反应的速率和平衡。

4）相比（萃取剂与溶液的体积比）：相比会影响萃取效率和分离效果。

（4）适用范围。萃取法适用于分离高浓度的金属离子，如铜、镍、钴等，也适用于从复杂的浸出液中提取目标金属离子。

4.3.4 电渗析法

（1）分离原理。电渗析是利用离子交换膜的选择透过性，在电场的作用下，使溶液中的离子选择性地透过离子交换膜，从而实现分离的目的。

（2）具体步骤与分析流程。

步骤：选择合适的离子交换膜→组装电渗析装置→通电运行→收集产品溶液。

分析流程：首先根据浸出液的成分和分离要求选择合适的离子交换膜；然后将离子交换膜组装成电渗析装置；通电后，溶液中的离子在电场的作用下选择性地透过离子交换膜，从而实现分离；最后收集产品溶液，得到纯净的金属溶液。

通过测定电流效率、脱盐率等参数，评估电渗析效果；对分离后的溶液进行成分分析，确定离子的去除率。

（3）影响因素。

1）离子交换膜的性能：离子交换膜的选择透过性、电阻等性能会影响分离效果。

2）溶液的浓度和流速：溶液的浓度和流速会影响离子的迁移速率和分离效率。

3）电场强度：电场强度会影响离子的迁移速率和分离效果。

（4）适用范围。电渗析法适用于去除浸出液中的低浓度杂质离子，也适用于分离性质相似的金属离子。

上述方法的优缺点对比详见表4-2。

表 4-2　浸出液净化分离方法的优缺点对比

方法	优　　点	缺　　点
沉淀与结晶	操作简单，成本低；适用于高浓度杂质离子的去除	沉淀剂的选择和用量难以准确控制；可能会产生大量的沉淀污泥，需要进行处理
离子交换	选择性高，分离效果好；可以重复使用树脂	树脂的价格较高；对溶液的 pH 值和温度等条件要求较严格
萃取	分离效率高，适用范围广；可以实现连续操作	萃取剂的选择和回收比较困难；可能会产生有机相污染
电渗析	分离效果好，无化学试剂添加；可以实现自动化控制	离子交换膜的价格较高；对溶液的浓度和流速等条件要求较严格

湿法冶金浸出液净化的方法有很多种，每种方法都有其优缺点和适用范围。在实际应用中，需要根据浸出液的成分和分离要求，选择合适的净化方法，以达到最佳的分离效果。

4.4　从净化液中提取金属的研究方法

从净化液中提取金属的研究方法通常包括电沉积法、化学还原法、结晶法、离子交换法等。

4.4.1　电沉积法

4.4.1.1　电沉积法概述

（1）分离原理。电沉积法是利用外加电场使金属离子在阴极表面获得电子，从而被还原成金属单质而沉积下来的方法。在净化液中，金属离子在电场作用下向阴极移动，由于阴极的电位低于金属离子的还原电位，金属离子得到电子被还原成金属并沉积在阴极上。

（2）具体步骤与分析流程。

1）准备工作：选择合适的电极材料，通常阴极采用金属或石墨等导电材料，阳极可以选择惰性电极如铂、石墨等。将电极安装在电解槽中，并连接电源。

2）调节参数：根据净化液中金属离子的种类和浓度，调节电流密度、电压、温度、pH 值等参数。

3）进行电解：将净化液加入电解槽中，开启电源进行电解。在电解过程中，金属离子不断在阴极沉积，其他离子则留在溶液中或在阳极发生相应的反应。

4）分析与检测：定期取样分析净化液中金属离子的浓度变化，以及沉积在阴极上的金属的质量和纯度。

（3）影响因素。

1）电流密度：电流密度过大可能导致阴极极化严重，产生浓差极化和电化学极化，影响金属沉积的质量和效率；电流密度过小则会使沉积速度过慢。

2）电压：电压过高可能引起副反应的发生，如水电解产生氢气和氧气；电压过低则无法提供足够的电场强度使金属离子还原。

3）温度：温度升高可以提高离子的扩散速度和反应速率，但也可能导致金属的溶解和氧化。

4）pH 值：不同金属离子在不同 pH 值下的存在形态和稳定性不同，pH 值会影响金属离子的还原电位和沉积速度。

5）净化液中其他离子的影响：净化液中存在的其他离子可能与金属离子竞争电极表面，影响金属的沉积效率和纯度。

（4）适用范围。电沉积法适用于从含有较高浓度金属离子的净化液中提取金属，尤其是对于那些还原电位较正的金属如铜、镍、锌等。该方法可以获得较高纯度的金属，但对于一些还原电位较负的金属，需要较高的电压和特殊的电极材料。

4.4.1.2　从含锌电炉粉尘浸出液中电沉积金属锌实例解析

以含锌电炉粉尘为原料，以固体 $NH_4Fe(SO_4)_2 \cdot 12H_2O$ 为提取剂，采用水热法，在最佳实验条件下提锌，得到了含锌的硫酸盐溶液。浸出液中主要离子种类和含量如表 4-3 所示。

表 4-3　含锌电炉粉尘浸出液中离子种类及浓度（pH = 2.0）

离子	Zn^{2+}	Fe^{3+}	Mn^{2+}	Mg^{2+}	Ca^{2+}
浓度/(mol·L^{-1})	0.10	0.011	0.013	0.030	0.0050

从表 4-3 可以看出，含锌电解液，除 Zn^{2+} 离子外，还含有 Fe^{3+}、Mn^{2+}、Mg^{2+}、Ca^{2+} 等金属离子，且 Mn^{2+}、Mg^{2+}、Ca^{2+} 的沉积电位均低于 Zn^{2+} 的沉积电位，而 Fe^{3+}/Fe^{2+} 的沉积电位较 Zn^{2+} 高（表 4-4）。所以，理论上 Mn^{2+}、Mg^{2+}、Ca^{2+} 均不会和 Zn^{2+} 共沉积，而 Fe^{3+}/Fe^{2+} 将会先于 Zn^{2+} 沉积，并且电沉积锌过程中可能还会存在 Fe^{3+}/Fe^{2+} 之间的相互转化而消耗电能。

基于上述分析，采用恒电压直流供电电源，槽压 3.5 V，室温下，电沉积时间 1 h，阳极为 40 mm×20 mm×0.3 mm 的铂片，阴极为 φ12 mm×0.3 mm 铝片，阴阳极间距 2 cm。研究电解液 pH 值、杂质元素共存、锌离子浓度对电沉积锌的影响。

表 4-4　电极反应的标准电极电位（298 K，pH＝1）

电极反应	标准电极电位/V
$Zn^{2+}+2e \Longrightarrow Zn$	−0.76
$Fe^{3+}+e \Longrightarrow Fe^{2+}$	+0.77
$Fe^{2+}+2e \Longrightarrow Fe$	−0.44
$Fe^{3+}+3e \Longrightarrow Fe$	−0.04
$Mn^{2+}+2e \Longrightarrow Mn$	−1.19
$Mg^{2+}+2e \Longrightarrow Mg$	−2.37
$Ca^{2+}+2e \Longrightarrow Ca$	−2.87

A　pH 值对纯硫酸锌溶液中电沉积锌的影响

综合图 4-9 可以看出，在三种 pH 值下，电沉积产物的衍射峰与六方结构的 Zn（JCPDS：00-004-0831）相吻合，说明电沉积样品是金属 Zn。随着 pH 值从 1.0 增大到 3.0 时，（100）晶面的取向生长越来越明显。另外，随着 pH 值从 1.0 增大到 3.0，Al 在约 45°衍射峰的高度逐渐降低，说明产物沉积层厚度逐渐增加。

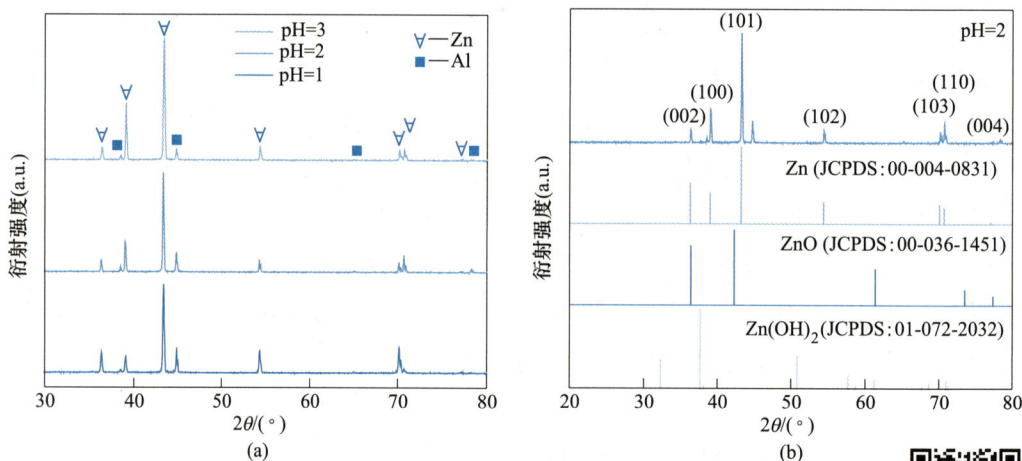

图 4-9　XRD 分析结果

（a）不同 pH 值下纯硫酸锌溶液中电沉积产物的 XRD 图谱；
（b）Zn、ZnO、Zn(OH)$_2$ 粉末的标准 XRD 图谱

扫码看彩图

图 4-10 给出了不同 pH 值下纯硫酸锌溶液中电沉积产物的 SEM 照片。当 pH 为 1.0 时（图 4-10（a）），沉积物呈现较小的块状，这些块状沉积物由层状薄片组成；沉积物的块状体积随着 pH 值的增加而变大，当电解液 pH 值增大到 3.0 时（图 4-10（c）），沉积物呈现较大的块状。原因解释如下：随着电解液 pH 值的增大，即溶液中 H$^+$ 离子浓度的降低，析氢的成核和长大速率必将大幅降低，促使了锌的电沉积。另外，在高的 pH 值下，锌核不易溶解，也就是说，较高的 pH 值促进了 Zn 核的生长。上述两个原因共同导致了随

着电解液 pH 值从 1.0 增大到 3.0，电沉积锌的块体体积增大。

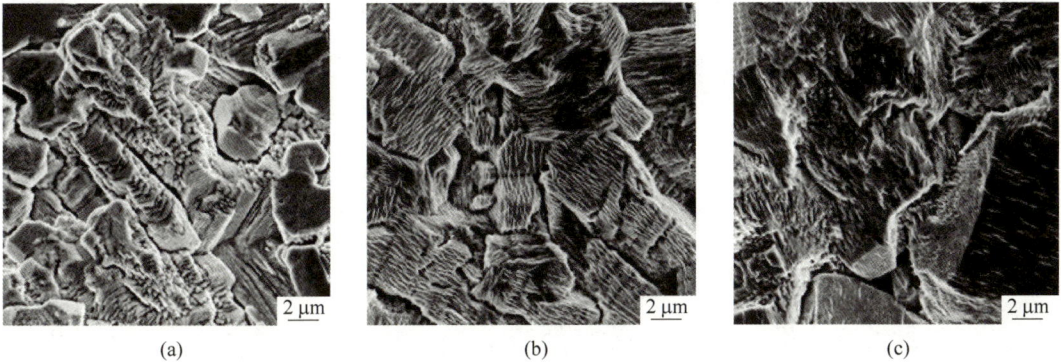

图 4-10　不同 pH 值下纯硫酸锌溶液电沉积产物的 SEM 图
(a) pH=1.0；(b) pH=2.0；(c) pH=3.0

B　多种杂质离子共存对电沉积锌的影响

图 4-11 所示为多种杂质离子共存时电沉积样品的 XRD 和 SEM 图。从图中可以看出，当多种离子共存于含锌溶液中时，电沉积产物依旧是金属锌，Fe^{3+} 存在仅仅对沉积锌的优先生长方向和表面形貌影响较大。当 Fe^{3+} 加入多种金属离子共存的溶液中后，金属锌的优先生长方向由（002）晶面转变为（101）晶面。同时，产物的微观形貌从块状转变为层状结构。

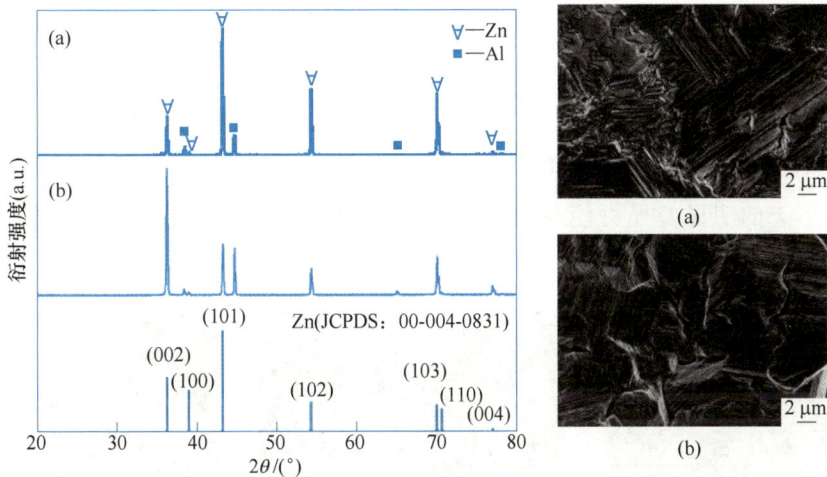

图 4-11　多种杂质离子共存条件下电沉积物的 XRD 图谱和 SEM 图
(a) 1.00 mol/L Zn^{2+}+0.11 mol/L Fe^{3+}+0.13 mol/L Mn^{2+}+0.30 mol/L Mg^{2+}+0.0050 mol/L Ca^{2+}；
(b) 1.00 mol/L Zn^{2+}+0.13 mol/L Mn^{2+}+0.30 mol/L Mg^{2+}+0.0050 mol/L Ca^{2+}

C　含锌电炉粉尘浸出液中锌的电沉积

真实电解液（电解液（a））和杂质离子共存的 0.1 mol/L Zn^{2+} 电解液（电解液（b））电沉积物的 XRD 结果如图 4-12 所示。两种电解液中电沉积得到的样品的衍射峰都与六方结构的金属 Zn（JCPDS：00-004-0831）的标准衍射峰相吻合，表明电沉积产物为金属锌。

可以发现，Zn_{S01}（从杂质离子共存的 0.1 mol/L Zn^{2+} 电解液中电沉积得到的锌）和 Zn_L（从杂质离子共存的 1 mol/L Zn^{2+} 的电解液中电沉积得到的锌）衍射峰的相对强度稍有差别。

图 4-12   配制的多杂质离子溶液和真实浸出液中沉积物的 XRD 图谱

（a）真实浸出液；（b）0.1 mol/L Zn^{2+}+0.011 mol/L Fe^{3+}+mol/L Mn^{2+}+mol/L Mg^{2+}+0.005 mol/L Ca^{2+}

图 4-13 给出了 Zn_{S01} 和 Zn_L 的表面形貌和元素组成。对比可以看出，Zn_{S01} 由层片状结构组成，层片状结构相对致密且表面相对光滑。而 Zn_L 则是大小比较均匀的花状团簇体，团簇体直径为 10 μm 左右，且团簇体之间的间距较大。从图 4-13（b）的放大图可以看出，花状团簇体由纳米级薄片穿插而成，薄片的边缘呈现絮状，致密性较差。因此，Zn_L 具有较大的比表面积，其结晶度低于 Zn_{S01}，这也可通过 XRD 结果得到证实。Zn_L 和 Zn_{S01} 形态的明显差异可能与实际浸出液中存在的其他微量杂质离子如 K^+、Al^{3+}、NH_4^+ 等有关。

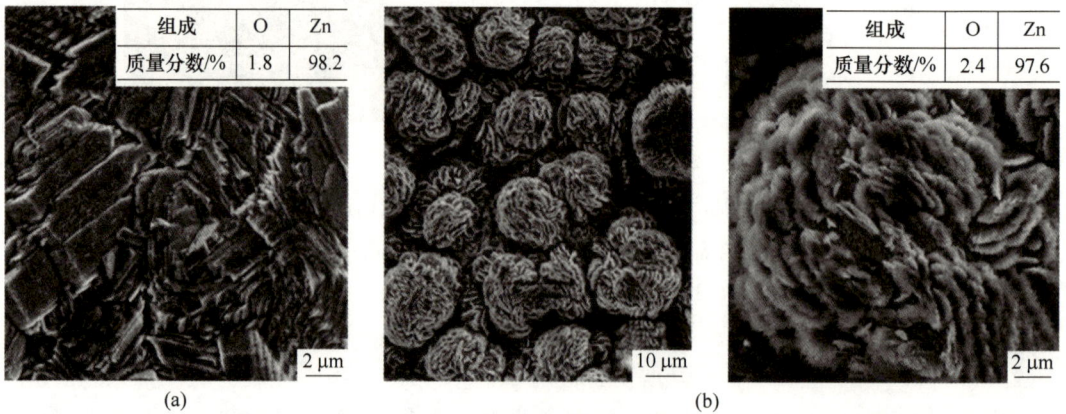

组成	O	Zn
质量分数/%	1.8	98.2

组成	O	Zn
质量分数/%	2.4	97.6

图 4-13 Zn_{S01} 和 Zn_L 的表面形貌和元素组成

（a）Zn_{S01}；（b）Zn_L

4.4.2 化学还原法

4.4.2.1 化学还原法概述

（1）分离原理。化学还原法是利用还原剂将净化液中的金属离子还原成金属单质的方法。还原剂与金属离子发生氧化还原反应，将金属离子还原成金属，同时自身被氧化。

（2）具体步骤与分析流程。

1）选择还原剂：根据净化液中金属离子的种类和性质，选择合适的还原剂。常用的还原剂有铁粉、锌粉、亚硫酸钠、二氧化硫等。

2）进行还原反应：将还原剂加入净化液中，在一定的温度、pH 值和搅拌条件下进行反应。反应过程中，金属离子被还原成金属单质，而还原剂被氧化。

3）分离与提纯：反应结束后，通过过滤、沉淀、离心等方法将金属单质从溶液中分离出来。然后进行洗涤、干燥等处理，以提高金属的纯度。

4）分析与检测：采用化学分析方法或仪器分析方法对提取的金属进行纯度和含量分析。

（3）影响因素。

1）还原剂的种类和用量：不同的还原剂对不同金属离子的还原能力不同，还原剂用量过多或过少都会影响还原效果。

2）反应温度和时间：温度升高可以加快反应速率，但也可能导致副反应的发生；反应时间过长可能会使金属被氧化，时间过短则反应不完全。

3）pH 值：pH 值会影响还原剂的活性和金属离子的存在形态，从而影响还原反应的进行。

4）搅拌速度：搅拌可以促进反应物的混合和传质，提高反应速率，但搅拌速度过快可能会使金属颗粒破碎。

（4）适用范围。化学还原法适用于从含有较低浓度金属离子的净化液中提取金属，尤其是对于那些还原电位较负的金属如金、银、铂等。该方法操作简单，成本较低，但得到的金属纯度可能不高，需要进一步提纯。

4.4.2.2 从硫化镍精矿浸出液中化学沉积镍基合金实例解析

硫化镍精矿在微波辅助 $FeCl_3$-HCl 体系最优浸出条件下的浸出液成分如表 4-5 所示。浸出液中 Fe 元素含量最多，浓度为 0.871 mol/L，目标元素 Ni、Cu、Co 的浓度分别为 0.053 mol/L、0.011 mol/L 和 0.001 mol/L。从硅酸盐脉石中浸入到浸出液的元素有 Mg、Al、Ca，其中 Mg 含量较多，为 0.04 mol/L。Fe 与 Mg 离子为主要杂质元素离子。基于此，本实验采用水热还原法，水合肼作为还原剂，从硫化镍精矿浸出液中化学沉积制备镍基合金粉体。

表 4-5 微波辅助酸浸最佳浸出条件得到的硫化镍精矿浸出液中金属元素的浓度

元素	Fe	Ni	Cu	Co	Mg	Al	Ca
质量浓度/($g \cdot L^{-1}$)	48.76	3.09	0.68	0.08	0.97	0.21	0.28
摩尔浓度/($mol \cdot L^{-1}$)	0.871	0.053	0.011	0.001	0.040	0.008	0.007

A 硫化镍精矿浸出液净化除杂过程

选择沉淀法将杂质元素 Fe、Mg 与 Ni、Cu、Co 元素分离。首先向浸出液中加入足量 H_2O_2 溶液将 Fe^{2+} 转化为 Fe^{3+}，以 NaOH 为沉淀剂，调节浸出液 pH 值至 4，将 Fe 元素沉淀除去。对产物进行物相和微观形貌表征。

净化除杂过程分为两种，一种是不对 Mg 离子进行除杂，观察 Mg 离子对产物的影响。直接利用除 Fe 滤液作为前驱液，采用水热还原法，水合肼作为还原剂制备镍基合金粉体。另一种是除去 Mg 离子，具体步骤是在除 Fe 后的滤液中加入过量的氨水，将 Ni、Cu、Co 以络合离子的形式保留在溶液中，而 Mg 离子生成沉淀被去除；得到除 Mg 滤液，选取相同水热条件制备镍基合金粉体。

B 溶液净化方法对化学还原产物的影响

图 4-14（a）为硫化镍精矿酸浸液未除去 Mg 离子制备得到的水热还原产物的 XRD 图谱，可知产物衍射峰中出现了与 $Mg(OH)_2$ 标准特征衍射峰（JCPDS：01-076-0667）一致的衍射峰，表明产物为镍基合金粉体与氢氧化镁的混合物。水合肼不能还原溶液中的 Mg 离子，含 Mg 浸出液不能制备纯相的镍基合金。因此前驱液还需除去 Mg 离子。

图 4-14（b）为硫化镍精矿酸浸液除去 Mg 离子制备得到的水热产物 XRD 图谱。对比 4-14（a），产物的 XRD 特征峰对应于晶面分别为：(111)，(200)，(220) 和 (311)，与 fcc Ni(JCPDS：03-065-2865) 的标准特征衍射峰位置相近似，并且无杂质衍射峰出现，表明样品为纯相的镍基合金粉体。对产物进行 XRF 分析，得到产物元素百分含量为 Ni 86.13%，Cu 10.94%，Co 2.93%，可知所制备的镍基合金粉体分子式为 $Ni_{0.86}Cu_{0.11}Co_{0.03}$。

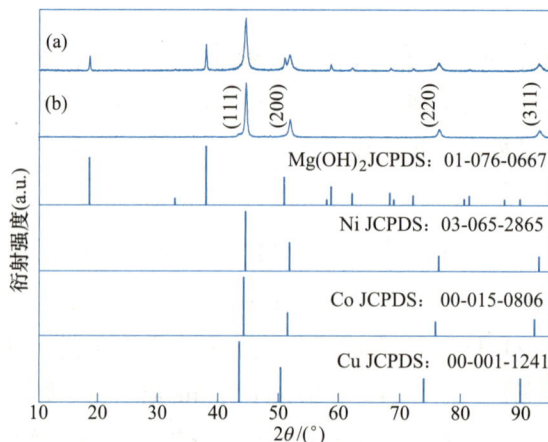

图 4-14 从硫化镍精矿制备得到产物的 XRD 图谱

（a）未除去 Mg 离子制备得到的水热产物；（b）除去 Mg 离子得到的水热产物

图 4-15 为从硫化镍精矿制备得到纯相镍基合金粉体的 SEM 照片。从图 4-15（a）可知，在低倍下观测到产物中出现了大量链状形貌，链长度可以达到几十微米，直径约为 0.7 微米。在高倍下观测，如图 4-15（b）所示，产物中的链状结构由数个颗粒状物质组成，其粒径约为 130 nm。由扫描电镜 EDS 能谱分析可知，产物中元素百分含量为 Ni 89.6%，Cu 6.5%，Co 3.9%。

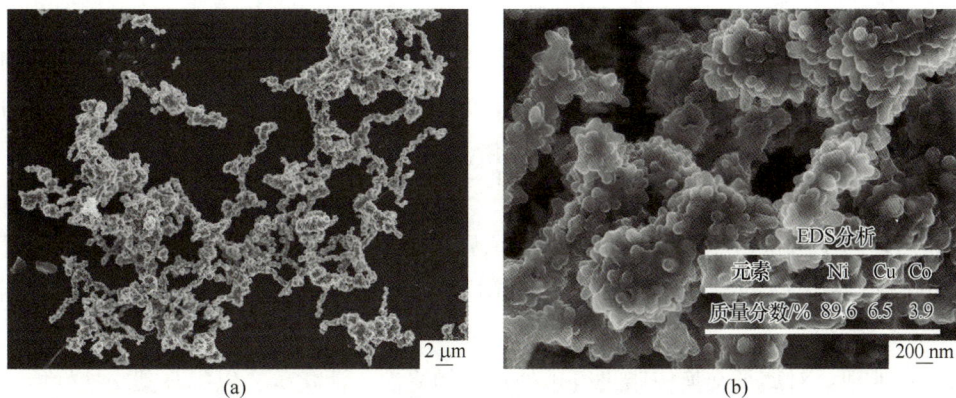

图 4-15　从硫化镍精矿酸浸液所制备镍基合金粉体的 SEM 照片与 EDS 分析
（a）低倍电镜下观测；（b）高倍电镜下观测

4.4.3　结晶法

（1）分离原理。结晶法是利用物质在不同温度和浓度下的溶解度差异，通过控制温度、浓度等条件使金属以晶体的形式从净化液中析出的方法。

（2）具体步骤与分析流程。

1）调节条件：根据净化液中金属的溶解度特性，调节温度、浓度、pH 值等条件，使金属的溶解度降低。

2）结晶析出：在适宜的条件下，金属以晶体的形式从净化液中析出。可以通过自然冷却、蒸发浓缩、加入晶种等方法促进结晶的形成。

3）分离与提纯：将结晶后的固体与溶液分离，可以采用过滤、离心等方法。然后进行洗涤、干燥等处理，以提高金属的纯度。

4）分析与检测：对提取的金属晶体进行化学分析和物理性质测试，以确定其纯度和质量。

（3）影响因素。

1）温度：温度降低通常会使溶解度降低，有利于结晶的形成。

2）浓度：净化液中金属离子的浓度越高，结晶的速度和产量可能越大，但过高的浓度也可能导致杂质的共沉淀。

3）pH 值：pH 值会影响金属离子的存在形态和溶解度，从而影响结晶的进行。

4）搅拌速度：适当的搅拌可以促进溶液的均匀混合和传热，但搅拌速度过快可能会破坏晶体的生长。

（4）适用范围。结晶法适用于从含有较高浓度金属离子的净化液中提取溶解度随温度变化较大的金属。该方法可以获得较高纯度的金属晶体，但对于溶解度随温度变化较小的金属，结晶效果可能不理想。

4.4.4 离子交换法

（1）分离原理。离子交换法是利用离子交换树脂与净化液中的金属离子进行交换反应，从而实现金属离子的分离和提取的方法。离子交换树脂是一种具有离子交换功能的高分子材料，含有可交换的离子基团，能够与溶液中的金属离子进行交换反应。

（2）具体步骤与分析流程。

1）选择离子交换树脂：根据净化液中金属离子的种类和性质，选择合适的离子交换树脂。离子交换树脂的种类有很多，包括阳离子交换树脂、阴离子交换树脂、螯合树脂等。

2）预处理：对离子交换树脂进行预处理，如清洗、活化等，以提高其交换性能。

3）进行交换反应：将净化液通过离子交换树脂柱，使金属离子与树脂上的可交换离子基团进行交换反应。金属离子被吸附在树脂上，其他离子则留在溶液中。

4）洗脱与再生：用适当的洗脱剂将吸附在树脂上的金属离子洗脱下来，得到富含金属离子的洗脱液。然后对离子交换树脂进行再生处理，使其恢复交换能力。

5）分析与检测：对洗脱液中的金属离子进行分析和检测，以确定其含量和纯度。

（3）影响因素。

1）离子交换树脂的种类和性能：不同种类的离子交换树脂对不同金属离子的选择性和交换容量不同，树脂的性能如交换速度、稳定性等也会影响交换效果。

2）净化液的组成和性质：净化液中金属离子的种类、浓度、pH 值等会影响离子交换树脂的交换性能。

3）操作条件：操作条件如流速、温度、接触时间等也会对交换效果产生影响。

（4）适用范围。离子交换法适用于从含有低浓度金属离子的净化液中提取金属，尤其是对于那些难以用其他方法分离的金属离子。该方法具有选择性好、分离效率高、操作简单等优点，但离子交换树脂的成本较高，需要定期再生。

表 4-6 对比了上述方法的优缺点。

表 4-6 从净化液中提取金属方法的优缺点对比

方　法	优　点	缺　点
电沉积法	可以获得高纯度的金属；操作相对简单	对于还原电位较负的金属需要较高的电压和特殊电极材料；能耗较高
化学还原法	操作简单，成本较低	得到的金属纯度可能不高，需要进一步提纯；可能产生副反应

方 法	优 点	缺 点
结晶法	可以获得高纯度的金属晶体；适用于溶解度随温度变化较大的金属	对于溶解度随温度变化较小的金属效果不理想；结晶速度可能较慢
离子交换法	选择性好，分离效率高；操作简单	离子交换树脂成本较高，需要定期再生；处理量相对较小

4.5 新型提取分离方法

4.5.1 超临界流体萃取分离方法

湿法冶金中，超临界流体萃取分离技术是一种先进的提取和分离金属的方法，其结合了超临界流体的独特性质来实现高效、环保的金属提取过程。以下将详细阐述超临界流体萃取分离、获得金属样品的研究方法，包括分离原理、具体步骤、适用范围、优缺点。

4.5.1.1 超临界流体分离方法概述

（1）超临界流体概念。物质在自然界中通常以固态、液态和气态存在。这些状态之间的转换取决于特定的温度和压力条件，如图 4-16 所示物质三相图揭示了物质的状态随着温度和压力的变化而变化。当物质的温度和压力分别超过其临界温度（T_C）和临界压力（p_C）时，物质便进入了一个新的相态——超临界状态。在这种状态下，物质不再具有传统三相的特征，而是转变为超临界流体（SCF）。超临界流体具有独特的物理性质，它的密度可调，介于气体和液体之间，同时具备了气体的低黏度和液体的高溶解能力。这种流体的状态可以通过精确控制温度和压力来调节，使其在化学反应和物质分离等领域展现出广泛的应用潜力。

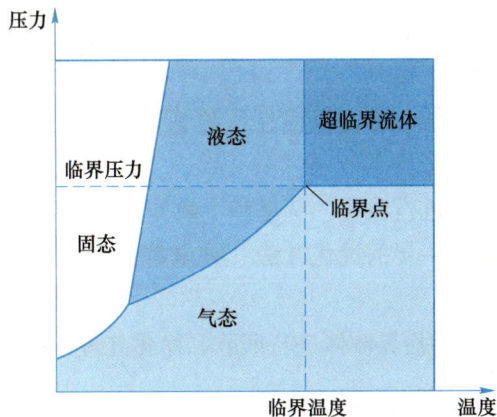

图 4-16 物质的三相图

（2）分离原理。超临界流体萃取分离技术基于超临界流体（如超临界二氧化碳）在临界点以上所表现出的高溶解能力和密度可调性。在超临界状态下，流体的物理性质介于气体和液体之间，其溶解能力随温度和压力的变化而显著变化。当超临界流体与含有金属元素的混合物接触时，能够选择性地溶解其中的目标金属元素，形成金属–超临界流体络合物。随后，通过调节温度和压力条件，使超临界流体恢复到常态，从而释放出被萃取的金属元素，实现金属元素的分离和纯化。在湿法冶金中，该技术可应用于从复杂矿石或净化液中提取和分离金属元素。

4.5.1.2　具体步骤与分析流程

（1）准备工作：选择适当的超临界流体作为萃取剂，通常使用超临界二氧化碳，因其无毒、不易燃、化学稳定性好且易于回收。同时，准备好待萃取的净化液和必要的实验设备，如超临界萃取装置、加热冷却系统、压力控制系统等。

（2）系统搭建与调试：根据实验要求搭建超临界萃取装置，并进行系统调试以确保各部件工作正常。检查电源、冷却水源、气瓶压力等是否满足实验条件。

（3）原料预处理：

1）对矿石或废料进行破碎、研磨等物理处理，以提高其比表面积和反应活性；

2）根据需要，进行焙烧、加压氧化等化学预处理，使金属元素以更易浸出的形态存在。

（4）浸出过程：

1）选择合适的浸出剂（如酸、碱或盐溶液），将预处理后的矿石与浸出剂混合，使金属元素溶解在溶液中；

2）通过过滤、沉淀等方法去除溶液中的不溶物，得到含有金属离子的浸出液。

（5）超临界萃取：

1）将净化液置于萃取釜中，加入适量的超临界二氧化碳或其他溶剂；

2）升高温度和压力至超临界状态，使超临界流体与净化液充分接触并发生萃取反应；

3）通过精确控制温度和压力参数，调节超临界流体的溶解能力，使目标金属元素从净化液中萃取到超临界流体中。

（6）分离与纯化：

1）萃取结束后，通过减压、升温等操作使超临界流体恢复到常态，释放出被萃取的金属元素；

2）对释放出的金属元素进行收集、洗涤和干燥处理，得到初步纯化的金属样品；

3）根据需要，可采用进一步的纯化方法（如电解精炼、区域精炼等）提高金属样品的纯度。

（7）回收与再利用：将超临界流体进行回收和净化处理，以便再次用于萃取过程，实现资源的循环利用。

（8）分析流程：

1）在整个过程中，定期取样分析浸出液、超临界流体和金属样品的成分和性质；

2）利用光谱分析、色谱分析、电化学分析等手段监测萃取效果和金属纯度；

3）根据分析结果调整萃取条件，优化萃取工艺。

4.5.1.3　适用范围与优缺点

A　适用范围

（1）适用于提取和分离在传统溶剂中溶解度较低或难以分离的金属。

（2）对于热敏性金属或对热敏感的金属络合物，超临界流体提取分离方法可以在较低的温度下进行，避免了热分解等问题。

（3）适用于从复杂的样品基质中提取和分离金属，如土壤、矿石、生物样品等。

B　优缺点

（1）优点：

1）超临界流体具有良好的溶解能力和选择性，可以实现高效的金属提取和分离；

2）可以在较低的温度下进行操作，避免了热分解等问题，适用于热敏性金属；

3）超临界流体无毒、不易燃、价格低、环境友好；

4）可以通过调节温度、压力等参数，控制超临界流体的溶解能力，实现对金属提取和分离过程的精确控制。

（2）缺点：

1）超临界流体提取分离设备相对复杂，投资成本较高；

2）对操作条件要求严格，需要精确控制温度、压力等参数；

3）对于一些金属离子，可能需要寻找合适的络合剂才能实现有效地提取和分离。

4.5.1.4　举例说明

A　从废弃印刷电路板中提取贵金属

废弃印刷电路板（PCB）中含有大量具有高经济价值的金属，特别是贵金属，它们占 PCB 总价值的约 50%。由于 PCB 中还含有锡、铅、镉等重金属，不当处理会造成环境污染，如土地和水源污染，以及多氯联苯在生物体内积累引发的健康问题。因此，从废弃 PCB 中回收重金属不仅是减少环境污染的必要措施，也是资源回收的重要途径。

研究人员开发了一种结合超临界水氧化（SCWO）和超临界二氧化碳（Sc-CO$_2$）萃取技术的环保工艺。具体过程如下：将废弃 PCB 首先进行物理预处理，包括破碎和研磨，以增加表面积，提高反应活性。在超临界水氧化（SCWO）处理阶段，非金属成分被降解，从而富集贵金属钯（Pd）和银（Ag）。该过程形成了贵金属精矿（PMC），其中 Pd 和 Ag 的富集系数分别达到 5.3 和 4.8。在第二阶段的超临界二氧化碳（SC-CO$_2$）萃取过程中，使用经过丙酮和 KI-I$_2$ 改性的 SC-CO$_2$，从 PMC 中提取 Pd 和 Ag。在最佳条件下，Pd 的提取率超过 93.7%，Ag 的提取率超过 96.4%。萃取完成后，通过降低压力或升高温度使 SC-CO$_2$ 流体转变为气态，从而与目标成分分离。分离出的萃取物可以进行进一步收集和处理。在整个过程中，定期取样分析浸出液、超临界流体和金属样品的成分和性质。利用光谱分析、色谱分析等手段监测萃取效果和金属纯度，并根据分析结果调整萃取条件，优化萃取工艺。

上述方法不仅高效清洁，而且步骤简洁、环境负荷小，不产生有机废液，可以从废弃 PCB 中提取出有价值的金属，实现资源的可持续利用。

B 从酸性核废料中提取锕系元素

在酸性核废液中，存在着大量难以提取但经济价值极高的金属物质，如铀、超铀、钍、钚等。这些锕系元素的放射性特性使得它们的回收和管理成为核能工作者面临的重大挑战。

目前，从酸性核废料和溶解的乏燃料中去除铀和钚的技术主要依赖于用烃类溶剂（如煤油）稀释的磷酸三丁酯（TBP）进行溶剂萃取。然而，最新研究表明，超临界二氧化碳（SC-CO$_2$）技术提供了一种更为先进的解决方案。在 60 ℃ 和 150 atm 的条件下，含 TBP 和氟化对二酮混合物的超临界 CO$_2$ 能够有效萃取出固溶和液态材料中的锕系元素。此外，在 60 ℃ 和 350 atm 的条件下，用 30%TBP 改性的超临界 CO$_2$ 还可以萃取酸性溶液中的三价镧系元素离子，萃取效率为 61%~92%。

超临界 CO$_2$ 的萃取效率与在不同 HNO$_3$ 浓度下用 TBP 在十二烷中的溶剂萃取效率密切相关。研究表明，铀酰和 Th^{4+} 离子之间的强相关性表明，超临界 CO$_2$ 的溶剂化行为与 TBP 系统的十二烷相似，且 TBP 在超临界 CO$_2$ 中显示出与在非临界系统中相似的化学性质。

当使用超强路易斯碱，如 TBPO、TOPO 或 TPPO 作为超临界 CO$_2$ 中的萃取剂时，铀酰和 Th^{4+} 离子的萃取效率通常高于 TBP 改性超临界 CO$_2$。这是因为烷基与磷基直接成键，磷基氧的电子云密度比烷氧基的吸电子性能更高，TBPO 和 TOPO 的络合能力更强，即使在稀的 HNO$_3$ 溶液中也可以实现铀酰和钍离子的有效萃取。这种方法可以显著减少核废料处理中的酸性废料量。

4.5.2 深共晶溶剂提取分离方法

4.5.2.1 深共晶溶剂提取分离法概述

（1）深共晶溶剂的定义。深共晶溶剂（deep eutectic solvents，DESs）作为一种新兴的绿色溶剂，是由无毒或低毒的氢键供体（如有机酸、有机醇和酰胺等）和氢键受体（季铵盐、季膦盐和有机醇等，如氯化胆碱、四丁基氯化膦和乙二醇）形成的室温液体，体系熔点低于任一组分的熔点，具有饱和蒸气压低、液相范围宽及可生物降解等特性。研究发现，DESs 的质子活性、还原能力、配位能力和黏度对金属氧化物的溶解能力有重要影响，尤其是酸基 DESs 对金属氧化物的浸出具有很强的促进作用，在绿色回收金属资源的研究中引起广泛关注。

（2）深共晶溶剂的种类。截至目前，DESs 可分为四种组成类型（Ⅰ~Ⅳ），如表 4-7 所示，均是由氢键受体和氢键供体组成。其中，当金属氯盐（MCl）或金属氯盐水合物（MCl·H$_2$O）作为氢键受体，季铵盐（氯化胆碱、盐酸胍和盐酸甜菜碱等）为氢键供体时，形成Ⅰ型 DESs；酰胺、有机酸和有机醇作为氢键供体时，则组成了Ⅱ型 DESs。尽管这两类 DESs 具有溶解金属氧化物的能力，但杂质金属离子的引入不可避免。相比之下，由季铵盐或有机醇和氢键供体（有机酸、有机醇、酰胺）合成的Ⅲ型和Ⅳ型 DESs，不会向浸出体系引入额外的杂质金属离子，且含有大量配位组分（Cl⁻、有机酸、酰胺等），溶解能力相对更强。

表 4-7　DESs 的四种典型组成类型

DESs 类型	组成（M=Zn, Al, Fe, Cr 等）
Ⅰ	MCl/MCl·H$_2$O+季铵盐
Ⅱ	MCl/MCl·H$_2$O+有机酸/有机醇/酰胺
Ⅲ	季铵盐+有机酸/有机醇/酰胺
Ⅳ	有机醇+羧酸/酰胺

4.5.2.2　深共晶溶剂的物理化学性质

A　相图特点

图 4-17 所示为 DESs 的典型二元共晶相图。从图中可以看出，DESs 的熔点低于任一纯组分的熔点，且室温下为液相。DESs 共晶点的温度与理想混合物的熔点（mp(A)+mp(B)）/2 相比有显著的下降，该值（ΔT）与组分之间的相互作用大小有关。通常认为 DESs 体系中存在的大且不对称离子、组分间氢键相互作用引起的电荷离域，会降低体系晶格能，从而导致熔点降低。例如，氯化胆碱和尿素体系的共晶点组成为 1 氯化胆碱：2 尿素，此时熔点最低（12 ℃）。

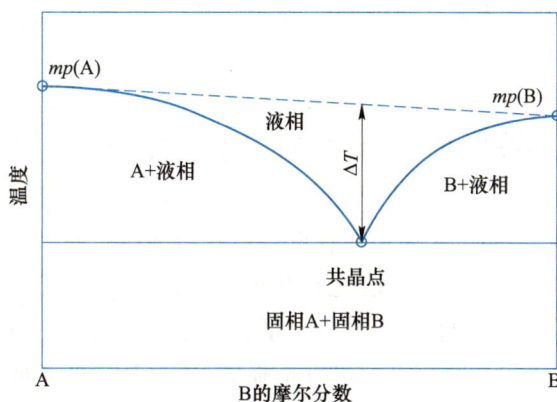

图 4-17　DESs 的典型二元共晶相图（mp 为纯物质的熔点）

表 4-8 给出了目前应用于溶剂冶金领域常见 DESs 的共晶点及其温度数据。共晶点温度越低意味着该 DESs 拥有更宽的液相范围，但并不是所有 DESs 均存在共晶点；有些混合物具备 DESs 的关键特征，但其二元相图有着十分平坦的底部，这种情况的发生是因为溶剂仅存在玻璃化转变温度而不是熔点，如盐酸胍：乳酸和氯化胆碱：邻甲酚等 DESs 体系。研究发现，增加 DESs 配位组分或质子含量有利于金属氧化物的溶解，因此，在溶剂冶金领域所使用的 DESs 有时并不是其共晶点的组成。

表 4-8　DESs 的基本物理化学性质数据（25 ℃）

DESs	共晶点温度/℃	黏度/(Pa·s)	表观 pH 值
1 氯化胆碱：2 尿素	12	0.750	10.22
1 氯化胆碱：2 乙二醇	−66	0.048	4.38
1 氯化胆碱：1 柠檬酸	69	9.126	1.73
1 氯化胆碱：1 草酸	34	0.597	1.22
1 氯化胆碱：1 丙二酸	10	1.638	1.28
4 乙二醇：1 马来酸	−98.9	0.0443	1.30
4 乙二醇：1 柠檬酸	−74.6	0.329	1.85
1 盐酸胍：2 乳酸	−65.7	0.1568	—
2 聚乙二醇 200：1 硫脲	−65.1	0.1772	

B　黏度

室温下 DESs 的黏度（见表 4-8）远高于水溶液体系黏度（$8.949×10^{-4}$ Pa·s，298 K），这不利于浸出过程中物种的质量传输，也是阻碍其工业化应用的原因之一。用于解释高温熔盐体系的"空穴理论"，常用于描述 DESs 中的离子运动规律，从而对溶剂黏度进行理论解释。假设含有空穴的离子材料在熔化时，温度引起的局部密度波动将导致空穴数量增加，这些空穴的大小和位置是随机的。温度固定时，空穴的平均半径是恒定的，仅有符合尺寸的离子可移动到相邻空穴中，从而产生材料的固有黏度。空穴平均半径（r）与液体的表面张力（γ）之间的关系如式（4-56）所示，其中，k 是玻尔兹曼常数，T 是绝对温度（K）。

$$4\pi r^2 = 3.5kT/\gamma \tag{4-56}$$

对于含有较大尺寸组分的 DESs，其组分很难移动到半径较小的空穴中，因此溶剂黏度较高。当温度升高时，空穴的平均半径会增加，此时的组分容易移动到相邻的空穴中，从而导致溶剂黏度降低。当 DESs 中存在较低表面张力的组分时，空穴的平均半径也会增加，从而降低了溶剂的黏度。总之，通过采用较小尺寸的组分、升高温度或引入低表面张力的组分，均可以降低 DESs 的黏度，其中，低表面张力的溶剂组分本身黏度就较低。目前通过加热、引入低黏度组分或小尺寸组分是降低 DESs 黏度的主要方式，其中常用的低黏度组分包括乙二醇、乙醇和水，在室温下相应的表面张力分别为 46.40 mN/m、24.05 mN/m 和 72.88 mN/m。

C　酸碱性

在工业生产中，溶剂的酸碱性（pH 值）对反应的速率和反应容器的腐蚀行为影响很大。目前，大多数研究采用水缓冲溶液校准的 pH 电极来测定 DESs 的 pH 值，此时仅能得到表观 pH 值（见表 4-8）。不含有机酸的 DESs 多接近中性，腐蚀性很低，但其对金属氧化物溶解性很差。研究发现，利用表观 pH 值计算得到的表观 pka 比碱溶液滴定得到的 pka 大 0.2~0.5，表明羧酸在 DESs 中的酸性被削弱。此时溶剂的表观 pH 值与有机酸在 DESs

中电离出的质子浓度有关，记为"质子活性"。

D　饱和蒸气压

在密闭条件和一定温度下，溶剂的饱和蒸气压代表溶剂处于气液相平衡时，所挥发蒸气具有的压强。溶剂的饱和蒸气压越低，代表该溶剂性质稳定且不易挥发。DESs 通常具有较低的饱和蒸气压，在加热过程中挥发损失量很少，因而对环境的影响较小，这也是 DESs 被称为绿色溶剂的重要原因之一。

4.5.2.3　深共晶溶剂溶解金属氧化物机理分析

A　DESs 质子活性、配位能力和还原能力对金属氧化物溶解的影响

DESs 溶解金属氧化物依赖于本身的配位能力和质子活性，对于某些高价态金属氧化物，DESs 本身的还原能力也起到重要作用。

通过向 1 氯化胆碱：2 乙二醇体系中添加不同含量的强酸弱配位组分（三氟甲磺酸，$pka = -15$）或将乙二醇替换为不同的有机酸，发现溶剂的质子活性和氢键供体对金属氧化物（MnO、CoO、CuO、ZnO 等）溶解性的影响。结果表明，当氢键供体为弱配位组分乙二醇时，金属氧化物溶解度随着三氟甲磺酸添加量增加而升高，且呈现出线性变化。有机酸的配位能力越强，所形成的 DESs（氯化胆碱：有机酸）对金属氧化物的溶解性越强。在 1 氯化胆碱：2 乙二醇、1 氯化胆碱：1.5 丙三醇和 1 氯化胆碱：2 尿素体系中，CuO、Cu_2O、ZnO 和 PbO 的溶解度在配位能力更强的 1 氯化胆碱：2 尿素体系中更高。而对于一些高价态金属氧化物，如 Fe_2O_3、Co_3O_4 和 Fe_3O_4，在具有更强质子活性和还原能力的 1 氯化胆碱：1 草酸体系，溶解性能更好。

B　DESs 黏度对金属氧化物溶解的影响

DESs 的黏度过高不利于金属氧化物的溶解，更会影响其在工业上的应用。选择具有强配位能力和还原能力以及低黏度的酸基 DESs 将更加有利于金属氧化物的溶解。然而，现有 DESs 的特性未能完全满足反应的要求，因此，设计并合成浸出性能优异的新型 DESs 体系，或者对现有 DESs 体系进行优化改进，具有重要意义。

C　DESs 溶解金属氧化物机理

通过分析金属氧化物在 DESs 中溶解物种的存在形式，以此来推测溶解机理，是目前研究的主要手段。Abbott 等发现金属氧化物在氯化胆碱基 DESs 中的溶解物种主要包括 MCl、MOCl 等，溶解物种的存在形式与 DESs 的质子活性和配位组分有关。对于非氯化胆碱基 DESs，溶解物种趋向于形成金属-氢键供体。Jiang 等发现 DESs（聚乙二醇 200：有机酸/酰胺）在溶解金属氧化物后，溶剂中代表羧基和氨基的红外光谱吸收峰均发生不同程度的蓝移，说明金属氧化物与 DESs 的羧基或氨基之间形成配位离子而溶解进入溶液。

4.5.2.4　实例解析

基于低黏度组分乙二醇（EG）和高效配位溶解组分二水合 5-磺基水杨酸（SAD）的强配位的特点，首先制备出低黏度酸基 DESs 浸出体系 12EG：1SAD，然后在最佳浸出条件下（110 ℃、6 h、40 g/L、12EG：1SAD），浸提 $LiCoO_2$，结果发现锂的浸出效率（η_{Li}）

和钴的浸出效率（η_{Co}）分别达到98.3%和93.5%。$LiCoO_2$利用溶剂中H^+的置换反应完成Li^+的浸出；同时，中间体$H-Co(III)O_2$基于乙二醇和5-磺基水杨酸的还原配位反应生成可溶性的配合物$Co(II)-SA$获得钴的高效溶出。锂和钴的浸出过程均受界面化学反应控制，其表观活化能分别为77.38 kJ/mol和79.54 kJ/mol。

📘 习题与思考题

习题

（1）请简要阐述有色金属冶金的四大基本技术（火法冶金、湿法冶金、电化学冶金和生物湿法冶金）的主要特点，并分别举例说明它们适用于哪些有色金属的提取。

（2）在有色金属冶金过程中，浸出过程的重要性体现在哪些方面？请结合具体的有色金属，如铜、锌等，说明浸出过程如何影响后续的净化分离和金属提取。

（3）什么是溶液活度与活度系数。在有色金属浸出过程中，如何测定溶液活度与活度系数？

（4）电位-pH图绘制时，哪些因素会影响图中各物种稳定区域的边界。如何依据电位-pH图预测浸出过程中金属离子的存在形态变化？

（5）组分图构建过程中，若体系有多种金属离子和配位剂，如何通过组分图分析各组分在不同条件下的分布情况对浸出过程的影响？

（6）请详细描述浸出过程的热力学研究方法包括哪些内容。以一种有色金属浸出为例，说明如何运用这些方法来确定浸出反应的可行性和限度。

（7）请对比沉淀与结晶法、离子交换法、溶剂萃取法和电渗析法这几种浸出液净化分离技术的原理。如果要从含有铜、铅、锌等多种金属离子的浸出液中分离出单一金属离子，该如何根据这些金属离子的性质选择合适的净化分离技术？

（8）电沉积法是从净化液中提取金属的重要方法之一。请详细说明电沉积法的基本原理和操作过程，以及影响电沉积效率和质量的因素有哪些。

（9）化学还原法在从净化液中提取金属时，还原剂的选择是关键。请列举几种常见的还原剂，并说明它们分别适用于哪些金属离子的还原。同时，比较化学还原法和电沉积法在金属提取过程中的优缺点。

（10）请详细阐述超临界流体萃取分离方法的分离原理。以一种有色金属的分离为例，说明超临界流体萃取分离的具体步骤和分析流程。

思考题

（1）在测定溶液活度系数时，若采用电动势法，需要测量哪些参数。这些参数是如何与活度系数相关联的？

（2）绘制电位-pH图时，需要考虑哪些因素对金属离子的存在形态和稳定性的影响？以钴-水体系为例，绘制电位-pH图并解释其在浸出过程中的应用。

（3）浸出动力学研究中，常采用哪些实验方法来确定反应速率常数？以硫酸浸出锰矿石为例，设计一个简单的实验方案来测定其浸出动力学参数。

（4）组分图在浸出过程中有什么作用，如何根据组分图来优化浸出工艺条件？以镍钴混合矿石浸出为例进行说明。

（5）对于某些稀散金属（如镓、铟），从净化液中提取时，综合考虑成本、效率和纯度等因素，哪种提取方法更为合适？阐述其选择依据。

（6）在从复杂净化液中提取多种金属时，如同时含有金、银、铂等贵金属离子的净化液，如何合理安排离子交换法与其他提取方法（如化学还原法）的顺序，以实现多种金属的高效、高纯度提取？

（7）设计一个从含镍红土矿中提取镍的完整冶金实验流程，要求详细说明浸出过程包括浸出剂的选择依据、浸出条件的确定方法（基于浸出热力学和动力学研究）、浸出液净化分离步骤（选择合适的净化分离技术并阐述原理）以及镍的提取方法（从多种提取方法中选择并说明理由）。如何通过实验数据优化各环节的工艺参数以提高镍的回收率和纯度？

（8）针对某铅锌混合矿石，提出一种将火法冶金与湿法冶金相结合的联合工艺方案，用于铅锌的高效提取与分离。在浸出过程中，如何利用电位-pH 图和组分图来指导浸出条件的控制以实现铅锌的选择性浸出。浸出液净化分离时，怎样根据铅锌的性质差异选择合适的技术并设计多级净化流程。金属提取环节又如何保证铅锌的纯度和回收率？

（9）通过实例说明超临界流体萃取分离方法在有色金属冶金中的应用。在这个实例中，与其他传统的浸出液净化分离或金属提取方法相比，超临界流体萃取分离方法体现了哪些优势和不足？

（10）对比火法冶金与湿法冶金在能源消耗、环境污染、金属回收率等方面的差异，并分析在当前环保要求日益严格的背景下，两种技术的发展趋势。

参 考 文 献

[1] WAGMAN D D. The NBS tables of chemical thermodynamic properties ［J］. Journal of Physical Chemical Reference Data, 1982, 11, supplement 2.

[2] 傅献彩，沈文霞，姚天扬，等. 物理化学 ［M］. 北京：高等教育出版社，2006.

[3] 东北师范大学. 物理化学实验 ［M］. 北京：高等教育出版社，2000.

[4] 许江扬，吴天奎. 电解质溶液活度系数测定实验的改进 ［J］. 大学化学，2006，21（3）：56-59.

[5] 陈家镛，杨守志，柯家骏. 湿法冶金手册 ［M］. 北京：冶金工业出版社，2005.

[6] DRY M J, BRYSON A W. Kinetics of leaching of a low-grade Fe-Ni-Cu-Co matte in ferric sulphate solution ［J］. Hydrometallurgy, 1987, 18（2）：155-181.

[7] 赵艳，彭犇，郭敏，等. 红土镍矿微波水热法浸提镍钴 ［J］. 北京科技大学学报，2012，34（6）：632-638.

[8] 杨一平. 物理化学 ［M］. 北京：化学工业出版社，2009.

[9] CHEN G J, GAO J M, ZHANG M, et al. Efficient and selective recovery of Ni, Cu, and Co from low-nickel matte via a hydrometallurgical process ［J］. International Journal of Minerals, Metallurgy and Materials, 2017, 24（3）：249-256.

[10] 陈光炬. 低冰镍高效浸提镍铜钴及制备尖晶石铁氧体的研究 ［D］. 北京：北京科技大学，2018.

[11] 孙宇佳. 硫化镍精矿微波浸提有价金属元素及合金材料制备 ［D］. 北京：北京科技大学，2017.

[12] SUN Y J, DIAO Y F, WANG H G, et al. Synthesis, structure and magnetic properties of spinel ferrite（Ni, Cu, Co）Fe$_2$O$_4$ from low nickel matte ［J］. Ceramics International, 2017, 43（18）：16474-16481.

[13] ZHANG Q B, HUA Y. Effect of Mn^{2+} ions on the electrodeposition of zinc from acidic sulphate solutions ［J］. Hydrometallurgy, 2009, 99（3/4）：249-254.

［14］ XIA Z, YANG S, TANG M. Nucleation and growth orientation of zinc electrocrystallization in the presence of gelatin in Zn(Ⅱ)-NH$_3$-NH$_4$Cl-H$_2$O electrolytes ［J］. RSC Advances, 2015, 5 (4)：2663-2668.

［15］ 王会刚. 含锌电炉粉尘锌的高效选择性提取及有价金属元素综合利用基础研究 ［D］. 北京：北京科技大学, 2018.

［16］ LIU K, ZHANG Z Y, ZHANG F S. Direct extraction of palladium and silver from waste printed circuit boards powder by supercritical fluids oxidation-extraction process ［J］. Journal of Hazardous Materials, 2016, 318：216-223.

［17］ SINCLAIR L K, TESTER J W, THOMPSON J F H, et al. Supercritical extraction of lanthanide tributyl phosphate complexes：Current status and future directions ［J］. Industrial & Engineering Chemistry Research, 2019, 58 (22)：9199-9211.

［18］ WANG S, LIN Y, WAI C M. Supercritical fluid extraction of toxic heavy metals from solid and aqueous matrices ［J］. Separation Science and Technology, 2003, 38 (10)：2279-2289.

［19］ LIN Y H, SMART N G, WAI C M. Supercritical fluid extraction of uranium and thorium from nitric acid solutions with organophospohorus reagents ［J］. Environ. Science Technology 1995, 29：2706-2708.

［20］ LIU C, YAN Q, ZHANG X, et al. Efficient recovery of end-of-life NdFeB permanent magnets by selective leaching with deep eutectic solvents ［J］. Environmental Science & Technology, 2020, 54 (16)：10370-10379.

［21］ ROLDÁN-RUIZ M J, FERRER M L, GUTIÉRREZ M C, et al. Highly efficient p-toluenesulfonic acid-based deep-eutectic solvents for cathode recycling of Li-ion batteries ［J］. ACS Sustainable Chemistry & Engineering, 2020, 8 (14)：5437-5445.

［22］ PATELI I M, THOMPSON D, ALABDULLAH S S M, et al. The effect of pH and hydrogen bond donor on the dissolution of metal oxides in deep eutectic solvents ［J］. Green Chemistry, 2020, 22 (16)：5476-5486.

［23］ ABBOTT A P, CAPPER G, DAVIES D L, et al. Solubility of metal oxides in deep eutectic solvents based on choline chloride ［J］. Journal of Chemical & Engineering Data, 2006, 51 (4)：1280-1282.

［24］ TANG S J, FENG J L, SU R C, et al. New bifunctional deep-eutectic solvent for in situ selective extraction of valuable metals from spent lithium batteries ［J］. ACS Sustainable Chemistry & Engineering, 2022, 10 (26)：8423-8432.

［25］ 唐书杰. 新型深共晶溶剂用于高效提取回收废弃锂离子电池正极活性材料的基础研究 ［D］. 北京：北京科技大学, 2023.

［26］ JIANG J Y, BAI X Y, ZHAO X H, et al. Poly-quasi-eutectic solvents (PQESs)：Versatile solvent for dissolving metal oxides ［J］. Green Chemistry, 2019, 21 (20)：5571-5578.

5 现代先进仪器分析方法

在 19 世纪末，现代科学迎来了一个辉煌的大爆发时期，产生了一系列重大的科学发现，极大地推动了社会的快速发展。物理学领域尤为突出，X 射线、放射性和电子的发现等标志性成果，引领了对微观世界的深入探索。例如，伦琴利用 X 射线研究晶体结构，布拉格父子提出了布拉格衍射方程，德布罗意提出了物质波理论，鲁斯卡发明了第一台透射电子显微镜。这些杰出的科学家因其贡献而荣获诺贝尔奖。科学的进步也推动了学科间的交叉融合，比如 X 射线在医学影像中的应用，电子的发现为电子工业和信息技术的发展奠定的基础，均极大地促进了相关技术和方法的发展。

在现代材料科学与工程领域，仪器分析方法的应用已经超越了对材料微观组织、结构和成分进行鉴定的传统范围，它们还为材料的设计、加工和应用提供至关重要的信息。这些方法不仅揭示了材料的内在特性，也为新材料的开发和优化提供了科学依据，从而推动了材料科学的进步和技术创新。因此，本章全面介绍了多种现代先进仪器分析方法，涵盖光学显微镜、电子显微镜（透射电镜、扫描电镜）、多种谱学分析方法（XRD、XPS、拉曼光谱、红外光谱、核磁共振）以及高温激光扫描共聚焦显微分析和 Gleeble 热-力学模拟机，详细阐述了各仪器设备的原理、构造、性能指标、样品制备要求、分析步骤、应用领域及案例，同时探讨了其优势与不足。

本章的重点在于掌握各类仪器的工作原理及分析方法。如电子显微镜的电子束与样品相互作用原理及成像方式、谱学分析方法中物质结构和成分解析的各个物理原理，以及这些原理在实际材料分析、结构表征和性能测试的应用，这些是掌握仪器分析技术的核心。本章难点在于理解不同仪器原理背后复杂的物理和化学知识，准确把握各种分析方法的适用范围和局限性，在实际应用中能根据研究目的选择合适的仪器，正确解读分析结果，综合运用分析结果解决具体实际问题。这对使用者在不同学科的理论素养、实践经验和综合分析能力方面提出较高要求。

5.1 光学显微镜分析

光学显微镜利用可见光观察物体的表面形貌和组织，其原理基于可见光在均匀介质中作直线传播，并在两种不同介质的分界面上会发生折射或反射等现象。观察不透明样品使用反射式显微镜，称为金相显微镜；观察透明样品使用透射式显微镜，有岩相显微镜和生物显微镜。本节主要介绍金相显微镜的应用。

光学显微镜的主要参数

光学显微镜是利用可见光和透镜系列来放大物体细节的仪器。通过对样品进行特定的制备和处理，可以观察到样品的微观组织和其他特性。

显微镜的光学性能主要取决于物镜和目镜，尤其物镜，是显微镜中最重要的光学部件。其实物图和光路示意图如图 5-1 和图 5-2 所示。

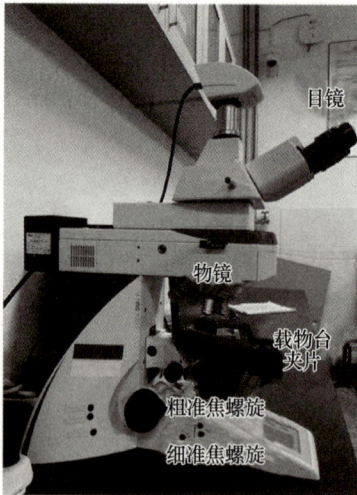

图 5-1　光学显微镜实物图

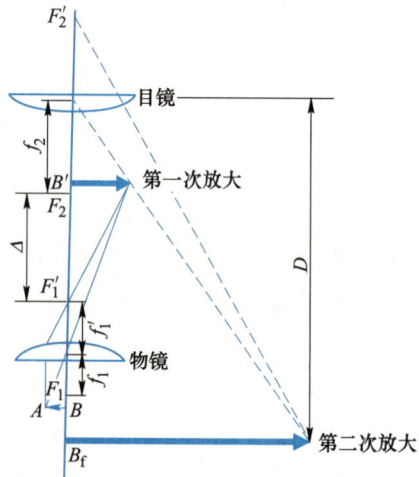

图 5-2　光学显微镜光路示意图

5.1.1.1　分辨率和物镜的数值孔径

显微镜的分辨率基本上就是物镜的分辨率，目镜的作用只是放大物镜形成的实像，不能提高像的分辨率。分辨率是指物镜具有两个物点清晰分辨的最大能力，用两个物点能清晰分辨的最小距离 δ 的倒数表示，具体如阿贝衍射公式所示：

$$\delta = 0.61\lambda/(n\sin\alpha) = 0.61\lambda/NA \tag{5-1}$$

式中　　n——物镜与样品间介质的折射系数；

　　　　λ——入射光波长，nm；

　　　　α——物点（焦点附近）对物镜所张的孔径半角，（°）或 rad；

$NA = n\sin\alpha$——数值孔径，表征物镜的聚光能力，NA 值越大，物镜聚光能力越强，从试样

　　　　　　　上反射时进入物镜的光线越多，从而提高了物镜的鉴别能力。

显然，入射光波长 λ 愈短，物镜的数值孔径 NA 愈大，则物镜的分辨率愈高。当折射率 n 一定时，物镜焦距越短，孔径半角 α 愈大，NA 越大。当 α 一定时，n 越大，NA 越大。在干燥空气中，NA 可达 0.9 左右；在物镜与样品之间若充满松柏油，$n = 1.515$，NA 最大可达 1.4 左右。物镜外壳标注的字样 "40×/0.65"，40× 表示该物镜的放大倍数，0.65 表示数值孔径。

5.1.1.2　显微镜的总放大倍数和有效放大倍数

通常，显微镜总放大倍数 M 等于物镜和目镜放大倍数的乘积；如果镜筒中另有辅助透镜，还需考虑辅助透镜的放大率。在保证物镜鉴别率充分利用时所对应的显微镜的放大倍数，称为显微镜的有效放大倍数，用 $M_{有效}$ 表示，具体如下：

$$M_{有效} = (0.3 \sim 0.6)NA/\lambda \tag{5-2}$$

由式（5-2）可知，显微镜的有效放大倍数由物镜的数值孔径和入射光波长决定。已知有效放大倍数就可正确选择物镜与目镜的配合，以充分发挥物镜的鉴别能力而不致造成虚放大。

5.1.1.3　景深

景深 h 的意义就是透镜的垂直分辨率。景深可由式（5-3）计算：

$$h = (0.15 \sim 0.30)n/(NA \cdot M) \tag{5-3}$$

可见，透镜数值孔径越小，景深越大；反之，景深越小，对样品表面平整度的要求就越高。

5.1.2　金相显微镜的构造及观察方法

金相显微镜用于观察金属和合金样品。与常规的光学显微镜相比，其具有专门的照明技术，如暗场、偏光和差分干涉等，使得微观组织、晶粒、夹杂物和其他微观特征更易于观察。

金相显微镜由物镜、目镜、照明系统、光栅、样品台、滤色片及镜架组成，有台式、立式和卧式等类型。金相法是根据物相在明视场、暗视场和正交偏光光路下的物理光学和化学性质，对照已知物相性质，达到鉴别分析物相的目的。

5.1.2.1　明视场

利用明视场观察是金相显微镜的主要方法；其光路图如图 5-3（a）所示，入射光线垂直或近似垂直地照射在试样表面，利用试样表面反射光线进入物镜成像。通常用于观察材料的组织、第二相（钢中通常为夹杂物）的形状、大小、分布及数量等；借助相关化学试剂浸蚀试样之后，可以观察显微组织；还可与各种标准级别图对比，进行钢中晶粒度和显微组织缺陷评级。

5.1.2.2　暗视场

与明场像不同，暗场像是通过物镜的外周照明试样，并借助曲面反射镜以大的倾斜角照射到试样上。若试样是一个镜面，由试样上反射的光线仍以大的倾斜角反射，不可能进入物镜，故视场内是漆黑一片。只有在试样凹洼之处或透过透明夹杂而改变反射角，光线才有可能进入物镜而被观察到，如图 5-3（b）所示。在暗场下能观察到夹杂物的透明度以及本身固有的颜色（体色）和组织；体色是白光透过夹杂时，各色光被选择吸收的结果。不透明夹杂通常比基体更黑，有时在夹杂周围可看到亮边（如 TiN），这是由于一部分光由金属基体与夹杂交界处反射出来的缘故。

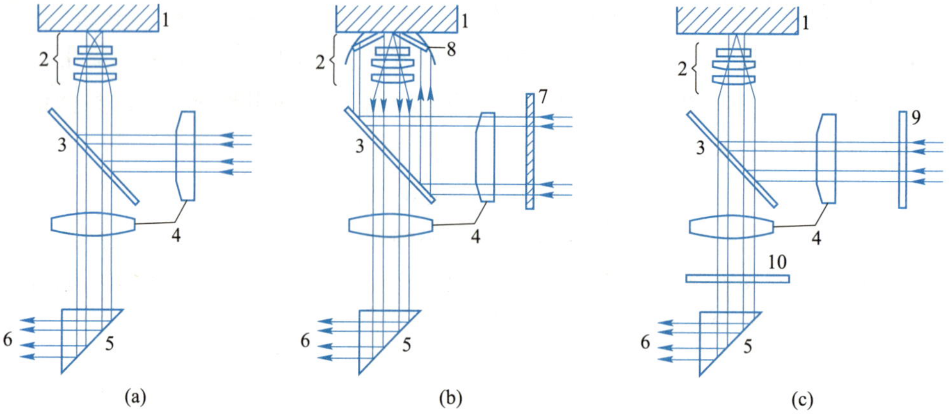

图 5-3　金相显微镜光路图

（a）明场光路；（b）暗场光路；（c）偏光光路

1—试样；2—物镜；3—垂直照明器；4—集光镜；5—棱镜；6—至目镜；

7—环形光栅；8—曲面反射镜；9—起偏镜；10—检偏镜

明场观察到的色彩是被金属抛光表面反射光混淆后的色彩，称为表色，这并不是夹杂物本身固有的颜色，如氧化亚铜夹杂在明场下呈淡蓝色，而在暗场下却呈宝石红。物镜放大倍数越大，暗场像的鉴别率越高，颜色越清楚真实。由于暗场中入射光倾斜角大，使物镜的有效数值孔径增加，从而提高了物镜的鉴别能力。由于光线不像明场那样两次经过物镜，显著降低了光线因多次通过玻璃-空气界面而引起的反射与炫光，使之极大提高了成像的质量。因此透明夹杂的组织比明场更清晰，如含镍的硅酸盐夹杂，能看到在球状夹杂上有骨架状明亮闪光红色的 NiO 析出物。

5.1.2.3　正交偏光

正交偏光由在明场的光路中加入起偏镜和检偏镜构成，如图 5-3（c）所示。起偏镜将入射的自然光变为偏振光。当偏振光投射到各向同性且经过抛光的金属试样表面时，它的反射光仍为偏振光，振动方向不变。因而不能通过与起偏镜正交的检偏镜，视场呈现黑暗的消光现象。当偏振光照射到各向异性的夹杂物上，使反射光的振动方向发生改变，其中有一部分振动方向的光能够通过检偏镜进入目镜，因而在暗黑的基体中显示出来。旋转载物台 360° 后，各向同性夹杂亮度不会发生变化，而各向异性夹杂则出现四次暗黑和四次明亮现象。各向异性效应是区别夹杂物的重要标志。如在显微镜下锰尖晶石很容易误认为刚玉，但刚玉是各向异性夹杂，而尖晶石则是各向同性的，因此可以在偏光下加以区别。

偏光下不仅可以观察夹杂物的异性效应，还可观察夹杂物的颜色、透明度及黑十字现象。各向同性的透明夹杂在偏光下观察到的颜色和暗场下的颜色一致。如稀土硫化物夹杂在偏光下同样能观察到暗场下呈现的暗红色。对于各向异性透明的夹杂，观察到的颜色是体色和表色的混合色，只有在消光位置才能观察到夹杂的体色，即暗场下的颜色球状各向同性的透明夹杂，如球状石英和某些硅酸盐夹杂在偏光下可观察到特有的黑十字现象。它是由平面偏振光在夹杂球面多次反射变为椭圆偏振光，使一部分偏振光能通过检偏镜而形成。该现象只决定于夹杂的形状和透明度，而与其结晶性质无关。若将这类夹杂稍锻轧变形，黑十字现象也即行消失。

5.1.3 金相显微镜样品制备和分析步骤及目的

首先是样品制备，金属样品被切割到适当的大小，通常样品为圆柱体或立方体，直径或高度为 1 cm 左右，过小尺寸的样品需要镶嵌，然后进行研磨和抛光，以获得光滑的表面。其次，如果要观察金属的微观组织，样品表面通常需要经过化学或电化学腐蚀。再次，使用金相显微镜进行观察，应用不同的照明技术来突显出特定的特征。最后，获得图像后，可以对显微组织类型、晶粒大小、形态、夹杂物的数量和大小等进行定性或定量分析，不仅金属，其他材料（如塑料、陶瓷、复合材料等）也可以进行显微组织分析。

显微组织分析的主要目的是：评估材料的相组成和分布；观察和分析晶粒的大小和形态；识别和评估夹杂物、孔隙和裂纹等缺陷；对经过热处理或其他加工步骤的材料进行微观评估。

此外，与金相显微镜相结合的显微硬度测试和其他技术，如电子显微镜和 X 射线衍射，可以为显微组织分析提供更多的信息和深入的理解。

5.1.4 金相显微镜分析的优点与缺点

（1）金相显微镜分析的优点。

1）直观性：金相显微镜允许用户直接观察材料的显微组织，如晶粒大小、形态、组织类型、相分布等。

2）简便性：与其他显微分析技术相比，金相分析相对简单，需要的设备也比较简单。

3）应用广泛：金相分析可以应用于几乎所有类型的金属和合金。

4）组织信息的获取：可以识别和区分各种金属组织，如珠光体、铁素体、马氏体等。

5）缺陷检测：可以帮助检测缺陷，如夹杂物、裂纹、气泡等。

6）无损检测：除非是需要进行切片的样品，否则金相分析通常是非破坏性的。

（2）金相显微镜的缺点。

1）样品制备：为了进行金相分析，需要对样品进行研磨、抛光，有时还需要侵蚀。此过程可能会引入表面伤害或改变样品的原始特性。

2）局限性：金相显微镜只能提供二维的图像，不能提供深度或三维的信息。

3）主观性：金相分析在一定程度上依赖于操作员的经验和判断，可能存在一些主观性。

4）分辨率有限：对于非常微小如纳米级的特性或组织，光学显微镜的分辨率不足，需要使用电子显微镜等具有更高解析能力的技术。

5）化学信息有限：虽然金相分析可以显示不同的相和组织，但它不能提供详细的化学成分信息。为此，可能需要与其他技术（如能量散射光谱或 X 射线荧光光谱）相结合。

6）侵蚀的不确定性：不同的材料和相可能需要不同的侵蚀剂和侵蚀时间，这增加了操作的复杂性，并可能导致分析的不一致性。

5.1.5 金相显微镜的应用案例

图 5-4 所示为中碳微合金钢经过切割、研磨、抛光和 4% 硝酸酒精溶液侵蚀后，在金相显微镜明视场下观察到的显微组织形貌：其组织为珠光体和沿原奥氏体晶界析出呈网状分布的先共析铁素体。

图 5-4　中碳微合金钢在光学显微镜下的微观组织形貌

总体而言，金相显微镜分析是研究金属和合金的显微组织时最常用和非常有价值的手段，但这需要考虑其局限性，并在必要时与其他分析技术相结合。

5.2　透射电子显微镜分析

如 5.1.1 小节所述，根据阿贝衍射公式，光学显微镜的分辨率受限于可见光的波长（波长最短的紫光波长约为 355 nm），其分辨率在 200 nm 左右。电子束由于具有波粒二象性，以电子束作为"照明光源"而发展起来的电子显微镜，突破了可见光波长的限制，极大提高了显微本领。透射电子显微镜（transmission electron microscope，TEM），简称透射电镜，就是以电子束代替光束，线分辨率为 0.1 nm（观察晶面间距时可分辨的最小晶面间距），点分辨本领在 0.2 nm 左右，约为光学显微镜的千分之一，球差校正电镜目前分辨率则可达 0.08 nm，具有原子级别的分辨率。图 5-5（a）为世界第一台透射电镜的复制品照片，图 5-5（b）为 JEOL-F200 型透射电镜实物图。

5.2.1 透射电子显微镜成像（工作）原理及构造

5.2.1.1 透射电子显微镜成像原理

与光学显微镜利用可见光成像不同，透射电镜用于成像的光源是电子枪产生的高速电子束，并利用电磁透镜将电子束聚焦到一个极小区域。当电子束穿透样品，样品对电子束的散射和吸收会产生图像衬度，当这些穿透样品的电子被聚焦并投影到荧光屏或感应器上，就会生成图像。

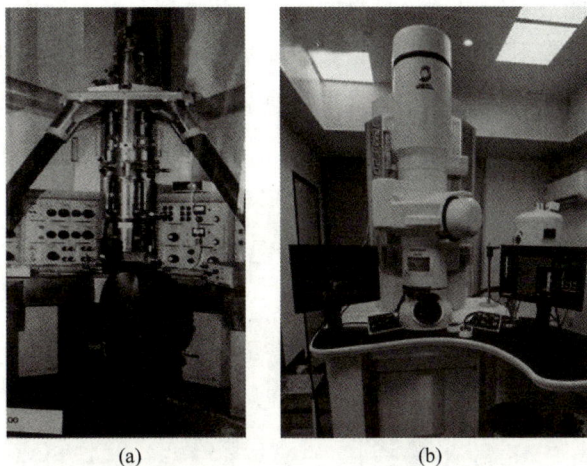

图 5-5 透射电镜实物照片

（a）世界第一台透射电镜的复制品；（b）JEOL-F200 型透射电镜

5.2.1.2 透射电子显微镜的结构

透射电镜主要包括电子光学系统、真空系统和供电系统三部分。电子光学系统结构如图 5-6 所示，分为电子枪、电子照明系统、试样室、成像系统和观察记录系统几个部分。以下对透射电镜几个主要结构进行介绍：

（1）电子枪：以热游离和场发射（FEG）两种方式产生高能电子束。热游离方式采用的灯丝通常采用钨灯丝、六硼化镧（LaB_6，如图 5-7 所示）和六硼化铈（CeB_6），利用高

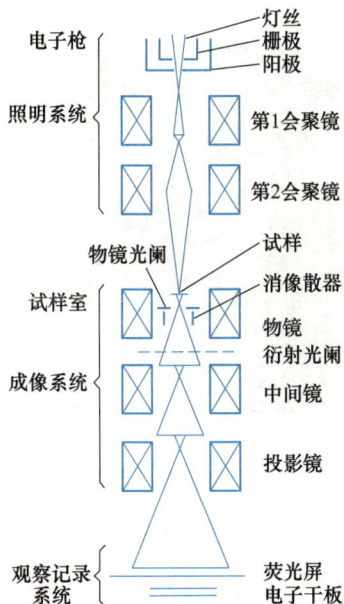

图 5-6 透射电镜电子光学系统
结构示意图

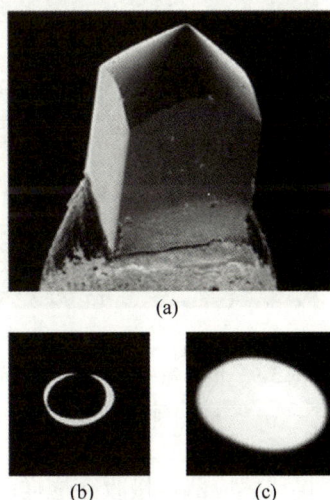

图 5-7 LaB_6 晶体及电子源分布

（a）晶体；（b）未饱和时电子源分布；（c）饱和时电子源分布

温使电子具有足够的能量克服电子枪材料的逸出功而逃离。场发射方式通常用于高分辨率扫描电镜，又分为冷场发射和热场发射；其原理基于电场强度在阴极尖端迅速增大，电子可以从阴极尖端所发射出来，得到极细而又具高电流密度的电子束；所用阴极材料有钨（见图5-8）和六硼化镧。

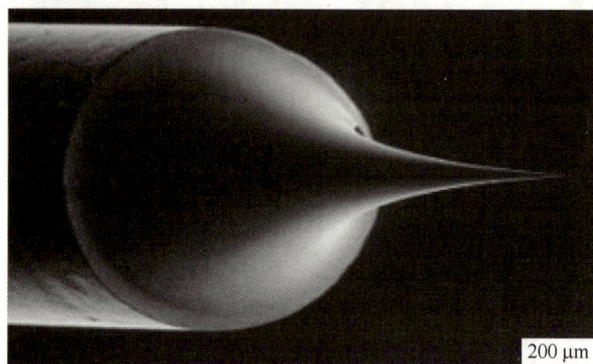

图5-8　场发射电镜钨阴极尖端

（2）电磁透镜系统：聚焦并调整电子束的方向。这些透镜由一系列电磁线圈组成，通过产生磁场来调整电子束路径。

（3）样品台：用于放置样品。样品台位于照明系统和成像透镜之间。样品一般为直径3 mm的圆片，厚度会因基体元素种类而异；对钢样而言，可观察区域厚度一般不超过400 nm，以便电子束能够穿透。世界第一台透射电镜的样品杆照片及放置样品时实际操作照片分别如图5-9（a）和（b）所示。

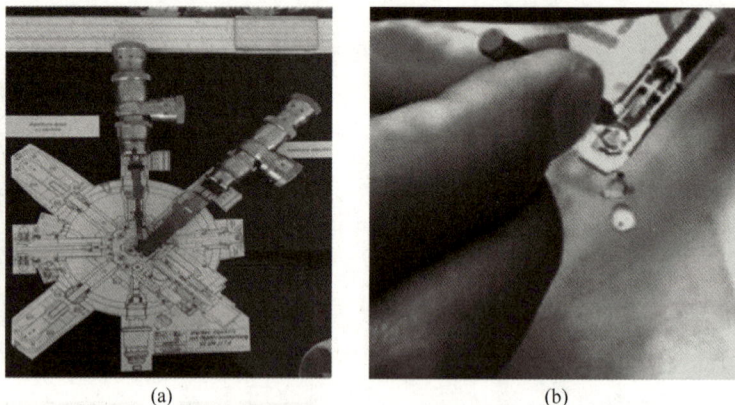

(a)　　　　　　　　　　(b)

图5-9　世界第一台透射电镜的样品杆照片及放置样品时实际操作照片

（a）样品杆；（b）将样品放入样品杆的实际操作

（4）荧光屏或感应器：接收穿透样品后的电子信号，并将其转化为图像。由电子枪发出的电子束经过会聚透镜会聚后，形成电子光源照射在试样上。电子穿过试样后经物镜成像，再经中间镜和投影镜进一步放大，最后在荧光屏上得到电子显微像，也可以用照相底片将图像记录下来。

（5）真空系统：透射电镜需要在高真空下工作，以减少电子与气体分子的相互作用。

5.2.2 样品要求及制备方法

透射电镜利用穿透样品的透射电子来成像，所以求样品的观察区域非常薄，不同基体可观察的最大厚度略有不同。例如，对钢样（铁基）而言，通常观察区域厚度应在400 nm以下，而进行高分辨观察的区域厚度应在 100 nm 以下。

透射电镜观察的样品通常有薄膜试样、复型试样和粉末试样。对于薄膜试样，通常利用电解双喷、离子减薄、聚焦离子束等设备制备，用于观察和分析材料的微观组织与结构等。复型试样用于分析金相组织、断口形貌、形变条纹、磨损表面、第二相形态及分布。粉末试样需要将粉末充分地分散开，例如在无水乙醇中利用超声波分散之后，用铜网捞起再进行观察。

5.2.3 透射电子显微镜的应用领域

透射电镜通常用于三方面的研究。首先是形态学，如观察和分析材料、生物标本等的微观组织和形貌；其次是元素分析，例如使用能谱仪或电子能量损失谱（electron energy loss spectroscopy，EELS，限透射电镜配用）等来确定样品的元素组成；第三是晶体学，如使用 TEM 研究晶体结构、缺陷及其取向关系。

5.2.4 透射电子显微镜的使用优点及限制

透射电镜的优点主要有以下四点：第一是具有高分辨率，TEM 能够提供原子级别的分辨率，远高于光学显微镜（0.2 μm）；第二是具有多种模式，包括明场、暗场、电子衍射和高分辨成像，适用于各种样品和应用；第三是信息多样化，除了样品的组织形貌信息，TEM 还可以提供其晶体学和结构缺陷信息；第四是分析功能更多，结合其他技术，如能谱分析（EDS）或电子能量损失光谱（EELS），可以得到元素和化学环境的信息。

不过透射电镜的应用也有一些限制：第一，相较金相显微镜而言，透射电镜样品制备需要专业的设备和技术，如电解双喷、离子减薄、聚焦离子束（FIB）等，以使样品足够薄从而能被电子穿透；第二，设备需要真空条件，透射电镜的样品必须在真空下观察，因此不能直接观察某些液态或挥发性样品；第三，观察会存在辐照损伤，因为强电子束可能会改变或损伤敏感样品；第四，透射电镜成本和维护费用较高，并需要具备专业知识的人员进行操作和维护。

总而言之，透射电镜是一种非常有力的工具，适用于许多科学和工程领域，尤其是在材料科学、生物学、地球科学等多个领域；提供了对微观世界的深入视角和分析能力。

5.2.5 透射电子显微镜的主要性能指标

（1）分辨率。分辨率反映了观察微观形貌的能力，是标志电镜水平的首要指标。

（2）放大倍数。放大倍数是指图像相对于试样的线性尺寸的放大倍数，透射电镜放大倍数一般在 50 万~60 万倍。将仪器的最小可分辨距离放大到人眼可分辨距离所需的放大倍数称为有效放大倍数。一般仪器的最大放大倍数应稍大于有效放大倍数。

（3）景深。景深 D_f 与透镜的分辨率 δ、孔径半角 α 之间有如下关系：

$$D_f = 2\delta/\tan\alpha \qquad (5\text{-}4)$$

电磁透镜为减小像差而采用尽可能小的孔径半角，如 $\alpha = 10^{-2}$ rad，如果取 $\delta = 1$ nm，根据式（5-4）可计算景深为 200 nm。这意味着，对于几百纳米厚度的样品，样品各部位的细节都能得到清晰的像。

（4）加速电压。加速电压是指电子枪中阳极对灯丝的电压，其决定电子束的能量。透射电镜加速电压一般在 80~300 kV，分辨率随加速电压增加而提高。此外，加速电压越高，电子的穿透能力越强，可观察试样厚度越大，例如，1000 kV 的超高压电镜观察的样品厚度可以超过 1 μm。但是，加速电压越高，对试样的辐射损伤越大，因此超过 500 kV 的超高压电镜可以用来模拟核反应堆的辐照损伤现象。

（5）衬度。图像上明暗的差异称为图像的衬度。在不同情况下，电子图像上衬度形成的原理不同，则其所反映的现象或问题也不同。透射电镜的图像衬度主要有散射（质量-厚度）衬度、衍射衬度和相位差衬度。

1）散射衬度。入射电子进入试样后，与试样中原子发生相互作用，使入射电子发生散射。由于试样上各部位散射能力不同所形成的衬度称为散射衬度。

①若试样上相邻两点的厚度相同，图像衬度与原子序数及密度有关。

②试样中不同的物质，其原子序数及密度不同，可形成图像反差。如相邻部位的原子序数相差越大，电子图像上的反差也越大。

③若试样上相邻两点的物质种类和结构完全相同，则在这种情况下，图像的衬度反映了试样上各部位的厚度差异，荧光屏上暗的部位对应的试样厚，亮的部位对应的试样薄，试样上相邻部位的厚度相差越大，得到的电子图像反差越大。

因此，散射衬度主要反映了试样的质量和厚度的差异，故也将散射衬度称为质量-厚度衬度。

2）衍射衬度。电子衍射只适用于研究薄晶体。薄晶体试样电镜图像的衬度由与试样内结晶学性质有关的电子衍射特征所决定，这种衬度称为衍射衬度，其图像称为衍射图像。

①一束电子穿过晶体物质时与其作用产生衍射现象，并遵循布拉格定律；电子透镜使衍射束会聚成为衍射斑点，晶体试样的各衍射点构成了电子衍射花样。

②电子衍射的基本几何关系如图 5-10 所示，表示面间距为 d 的晶面（hkl）处满足布拉格条件，在距离晶体试样为 L 的底片上照下了透射斑点 O' 和衍射斑点 G'，G' 与 O' 之间的距离为 R。由图可知：

$$R/L = \tan 2\theta \qquad (5\text{-}5)$$

由于在电子衍射中的衍射角非常小，一般只有 $10° \sim 20°$，所以 $\tan 2\theta \approx 2\sin\theta = \lambda/d$，可得：

$$Rd = L\lambda \qquad (5-6)$$

该式是电子衍射的基本公式，式中 L 称为相机长度，是进行电子衍射时的仪器常数。

③根据加速电压可计算出电子束的波长 λ，R 是在衍射底片上测量的衍射斑点到透射斑点之间的距离，d 就是该衍射斑点对应晶面的晶面间距。

3）相位衬度。入射电子束穿过极薄的试样后，形成的散射波和直接透射波之间产生相位差，同时由于透镜的失焦和球差对相位差的影响，经物镜的会聚作用，在像平面上会发生干涉。

①由于穿过试样各点后电子波的相位差不同，在像平面上电子波发生干涉形成的合成波也不同，由此形成了图像上的衬度。

②两个衍射波与透射波相互干涉的波峰都交在像面上时，呈现为亮区；亮区之间则是衍射波波峰与透射波的波谷相交的地方，呈现为暗区。

③高分辨电子显微像，如原子的点阵结构像和原子像的形成基于相位衬度原理；进行这种观察的试样厚度必须小于 10 nm，甚至薄到 3~5 nm。

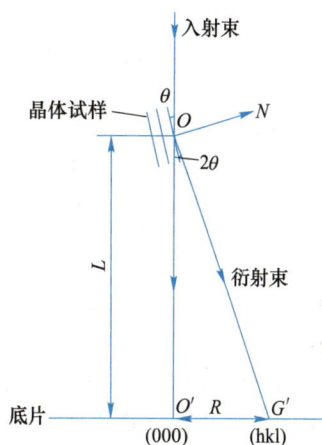

图 5-10　电子衍射的基本几何关系

5.2.6　电子衍射原理及应用

电子衍射是利用电子与物质的相互作用来研究物质结构的技术。由于电子束的波长远小于可见光，因此可以用于研究原子和分子尺度级别的结构。

5.2.6.1　电子衍射的原理

透射电镜中电子衍射基于以下几个原理。首先是波动性质，根据量子力学理论，电子具有波动性和粒子性，其波动性使电子可以与物质中的原子和其结构发生干涉。其次是衍射现象，当一束平行的电子波遇到物质，它们会被物质中的原子或晶格平面散射。这些散射的波在后方相互干涉，形成特定的衍射模式。第三是布拉格方程，这是电子衍射和 X 射线衍射的共同原理。当入射的波与晶格平面发生相互作用，特定的干涉条件可以表示为：$n\lambda = 2d\sin\theta$，其中 λ 为入射波的波长，d 为晶格平面的间距，θ 为入射波与晶格平面之间的角度，n 为一个整数。

5.2.6.2　电子衍射的应用

（1）晶体结构分析：电子衍射可以用于确定晶体的晶格常数、晶体对称性和原子排列。

（2）缺陷和微观结构分析：电子衍射不仅可以提供完整晶体的信息，还可以用于检测和分析材料中的缺陷，如位错、晶界和孪晶等。

（3）薄膜和纳米材料的研究：由于可以提供非常高的空间分辨率，电子衍射在分析纳米尺度的材料和薄膜的结构方面有非常广的应用。

（4）化学相分析：电子衍射可以用于鉴定不同的化学相或矿物。

（5）电子显微镜中的应用：透射电镜中常配备电子衍射功能，使得 TEM 不仅可以获得物质的高分辨率图像，还可以提供物质的结构信息。

（6）研究非晶态和准晶态材料：电子衍射不仅可以研究晶态材料，还可以研究非晶态和准晶态材料，这在其他衍射技术中很难实现。

5.2.7 透射电子显微镜的应用案例

透射电镜可以用来观察材料的微观组织及缺陷的形貌，图 5-11 为 GaAs 中位错的透射电镜图像。此外，透射电镜根据晶体的 X 射线衍射花样来确定晶体结构，图 5-12 所示为在传统的 100 kV 透射电镜中从一系列材料中获得的几种衍射花样。需要说明的是，由于单个原子团或多面体的尺度非常小，其中包含的原子数目非常少。所以，非晶态材料的电子衍射图只含有一个或两个非常弥散的衍射环，如图 5-12（a）所示。

对高分辨透射电镜（HRTEM）而言，高分辨率像有晶格条纹像和单原子像。因此，其可以观察晶面间距的晶格条纹像，如图 5-13 所示；还可以拍摄反映晶体结构中原子或原子团配置情况结构像，及单个原子的像，如图 5-14 所示。高分辨透射电镜已经成为探测晶体结构的最直接的方法，也是对 X 射线方法（XRD）研究晶体结构的一种验证。

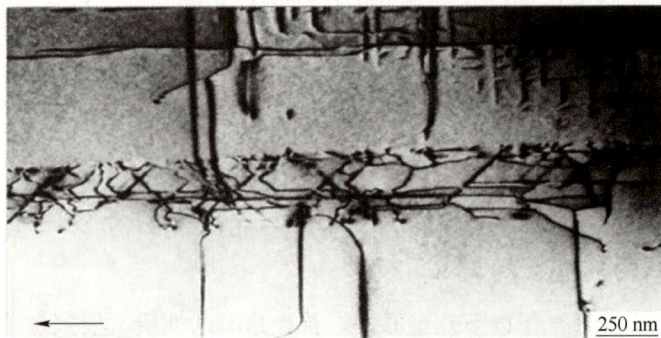

250 nm

图 5-11　GaAs 中位错（暗线）的 TEM 图像

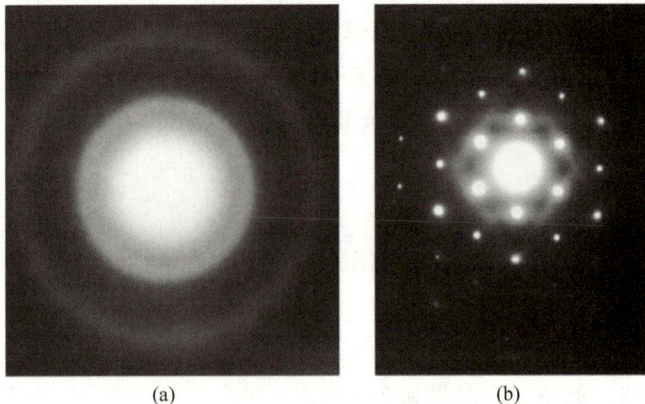

(a)   (b)

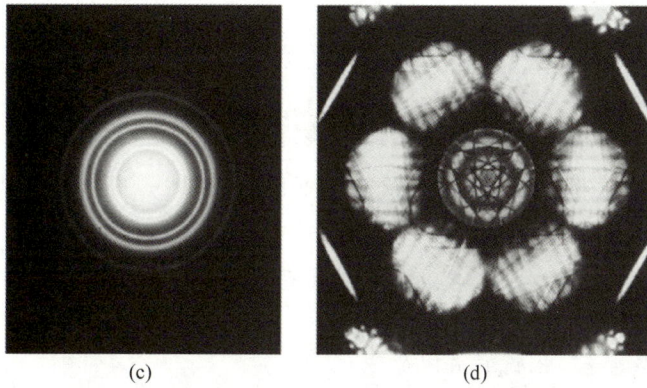

(c)　　　　　　　　　　　　(d)

图 5-12　在传统的 100 kV 透射电镜中从一系列材料中获得的几种衍射花样

（a）无定形碳；（b）铝单晶；（c）用会聚电子束照明的多晶金；（d）会聚束下的硅

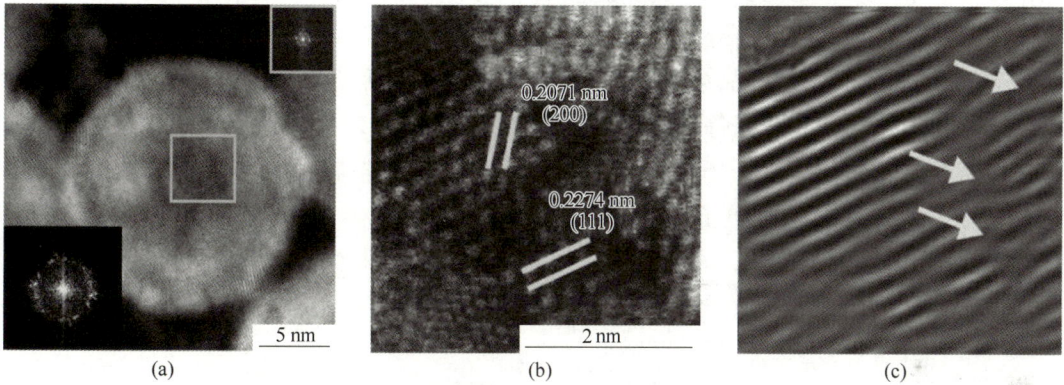

(a)　　　　　　　　　　(b)　　　　　　　　　　(c)

图 5-13　纳米球的微观形貌及高分辨分析

（a）微观形貌；（b）高分辨分析；（c）经逆傅立叶变换后显示的位错

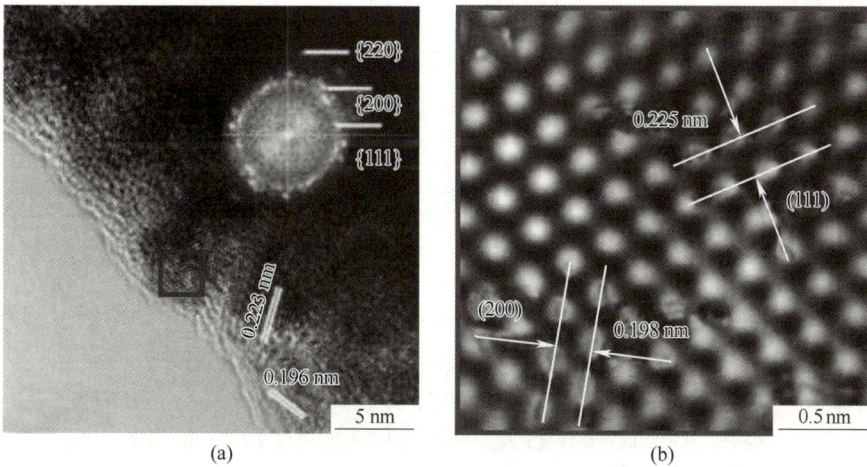

(a)　　　　　　　　　　　　　(b)

图 5-14　Pt-Au-Cu 纳米线透射电镜分析

（a）纳米线边缘区域形貌；（b）图（a）中方框域高分辨滤波图

5.3　扫描电子显微镜分析

电子显微镜分析提供了高分辨率条件下观察和分析微观世界的方法。在各种类型的电子显微镜中，扫描电子显微镜（scanning electron microscope，SEM），简称扫描电镜，是其中最为常用的一种。

5.3.1　扫描电子显微镜成像（工作）原理及构造

5.3.1.1　扫描电子显微镜的成像原理

透射电镜的成像原理与光学显微镜类似，而扫描电镜与之不同。扫描电镜是用聚焦电子束在试样表面逐点扫描成像。由电子枪发射的能量一般为 5~35 keV 的电子，以其交叉斑作为电子源，经二级聚光镜及物镜的缩小形成具有一定能量、一定束流强度和束斑直径的微细电子束，在扫描线圈驱动下，于试样表面按一定时间、空间顺序作栅网式扫描。当高能电子束击中样品时，样品会发射出各种次级信号，包括二次电子、背散射电子、特征 X 射线、俄歇（Auger）电子等。各次级信号的产生如图 5-15 所示。信号被激发深度和体积与加速电压有关，如图 5-16 所示，是利用蒙特卡罗模拟碳（C，原子序数 $Z=6$）和金（Au，$Z=79$）中 100 个电子轨迹，可以看到电子能量 $E_0=30$ keV、5 keV 和 1 keV 三个条件下的不同比例尺有变化，表明电子散射所在的局部体积（激发体积）发生了变化，随着加速电压即电子能量增加，被激发深度和体积都在增加。

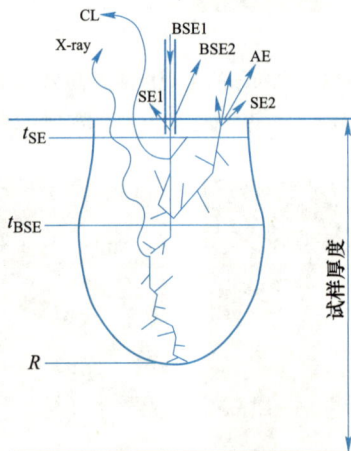

图 5-15　各次级信号产生的示意图

SE—secondary electrons，二次电子；BSE—backscattered electrons，背散射电子；
X-ray—X 射线；AE—auger electrons，俄歇电子；CL—cathodoluminescence，阴极射线发光；
t_{SE}—二次电子的逃逸深度；t_{BSE}—背散射电子的逃逸深度；R—电子范围

（1）二次电子成像：二次电子由入射电子束从样品表面 10 nm 深度范围内激发，因此它们主要代表样品的表面特性，它们的能量较低（<50 eV），平均自由程较短，因此二次

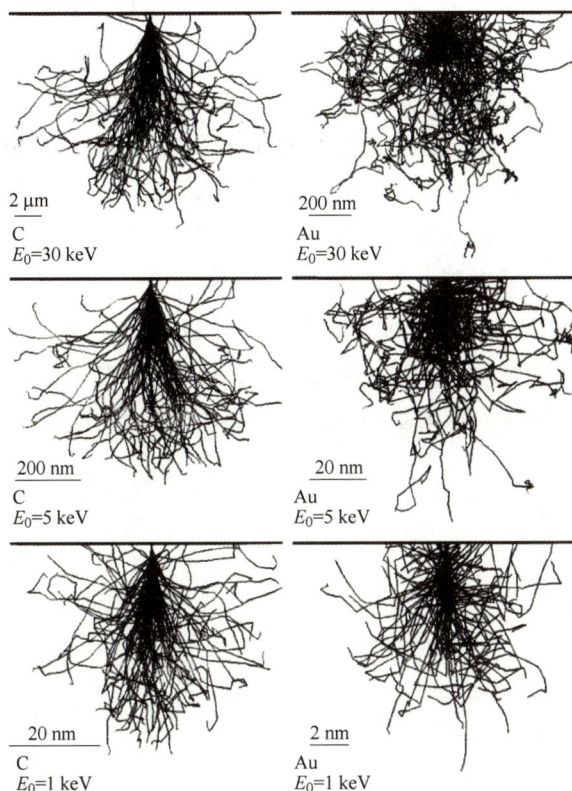

图 5-16　利用蒙特卡罗模拟碳（C，原子序数 $Z=6$）和金（Au，$Z=79$）中 100 个电子轨迹

电子像具有高分辨率，可达 3~6 nm，常用于显示样品的表面形貌。

（2）背散射电子成像：背散射电子是入射电子束在样品内部与原子核相互作用后被反射出来的电子。背散射电子在样品中被激发深度与工作电压大小相关，通常在几百纳米。背散射电子的能量较高，不容易改变方向，信号收集率低，因此成像分辨率不高，50~200 nm。背散射电子的产生与样品的原子序数有关，因此背散射电子像不仅可以用来显示形貌衬度，还可以用来显示成分衬度，提供关于样品组成的信息。

（3）X 射线能谱分析：入射电子束与样品相互作用时会产生特征 X 射线。这些 X 射线可以用于确定样品的化学成分。其被激发深度与工作电压大小相关，通常在 1 μm 以上，最深可以到 5 μm。

扫描电镜中只有起聚焦作用的会聚镜，而没有透射电镜中起放大作用的物镜、中间镜和投影镜。扫描电镜通过相应的探测器检测并处理二次电子、背散射电子以及特征 X 射线等，并将其转化成电信号，经视频放大器转换成调制信号，显示到荧光屏上。

5.3.1.2　扫描电子显微镜的主要构造

扫描电镜主要由以下 6 部分组成：

（1）电子枪：有钨丝电子枪、六硼化镧电子枪和场发射枪，用于产生电子束。

（2）电子光学系统：包括磁透镜、扫描线圈等，用于聚焦和指导电子束到样品表面的特定区域。

（3）样品室：放置和固定样品的地方，可以在高真空或低真空环境下操作。

（4）探测器：捕捉从样品散射或发射的电子或 X 射线，常见的有二次电子探测器（SE）、背散射电子探测器（BSE）、特征 X 射线探测器（EDS）等。

（5）显示系统：通常是显示器，用于显示由 SEM 生成的图像。

（6）真空系统：为了减少与电子束相互作用的气体分子，必须在真空条件下操作。

如图 5-17 所示，真空显微镜镜筒（虚线框内）包含电子枪、电磁透镜、电磁偏转线圈、光阑、样品台和探测器；电子控制台包含用于加速电压和电磁透镜的电源，扫描发生器、信号放大器以及用于显示和记录图像的显示器。图 5-18 为 TESCAN MIRA4 型扫描电镜实物图。

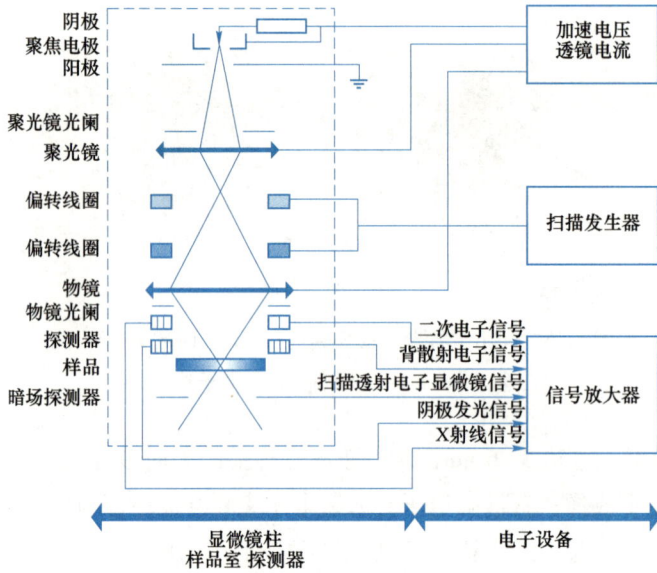

图 5-17　扫描电镜结构示意图

图 5-18　TESCAN MIRA4 型扫描电镜实物图

5.3.2　样品要求及制备方法

5.3.2.1　样品要求

尽管有一些环境扫描电镜可以在更高的压力下操作，允许对湿润、液体或有机样品进行观察，但是大多数扫描电镜需要在真空下操作。另外需要强调的是，用于扫描电镜观察的样品必须导电良好。导电性不佳的样品表面通常需要镀金或碳，以防止电荷在样品积累，影响观察效果。如图5-19（a）和（b）分别为扫描电镜观察到的导电良好和导电不佳的头发丝形貌。

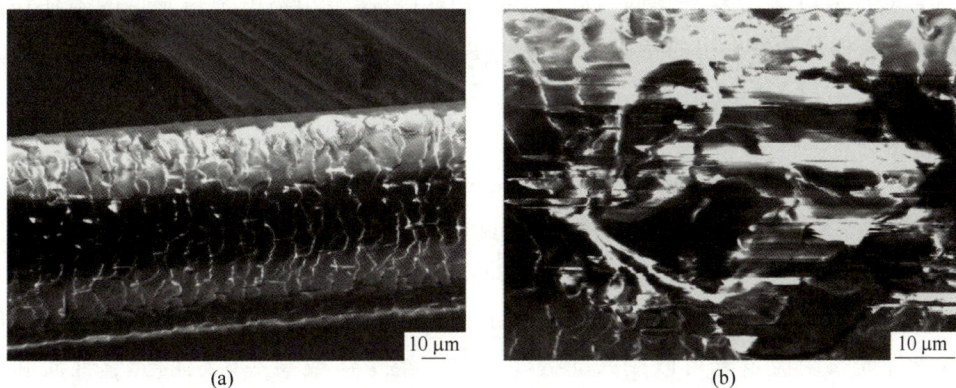

图5-19　扫描电镜观察到的头发丝形貌

（a）导电良好；（b）导电不佳

5.3.2.2　样品制备方法

对于块状样品，和金相样品一样，通常样品为圆柱体或立方体，直径或高度不超过1 cm。过小尺寸的样品需要镶嵌，然后进行研磨和抛光，由于镶嵌后不导电，观察时需要用导电胶改善导电性能。对于粉末样品，可以在粘贴导电胶的载玻片上收集后再进行观察。

5.3.3　扫描电子显微镜的主要特点及应用领域

5.3.3.1　主要特点

首先，相较于光学显微镜，扫描电镜具有高分辨率。扫描电镜能够提供纳米级别的分辨率，使得微小的结构和细节可以清晰地观察。其次，与透射电镜提供的二维图像不同，扫描电镜提供的是表面的三维图像。第三，其成像具有较大的深度场，这意味着在一次观察中，可以在一个较大的高度范围内清晰地获得样品形貌。

5.3.3.2　主要应用领域

扫描电镜已经在诸多领域得到应用，例如在材料科学领域用于观察材料的微观形貌、裂纹、颗粒大小、分布等。在生命科学领域，用于观察细胞、组织和微生物等生物样品。在半导体工业用于观察半导体器件的制造缺陷。在地球科学中用于研究矿物、岩石和化石。在工程上可以进行失效分析，以确定工程零件或材料的失效原因。

总之，扫描电子显微镜是一个强大的工具，可以为多个领域提供最高至纳米级别的高分辨率图像，同时提供有关样品的形貌、结构和化学成分的丰富信息。

5.3.4　扫描电子显微镜的附加功能介绍

如前所述，扫描电子显微镜利用电子束成像。除了基本的成像功能外，其还具有多种附加功能，从而在材料科学、生物学和其他领域中都非常广泛地应用。以下是扫描电镜一些常用的附加功能。

（1）能量散射 X 射线光谱仪（能谱仪，EDS）：这是扫描电镜最常见的附加功能之一，通过捕获样品激发射出的特征 X 射线，可以确定样品中存在的元素。

（2）波长散射 X 射线光谱仪（波谱仪，WDS）：与 EDS 相似，但其波长分辨率比 EDS 能量分辨率高，因此主要用于高精度的定量元素分析。

（3）电子背散射衍射（electron back scatter diffraction，EBSD）：通过测量电子在样品中的背散射模式，可以得到晶体结构、取向和其他晶体学数据，用于确定样品的晶体学信息。

（4）阴极发光（cathodoluminescence，CL）：利用电子束轰击时，某些材料会发出可见光或紫外光。阴极发光可以用来研究半导体、绝缘体或某些矿物的光学性质和结构特征。

（5）聚焦离子束（focused ion beam，FIB）：一般是将 Ga 离子（也有 He、Ne）聚焦成非常小的尺寸，进行原位切割、雕刻或沉积材料的技术。FIB 通常与扫描电镜结合使用，产生二次电子像，类似于扫描电镜成像功能；用以加工微、纳米级别的样品加工；以物理溅射的方式搭配化学气体反应，有选择性地剥除金属，氧化硅层或沉积金属层。

（6）环境扫描电子显微镜（environmental scanning electron microscope，ESEM）：这是一种特殊类型的扫描电镜，允许在一定的气体压力和相对湿度下操作，从而使样品保持其天然或液体状态。

（7）超高分辨率扫描电镜：使用场发射电子枪，提供比传统扫描电镜更高的分辨率，从而能够观察到更小的细节。

以上只是一些扫描电镜的附加功能，展示了其在各种研究领域中的巨大潜力和多功能性。

5.3.5　能谱仪的工作原理及优缺点

5.3.5.1　特征 X 射线产生的原理

当具有足够能量的电子束轰击试样表面时，由于电子和物质的相互作用，试样中原子被电离。当外层电子向内层轨道跃迁时，原子能量降低，所降低的能量有可能以 X 射线的形式辐射出来，如图 5-20 所示。

辐射的频率由式（5-7）决定：

$$\nu = E_{n_1} - E_{n_2} \tag{5-7}$$

式中　　ν——电子由 n_1 轨道跃迁到 n_2 轨道时，辐射的 X 射线的频率，Hz；

　　E_{n_1}，E_{n_2}——分别表示 n_1 轨道和 n_2 轨道上电子的能量，eV。

根据莫塞莱定律，该特征 X 射线频率 ν（或波长 λ）与物质原子序数 Z 之间有下列关系：

$$\nu = K(Z - C)^2 \quad 或 \quad \lambda = B(Z - C)^{-2} \tag{5-8}$$

式中，K、B、C 均为常数。

显然，每种元素都有其特定波长的 X 射线，称为特征 X 射线或标识 X 射线。根据特征 X 射线的波长（或能量）和强度，就能得出微区化学成分定性及定量分析的结果。

将 X 射线分开目前有两种方法：一种是利用固态检测器测量每个 X 射线光子的能量，并按其能量分类，记下不同能量的光子的数目或数率（每秒多少数目），这种方法使用的装置称能量谱仪，简称能谱仪（EDS）；另一种是通过衍射分光原理，测量 X 射线的波长分散（分布）及其强度，这种方法使用的装置称波长分散谱仪，简称波谱仪（WDS）。

5.3.5.2　能谱仪工作原理

能谱仪通常搭载于扫描电镜或透射电镜。当电子显微镜发射的高能电子束轰击样品之后，高能电子与样品的原子内部电子相互作用，导致内层（如 K 层）的电子逸出，该逸出电子称为二次电子，如图 5-20（a）所示，此时一个 L 层的电子就会跃迁到 K 层以填补空位，此过程中释放出 X 射线，称为 K 线，如图 5-20（b）所示；如果是 M 层跃迁至 L 层则称为 L 线，以此类推。这种 X 射线的能量与两个能级之间的能量差对应。释放的 X 射线被检测器探测并测量其能量。由于不同的元素具有独特的内部电子结构，所发射的 X 射线能量也是特定的，因此可以用来识别元素。

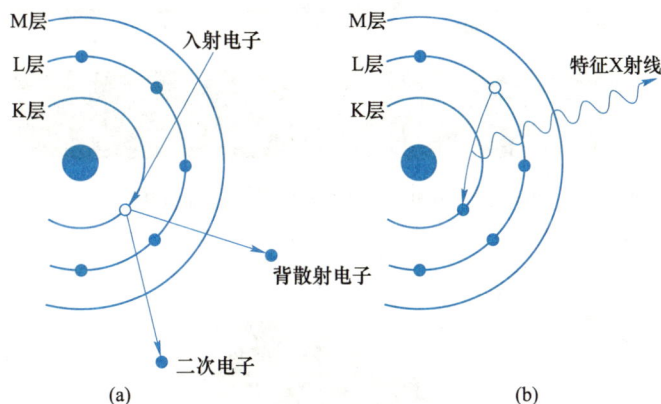

图 5-20　特征 X 射线产生示意图

（a）二次电子、背散射电子的产生；（b）特征 X 射线的产生

利用能谱仪，可以对试样感兴趣的区域如点、线和面进行分分析，得到相应的能谱，反映该区域所含元素。图 5-21 为铝硅合金中初生硅相的能谱分析，能谱结果对应左图照片中的"+"处位置。图 5-22 为转炉渣-炉衬界面的线扫描分析，通过在样品表面沿特定路径（线扫描）逐

点采集 X 射线信号，EDS 线扫描结果与扫描位置是对应关系。图 5-23 为石灰在转炉渣中熔解的面扫描分析，能谱中点的疏密代表此区域该元素相对含量的高低。

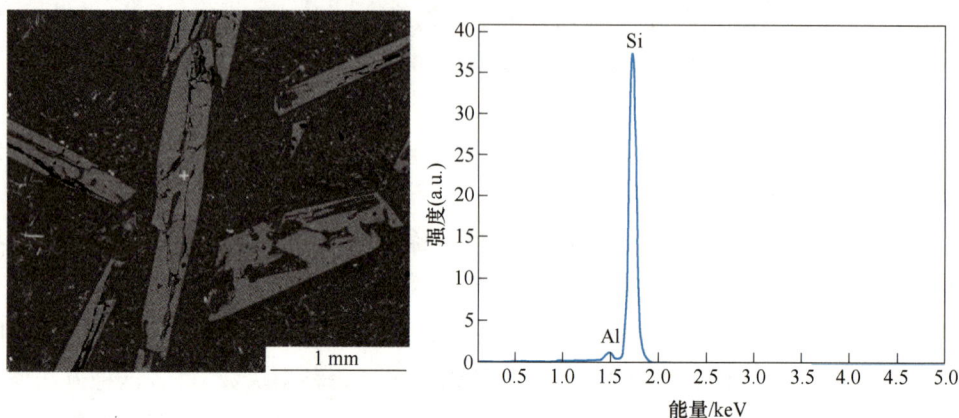

图 5-21　铝硅合金中初生硅相的能谱分析

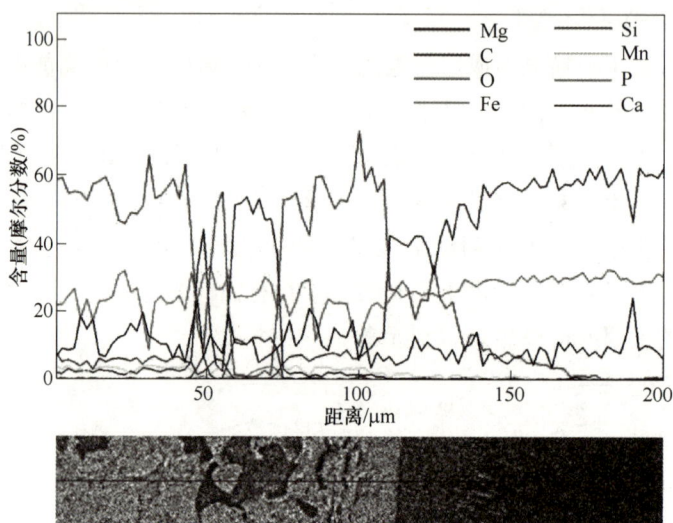

图 5-22　转炉渣-炉衬界面的线扫描分析

扫码看彩图

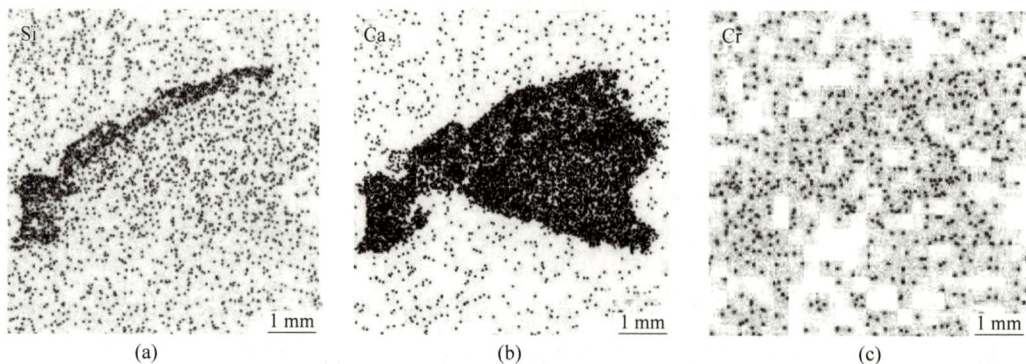

(a)　　　　　　　　　(b)　　　　　　　　　(c)

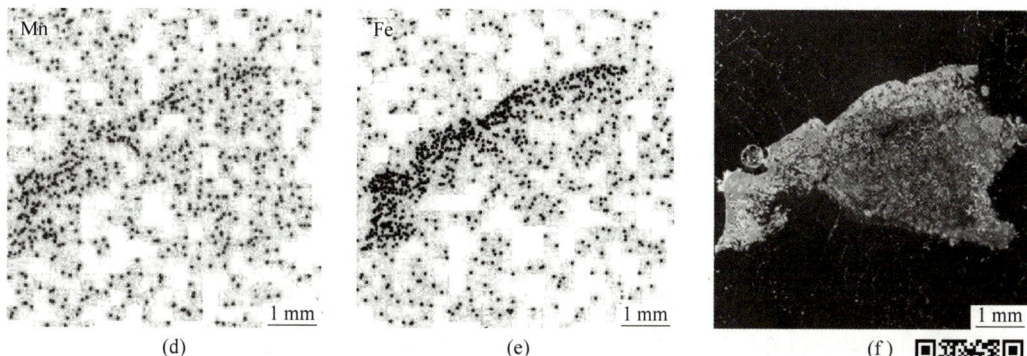

图 5-23　石灰在转炉渣中熔解的元素面分布分析

（a）Si；（b）Ca；（c）Cr；（d）Mn；（e）Fe；

（f）元素面分布分析区域的扫描电镜形貌

扫码看彩图

5.3.5.3　优点与缺点

能谱仪的优点在于，可以用于元素鉴定，能够检测和鉴定样品中几乎所有的元素，从铍（Be）到铀（U），而且是非接触性、非破坏性的。可以同时检测样品中的多种元素，获取结果很快，通常只需要几分钟。当与扫描电子显微镜或透射电子显微镜结合使用时，可以在微观尺度上进行元素的定性和半定量分析。

其不足在于，（1）由于精度有限，能谱仪通常用于元素的半定量分析。（2）轻元素检测困难：无法检测轻元素，如氢、氦和锂。（3）谱线重叠：能谱仪的分辨率称作能量分辨率，由于能量分辨率所限，某些元素的 X 射线谱线可能会重叠，导致分辨困难。

5.3.6　波谱仪的工作原理及优缺点

电子探针微区分析（electron probe microanalysis，EPMA，简称电子探针）是一个基于扫描电子显微镜的定量微区分析技术，使用聚焦电子束轰击样品，然后通过检测产生的特征 X 射线对样品进行成分分析。通常俗称的电子探针，配备的是波谱仪。

5.3.6.1　波谱仪工作原理

通过衍射分光原理，测量 X 射线的波长分散（分布）及其强度，从而对样品中的元素进行定性和定量分析。

5.3.6.2　优点与缺点

波谱仪有以下优点：第一，由于可以产生非常细的电子束，所以电子探针具有高空间分辨率；第二，可以进行定量分析；第三，和能谱仪一样，几乎可以分析所有的元素，从硼到铀；第四，具有深度分析能力，能够对样品表面以下的微区进行分析。

波谱仪也存在一些不便之处，例如：

（1）样品需要导电，非导电样品在分析前则可能需要进行涂覆，这会干扰分析结果；

（2）样品需要在高真空下分析，这意味着对于某些水合物或挥发性成分的样品可能不适用；

（3）样品在电子束轰击下可能会产生碎片，从而影响分析的准确性；

（4）相比于其他技术，如 EDS，电子探针分析通常需要更长的时间；

（5）电子探针微区分析仪器相对昂贵，并且需要专门的维护和操作技能。

5.3.6.3 能谱仪与波谱仪的优缺点比较

能谱仪与波谱仪在很多方面有相似之处，下面从探测效率、分辨率和分析速度等方面，对比两者的优缺点。

（1）探测效率：由于能谱仪中的锂漂移硅探测器对 X 射线发射源所张的立体角显著大于波谱仪所张的立体角，所以能谱仪可以接收更多的 X 光；其次，由于半导体探测器直接计数接收的 X 光量子，而波谱仪上的正比计数器只计数由分光晶体衍射过来的 X 光量子，因此能谱仪的探测效率远远大于波谱仪。

（2）分辨率：Si（Li）探测器在入射 X 光量子能量为 5894 eV（Mn Kα 线）时的分辨率是 160 eV，比波谱仪低一个数量级；X 光能谱的谱峰宽，谱峰容易重叠，背底扣除困难，需要比较复杂的数据处理方法。因此能谱仪分辨率不及波谱仪。

（3）分析速度：能谱仪可以同时测定试样中所有元素的 X 光量子，几分钟内就可以得到定性分析的结果；而波谱仪只能逐个元素地测定其波长，做一个全元素分析时间远多于能谱仪。

综上所述，由于能谱仪接收效率高，能在低束流下工作，因而经常与扫描电镜和透射电镜配合使用。波谱仪分辨率高，定量分析的精度可达质量分数 2%~5%，多用于超轻元素的测量，目前仅与扫描电镜配合使用，并未配合透射电镜使用。两者简单比较如表 5-1 所示。

表 5-1 EDS 和 WDS 性能比较

项 目	WDS	EDS
探测效率	低（串行）	高（并行），快几十到几万倍
能量分辨率	好（5 eV），谱峰分离	差（133 eV），谱峰重叠
最好探测精度	0.001%	0.01%
需要时间	几分钟甚至几小时	几分钟
定性分析	擅长"线分布"和"面分布"，点分析不太好	全谱速度快，点分析很方便
定量分析	精度高，可做痕量元素、轻元素和重叠峰存在元素的分析	对痕量元素、轻元素和重叠峰存在元素精度不高
分析元素范围	$_4Be \sim _{92}U$	$_4Be \sim _{92}U$

5.3.7 电子背散射衍射工作原理及优缺点

电子背散射衍射（EBSD）是一种在扫描电镜（SEM）下用于材料微观结构特性分析的技术。通过 EBSD 可以得到晶体学信息，如晶体取向、晶粒尺寸、晶粒之间的取向关系、晶体的畸变和其他结构信息。

5.3.7.1 工作原理

当高能的电子束照射到样品上时，电子会与样品的原子核发生相互作用，并被背向散射。被散射的电子可以在晶体内部多次反射，并最终从样品表面逸出，这种散射过程主要由晶体的布拉菲点阵和取向决定。逸出的电子会在磷光屏上形成衍射图案，这些图案被称为菊池（Kikuchi）线，每一组菊池线都与特定的晶面方向相关。通过专门的软件，可以从菊池线中提取出晶体的取向、相类型和其他晶体学信息。

5.3.7.2 优点与缺点

EBSD 优点主要是：第一，具有高分辨率，可以提供纳米到微米级的空间分辨率；第二，除了晶体取向，还可以提供晶粒尺寸、晶粒间的取向关系、晶体畸变和其他重要信息；第三，EBSD 可以与其他扫描电镜分析技术（如 EDS）结合使用，从而在同一区域得到化学和晶体学信息；第四，EBSD 是一种非接触、非破坏性技术。

EBSD 的缺点在于以下几方面：

（1）为了获得高质量的 EBSD 图案，样品需要经过仔细地研磨和抛光；

（2）不透明的和导电的样品更适合 EBSD 分析；

（3）EBSD 是一种表面敏感的技术，所以只能得到样品表面的信息，而不能得到内部信息；

（4）其数据处理和解释需要专门的软件；

（5）设备和软件可能相对昂贵。

5.3.8 扫描电子显微镜的应用案例

扫描电镜最常用来观察试样的微观组织形貌。图 5-24 所示的工作电压为 30 kV 和正常光束入射下，镀 10 nm 金膜后晶体状酒石的二次电子和背散射电子显微照片。酒石主要含有酒石酸钾-氢-酒石酸钙，图 5-24（a）中的箭头表示横向定位 ET 的方向探测器；

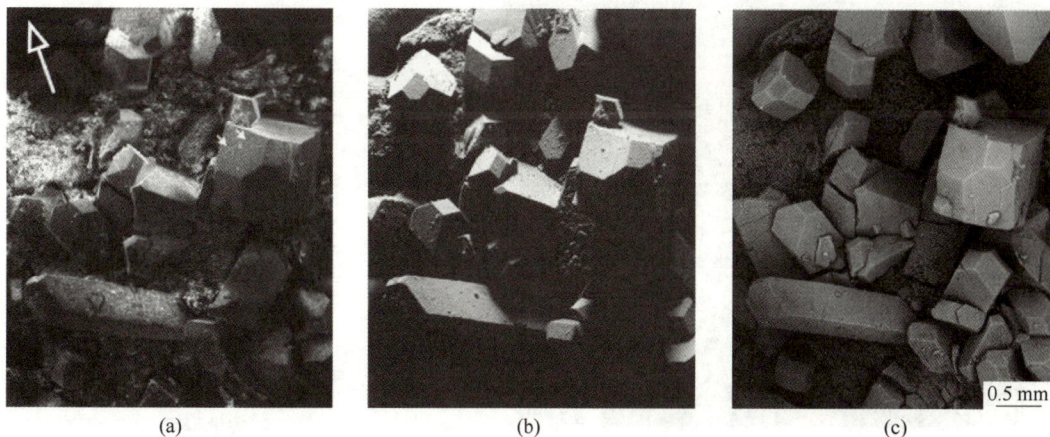

0.5 mm

(a)　　　　　　　　　(b)　　　　　　　　　(c)

图 5-24　30 kV 和正常光束入射下，镀 10 nm 金膜后晶体状酒石的形貌

（a）二次电子显微照片；（b）背散射电子显微照片；（c）大立体角背散射电子显微照片

图 5-24（c）中所示的 BSE 显微照片是使用四象限半导体探测器获取的安装在物镜杆件下方，记录大立体角上的背散射电子信号；图 5-24（a）中小箭头（亮斑）表示二次电子发射增强的小颗粒。

图 5-25 所示为黏土中的蕨类植物碳化化石的二次电子和背散射电子显微照片。为了导电良好，样品镀有一层非常薄的碳膜。可以看到，明暗对比度在 SE 图像中由凹凸不平引起，而 BSE 图像则是因为明显的原子序数差异。图 5-25（b）中，由于周围较低的平均原子序数，在明亮的黏土区域，碳化后的化石残骸显得很暗。因此，通常用二次电子像显示样品形貌，而背散射电子像显示样品组成。

图 5-25   黏土中的蕨类植物碳化化石的纤维照片
（a）二次电子像；（b）背散射电子像

在材料冶金领域，扫描电镜常用来观察显微组织、断口形貌，并结合 EDS 分析韧性断口韧窝中夹杂物的成分和类型，如图 5-26 所示，韧窝中有 MnS 颗粒。图 5-27 所示为利用扫描电镜和能谱仪观察分析 ZnO 材料的形貌和成分的例子，二次电子像清楚展示了材料呈放射型棒状生长，元素面分布分析表明 Zn 和 O 元素位置完全重合，结合实验制备过程，可以确定其为 ZnO。

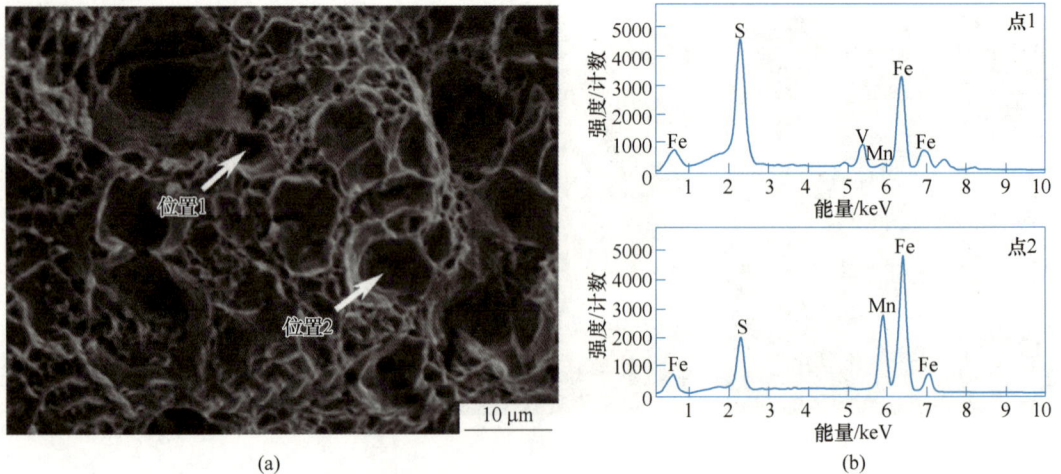

图 5-26   拉伸断口显微形貌及韧窝位置 1 和位置 2 中的夹杂物能谱分析
（a）形貌分析；（b）能谱分析

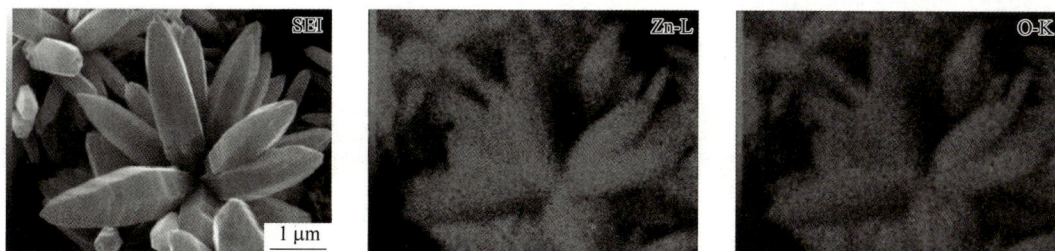

图 5-27 扫描电镜二次电子像（SEI）和能谱仪
观察分析 ZnO 材料的形貌及成分

扫码看彩图

表 5-2 简单总结了金相显微镜、透射电镜和扫描电镜的原理、工作条件和应用方面的异同。

表 5-2 金相显微镜、透射电镜和扫描电镜的区别

项目	金相显微镜	透射电镜	扫描电镜
成像原理	可见光聚焦-经过样品表面反射-放大镜成像	电子束发射-聚焦-穿透样品-聚焦后经过电磁透镜放大成像	细微电子束发射后在扫描线圈驱动下，试样表面按一定时间、空间顺序作栅网式扫描
光源	可见光	高能电子束	高能电子束
工作电压	—	通常 80~300 kV 超高压电镜 500~3000 kV	通常 5~35 kV
分辨率	20 nm	0.08 nm	3~6 nm（二次电子像）
样品要求	块状样，组织观察需要抛光并侵蚀	通常直径为 3 mm 的圆片，铁基材料观察的薄区厚度不大于 400 nm	组织观察与金相显微镜要求相同，厚度不超过 20 mm，样品必须导电良好
主要用途	组织形貌观察、断口观察、夹杂物分析	组织形貌观察、微观缺陷分析、晶体结构分析、元素分析（EDS、EELS）	组织形貌观察、断口微观形貌观察、夹杂物分析、结构分析（EBSD）、元素分析（EDS、WDS）
常配外设	—	EDS、EELS	EDS、WDS、EBSD

5.4 高温激光扫描共聚焦显微分析

激光扫描共聚焦显微镜（laser scanning confocal microscope，LSCM）以激光为光源，通过一个小孔将光源聚焦到样品上并扫描样品表面，从而获得微观信息。与光学显微镜相比，其成像更清晰；由于可以控制快速升温冷却，在冶金领域可以观察熔化、凝固、夹杂物行为等。

5.4.1 高温激光扫描共聚焦显微镜基本原理、结构及特点

5.4.1.1 基本原理

其成像原理具体而言，是光源和探测器前各有一个针孔（照明针孔和探测针孔），两者相对于焦平面上的光束共轭，即，光束通过一系列的透镜，最终同时聚焦于照明针孔和探测针孔。这样只有来自焦平面的光束可以会聚在探测孔范围之内，而来自焦平面上方或下方的散射光都被挡在探测孔之外而不能成像，如图 5-28 所示。

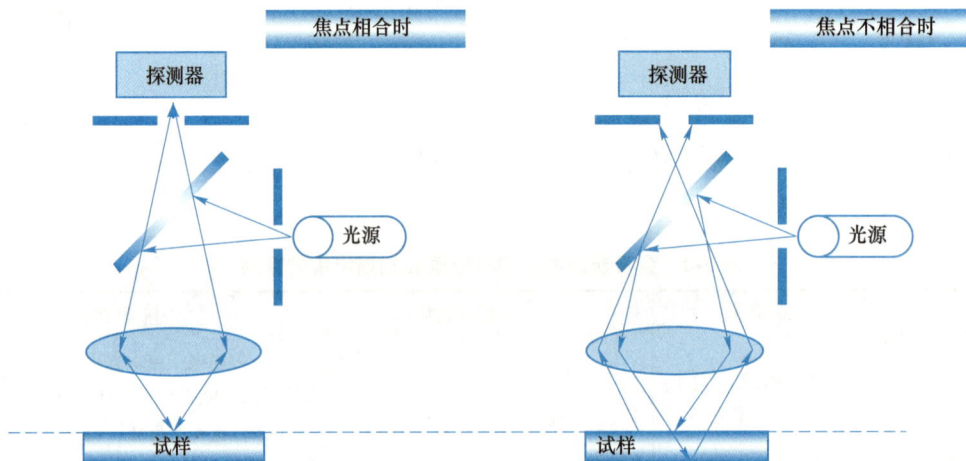

图 5-28 高温激光扫描共聚焦显微镜的成像原理示意图

普通光学系统焦点周围的其他无用光同时被采集，从而形成相互干扰（晕光现象），如图 5-29（a）所示。共聚焦光学系统由于使用共聚焦技术，除焦点外的光信息几乎全部被屏蔽掉，只有焦点处的光信号会被检测器捕获，有效地消除了来自样品上下层的散射光，提高了解像度和对比度。共聚焦显微镜的分辨率是传统显微镜的 3~4 倍，并且观察到的图像是立体的，如图 5-29（b）所示。

(a)   (b)

图 5-29 传统显微镜成像与共聚焦显微镜成像对比

（a）传统光学显微镜；（b）共聚焦显微镜

高温激光扫描共聚焦显微分析是在高温环境下进行的 LSCM 检测。此技术可以用于观察材料在高温下的微观结构变化和相变。图 5-30 所示为 VL2000DX 型高温激光扫描共聚焦显微镜的实物照片。

图 5-30 VL2000DX 型高温激光扫描共聚焦显微镜实物

5.4.1.2 结构

高温激光扫描共聚焦显微镜主要由以下部分构成。

（1）激光光源：产生单一或多种波长的激光，用于照射样品。

（2）扫描单元：通常包含一个或多个扫描镜头，控制激光聚焦到样品的特定位置。

（3）物镜：用于将激光聚焦到样品上并收集从样品反射或发射的光。

（4）引导装置：控制激光的路径。

（5）共聚焦孔：位于检测器前，确保只有焦点位置的光能通过。

（6）检测器：通常是光电倍增管或类似的传感器，用于检测来自样品的光信号。

（7）高温炉或高温台：使样品达到所需的高温，并保持稳定的温度。

5.4.1.3 特点

高温激光共聚焦显微镜具有以下显著特点：

（1）高解析度，由于共聚焦技术，可以显著减少背景噪声和增加对比度；

（2）三维成像，能够对样品进行 Z 轴扫描，获取三维信息；

（3）高温下的实时观察，可以观察样品在高温下的动态过程，如晶体生长、相变等；

（4）多模态成像，结合荧光、拉曼光谱等技术，提供更丰富的样品信息。

5.4.2 高温激光扫描共聚焦显微镜的原位检测优势

原位检测意味着在实验过程中直接、实时地观察和分析样品，而不需要将样品移出其原始环境或制备过程中的某个阶段。在高温 LSCM 中，原位检测的优势如下。

（1）实时观察：能够实时观察高温条件下材料的微观结构变化，例如熔化、晶体生长、缺陷形成等。

（2）不破坏样品：由于不需要额外的样品制备或转移，可以保留样品的原始状态和结构。

（3）动态过程分析：原位技术可以捕获样品在温度变化过程中的动态响应，提供有关材料性能和行为的关键信息。

（4）结合其他技术：高温 LSCM 可以与其他技术（如拉曼光谱、X 射线衍射等）结合，以获得更全面的样品信息。

5.4.3 高温激光扫描共聚焦显微镜用于原位检测的研究

高温激光扫描共聚焦显微镜可以在高温条件下原位观察和分析材料的微观结构和行为。以下是该技术用于原位检测的研究领域和应用。

（1）材料研究。在材料研究领域，主要应用于：

1）晶体生长与熔融，在原位观察和研究晶体的生长动力学、熔融和再结晶过程；

2）相变过程，观察固相、液相、固-液相界面的动态演变，以及在不同温度和环境条件下的微观结构变化；

3）热蠕变与破裂，研究材料在高温下的变形、热蠕变行为和破裂机制。

（2）生物医学研究。生物医学领域用于生物样品的高温处理，如观察细胞、组织或生物材料在不同温度条件下的行为。

（3）薄膜和界面研究。薄膜和界面研究方面，主要应用于：

1）液态薄膜与固态薄膜，研究液态薄膜的形成、蒸发、凝固和固态薄膜的结构与行为；

2）界面浸润与传播，观察液滴在固态表面上的浸润、传播和蒸发过程。

（4）工艺优化。例如在焊接和锻造过程，可以原位观察焊接熔池的动态、锻造过程中的材料流动和变形。

（5）其他领域。

1）矿物学和地质学：原位观察岩石和矿物在高温和高压下的行为；

2）腐蚀与氧化：研究材料在高温下的腐蚀和氧化过程。

5.4.4 高温激光扫描共聚焦显微镜用于动力学的研究

高温激光扫描共聚焦显微镜由于其可以实时观察和高分辨率的特点，已经成为动力学研究的强大工具，特别是对于材料科学和冶金领域。以下是其在动力学研究中的一些应用。

（1）晶体生长动力学：通过实时观察晶体的成核和生长过程，从而获得生长速率、形态演变和与其他晶粒的相互作用等信息。

（2）相变动力学：可以观察材料在不同温度下经历的相变，例如固相-固相、固相-液相和液相-液相相变，以及这些相变的速率和激活能。

（3）熔融和凝固动力学：对于金属和合金，可以提供关于熔融和凝固过程中液相-固相界面的移动速率和形态变化的详细信息。

（4）缺陷和裂纹形成：在加热或冷却过程中，材料中可能会形成缺陷或裂纹，实时观察这些过程，有助于研究裂纹扩展的机制和速率。

（5）材料的热稳定性和氧化动力学：在特定的气氛和高温条件下，可以研究材料的氧化速率、氧化层的厚度增长和材料的热稳定性。

（6）研究反应界面：通过观察固相-液相、液相-液相或固相-气相的反应界面，从而了解界面的运动、反应速率和激活过程。

5.4.5　高温激光扫描共聚焦显微镜的应用案例

图 5-31 所示为夹杂物被凝固前沿推动/捕捉的原位观察过程，为分析和理解夹杂物析出行为提供了最直观的数据。在图 5-31（a）中，随着温度降低，在钢液的自由面首先形成 δ 铁素体，同时观察到了钢液的夹杂物 A 和 B，夹杂物 A 的直径为 7 μm，而夹杂物 B 的直径为 10 μm；在图 5-31（b）中，随着凝固进行，夹杂物 B 已经被凝固前沿捕捉，进

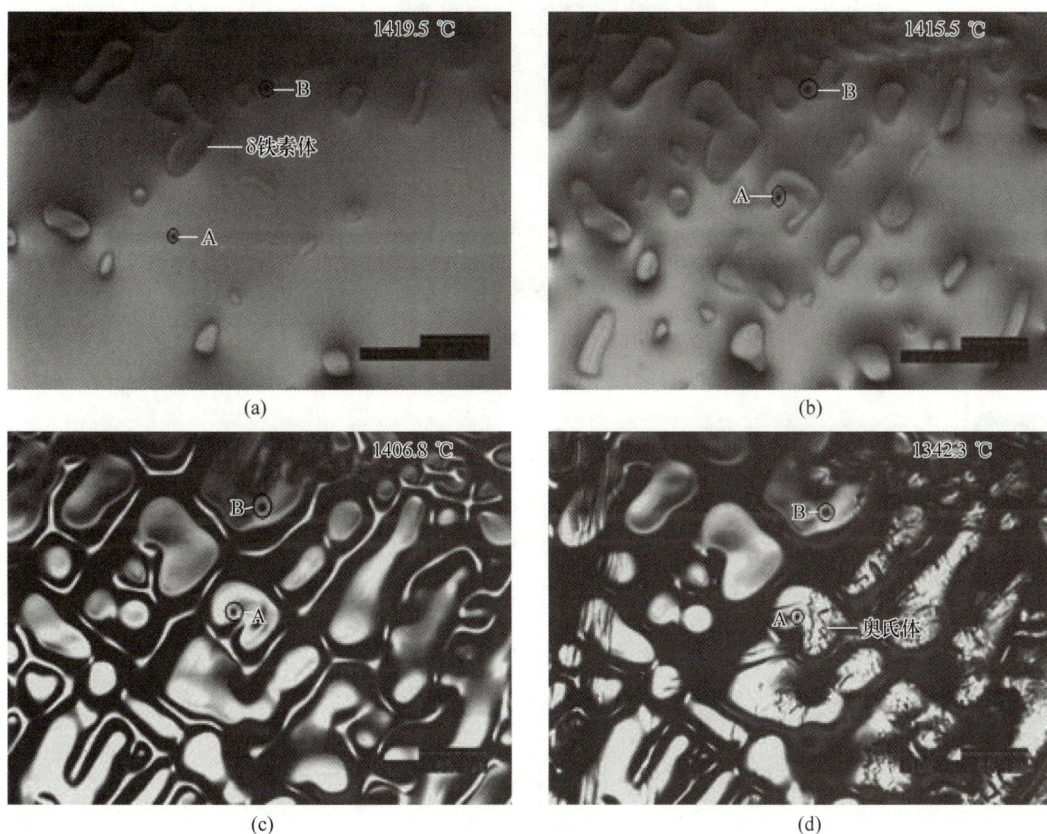

图 5-31　夹杂物被凝固前沿推动/捕捉的原位观察

（a）985 s；（b）986 s；（c）987 s；（d）996 s

入 δ 铁素体内，而夹杂物 A 则恰好位于已形成的 δ 铁素体和钢液之间；在图 5-31（c）中，钢液已经完全凝固成 δ 铁素体，夹杂物 A 和 B 都存在于 δ 铁素体内部；在图 5-31（d）中，随着温度降低，δ 铁素体开始向奥氏体转变，夹杂物 A 和 B 的位置无明显变化。

5.5　X 射线衍射分析

X 射线物相分析的任务是利用 X 射线衍射仪，依据 X 射线在晶体中产生的衍射，对试样中由各种元素形成的具有固定结构的化合物进行定性和定量分析，其结果不是试样的化学成分，而是由各种元素形成的具有固定结构的化合物的组成和含量。图 5-32 所示为 Rigaku SmartLab X 射线衍射仪实物照片。

图 5-32　Rigaku SmartLab X 射线衍射仪

5.5.1　晶体结构基础知识

晶体由原子、离子或分子按照一定的规律在三维空间中周期性排列而成。每个晶体都有其特定的晶体结构，即其组成单位的空间排列模式。晶格指原子在晶体中排列规律的空间格架。晶胞是描述真实晶体的基本组成单位。晶胞参数是描述晶体基本特性的数值，例如晶胞的三条棱长（a、b、c）及其夹角（α、β、γ）。

5.5.2　布拉格方程概述

式（5-9）为布拉格方程，描述了 X 射线与晶体之间的衍射现象：

$$n\lambda = 2d\sin\theta \tag{5-9}$$

式中　n——正整数，称为衍射级数；

　　　λ——X 射线的波长，nm；

　　　　d——晶体中两个相邻原子层之间的距离，nm；

　　　　θ——X射线与晶面之间的入射角，（°）。

　　晶体发生衍射如图5-33所示。对于单一原子面：当一束平行的X射线以θ角投射到一个原子面上时，任意两个原子P、K的散射波在原子面发射方向上的光程差为：

$$\delta = QK - PR = PK\cos\theta - PK\cos\theta = 0 \tag{5-10}$$

　　若光程差为0，说明位相相同，是干涉加强方向。由于P、K是任意的，因而此原子面上所有原子散射波在反射方向上的位相均相同。即，一个原子面对X射线的衍射可在形式上看成原子面对入射线的反射。

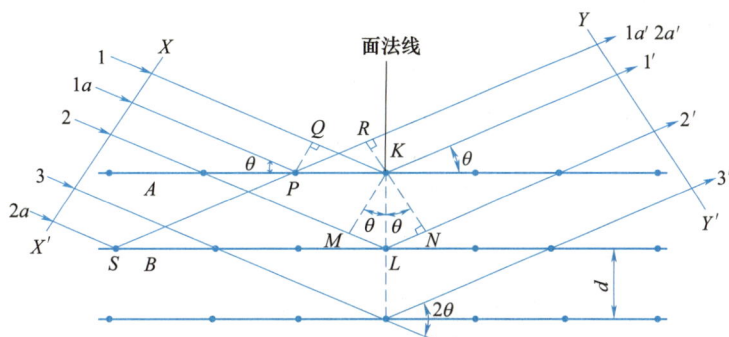

图5-33　晶体衍射示意图

　　对多原子面，一束波长为λ的X射线以θ角投射到面间距为d的一组平行原子面上。从中任选两个相邻原子面P1、P2，做原子面的法线与两个原子面相交于K、L；过K、L画出代表A和B原子面的入射线和反射线。由图5-33可知，经A和B两个原子面发射的反射波的光程差为$\delta = ML + LN = 2d\sin\theta$，则干涉加强的条件为$2d\sin\theta = n\lambda$，应该满足布拉格方程。

5.5.3　X射线衍射分析原理及晶体结构的解析步骤

5.5.3.1　X射线衍射分析原理

　　X射线衍射分析用于研究晶体结构，其原理基于布拉格方程。即任何一种晶体物质（包括单质元素、固溶体和化合物）都有其确定的点阵类型和晶胞尺寸，晶胞中各原子的性质和空间位置也是一定的。因而当X射线射入晶体时，会被晶体内的原子散射，产生衍射现象，对应有特定的衍射花样，即使该物质存在于混合物中也不会改变。所以与根据指纹来鉴别人类似，可以根据衍射花样来鉴别晶体物质。

　　衍射仪的采样数据在平滑处理后给出衍射图谱。X射线衍射图谱（衍射花样）由连续背景以及叠加在背景上一些谱线所组成。横坐标为衍射角2θ，纵坐标为衍射线强度I。

　　谱线亦称衍射线或衍射峰。衍射峰位、衍射峰线形和衍射强度称为衍射花样三要素，其中衍射峰位是指衍射峰在角度或空间频率坐标上的位置，由布拉格方程决定，因此用于测定晶体常数；衍射峰线形指衍射峰几何形态的特征，如半高宽，用于测定晶粒大小及位错密度等；衍射强度是指衍射峰的高度或者积分面积，与晶胞内原子种类、数量和排列方式有关，用于测定原子占位、物相含量等信息。如图 5-34（a）和（b）分别为晶体和非晶体的衍射图谱，可以明显看出，晶体的衍射图谱呈现出尖锐的峰，非晶体的衍射图谱不像晶体那样尖锐，仅显示宽大的"馒头峰"。

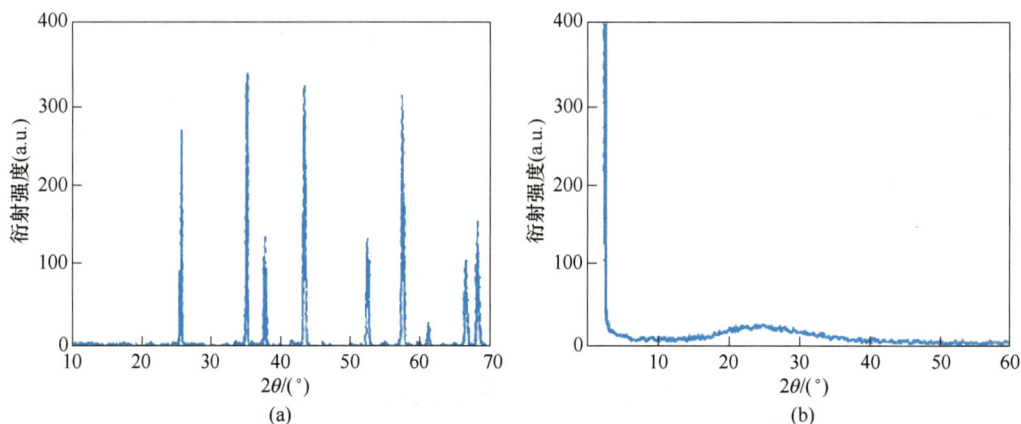

图 5-34　晶体和非晶体的衍射图谱
（a）晶体衍射图谱；（b）非晶体衍射图谱

5.5.3.2　晶体结构的解析步骤

X 射线晶体衍射分析的全过程十分复杂，需要专业的知识和经验，但它提供了获得物质原子级结构的独特途径。以下是其分析的主要步骤。

X 射线物相分析的任务是，利用 X 射线衍射方法，对试样中由各种元素形成的具有固定结构的化合物进行定性和定量分析，其结果不是试样的化学成分，而是由各种元素形成的具有固定结构的化合物的组成和含量。

A　原理

任何一种晶体物质（包括单质元素、固溶体和化合物）都有其确定的点阵类型和晶胞尺寸，晶胞中各原子的性质和空间位置也是一定的，因而对应有特定的衍射花样，即使该物质存在于混合物中也不会改变，所以可以像根据指纹来鉴别人一样，根据衍射花样来鉴别晶体物质。因为由衍射花样上各线条的角度位置所确定的晶面间距 d，以及它们的相对强度 I/I_1；是物质的固有特性，所以一旦未知物质衍射花样的 d 值和 I/I_1；与已知物质 PDF 卡片相符，便可确定被测物的相组成。

B　PDF 卡片

自 1942 年，"美国材料试验协会"出版了衍射数据卡片，称为 ASTM 卡片。1969 年成立了"粉末衍射标准联合会"，由它负责编辑出版了粉末衍射卡片，简称 PDF 卡片。用这些卡片，作为被测试样 d-I 数据组的对比依据，从而鉴定出试样中存在的物相。

PDF 卡片如图 5-35 所示，为了便于说明，将卡片分为 9 个部分来介绍它的内容。

d 4-0827	2.106	1.489	0.9419	2.431	MgO	★
I/I_1 4-0829	100	52	17	10	MAONESIUM UXIDE PERKLASE	

Rad.Cu λ1.5405 Fllter Ni	dÅ	I/I_1	hk1	dÅ	I/I_1	hk1
Dia. Cut off Coll.	2.431	10	111			
I/I_1 d corr.abs?	2.106	100	200			
Ref SWANSON AND TATGF, JCFPI, RFDORTS, NRS, 1949	1.489	52	220			
Sys.CUBIC(F.C.) S.G.O$_M^S$-FM3M	1.270	4	311			
a_0 4.213 b_0 c_0 A C	1.216	12	222			
α β γ Z 4	1.0533	5	400			
Rcf.IBID	0.9665	2	331			
ε_α n$\omega\beta$1.732 ε_γ Sign	0.9419	17	420			
2V Dx 3.581 mp Color	0.8600	15	422			
Ref.IBID	0.8109	3	511			
HIGN PURITY PIIOSPIIOR SAMPL FROM RCA DETED AT 1800 ℃ FOR 3 HRS. AT 26 ℃ TO REPLACE 1-1235, 2-1207, 3-0998						

图 5-35 PDF 卡片的格式和内容 （Å=0.1 nm）

（1）d 栏。含有四个晶面间距数项，前三项为从衍射图谱的 $2\theta<90°$ 中选出的三根最强衍射线所对应的面间距，第四项为该物质能产生衍射的最大面间距。

（2）I/I1 栏。含有的四个数项，分别为上述各衍射线的相对强度，这是以最强线的强度作为 100 的相对强度

（3）实验条件栏。其中：Rad.（辐射种类）；λ（波长）；Filter（滤波片）；Dia.（相机直径）；Cut off（相机或测角仪能测得的最大面间距）；Coll.（入射光阑尺寸）；I/I1（衍射强度的测量方法）；d corr. abs.？（d 值是否经过吸收校正）；Ref.（本栏目和第 8 栏目的资料来源）。

（4）晶体学数据栏。其中：Sys.（晶系）；S.G.（空间群）；a0、b0、c0（晶轴长度）；A（轴比 a_0/b_0）；C（轴比 c_0/b_0）；α，β，γ（晶轴夹角）；Z（晶胞中相当于化学式的原子或分子的数目）；Ref.（本栏目资料来源）。

（5）光学性质栏。其中：ε_α，nω_β，ε_γ（折射率）；Sign（光性正负）；2 V（光轴夹角）；D（密度）；Dx（x 射线法测量的密度）；mp（熔点）；Color（颜色）；Ref.（本栏目资料来源）。

（6）备注栏。试样来源、制备方法、化学成分，有时也注明升华点（S. P.）、分解温度（D. T.）、转变点（T. P.）、衍射测试的温度等。

（7）名称栏。物相的化学式和英文名称，有机物则为结构式。在化学式之后常有一个数字和大写英文字母的组合说明。数字表示单胞中的原子数；英文字母表示布拉维点阵类型。

右上角的符号标记表示：＊表示数据高度可靠；i 表示已指标化和估计强度，但可靠性不如前者；O——可靠性较差；C——衍射数据来自理论计算。

（8）数据栏。列出衍射线条的晶面间距 d，相对强度 I/I_1 和衍射晶面指数 hkl。

（9）卡片编号栏。

C　PDF 卡片索引

索引是一种能帮助实验者从数万张卡片中迅速查到所需卡片的工具书。目前常用的索引有以下两种：

（1）数字索引。当被测物质的化学成分和名称完全未知时，可利用此索引。在此索引中，每一张卡片占一行，其中列出八根强线的 d 值和相对强度，物质的化学式和卡片号。

（2）字母索引。当已知被测样品的主要化学成分时，可应用字母索引查找卡片。字母索引是按物质英文名称第一个字母的顺序编排的，在同一元素档中又以另一元素或化合物名称的字头为序，在名称后列出化学式、三强线的 d 值和相对强度，最后给出卡片号。对多元素物质，各主元素和化合物名称都分别列在条目之首，编入索引。

D　定性分析方法

（1）获得衍射花样。用照相法或衍射仪法测定其粉末衍射花样。

（2）计算各衍射线对应的面间距 d 值，记录各线条的相对强度，按 d 值顺序列成表格。

（3）当已知被测样品的主要化学成分时，利用字母索引查找卡片，在包含主元素的各物质中找出三强线符合的卡片号，取出卡片，核对全部衍射线，一旦符合，便可定性。

（4）在试样组成元素未知情况下，利用数字索引进行定性分析。首先在一系列衍射线条中选出强度排在前三名的 d_1、d_2、d_3，在索引中找出 d_1 所在的大组，然后按次强线 d_2 的数值在大组中查找各 d 值都符合的条目，若符合，则按编号取出卡片，最后对比被测物和卡片上的全部 d 值和 I/I_1，若 d 值在误差范围内符合，强度基本相当，则可认为定性分析完成。检索 PDF 卡片可以用人工检索，也可以用计算机自动检索。

5.5.4　X 射线衍射用于晶体结构的精修研究

晶体结构的精修（refinement of crystal structures）是一种基于 X 射线或中子衍射数据调整和优化分子和晶体的原子位置、热振动参数及其他相关参数的方法，以获得最佳的晶体结构模型。

实验过程中，受到仪器精度、样品制备、实验条件等因素的影响，数据中往往存在噪声和误差。对于多晶样品，不同晶粒的晶格常数可能存在差异。XRD 数据精修主要目的是消除实验数据中的噪声和误差，提高数据的质量，以获得更加准确、可靠的晶体结构信息，为材料研究提供坚实基础。以下是晶体结构精修的主要步骤和方法。

（1）数据收集：采用 X 射线或中子衍射装置收集数据。

（2）数据处理和缩放：涉及对原始数据进行积分以获取结构因子，并对数据进行缩放以考虑各种实验效应。

（3）晶体结构解析：使用直接法、巴顿法或分子替代法等方法确定晶体的初步结构。

（4）晶体结构精修：使用最小二乘法对初步结构进行精修，以最小化观测到的和计算出的结构因子之间的差异。在此过程中，可以考虑原子位置、热振动参数、占据因子以及其他可能的晶体结构参数。

（5）赋予观测值权重：在精修过程中，观测值被赋予权重，以考虑其可靠性和误差。通过为每个观测值分配不同的权重，可以更好地拟合实验数据与理论模型，优化晶体结构参数，从而获得更精确的原子坐标、晶胞参数等信息。

（6）应用一些约束和限制：为了使精修过程稳定和有意义，可能需要应用一些化学和晶体学约束或限制，例如原子间距离、原子位置或热振动参数。

（7）评估和验证：结构精修完成后，需要评估和验证结果。通常涉及计算和评估 R 因子、自由 R 因子和其他统计指标等。然后使用工具如 PLATON 或 CIFcheck 来检查可能的结构错误或异常。

（8）图形展示：使用软件（例如 Mercury、ShelXle、Coot、PyMOL 等）将优化后的晶体结构进行图形化展示。

为了有效地进行晶体结构精修，研究人员需要对化学、晶体学和相关软件工具有深入的了解。这是确保所获得的晶体结构模型既科学又合理的关键。

5.5.5 X 射线衍射分析的应用案例

图 5-36（a）所示为利用纯试剂合成的 $CuFe_2O_4$、$NiFe_2O_4$ 和 $MgFe_2O_4$，以及从浸出液中制备的 $(Mg,Cu,Ni)(Fe,Al)_2O_4$ 晶体的 X 射线衍射图谱，图 5-36（b）～（e）为四种晶体的扫描电镜形貌照片。晶体越完整内部缺陷越少，其线形越尖锐；根据峰位（横坐标），可以测定晶体常数；根据峰值强度（纵坐标）可以测算物相的含量。图 5-37 所示为不同 pH 值制备的氨基改性 SiO_2 气凝胶非晶体的 X 射线衍射图谱，其线形不像晶体那样尖锐，而是在大约 24°的位置表现出"馒头包"状。

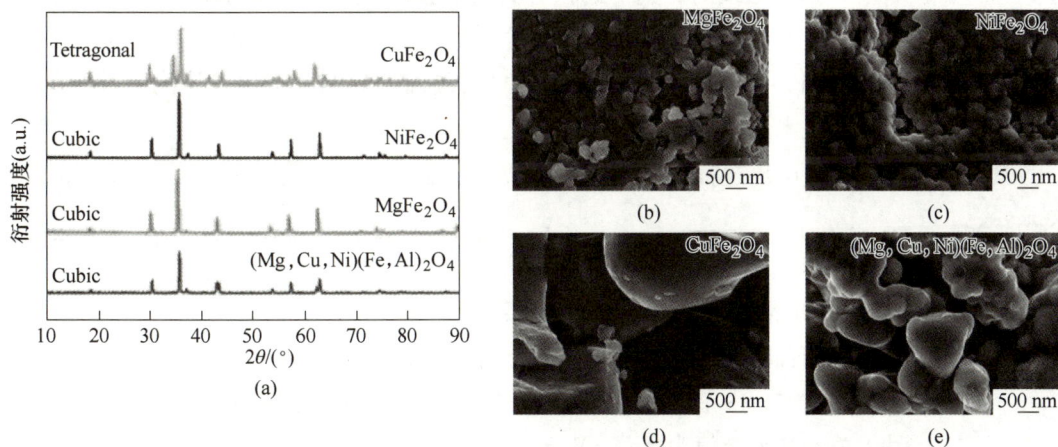

图 5-36　不同晶体的 X 射线衍射图谱及其扫描电镜形貌照片

（a）利用纯试剂合成的 $CuFe_2O_4$、$NiFe_2O_4$ 和 $MgFe_2O_4$，以及从浸出液中制备的晶体的 X 射线衍射图谱；

（b）$MgFe_2O_4$ 形貌；（c）$NiFe_2O_4$ 形貌；（d）$CuFe_2O$ 形貌；（e）$(Mg,Cu,Ni)(Fe,Al)_2O_4$ 形貌

扫码看彩图

图 5-37   不同 pH 值制备的氨基改性 SiO_2 气凝胶非晶体的 X 射线衍射图谱

5.6   X 射线光电子能谱分析

X 射线光电子能谱分析（X-ray photoelectron spectroscopy，XPS）也称为电子能谱分析（electron spectroscopy for chemical analysis，ESCA），是用于定量分析表面元素组成以及化学和电子状态的表面敏感性技术。根据光电效应原理，当材料受到 X 射线的照射时，使得原子内层的电子或价电子被激发，成为光电子。通过测量这些电子的能量，可以获得样品表面元素的化学和电子状态信息。

5.6.1   X 射线光电子能谱仪的基本原理、分析方法及优缺点

5.6.1.1   基本原理

当材料表面被 X 射线激发时，内部的核心层电子会被激发并逃逸而成为光电子；这些光电子能量与原子的类型和化学状态有关，通过测量光电子的能量，可以确定材料表面的组成和化学状态。如图 5-38 所示光电子仅来自材料表面的约 10 nm 深度，因此 XPS 是一种对表面敏感的分析技术。

具体而言，在光致电离过程中，如图 5-38 所示，固体物质的结合能可以用式（5-11）表示：

$$E_b = h\nu - E_k - W \tag{5-11}$$

式中　E_k——电子的动能，能谱仪实际测出的实验值，eV；

　　　E_b——电子的结合能，与电子的化学状态密切相关，eV；

　　　W——仪器功函数，由谱仪材料和状态决定，对同一台谱仪基本是一个常量，与样品无关，其平均值为 3~4 eV。

X 射线源的能量 $h\nu$ 固定时，通过测出的 E_k 即可得到 E_b。

由于 X 射线激发源的能量较高，可以激发出原子价轨道中的价电子，以及内层轨道电子，其出射光电子的能量仅与入射光子的能量及原子轨道结合能有关。因此，对于特定的

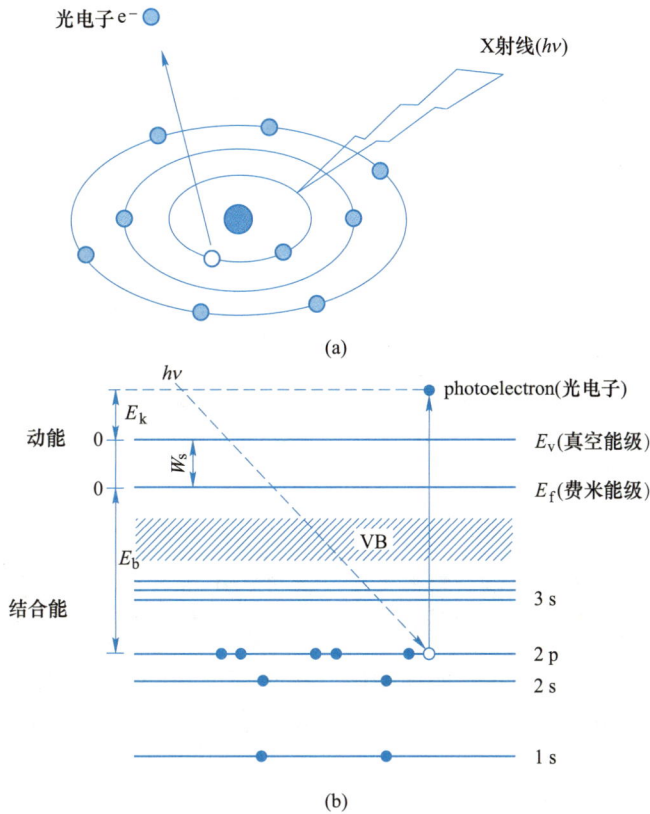

图 5-38　光电子被激发及 XPS 能级示意图

（a）光电子被激发示意图；（b）XPS 能级示意图

激发源和原子轨道，其光电子的能量具有特征性。当固定激发源能量时，其光电子的能量仅与元素种类和所电离激发的原子轨道有关。由此，可以根据光电子的结合能定性分析物质的元素种类。

　　XPS 谱图一般分为宽谱和高分辨窄谱两类，如图 5-39 所示。宽谱扫描范围常在 0～1400 eV，几乎包括除氢和氦以外所有元素的主要特征能量的光电子峰；高分辨窄谱扫描宽度一般为 10～30 eV，每个元素的主要光电子峰能量几乎是独一无二的，如图 5-39（b）所示 Fe 2p 峰，可以利用这种特征性质直接简便的鉴别样品的元素组成。

5.6.1.2　分析方法步骤

（1）测量：样品放入高真空的样品室内，然后用 X 射线激发。

（2）能谱记录：释放的光电子通过分析器测量其动能，生成能谱。

（3）峰拟合和定量分析：由于不同元素和化学状态对应的峰位和峰宽有所不同，通过对峰进行拟合和定量，可以得知样品的元素组成和化学状态。

（4）样品内部剖析：通过离子蚀刻，逐层移除材料表面，可以获得样品深度方向的组成信息。

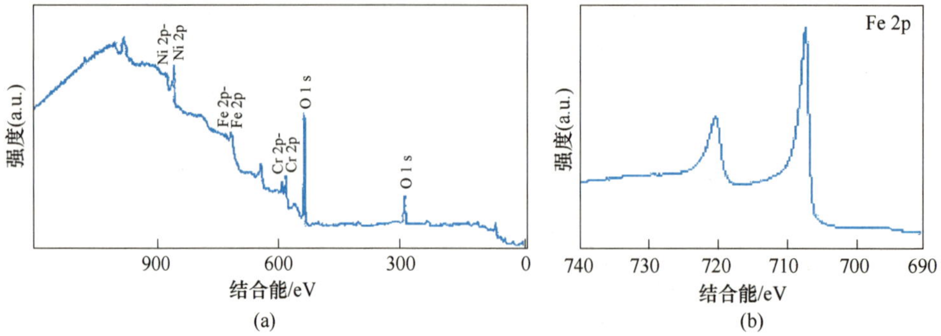

图 5-39　XPS 谱图

（a）XPS 宽谱；（b）Fe2p 高分辨窄谱图

5.6.1.3　优点与缺点

XPS 的优点主要有以下几点。

（1）表面敏感性：能够提供材料最外层（深度<10 nm）的详细信息。

（2）元素和化学状态分析：除了基本元素外，还可以提供化学键合、氧化态等信息。

（3）定量分析：通过对能谱的峰面积进行积分，可以得到各元素的相对含量。

（4）所有元素均可检测：除了氢和氦外，其他所有元素都可以检测。

XPS 分析的缺点如下。

（1）样品限制：由于需要高真空条件，所以样品必须在真空条件下能够保持稳定。

（2）深度分析限制：通常只能分析到样品表面 10 nm 深度；虽然可以通过离子蚀刻进行深度分析，但这可能会改变样品的化学状态。

（3）设备昂贵：XPS 设备和维护都相对昂贵。

5.6.2　X 射线光电子能谱仪的结构

X 射线光电子能谱仪主要由以下部分组成。

（1）X 射线源：通常使用单色或非单色的铝 Kα 或镁 Kα X 射线。

（2）超高真空系统：为了避免背景气体与样品或分析电子之间的相互作用，需要在超高真空（$<10^{-7}$ Pa）环境下进行 XPS 实验。

（3）电子分析器：用于测量从样品表面发射出来的电子的能量。常见的分析器类型有球形镜面分析器（SMA）和圆柱镜面分析器（CMA）。

（4）样品台：通常可以在多个轴上旋转和移动，以确保样品的正确定位和最佳分析面。

（5）检测系统：用于检测和计数通过能量分析器的电子。

图 5-40 所示为 Kratos AXIS Ultra DLD 型 XPS 实物照片及其结构示意图。

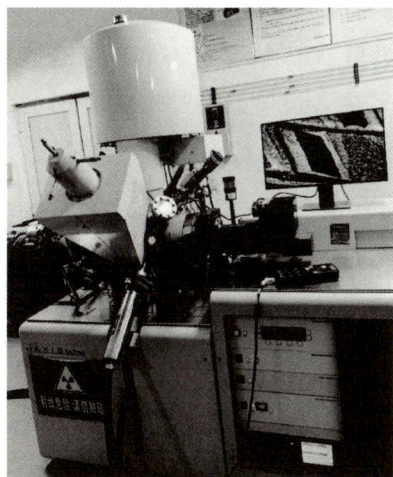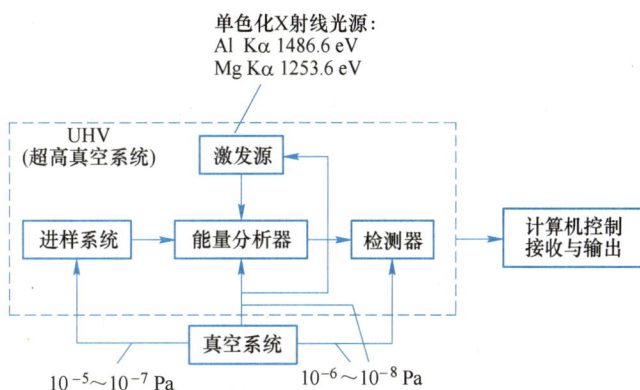

（a）
（b）

图 5-40　XPS 仪器照片及结构示意图
（a）Kratos AXIS Ultra DLD 型 XPS 照片；（b）结构示意图

5.6.3　价态分析方法

与 EDS 不同，XPS 不仅可以确定样品表面的元素组成，还可以确定各元素的化学状态或价态。价态分析通常基于以下几点。

（1）峰位置：光电子峰的能量位置可以提供关于元素价态的信息。例如，不同价态的金属元素在 XPS 谱上的峰会出现在不同的结合能位置。

（2）峰宽度：化学环境的不同可能会导致峰宽度的变化。

（3）峰形和卫星结构：某些价态可能会在主峰旁边显示额外的特征或卫星峰。

（4）峰面积：通过对特定的 XPS 峰进行面积分析，可以估计特定价态在样品表面的相对含量。

（5）与已知标准的对比：对未知样品的 XPS 谱与已知价态的标准样品的谱进行对比，可以帮助识别和确认未知样品中的价态。

5.6.4　X射线光电子能谱分析的基本步骤方法及分析结果的确定

（1）数据收集。首先要测量材料的全谱，获得所有表面元素的基本信息。其次，针对每个感兴趣的元素进行高分辨谱测量，以便更精确地测量其化学状态和结合能。

（2）谱线分析。先根据特定元素的结合能确定每个谱线的峰值，即进行峰位定位。然后进行谱线拟合，使用合适的背景去除法（如 Shirley 背景）和合适的线型（如高斯-洛伦兹线型）拟合谱线。由此精确地确定元素的存在量和化学状态。

（3）定量分析。不同的元素和它们的特定化学状态在 XPS 中有不同的检测敏感性。因此，为了进行定量分析，需要使用适当的敏感性因子来校正结果。使用谱线的面积和敏感性因子来计算材料表面的元素原子百分比。

（4）化学状态分析。对于同一元素的不同化学状态，其 XPS 峰会有不同的结合能。例如，金属氧化态的铁和金属态的铁会在不同的能量位置产生 XPS 峰。某些元素的不同化学状态可能会导致峰的分裂，由此提供有关其化学环境的更多信息。

（5）深度剖析。通过离子刻蚀，可以对样品内部进行分析，从而获得材料深度方向上的组成和化学状态的信息。

（6）结果解释。结合已知的文献数据、化学知识和实验条件，解释观察到的 XPS 结果。例如，某种特定的化学状态可能与材料的某种特定性质或制备方法有关。

（7）验证和对比。将 XPS 结果与其他表面或元素分析技术（如俄歇电子能谱、二次离子质谱等）进行对比，以验证和补充 XPS 结果。

通过上述步骤，可以有效地解析 XPS 数据，获得关于材料表面组成和化学状态的宝贵信息。

5.6.5 X 射线光电子能谱分析的应用案例

利用 XPS 检测高碳钢亚表层碳含量变化，可以分析高碳钢被空蚀后珠光体的两相分离行为。随着空蚀实验进行，珠光体中的两相（铁素体和渗碳体）出现分离，从扫描电镜形貌照片（见图 5-41）可以看出，表层渗碳体（图像中呈黑色细条状）消失，形成铁素体片中的缝隙。出现此种情况有两种可能：渗碳体脱落或铁素体突出。若渗碳体脱落，在一定深度内其含量都会减少；若铁素体突出而没有大量材料脱落，则在亚表层的某个深度必然表现为渗碳体含量的增加；但无法通过表面的扫描电镜图像判断是哪种情况。

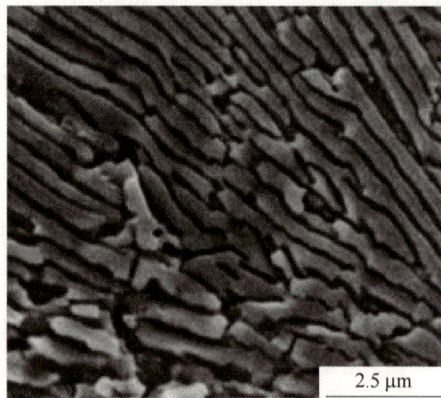

2.5 μm

图 5-41 高碳钢在空蚀 42 min 后表面形貌特征的高倍扫描电镜图像

可以利用 XPS 通过溅射对材料亚表面进行检测，并比较实验前后渗碳体含量的变化，帮助分析此现象产生的原因。图 5-42（a）是初始表面 C1 s 的 XPS 谱，谱图中 Fe-C 峰位及 C-C 峰位分别位于 283.10 eV 和 284.79 eV 处，有一定距离，双峰特征明显。经过 142 min，溅射掉浅表层的 43 nm 再进行检测，得到只有 1 个峰的谱图（见图 5-42（b）），且峰位向 Fe-C 结合能方向偏移。通过曲线拟合发现，Fe-C 峰位于 283.76 eV，其强度相对于初始表面的峰强提高了约 26%，而 C-C 峰位于 284.19 eV，强度降低了约 50%，表明铁素体的含量下降而渗碳体的含量上升。因此可以确定，不是表面渗碳体脱落，而是铁素体向外突出。

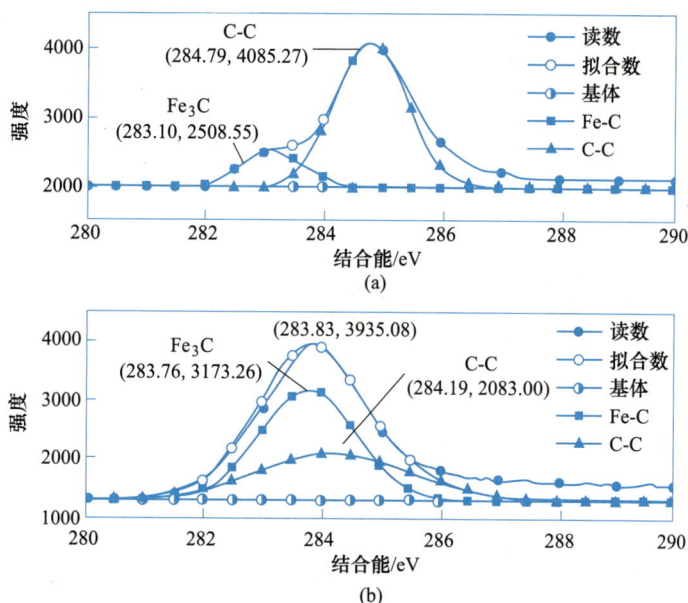

图 5-42　高碳钢原始表面和内部 XPS 对 C1s 分析结果

（a）表面的 XPS 图谱；（b）实验 142 min 后亚表面（溅射掉浅表层 43 nm）的 XPS 图谱

总的来说，XPS 是一种强大的表面分析工具，不仅可以提供关于样品表面元素组成的定性和定量信息，还可以提供关于这些元素的化学和电子状态的深入见解。

5.7 拉曼光谱分析

拉曼光谱（Raman spectra），是一种用于分子结构研究的分析方法，可以定性分析、定量分析和测定分子结构，广泛应用于化学、物理学、生物学和医学等各个领域。

5.7.1 拉曼光谱分析的基本原理、分析方法及优缺点

5.7.1.1 基本原理

拉曼光谱分析技术基于的原理是拉曼散射。当光照射到物质上时，大部分光都会弹性散射，这意味着散射光的频率与入射光的频率相同。但是，有一小部分光（大约 $1/10^6$）会经历非弹性散射，其频率与入射光略有不同，这种现象称为"失效"（或"增效"）拉曼散射。拉曼散射可以分为斯托克斯（Stokes）和反斯托克斯（Anti-Stokes）散射。在斯托克斯散射中，分子从基态跃迁到虚拟状态，并释放一个与某个振动模式相对应的能量量子，导致散射光的能量减少。反斯托克斯散射是相反的过程。拉曼光谱实际上就是测量这

些散射光的能量差异，这些差异与分子内部的振动模式直接相关。

拉曼光谱图通常由一定数量的拉曼峰构成，每个拉曼峰代表了相应的拉曼位移和强度。图 5-43 是三种渣中 SiO_2 的拉曼光谱，横坐标为拉曼位移，对应分子内部振动、转动或晶格振动的能量变化，单位为波数（cm^{-1}）；纵坐标为谱峰强度，用任意单位（a.u.）。随着渣中 SiO_2 含量增加，强度会增加，峰宽与结晶性相关，尖锐峰通常对应结晶态。

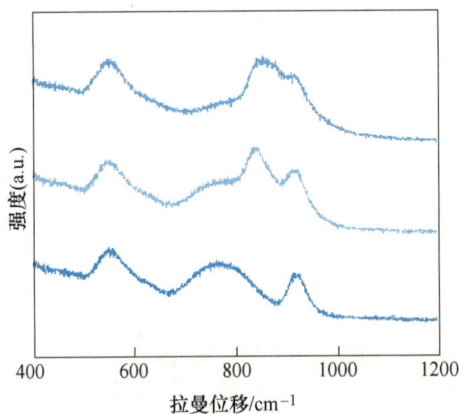

扫码看彩图

图 5-43   三种渣中 SiO_2 的拉曼光谱

5.7.1.2   分析方法

拉曼光谱分析可以应用于固体、液体、气体。选择适当的激光波长，在显著减少杂散光、提高信噪比的同时，减小荧光屏干扰，从而提升拉曼光谱的质量和准确性。获得拉曼散射的光谱后，根据谱线的位置、宽度和形状都可以得到关于分子振动模式的信息。通过对比已知的拉曼光谱库或文献，识别并解释谱线。也可以使用统计方法、多元分析等来处理复杂的拉曼数据。

5.7.1.3   优点和缺点

拉曼光谱分析优点如下。

（1）无须特殊样品制备：拉曼光谱通常可以直接在固体、液体或气体样品上进行。

（2）高分辨率：可以提供关于分子结构的详细信息。

（3）化学敏感性：不同的化学环境或结合方式会导致拉曼谱线的轻微变化。

（4）非破坏性：通常情况下，对样品无损。

拉曼光谱分析的缺点有以下几点。

（1）荧光干扰：某些样品可能会产生强烈的荧光，这可能会掩盖拉曼信号或使其难以检测。

（2）信号较弱：与红外光谱等其他散射技术相比，拉曼散射的效率较低，可能需要较长时间的数据收集，或用较高功率的激光。

（3）激光热效应：高功率激光可能会导致样品受热或损坏。

5.7.2 拉曼光谱仪的主要结构

典型的拉曼光谱仪包含以下主要部分。

（1）激光光源：用于激发样品的强激光。

（2）采样系统：包括样品台和可能的显微镜系统，以便对微小区域进行精确的拉曼测量。

（3）光栅或滤波器：用于分散或筛选出不想要的光。

（4）探测器：通常为光电倍增管或 CCD 相机，用于检测散射光。

（5）数据分析系统：软件用于收集、分析和解释数据。

图 5-44 所示为 HORIBA HR Evolution 高分辨拉曼光谱仪实物照片。

图 5-44　HORIBA HR Evolution 高分辨拉曼光谱仪

5.7.3 特征化学键分析方法

拉曼光谱的主要优势在于其可以提供有关分子中特定化学键振动的信息。不同的化学键和功能团都有其特定的拉曼频率。以下是分析和解释拉曼光谱的基本方法。

（1）对照标准。将未知样品的拉曼光谱与已知物质的标准拉曼光谱进行比较，以确定未知物质的组成。在拉曼光谱中，$400 \sim 1800 \ cm^{-1}$ 的区域被称为"指纹区域"。这个区域包含了许多特定化合物的振动，可以用于鉴定化合物。

（2）功能团分析。许多功能团（如 OH、COOH、CH_2 等）在拉曼光谱中都有明确的特征峰。通过识别这些峰，可以确定样品中存在的功能团。

（3）强度和宽度分析。峰的强度和宽度可以提供关于浓度和分子环境的信息。

（4）多谱对比。将拉曼光谱与其他谱学技术（如红外光谱）结合起来，可以提供更全面的信息。

5.7.4 拉曼光谱分析的基本步骤及分析结果的确定

（1）数据收集。首先，要确保样品适合进行拉曼测量，某些样品可能需要特殊的制备，例如溶液、粉末或薄膜。其次，根据样品的性质选择合适的激光波长，某些材料可能会较强烈吸收特定波长的激光，导致样品受热或损坏。最后，使用拉曼光谱仪收集光谱数据，确保设置正确的分辨率、积分时间等参数。

（2）谱线分析。先去除由仪器、样品或其他因素引起的基线漂移或背景信号，即背景去除。再进行谱线识别，确定光谱中的主要谱线和其对应的拉曼位移。

（3）定量与定性分析。首先，根据峰面积与峰高，可以进行定量分析，评估特定振动模式的强度；其次是确定拉曼位移，谱线的位置（以 cm^{-1} 为单位）提供了关于特定化学键和功能团的信息；第三是谱线宽度，可以提供关于材料的结晶性或某些动态过程的信息。

（4）结果解释。通过与文献对照已知的拉曼光谱数据，来识别特定的化学功能团、材料或晶体结构，从谱线的位移、形状和强度中提取化学和结构信息。

（5）验证与对比。使用其他表征技术，如 FTIR、XPS 或 XRD，来验证和补充拉曼光谱结果。

（6）其他注意事项。强激光与样品损伤：根据需要调整激光功率，以保证不要使样品过热或损坏。荧光背景：某些样品可能产生强烈的荧光背景，这可能会掩盖拉曼信号。在这种情况下，可能需要选择其他波长的激光或使用其他技巧来抑制荧光。

通过上述步骤，可以有效地解析拉曼光谱数据，并从中获得有关材料的信息。

5.7.5 拉曼光谱分析的应用案例

为了研究 Zn 掺杂对于尖晶石铁氧体微观结构的影响，对不同 Zn 掺杂量铁氧体样品进行了拉曼测试。根据 XRD 分析结果可知，铁氧体属于立方尖晶石结构，晶格中 O^{2-} 离子构成四面体和八面体，属于空间群 Fd3m（Oh7）。立方尖晶石结构中有 5 个拉曼特征峰（A_{1g} +E_g+3T_2）存在，主要是由四面体和八面体位置的氧原子运动造成。根据拉曼光谱特性，在尖晶石中，发生在 600 cm^{-1} 以上位置的特征衍射峰对应于四面体 AO_4 中氧原子的运动，而在 600 cm^{-1} 以下的低频特征峰，对应的是氧原子和阳离子在八面体位置的伸缩振动。

图 5-45 所示为不同 Zn 掺杂量 Ni-Co-Mn-Mg 铁氧体样品在室温下波数在 100~1000 cm^{-1} 的拉曼图谱测试结果。可以看出，大约在 200 cm^{-1}、300 cm^{-1}、470 cm^{-1} 和 700 cm^{-1} 出现了明显的特征衍射峰，并且在 550 cm^{-1} 左右还出现了较弱的特征衍射峰。随着 Zn^{2+} 离子掺杂量的增加，特征峰的位置、强度和宽度均发生了变化，充分说明了掺杂离子的增加对于拉曼特征峰的影响。特别地，随着 Zn^{2+} 离子掺杂量的增加，尖晶石四面体 A 位内阳离子的排布发生了明显的变化。根据拟合的结果可以看出，在尖晶石四面体 A 位，640 cm^{-1} 和 700 cm^{-1} 位置分别对应的是特征衍射峰 $A_{1g}(1)$ 和 $A_{1g}(2)$，它们所对应的是四面体 A 位内 Fe-O 和 M-O 的特征峰。另外，随着 Zn^{2+} 离子掺杂量的增加，Fe-O 键的拉曼峰强在降低，而 M-O 键的拉曼峰强在增强，说明四面体 A 位占位的 Fe^{2+} 离子在减少，而 Zn 离子的占位在增多。为了更好地说明在四面体 A 位金属阳离子变化的情况，对 $I(A_{1g}(1))$: $I(A_{1g}(2))$ 进行了计算（I 表示特征峰所对应的拉曼峰强），计算结果列在图 5-38 中，随着 Zn 掺杂量从 0 增加到 0.8，$I(A_{1g}(1))$: $I(A_{1g}(2))$ 的值从 2.03 减小到了 0.75，说明 Zn^{2+} 离子掺杂

到尖晶石铁氧体中，主要占据的是四面体 A 位，代替了四面体位置的 Fe^{2+} 离子。另外，从特征峰的位置看，随着 Zn^{2+} 离子掺杂量增多，$A_{1g}(1)$ 和 $A_{1g}(2)$ 所对应的位置发生了轻微的红移现象，进一步证实了离子替代的发生。

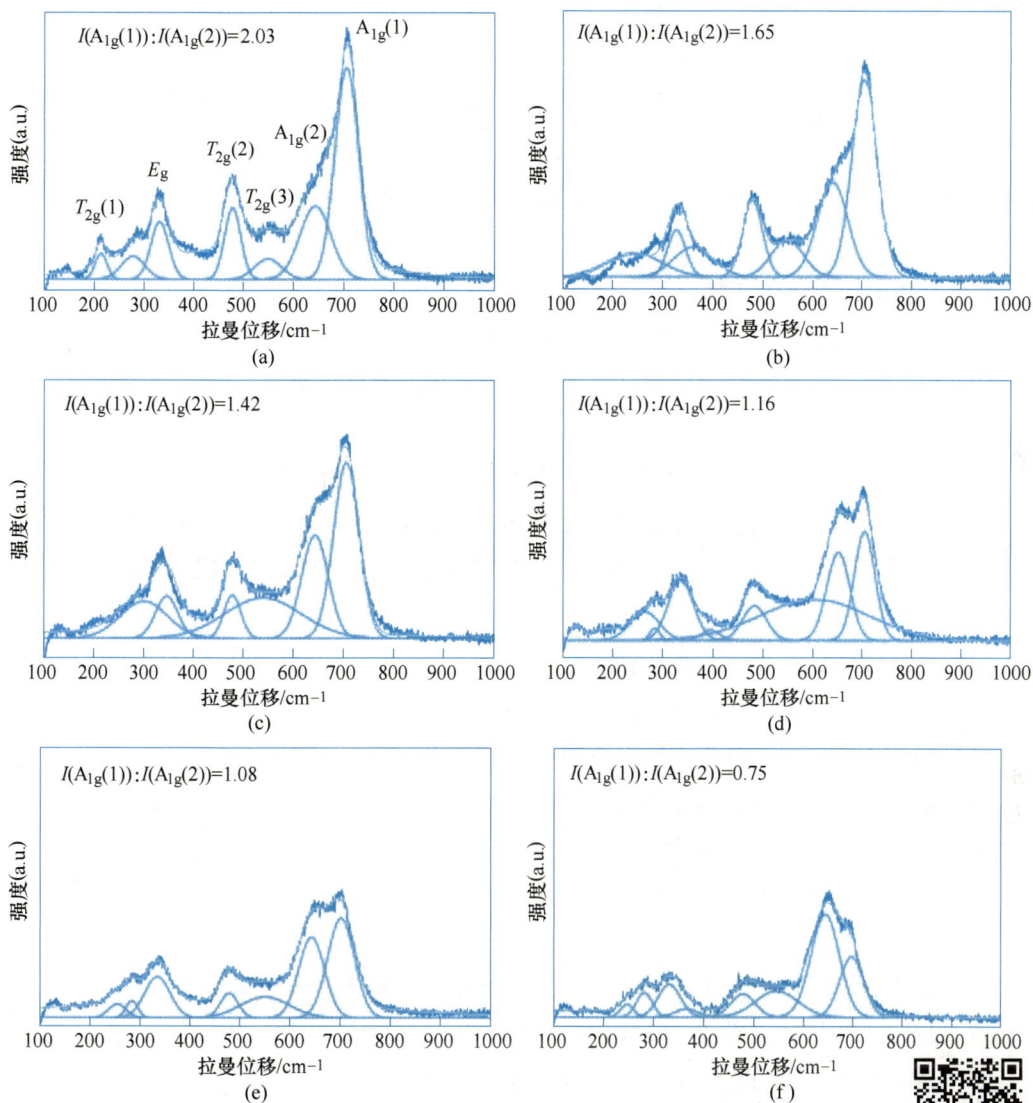

图 5-45　Zn 离子掺杂量的 Zn 掺杂 Ni-Co-Mn-Mg 铁氧体的拉曼光谱
(a) $x=0$；(b) $x=0.25$；(c) $x=0.40$；(d) $x=0.60$；(e) $x=0.70$；(f) $x=0.80$

扫码看彩图

5.8　红外光谱分析

红外光谱分析的原理基于分子中的化学键在特定的红外波数范围内会吸收红外辐射而产生振动。当红外辐射的频率与分子中化学键的自然振动频率相匹配时，红外辐射被吸收, 引起分子中相应的化学键的振动或旋转, 这种现象称为共振。因此红外光谱分析可以被用来鉴别不同的化学物质。

红外光谱分析的基本原理、分析方法及优缺点

5.8.1.1　基本原理和分析方法

分子中的原子通过化学键联接, 这些键以一定的频率振动, 如拉伸、弯曲、扭曲等。当分子暴露在红外辐射下时, 如果辐射的频率与分子的振动频率匹配, 那么分子就会吸收这些辐射。吸收的红外辐射频率与分子结构有关, 因此可以通过测量吸收的辐射来获得有关物质的化学信息。

具体分析方法有以下几种。

(1) 透射法: 红外辐射穿过样品, 然后被探测器检测。样品可以是气体、液体或固体。

(2) 反射法: 红外辐射射向样品, 然后从样品表面反射出来, 并被探测器检测。这种方法常用于固态样品或表面分析。

(3) 漫反射红外光谱 (DRIFTs): 用于粉末或不透明的固体样品。

(4) 红外显微镜: 用于对样品进行微观分析, 例如细胞、组织或微小的材料区域。

(5) 傅里叶变换红外光谱 (FTIR): 使用傅里叶变换来增加信号的强度和分辨率。

5.8.1.2　优点与缺点

红外光谱分析的优点主要有以下 5 点:

(1) 非破坏性, 大多数红外光谱分析不会破坏样品;

(2) 对许多有机和无机化合物都有很好的灵敏度;

(3) 能够识别许多不同的功能团和化学结构;

(4) 大多数分析速度非常快;

(5) 宽范围的样品类型, 可以分为固体、液体和气体样品。

其缺点在于:

(1) 对于含有许多不同组分的样品, 光谱可能会很复杂并难以解释;

(2) 仅限于样品的表面或接近表面的区域;

(3) 来自不同功能团或化学键的信号可能会重叠;

(4) 解释红外光谱需要经验和专业知识。

红外光谱图输出形式与拉曼光谱类似, 横坐标是波数 (cm^{-1}), 表示红外光的能量或频率, 与分子振动能级跃迁对应, 波数越高, 能量越高; 纵坐标可以是透光率 (%) 或吸光度。透光率表示红外光透过样品的百分比, 吸收峰表现为向下的谷, 峰越深, 吸收越强; 以透光率为纵坐标, 通常用于官能团鉴定的定性分析。吸光度表示样品对红外光的吸收强度, 吸收峰表现为向上的峰, 峰越高, 吸光度越高; 吸光度与样品浓度成正比; 以吸光度为纵坐标, 通常用于浓度测定类的定量分析。图 5-46 是 4%C_4F_7N/CO_2 混合气体的红外光谱, 其纵坐标为吸光度, 表现为向上的峰; 本节最后的应用案例则以透光率为纵坐标。

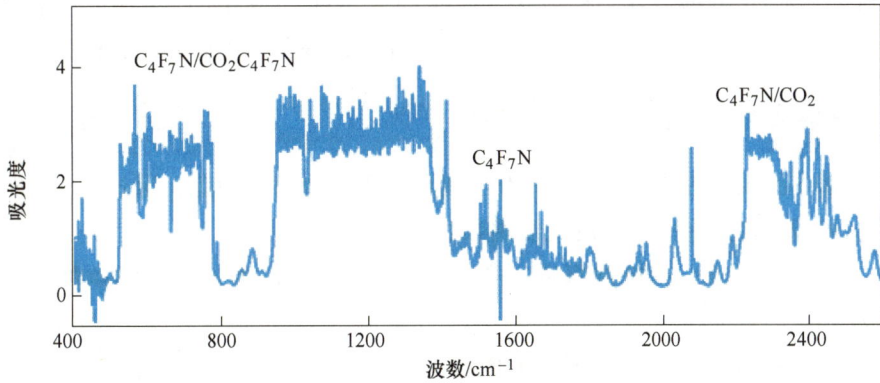

图 5-46　$4\% C_4F_7N/CO_2$ 混合气体的红外光谱

红外光谱仪的组成结构与操作模式

5.8.2.1　组成结构

红外光谱仪主要由以下几部分构成。

（1）红外光源：产生宽波段的红外辐射，通常使用黑体辐射源，如氮化硅。

（2）分光器：将入射红外光分割成其组成的不同波长，常用的分光器包括分裂棱镜和光栅。

（3）样品舱：用于放置样品，样品可以是固态、液态或气态。

（4）检测器：检测经过样品的红外光的强度。常见的检测器有铟锑（InSb），汞镉碲（MCT）等。

图 5-47 所示为 PerkinElmer 公司的 Spectrum 3 型傅里叶红外光谱仪的实物照片。

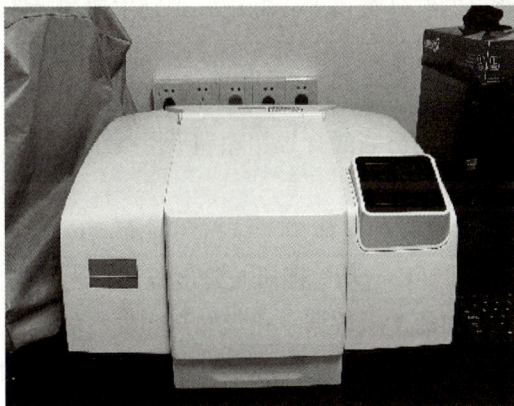

图 5-47　PerkinElmer 公司的 Spectrum 3 型傅里叶红外光谱仪

5.8.2.2　操作模式

红外光谱仪的操作模式有透射法和反射法。透射法是指红外光通过样品，被样品中的化学键吸收，然后达到检测器。反射法（attenuated total reflectance，ATR）是指红外光被样品表面反射，然后被检测，这种方法特别适合于难以透射的固体和薄膜样品。

5.8.3 特征化学键分析方法

红外光谱中的吸收峰代表了特定的化学键的振动或旋转。因此，通过解析红外光谱中的吸收峰，可以确定样品中存在的化学键和功能团。

（1）分子振动模式：有拉伸振动、弯曲振动等。例如，O—H 键的拉伸振动通常在 $3200 \sim 3600 \ cm^{-1}$ 产生吸收峰。

（2）吸收峰的强度和形状：可以提供有关特定化学键浓度和其化学环境的信息。例如，自由 OH 和结合 OH 在红外光谱中的吸收峰形状和位置是不同的。

（3）对比和匹配：通过与已知标准物质的红外光谱进行对比，可以进一步确认样品中的化学结构。

（4）数据库查询：现代红外光谱软件通常都配备了数据库查询功能，可以自动匹配样品光谱与数据库中的标准光谱。

（5）谱带归属：对于不同的功能团和化学键，都有其特定的红外吸收波数范围，通过对照已知的归属表，可以推测和确定样品中的化学结构。

5.8.4 红外光谱解析的基本步骤及分析结果的确定

红外光谱分析的基本步骤及分析结果如下。

（1）样品准备：根据红外光谱仪的类型（如传输、ATR、反射等），选择合适的样品准备方法。

（2）数据收集：使用红外光谱仪对样品进行扫描，波数通常为 $400 \sim 4000 \ cm^{-1}$。

（3）谱线识别：在获得的红外光谱上，标记并识别主要的吸收峰。

（4）功能团和化学结构的分析：使用红外光谱表或数据库，对照已知的功能团或化学结构的吸收峰，解析样品中存在的功能团或结构。注意某些特征性吸收，如羰基（C═O）。

（5）背景和噪声处理：使用适当的背景扣除和平滑技术，以消除任何非样品相关的吸收或噪声。

（6）定量分析（如果需要）：如果使用了适当的标准和校准，某些应用允许通过红外光谱进行定量分析。这通常基于特定功能团吸收强度与浓度之间的关系。

（7）数据解释：结合已知的文献数据、化学知识和样品的来源或预期组成，解释获得的红外光谱结果。例如，某种特定的功能团可能与样品的某种已知性质或反应有关。

（8）与其他技术比较和验证：根据需要，可以将红外光谱结果与其他分析技术（如核磁共振、质谱等）的结果进行对比，以进一步验证和补充分析。

5.8.5 红外光谱分析的应用案例

图 5-48 所示为杂质 SiO_2 质量分数为 2%、3%、5%铁氧体样品的傅里叶红外谱图，目

的是研究含 Si 杂质在制备合成铁氧体内部的结构和存在形式。可以看出，在 575 cm^{-1} 和 430 cm^{-1} 处分别出现了两个很强的峰，它们所对应的是尖晶石结构四面体和八面体位置的 M—O 键的伸缩振动峰，进一步证实了尖晶石结构铁氧体的生成。随着 SiO$_2$ 含量的增加，四面体位置峰的位置向着高波长移动，而八面体位置峰的位置向着低波长移动，这可能是因为 SiO$_2$ 在阻碍晶粒长大的时候导致了尖晶石结构四面体和八面体尺寸的变化不同而造成。另外，在 3425 cm^{-1} 和 1633 cm^{-1} 处出现了两个较弱的峰，它们对应的是自由水和吸附水的 O—H 或者 H—O—H 的伸缩振动和弯曲振动峰，说明在制备到的样品表面还有少量的吸附水。在图谱中还可以看到在 1085 cm^{-1}、870 cm^{-1} 和 470 cm^{-1} 附近出现了较强的峰，所对应的是 Si—O—Si 的伸缩振动峰，证实了在制备合成的铁氧体样品中确实存在含 Si 的杂质。在 2361 cm^{-1} 处出现的峰对应的是在制备样品过程中吸附的 CO$_2$ 的伸缩振动峰，主要是由于制样过程中吸附空气中 CO$_2$ 和 H$_2$O 引起。

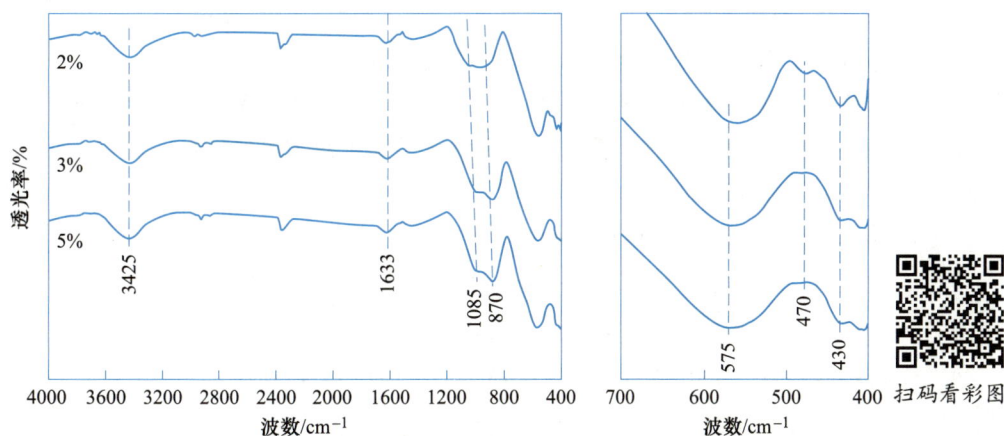

图 5-48　杂质 SiO$_2$ 质量分数为 2%、3%、5% 铁氧体样品的傅里叶红外谱图

5.9　核磁共振波谱分析

核磁共振波谱分析（nuclear magnetic resonance spectroscopy，NMRS）是基于某些原子核自旋角动量产生的磁性。当这些磁性核被置于一个强磁场中时，它们的磁矩会根据这个外部磁场排列。最常用的核是氢（1H）和碳-13(13C)。当这些核被射频（RF）辐射激发时，它们的磁矩从一个能量状态跃迁到另一个能量状态。当核从激发状态返回到基态时，它会释放能量，这种能量可以被检测，并作为核磁共振信号。

5.9.1　核磁共振波谱分析的基本原理、分析方法及优缺点

核磁共振波谱分析是一种强大的分析方法，广泛应用于有机化学、生物化学、药物化学以及其他领域。核磁共振谱仪有两类：宽谱线核磁共振谱仪可直接测量固体样品，在物理学领域应用较多；高分辨核磁共振谱仪只能测液体样品，主要用于有机分析。

5.9.1.1 基本原理和分析方法

某些原子核（如氢核、碳-13 核）具有磁矩，当放置在外部磁场中时，这些核会产生两个或多个不同的能级。当样品被射频辐射照射时，核从一个能级跃迁到另一个能级，并在磁场中吸收能量。当核从较高的能级返回到较低的能级时，它们会放射能量，NMR 就是测量这种能量放射。原子核所在的化学环境会影响其在磁场中的能级间隔。这使得NMR 能够为化学环境提供详细的信息。

具体分析方法有以下几种。

（1）1H-NMR（质子核磁共振）：主要针对分子中的氢原子，是最常用的 NMR 形式，能提供关于分子中氢原子的环境和邻近的结构信息。

（2）13C-NMR（碳-13 核磁共振）：提供关于分子中碳原子的信息。

（3）2D-NMR（二维核磁共振）：如 COSY、HSQC 和 HMBC 等，提供了关于原子间连接的更多信息。

（4）固态 NMR：用于分析固态样品，与传统液态 NMR 稍有不同。

（5）NOESY（nuclear overhauser effect spectroscopy）和 ROESY（rotating frame nuclear overhauser effect spectroscopy）：这些技术可以提供关于原子间距离的信息。

5.9.1.2 优点与缺点

核磁共振光谱分析的优点有以下几点：

（1）非破坏性，样品在测量后通常完好无损；

（2）详细的结构信息，可以提供分子内原子间的详细连接信息；

（3）实时动态信息，可以用于研究分子动态、反应机制等；

（4）多样性，多种 NMR 技术可以提供多种类型的信息；

（5）无须对样品进行特殊标记，自然存在的某些同位素（如 1H 和 13C）使得 NMR 非常适用。

其缺点在于：

（1）NMR 装置的购买和维护成本都很高；

（2）需要较大的样品量才能获得良好的信噪比；

（3）某些复杂分子的 NMR 光谱可能难以解析；

（4）只有具有特定核磁矩的同位素才能被 NMR 检测；

（5）对于大型生物分子，高分辨率结构研究可能会受到限制。

5.9.2 核磁共振波谱仪的组成

核磁共振波谱仪主要由以下部分组成。

（1）磁体：产生一个均匀且强的磁场，通常使用液氦或液氮冷却的超导磁体。

（2）射频（RF）发射器和接收器：发射器产生激发核的 RF 脉冲，而接收器则检测来自样品的响应。

（3）探头：包含 RF 线圈和用于放置样品的样品管，位于磁体的中心。

（4）数据处理系统：通常是计算机，用于控制实验、收集数据并进行数据分析。
图 5-49 所示为 Bruker-600 MHz 核磁共振波谱仪实物照片。

图 5-49　Bruker-600 MHz 核磁共振波谱仪（固体）

5.9.3　H-NMR 及 C-NMR 分析方法

（1）H-NMR(1H-NMR) 分析方法。氢原子在不同的化学环境中会显示出不同的共振频率。这种差异被称为化学位移。NMR 谱中的每个峰的面积与该化学环境中的氢原子数成正比。由于相邻氢原子的自旋-自旋耦合，NMR 峰会分裂成特定的多重性模式。例如，一个相邻的氢原子可能会导致一个双峰模式，两个相邻的氢原子可能会导致一个三峰模式，以此类推。

（2）C-NMR(13C-NMR) 分析方法。与 H-NMR 一样，13C 的核磁共振频率也会根据其所在的化学环境而变化。在常规 13C-NMR 谱中，一般不考虑多重性，因为通常使用"宽带去耦"消除氢和碳之间的耦合。由于 13C 的自然丰度较低，因此常常使用数百到数千次的扫描来增强信号。

5.9.4　核磁共振波谱解析的基本步骤及分析结果方法

（1）数据收集。不同的溶剂会影响 NMR 谱，因此通常使用已知的、不会与样品反应的溶剂（例如 DMSO-d6，CDCl3 等）。然后使用合适的 NMR 仪器（如 1H-NMR、13C-NMR 等）收集数据。

（2）谱图分析。查看谱图，确定信号出现的化学位移位置，化学位移与特定原子或化学环境有关。通过积分曲线，可以确定特定信号下的氢原子数量。观察每个信号的分裂模式（如单峰、双峰、三峰等），以判断该氢原子相邻的氢原子数。分析 13C-NMR 谱图以确定有机化合物中不同碳的类型和数量。

（3）与已知数据对照

使用 NMR 数据库或手册，与已知化合物的 NMR 数据进行对照，以帮助识别和确认样品的结构。

(4) 结果解释。基于 1H-NMR 和 13C-NMR 数据（化学位移、多重性、积分值等），解释样品的可能结构。考虑与其他技术（如 IR 光谱、质谱等）获得的数据，进一步验证和支持结构解释。

(5) 二维 NMR 分析。如果需要更详细的结构信息，可以使用二维 NMR 技术，如 COSY、HSQC、HMBC 等，以提供原子之间的相互关系。

(6) 结果确认。结合所有收集到的数据和信息，建立化合物的最可能的结构。在某些情况下，可能会得到多个可能的结构，需要进一步的实验或分析来确定正确的结构。

核磁共振光谱以化学位移 δ 为横坐标，信号强度为纵坐标。化学位移反映核（如 ^{1}H、^{13}C）所处的电子环境，由外加磁场中核的屏蔽效应决定，化学位移越大，核电子云密度越大，屏蔽效果越强。吸收强度与样品中对应核的数量相关，通常为任意单位（a.u.）。

5.9.5 核磁共振波谱分析的应用案例

深共晶溶剂（deep eutectic solvents，DESs）作为一种新型的绿色溶剂，是由氢键供体和氢键受体形成的室温液体，因其溶解能力强、可循环使用等优势，成为废弃锂离子电池正极活性材料回收研究的热点。选择低黏度弱配位组分乙二醇（EG）和选择性配位沉淀组分二水合草酸（OAD）为原料，设计并制备双功能低黏度的酸基（DES），能够一步实现锂的高效选择性浸出与过渡金属草酸盐沉淀的分离。

图 5-50（a）给出了不同 $M_{EG:OAD}$（3∶1，5∶1，7∶1，9∶1，11∶1 和 13∶1）下一系列 DES 的 DSC 曲线，发现 EG∶OAD 体系的物相转变温度是玻璃化转变温度（T_g，℃），而不是熔点。以玻璃化转变的中点温度为物相转变温度，溶剂 T_g 的变化范围为 $-118.2 \sim -109.5$ ℃，显著低于乙二醇（-12.6 ℃）和二水合草酸（100 ℃）的熔点。图 5-50（b）中的插图表明这些溶剂在室温下均为澄清透明的液相，证实了该溶剂体系是典型的 DES。据此绘制了 DES 在不同乙二醇摩尔比例下的 T_g 变化（二元共晶相图），见图 5-50（b）。可以看出，随着 $M_{EG:OAD}$ 从 3∶1 增加到 13∶1，DES 的 T_g 先下降后增加，该 DES 体系的共晶点为 11EG∶1OAD，此时熔点最低，达到 -118.2 ℃。

DES 熔点的下降是由于组分间大量氢键的形成，而这可以通过乙二醇及相应 DES 的 1H-NMR 光谱来证实，结果见图 5-50（c）。与纯乙二醇相比，DES 中—OH 的化学位移（δ）都向低场移动，并且移动距离随着 $M_{EG:OAD}$ 增加而降低。当 $M_{EG:OAD}$ 从 9∶1 变化到 3∶1 时，—OH 化学位移从 5.38 增加到 5.83，表明随着 DES 中二水合草酸浓度增加，乙二醇和二水合草酸之间形成更多的分子间氢键。这归因于组分间形成的氢键降低了—OH（乙二醇）上氢原子周围的电子云密度，从而削弱了电子云对外加磁场的去屏蔽效应。此外，在乙二醇与二水合草酸混合后，乙二醇中的官能团—CH$_2$ 的化学位移值都略有上升，例如，从纯乙二醇中的 3.64 增加到 3EG∶1OAD 中的 3.63，进一步证实了乙二醇和二水合草酸之间氢键的生成。

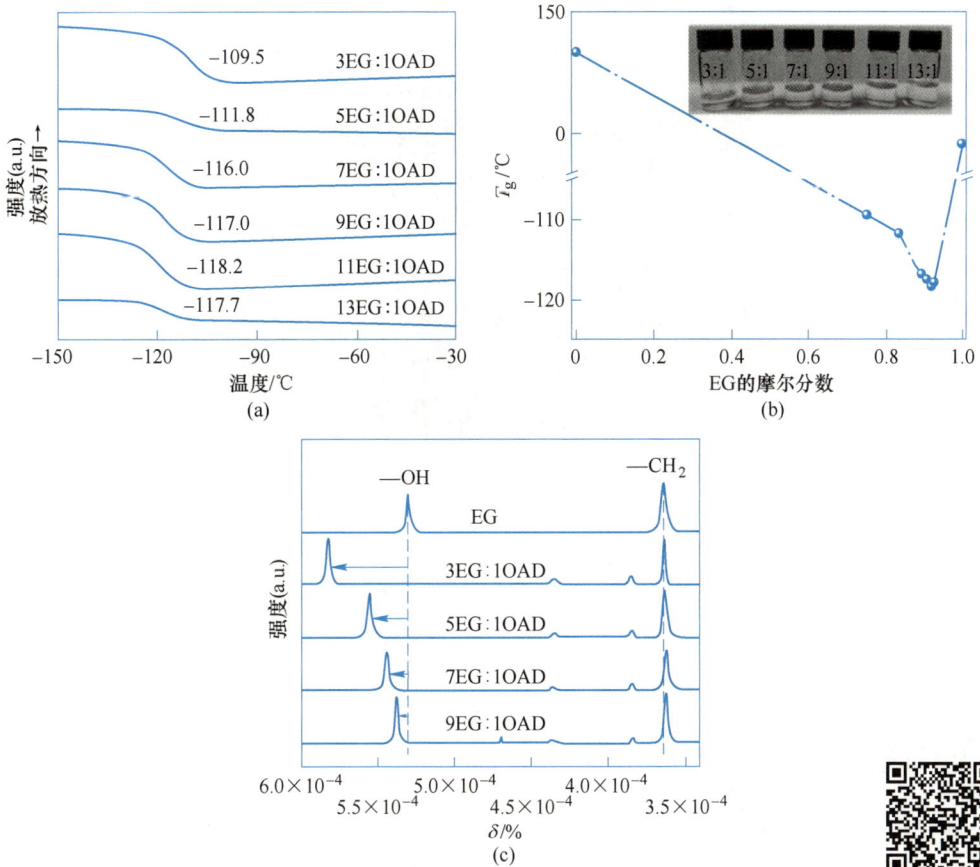

图 5-50 基于不同 $M_{EG:OAD}$ 制备 DES 的分析结果

（a）DSC 曲线；（b）二元共晶相图，插图为不同 $M_{EG:OAD}$ 下 DES 室温下的照片；

（c）乙二醇和相应 DES 的 1H-NMR 光谱

扫码看彩图

5.10 Gleeble 热-力学模拟机

Gleeble 热-力学模拟机是一种强大的实验装置，专为研究材料在高温和变形条件下的行为而设计，广泛用于模拟和测试材料（尤其是金属）在高温下的行为。它可以模拟各种热处理、焊接、锻造、轧制和其他与高温相关的工艺过程，以及这些过程对材料微观结构和性能的影响。图 5-51 所示为 Gleeble-3800 型热-力学模拟机的实物照片。

5.10.1 钢的高温力学性能与相变测试实验设备

Gleeble 装置能够模拟高温下的加热、冷却和应变条件，使其成为研究钢及其他材料高温性能的理想工具，主要应用的范围如下。

（1）高温拉伸测试：可以测量钢的高温强度、塑性和断裂行为。

（2）压缩测试：模拟锻造或轧制中的变形行为。

图 5-51　Gleeble-3800 型热–力学模拟实验机

（3）定扭转测试：研究材料的高温剪切性能。

（4）焊接模拟：模拟实际焊接过程中的加热和冷却条件，研究焊缝、热影响区和基材的微观结构和性能。

（5）快速加热和冷却：模拟实际生产过程中的快速热处理或相变。

5.10.2　钢的连续冷却转变（CCT）曲线的测定

钢的连续冷却转变（continuous cooling transformation，CCT）曲线描述了在连续冷却条件下材料相变的行为。Gleeble 热模拟机可以模拟这种连续冷却条件，从而测定 CCT 曲线。CCT 曲线的测定步骤如下。

（1）制备样品：首先需要一系列适当尺寸和形状的样品。

（2）加热：使用 Gleeble 将样品加热至完全奥氏体状态或其他指定温度。

（3）连续冷却：以不同的冷却速率将样品冷却至室温。

（4）微观结构分析：使用光学显微镜或扫描电子显微镜分析冷却后的样品的微观组织。

（5）确定相变起始和完成温度：根据微观结构分析结果，确定不同冷却速率下的相变起始和完成温度。

（6）绘制 CCT 曲线：在温度–时间图上标出相变的起始和完成温度，得到 CCT 曲线。

Gleeble 热模拟机的高精度控温和应变控制能力，使其成为测定钢和其他金属材料 CCT 曲线的理想工具。

5.10.3　利用 Gleeble 进行钢的高温力学性能测定

（1）测试方法。首先，根据要模拟的冶金过程，制备适当尺寸和形状的材料样品；其次，使用 Gleeble 的直流感应加热系统将样品快速加热到所需的温度；然后，可以应用压缩、拉伸或扭转等力学加载来模拟真实的加工条件，并实时记录变形、温度和加载数据。

（2）数据解析。如流变应力-应变曲线描述了材料在特定温度和应变速率下的力学响应。通过这些曲线，可以确定如屈服应力、极限应力、强化系数等重要参数。

5. 10. 4　Gleeble 高温压缩实验分析

（1）实验设置。首先定义测试温度范围和加热速率。其次设置压缩参数，如应变、应变速率和最大压缩量。

（2）数据收集与分析。流变应力-应变曲线是高温压缩试验的主要输出形式，这些曲线可以用于描述材料的塑性行为。应力松弛和蠕变行为，可以进一步测试在恒定应变下的应力减少或在恒定应力下的应变增加。此外，利用金相显微镜或扫描电子显微镜等技术对变形后的样品进行观察，可以了解材料的组织和相变。

（3）应用与解释。获得的相关数据可用于预测工业过程中材料的行为，如热轧或锻造；还可以了解材料的高温强度和韧性，这对于选择或设计合适的材料和工艺参数非常关键。

5. 10. 5　Gleeble 热-力学模拟机的应用案例

10B21 钢是一种 8.8 级较高强度的含硼冷镦钢。传统的 8.8 级强度的冷镦钢是 35 K，属于中碳钢，在冷镦加工前需要球化退火处理以降低强度。10B21 钢属于低碳钢，可省去球化退火工序以降低成本，冷镦成螺栓后经热处理达到 8.8 级强度。硼可提高热处理时的淬透性。

为了在 10B21 钢的热轧控冷后获得稳定的组织和性能，为此钢种的热轧控冷和热处理工艺的制订提供依据，需要测定该钢种的连续冷却转变曲线（CCT 曲线），并分析不同冷却速度时转变产物的显微组织和硬度。表 5-3 所示为实验用 10B21 钢的化学成分。

表 5-3　实验钢的化学成分（质量分数）　　　　　　　　　　　　（%）

钢种	元素								
	C	Si	Mn	P	S	Al	Ca	B	Ti
10B21	0.20	0.05	0.79	0.010	0.005	0.063	0.0028	0.0021	0.0071

具体试验和分析步骤为：

（1）10B21 钢预定奥氏体化温度为 940 ℃。利用 Gleeble 热-力学模拟机，将试样以 10 ℃/s 速度加热到奥氏体化温度，保温 5 min 后，分别以 0.2 ℃/s、0.5 ℃/s、1 ℃/s、2.5 ℃/s、5 ℃/s、10 ℃/s、15 ℃/s、20 ℃/s、30 ℃/s、45 ℃/s、60 ℃/s、75 ℃/s 速度冷却到室温。

（2）测定并获得试样膨胀量随时间变化的曲线，如图 5-44 所示。

（3）将测完的试样经过镶嵌、打磨、抛光后，用 4% 硝酸酒精溶液浸蚀，在金相显微镜和扫描电镜下观察微观组织形貌。

（4）为了更精确分辨冷却后的组织类型，采用维氏显微硬度计测定各冷却后试样的硬度，如表 5-4 所示。

表 5-4 各冷却后试样的显微硬度

冷却速度 /(℃·s⁻¹)	0.2	0.5	1	2.5	5	10	15	20	30	45	60	75
硬度 HV	133	137	152	169	170	179	177	204	282	425	460	487

（5）根据不同冷却速度膨胀曲线上的拐点（切点或极值点），如图 5-52 所示。结合金相组织和硬度数据确定不同冷却速度时的相变温度，绘制 CCT 曲线，如图 5-53 所示。

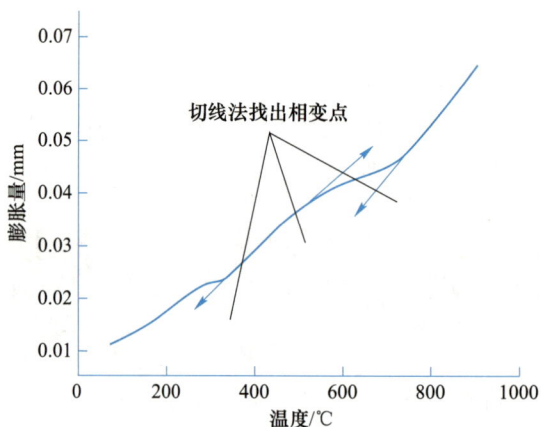

图 5-52 膨胀量随温度变化的曲线

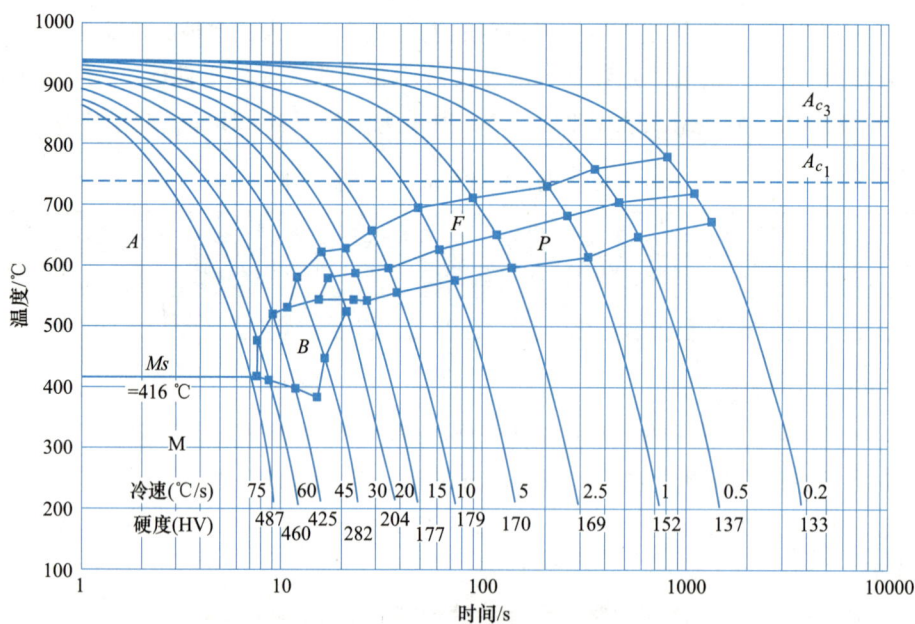

图 5-53 10B21 钢的静态 CCT 曲线

（6）根据加热过程试样的热膨胀情况，确定加热时铁素体全部溶入奥氏体的终了温度

Ac_3，加热时珠光体向奥氏体转变的开始温度 Ac_1，由 0.2 ℃/s 连续冷却过程膨胀曲线确定开始析出铁素体临界点 Ar_3，以及析出珠光体临界点 Ar_1，由直接水冷的膨胀曲线可确定 Ms 点。测定结果为 A_{c_1}=740 ℃，Ac_3=841 ℃，Ar_3=783 ℃，Ar_1=718 ℃，Ms=416 ℃。

CCT 曲线可以用于确定多个热处理工艺参数。

（1）确定终轧温度。因为亚共析钢的终轧温度应当高于 Ac_3 线 50~100 ℃，因此为保证在单相奥氏体区轧制，实验用 10B21 钢终轧温度不能低于 841 ℃。

（2）确定吐丝温度。一般控制吐丝温度既保证相变发生在快速冷却之后，又能避免因相变前奥氏体晶粒过分长大，因此，10B21 钢吐丝温度应控制在 790~810 ℃。

（3）确定合适的轧后冷却速度。冷镦钢盘条要求有良好的塑性，其理想的金相组织是铁素体+粒状珠光体，所以轧制后控制冷却时，冷却速度应控制在 0.2~1 ℃/s。

（4）热处理加热温度。亚共析钢的淬火加热温度为 Ac_3+（30~50）℃，即 10B21 钢的淬火加热温度应在 871~891 ℃。

习题与思考题

习题

（1）光学显微镜的成像光源、显微原理是什么？

（2）透射电镜的成像光源、成像原理是什么？

（3）扫描电镜如何成像？

（4）二次电子、背散射电子和特征 X 射线产生的原理是什么，这三种信号分别在扫描电镜中用来做什么分析？

（5）光学显微镜、透射电镜和扫描电镜成像的区别是什么，应用时各有什么优劣？

（6）能谱仪分析的主要特点是什么？

（7）波谱仪分析的主要特点是什么？

（8）能谱仪分析和波谱仪分析的区别有哪些？

（9）利用能谱仪、波谱仪进行元素分析，与采用仪器分析法分析样品的化学成分时，各有什么不同？

（10）高温激光扫描共聚焦显微镜应用的原理是什么，与光学显微镜相比其优势有哪些？

（11）高温激光扫描共聚焦显微镜能观察哪些冶金过程？

（12）布拉格衍射方程的意义？

（13）X 射线衍射分析的原理和特点是什么？

（14）XPS 分析的原理和特点是什么？

（15）XPS 分析和 EDS 分析有什么区别？

（16）拉曼光谱分析的原理和特点是什么？

（17）红外光谱分析的原理和特点是什么？

（18）核磁分析的原理和特点是什么？

（19）物相分析通常分析材料哪些性质或参数，相关的设备或技术有哪些，如何综合运用这些设备以达到分析目的？

思考题

（1）详细阐述光学显微镜、透射电镜和扫描电镜在成像原理上的本质区别，以及这些区别如何导致它们在分辨率、放大倍数、景深等成像性能上的差异，并结合实际应用案例说明在观察不同尺度和类型的材料结构时，应如何根据这些差异选择合适的显微镜。

（2）比较二次电子、背散射电子和特征 X 射线在产生原理和物理性质上的异同点，说明在扫描电镜中，如何利用这三种信号各自的特点实现对材料表面形貌、元素分布以及晶体结构的综合分析；同时结合具体实例阐述在分析复杂多相材料时，如何通过合理选择和调节信号来获取准确全面的信息。

（3）布拉格衍射方程是 X 射线衍射分析的核心理论基础，请详细解释该方程中各参数的物理意义及其在确定晶体结构和物相分析中的作用。结合具体的晶体材料体系，说明如何通过实验测量和布拉格衍射方程的计算来解析晶体的晶格常数、晶面间距以及晶体取向等信息，并讨论在实际应用中可能影响测量精度的因素及解决方法。

（4）对比能谱仪和波谱仪在元素分析方面的主要特点，包括检测灵敏度、能量分辨率、可分析元素范围、分析速度等，并结合实际的材料分析案例，说明在面对不同成分和含量的样品时，如何根据这两种仪器的特点选择合适的分析方法，以实现对样品中元素的准确、快速分析。

（5）阐述高温激光扫描共聚焦显微镜的工作原理及其在冶金领域的独特优势，详细列举该仪器能够观察的冶金过程，并与传统的光学显微镜在这些过程观察中的局限性进行对比，说明高温激光扫描共聚焦显微镜如何克服这些局限性，同时结合实际研究成果，阐述其在冶金工艺优化和新材料研发中的重要作用。

（6）比较 XPS 分析和 EDS 分析在原理、可分析元素范围、化学态分析能力、检测深度等方面的区别。结合具体的材料表面分析案例，说明在研究材料表面化学成分、元素价态以及深度分布时，如何根据这两种分析方法的特点选择合适的技术手段，以获取最准确和全面的表面信息，并讨论两种方法结合使用的优势和具体实施方法。

（7）试阐述电子显微镜中电子束与样品相互作用产生的各种信号及其在成像和成分分析中的作用，结合具体案例说明如何通过调节电子显微镜的参数来优化成像质量和提高分析精度。

（8）在对一种未知材料进行全面分析时，需要确定其微观结构、化学成分、物相组成以及热稳定性等性质。请根据所学的光学显微镜、透射电镜、扫描电镜、X 射线衍射分析、XPS 分析、拉曼光谱分析等多种仪器分析方法，设计一套完整的分析方案，包括每种方法的适用范围、仪器选择、样品制备要求、预期获得的信息以及如何综合各方法的分析结果进行全面准确的材料表征，同时讨论在实际操作中可能遇到的问题及解决措施。

（9）在对一种新型合金材料进行研发时，需要从化学成分、微观结构、生产工艺以及力学性能等方面进行全面分析。请根据所学的多种仪器分析方法（包括化学成分分析、力学性能分析等），设计一套完整的分析方案，包括仪器的选择及依据、各个仪器的样品制备方法和分析步骤，以及如何综合解读获得的数据以评估该合金材料的性能和结构特点，同时分析可能存在的误差来源及改进措施。

参 考 文 献

［1］陈伟庆，宋波，郭敏，等．冶金工程实验技术［M］．2 版．北京：冶金工业出版社，2023.

［2］杨占兵．含钛非金属夹杂物在中碳非调质钢中的作用［D］．北京：北京科技大学，2008.

［3］DAVID B WILLIAMS，C BARRY CARTER. Transmission Electron Microscopy［M］. Springer，2009.

［4］YANG Z B，GONG H Y，LI F. Formation of Pt-enriched area in acidic media at the surface of Pt-Pd-Cu nanoparticles for electro-catalysis ［J］. Catalysis Today，2020，350：33-38.

［5］ 杨涛，杨占兵，李钒 . Pt-Au-Cu 三元核壳结构纳米线的制备与结构表征［J］. 工程科学学报，2019，41（12）：1550-1557.

［6］ Peter W，Hawkes，John C H. Spence. Science of Mircoscopy［M］. Springer，2007.

［7］ MELBERT J，MUHAMMAD R M，JUNYA I，et al. A pathway of nanocrystallite fabrication by photo-assisted growth in pure water［J］. Scientific Reports，2015，5：11429.

［8］ 韩星 . 腐泥土型红土镍矿制备 $MgFe_2O_4$ 基高效异相类 Fenton 催化剂基础研究［D］. 北京：北京科技大学，2020.

［9］ 冯嘉莉 . 响应面法优化氨基改性 SiO_2 气凝胶的制备及 CO_2 吸附机理研究［D］. 北京：北京科技大学，2024.

［10］ 刘诗汉，陈大融 . 双相钢空蚀破坏的力学机制［J］. 金属学报，2009，45（5）：519-526.

［11］ 隋亚飞 . 短流程 CrMo 合金结构钢中非金属夹杂物的衍变规律及控制研究［D］. 北京：北京科技大学，2015.

［12］ 黄福祥，王新华，王万军 . 冷却速率对奥氏体不锈钢凝固过程影响的原位观察［J］. 北京科技大学学报，2012，34（5）：530-534.

［13］ 董练德，陈伟庆 . 冷却速率对含硼冷镦钢 10B21 组织转变的影响［J］. 金属热处理，2010，35（11）：30-32.

［14］ 张引，张晓星，傅名利，等 . 基于红外光谱技术的 G_4F_7N 及其分解产物定量分析方法［J］. 高电压技术，2022，48（5）：1836-1845.

6 冶金综合实验研究方法

科学实验不仅是技术进步的基石，也是培养严谨科学态度和创新精神的重要途径。本章节主要讲解了冶金综合实验研究的方法论，包括实验研究的程序与方法、典型案例分析两大部分。在第一部分中，重点介绍了综合实验研究的程序设计与步骤，包括如何设计实验程序、选择合适的研究方法、选取实验设备和仪器、确定与解析实验原理，以及具体的实验设计方法。此外，还强调了实验数据的处理分析和结果表示的重要性。第二部分则通过四个典型案例，深入分析了冶金领域中的具体问题，包括钢渣中磷的高温选择性结晶热力学、双功能固态提取剂从含锌电炉粉尘中高效选择性提锌、氨基改性 SiO_2 气凝胶 CO_2 吸附性能，以及钢中夹杂物分析。这些案例不仅展示了实验研究的具体应用，也体现了实验设计和数据分析在解决实际冶金问题中的重要性。

本章重点在于理解实验研究的全过程，从设计到执行，再到结果的分析与表示，以及如何将这些方法应用于实际的冶金问题。难点在于掌握实验数据的处理分析技巧，以及如何将实验原理与实际案例相结合，从而在实验中获得有意义的结果，并能够对结果进行准确的解释和应用。

6.1 综合实验研究的程序与方法

冶金综合实验的程序设计与步骤以及研究方法涵盖多个关键方面，对于确保实验的科学性、准确性与有效性起着至关重要的作用。

6.1.1 程序设计与步骤

6.1.1.1 选定研究课题

明确研究课题是冶金综合实验的首要步骤。研究课题可依据研究内容分为基础研究、应用基础研究和应用研究三类。在选定课题时，需综合考虑目的、意义、国内外研究现状分析、研究内容和方法以及预期目标等因素。课题来源包括国家课题、科学基金、企业课题或自选课题。

（1）明确研究目标：首先要确定实验旨在解决的具体问题或验证的假设，例如新材料的开发、旧工艺的改进或特定性能的优化等。

（2）背景调研：广泛查阅相关领域的文献和资料，深入了解国内外研究现状、技术瓶颈以及未来趋势，以确保研究课题具有新颖性和实用性。

（3）可行性分析：基于背景调研结果，对课题的技术可行性、经济可行性以及环境可行性进行分析，确保实验能够顺利开展并有望取得预期成果。

6.1.1.2　查阅文献资料

选定研究课题后，需进行大量的文献查阅工作。文献资料主要分为专业书、专业会议文集、专业期刊、专利文献和科研报告等类型。查阅文献的目的在于借鉴已有的经验、拓展思路，并避免重复已有的研究工作。查阅文献的方法包括追溯法、检索工具书、专利文献查阅和计算机检索等。

（1）系统性检索：充分利用图书馆、数据库、网络等资源，系统地检索与课题相关的文献，涵盖学术论文、专利、技术报告等。

（2）筛选与整理：对检索到的文献进行筛选，去除重复或无关内容，将剩余文献按照主题、研究方法等进行分类整理。

（3）归纳总结：在整理文献的基础上，归纳总结已有的研究成果、经验教训以及未解决的问题，为制定实验方案提供依据。

6.1.1.3　制定实验方案和进行实验准备

根据研究内容和已有的经验，制定实验方案。实验方案应明确实验目的、实验方法、实验设备和原材料等。同时，要进行实验准备，包括准备实验设备、仪器和实验原材料，并进行预备实验以调整参数。

A　制定实验方案

明确实验目的：根据研究课题和文献调研结果，确定实验的具体目的和预期目标。

选择实验方法：结合实验目的和实验条件，挑选合适的实验方法，包括实验原理、操作步骤、所需设备和材料等。

设计实验流程：将实验方法细化为具体的实验流程，涵盖样品制备、实验操作、数据记录、结果分析等各个环节。

预估实验风险：对实验过程中可能遇到的风险进行预测，并制订相应的应对措施，确保实验安全进行。

B　进行实验准备

准备实验设备：依据实验方案，准备所需的实验设备、仪器和工具，并进行必要的检查和调试。

准备实验材料：按照实验要求，准备实验所需的原材料、试剂和辅助材料，并进行必要的预处理。

制定安全措施：制定详细的安全操作规程和应急预案，保障试验过程中的人员和设备安全。

6.1.1.4　实验工作

在正式实验过程中，需严格遵守实验方案，进行规范操作。同时，要做好原始记录，将实验样品和数据编号保存。在实验过程中，随时对实验结果进行整理、分析和处理，并制成图表，以便从中找出规律和发现新问题。

（1）严格按照实验方案操作：在实验过程中，务必严格按照实验方案进行操作，确保实验结果的准确性和可靠性。

（2）实时记录实验数据：在实验过程中，实时记录实验数据，包括温度、压力、成分变化等关键参数，以便后续分析处理。

（3）观察实验现象：密切关注实验过程中的各种现象，如颜色变化、气体释放、结晶形态等，及时记录并进行分析。

6.1.1.5   实验结果的分析处理

实验结束后，需对实验结果进行系统的分析和处理。这包括数据的统计、图表的绘制、规律的提炼和新问题的发现等。同时，要将实验结果与预期目标进行对比，评估实验成功与否，并提出改进建议。

（1）数据整理：对实验数据进行整理，包括分类、统计和绘图等，以便更直观地展示实验结果。

（2）结果分析：深入分析实验结果，探讨实验现象背后的机理和规律，验证实验假设的正确性。

（3）问题讨论：针对实验中出现的问题和异常情况，进行讨论和分析，找出原因并提出改进措施。

6.1.1.6   科研论文撰写

将实验结果整理成科研论文进行发表。科研论文应包括题目、作者及工作单位、摘要、前言、实验方法、实验结果、分析与讨论、结论、致谢和参考文献等部分。在撰写过程中，需遵循学术论文的规范和要求，确保论文的严谨性和科学性。

（1）撰写论文草稿：根据实验结果和分析讨论，撰写科研论文的草稿，涵盖引言、实验方法、实验结果、讨论和结论等部分。

（2）反复修改完善：对论文草稿进行反复修改和完善，确保论文内容的准确性和逻辑性，同时提高论文的学术水平和可读性。

（3）投稿与发表：将修改后的论文投稿至相关学术期刊或会议，等待审稿和发表。在投稿过程中，要遵守学术规范和期刊要求，确保论文的合规性和顺利发表。

6.1.2   冶金综合实验研究方法

6.1.2.1   实验室实验

实验室实验是冶金工艺研究的基石，其重要性不容忽视。这些实验通常在严格控制的实验室环境中进行，使用高温实验炉及其配套坩埚系统。在实验过程中，研究人员能够精确调整和控制温度、气氛、原料配比等关键参数，以模拟或预测实际生产条件下的冶金过程。

（1）精确控制：实验室实验允许研究者对实验条件进行高度精确地控制，从而能够系统地研究不同因素对冶金过程及产物性能的影响。

（2）技术探索：通过实验室实验，可以初步探索新技术的可行性，如新型合金的制备、特殊工艺的开发等，为后续研究提供方向。

（3）参数优化：实验室实验有助于识别并优化影响冶金过程的关键工艺参数，如温度曲线、保温时间、冷却速率等，为扩大实验和工业实验奠定基础。

6.1.2.2 扩大实验室实验

扩大实验室实验是实验室小型实验与半工业实验之间的桥梁。在这一阶段，实验规模有所扩大，但仍保持相对较高的控制水平。

（1）规模扩大：与实验室小型实验相比，扩大实验的样品量、设备规模及操作复杂度均有所增加，更接近实际生产条件。

（2）验证与校准：扩大实验的主要目的是验证小型实验室实验结果的准确性和可靠性，并对其进行必要的校准和调整。

（3）指导后续研究：通过扩大实验，可以为后续的半工业实验和工业实验提供更为详尽和可靠的指导数据。

6.1.2.3 半工业实验

半工业实验是冶金工艺研究向工业化过渡的关键环节。在这一阶段，实验规模进一步扩大，接近于实际生产线的规模。

（1）问题解决：半工业实验旨在解决在工业化过程中可能遇到的各种实际问题，如设备适应性、工艺稳定性、产品质量控制等。

（2）工艺评价：通过半工业实验，可以对新工艺进行全面、客观的评价，评估其技术可行性、经济性及环保性。

（3）数据积累：半工业实验为工业设计提供了大量宝贵的数据支持，包括工艺参数优化、设备选型及配置、生产成本核算等。

6.1.2.4 工业实验

工业实验是冶金工艺研究的最终阶段，也是新技术、新工艺向工业化转化的决定性步骤。

（1）工业验证：工业实验旨在验证新技术、新工艺在工业环境下的可行性和稳定性，确保其能够满足生产需求并达到预定目标。

（2）权威评价：工业实验成功后，通常需要由上级有关部门组织专家进行技术鉴定，以正式肯定该项成果并作出权威评价。

（3）成果转化：工业实验的成功标志着新技术、新工艺的成熟和稳定，为其后续的产业化应用及市场推广奠定了坚实基础。

冶金综合实验的研究方法涵盖了从实验室实验到工业实验的完整过程，每一步都至关重要且相互关联。通过这一系列研究方法的实施，可以系统地探索冶金工艺的奥秘，推动冶金技术的进步和发展。

6.1.3 实验设备和仪器的选取

进行冶金综合实验时，实验设备和仪器的选取是确保实验顺利进行和结果准确性的关键环节。

6.1.3.1 选取依据

（1）实验目的和要求：首要依据是实验的具体目的和要达到的要求。例如，如果是测定冶金材料的熔点，就需要选择能够加热到所需温度的高温熔炼炉和测温设备。

（2）材料特性和测试需求：根据待测冶金材料的物理和化学特性，选择适合的设备和仪器。例如，对于易氧化的材料，可能需要选择真空或惰性气体保护下的熔炼炉。

（3）精度和灵敏度：实验结果的准确性依赖于设备的精度和灵敏度。因此，在选择时应考虑设备的测量范围和精度等级是否满足实验要求。

（4）安全性和稳定性：确保所选设备和仪器在使用过程中的安全性和稳定性，避免发生意外或损坏实验材料。

（5）经济性和适用性：在满足实验需求的前提下，考虑设备的经济性和适用性，避免浪费。

6.1.3.2 举例说明

在冶金综合实验中，常用的实验设备和仪器包括电阻炉、感应炉、等离子电弧炉和悬浮熔炼炉等。这些设备和仪器各具特点，能够满足不同实验需求。例如，真空感应炉适用于真空冶金实验；等离子电弧炉利用电弧放电加热气体以形成高温等离子体进行熔炼或加热；悬浮熔炼炉和冷坩埚熔炼炉则用于避免坩埚材料污染和进行真空感应熔炼。

6.1.4 实验原理的确定与解析

6.1.4.1 实验原理确定与解析的一般步骤

在进行冶金综合实验时，实验原理的确定是整个实验设计的核心。实验原理不仅为实验提供了理论基础，还指导了实验方法的选择和实验步骤的设计。

（1）明确实验目的：首先，需要明确实验的具体目的和要解决的科学问题。这有助于后续确定实验所需的理论依据和实验方法。

（2）查阅文献资料：根据实验目的，广泛查阅相关领域的文献资料，了解已有的研究成果、实验方法和理论基础。这些资料可以为实验原理的确定提供重要参考。

（3）确定实验原理：在查阅文献资料的基础上，结合实验目的和实验条件，确定实验所需遵循的基本原理。这些原理可能涉及冶金物理化学、热力学、动力学等多个学科领域。

（4）解析实验原理：对确定的实验原理进行深入解析，明确其适用条件、限制因素以及可能带来的误差等。这有助于在实验过程中更好地控制实验条件，提高实验结果的准确性和可靠性。

6.1.4.2 以固体电解质定氧测定渣-钢平衡常数为例进行深入探讨

（1）实验原理。固体电解质定氧法是一种通过测量固体电解质两侧氧分压差异来间接测定体系中氧含量的方法。在渣-钢平衡体系中，固体电解质被置于渣相和钢相之间，通过测量电解质两侧的电动势变化，可以计算出渣相和钢相之间的氧势差，进而求得渣-钢平衡常数。

（2）实验步骤与解析。

1）准备实验材料：选择合适的固体电解质材料，如氧化钙稳定的氧化锆等。准备渣相和钢相样品，确保样品纯度和均匀性。

2）组装实验装置：将固体电解质置于渣相和钢相之间，形成电解质电池。连接电路，确保测量系统稳定可靠。

3）控制实验条件：设定实验温度，确保渣相和钢相处于平衡状态。保持实验环境稳定，避免温度和气氛波动对实验结果的影响。

4）测量电动势：在实验条件下，测量电解质电池两端的电动势变化。记录数据，并绘制电动势-时间曲线。

5）数据处理与分析：根据电动势与氧分压之间的关系式（如 Nernst 方程），将测得的电动势转换为渣相和钢相之间的氧势差。利用氧势差和已知的渣相、钢相成分信息，计算渣-钢平衡常数。

6.1.5 冶金综合实验的具体实验设计方法

冶金综合实验作为材料科学与工程领域的核心实践环节，其实验设计方法的选择对实验结果的准确性和实验效率有着至关重要的影响。下面将深入探讨冶金综合实验中常用的三种实验设计方法，即单因素实验法、正交实验法和响应面法，并从设计原理、操作步骤以及特点等方面进行对比分析。

6.1.5.1 单因素实验法

（1）设计原理。单因素实验法是在实验过程中，控制其他所有变量保持不变，仅改变一个自变量（如温度、时间、添加剂量等），以此来观察该自变量对因变量（如产品质量、性能等）产生的影响。其核心原理为控制变量法，即在复杂的系统中，通过固定其他变量，单独对某一变量的影响进行研究。

（2）操作步骤。首先，明确实验目的与因素，确定研究目标后，选择一个关键因素作为自变量；接着，为选定的自变量设置几个具有代表性的水平（取值）；然后，在实验过程中，确保除自变量外的所有条件均保持一致；最后，按照设定的水平逐一进行实验，并记录每次实验的条件和结果。

（3）特点。该方法设计简单，易于理解和操作，能够深入探究单一因素对实验结果的影响。然而，其也存在一定的局限性，即忽视交互作用，无法同时考察多个因素间的交互作用。此外，当因素水平较多时，实验次数会显著增加。

6.1.5.2 正交实验法

（1）设计原理。正交实验法利用正交表来安排实验，能够在有限的实验次数内，全面考察多个因素对实验结果的影响，并初步分析因素间的交互作用。其基本原理是通过正交设计，使每个因素的水平在实验中均匀分布，且每个因素的水平组合仅出现一次，从而减少实验次数并确保实验结果的全面性。

（2）操作步骤。首先，根据实验目的，确定要考察的因素及其水平；然后，根据因素数和水平数选择合适的正交表；接着，按照正交表的安排进行实验，确保每个因素的水平在实验中均匀分布；最后，记录实验结果，并进行极差分析，确定各因素对结果的主次影响。

（3）特点。具有高效性，能在较少的实验次数下，全面考察多因素对实验结果的影响。具备均衡性，实验点在实验范围内分布均匀，能够反映全面情况。同时，具有可比性，实验结果易于分析和比较，便于找出最佳工艺条件。不过，其对交互作用的考察有限，虽能初步分析交互作用，但不如响应面法深入。

6.1.5.3 响应面法

（1）设计原理。响应面法是一种基于数学模型的实验设计方法。它通过构建响应变量（如产品质量、性能等）与自变量（如温度、时间、添加剂量等）之间的函数关系，来预测和优化实验结果。其基本原理是利用多项式回归、高斯过程回归等统计方法，对实验数据进行拟合，得到响应面模型，进而进行优化分析。

（2）操作步骤。首先，根据初步了解，选择关键因素并确定其变化范围；接着，基于因素数和范围，设计包含这些因素及其交互作用的实验点；然后，按照实验方案进行实验，并记录数据；之后，利用实验数据拟合数学模型，如二次多项式模型；最后，通过额外实验验证模型的准确性和可靠性，并利用模型进行优化分析，找到最佳工艺条件。

（3）特点。精度高，基于大量实验数据建立的模型具有较高的预测精度。全面性强，能同时考虑多个因素及其交互作用对实验结果的影响。优化能力强，能够基于模型进行优化分析，找到最优工艺条件。但也存在一定的缺点，即实验量大，为了建立精确的数学模型，需要进行大量的实验。

6.1.5.4 红土镍矿浸提镍钴实验设计解析

在"从红土镍矿中浸提镍和钴"的实验中，单因素实验法、正交实验法和响应面法各有其独特的操作流程和优势。以下将分别阐述这三种方法的具体流程，并进行对比分析。

A 单因素实验法

具体流程：首先，确定研究因素，明确实验的主要研究因素，如浸出温度、酸矿比、浸出时间等；然后，为每个选定因素设置几个具有代表性的水平（取值），例如浸出温度可选择 40 ℃、50 ℃、60 ℃等；接着，在实验过程中，确保除研究因素外的所有条件，如搅拌速率、液固比等均保持一致；之后，按照设定的水平逐一进行实验，记录每次实验的条件和镍、钴的浸提率；最后，对实验数据进行统计分析，观察不同水平下镍、钴浸提率的变化趋势，确定最佳水平。

该方法优点为：简单直观，设计简单，易于理解和操作；针对性强，能够深入探究单一因素对镍、钴浸提率的影响。但忽视交互作用，无法同时考察多个因素间的交互作用。

B 正交实验法

具体流程：首先，根据实验目的，确定要考察的因素（如浸出温度、酸矿比、浸出时间等）及其水平；然后，根据因素数和水平数选择合适的正交表，如 L9(3×4) 表示四因素三水平的正交表；接着，按照正交表的安排进行实验，确保每个因素的水平在实验中均匀分布；之后，记录每次实验的条件和镍、钴的浸提率；最后，对实验结果进行极差分析，确定各因素对镍、钴浸提率的主次影响，并找出最佳组合。

该方法具有：高效性，能在较少的实验次数下，全面考察多因素对镍、钴浸提率的影响；均衡性，实验点在实验范围内分布均匀，能反映全面情况；可比性，实验结果易于分析和比较，便于找出最佳工艺条件。

C 响应面法

具体流程：首先，根据初步了解，选择关键因素（如浸出温度、酸矿比等）并确定其变化范围；接着，基于因素数和范围，设计包含这些因素及其交互作用的实验点，通常使用中心复合设计（CCD）或 Box-Behnken 设计等；然后，按照实验方案进行实验，并记录数据；之后，利用实验数据拟合数学模型（如二次多项式模型），得到响应面方程；最后，通过额外实验验证模型的准确性和可靠性，并利用模型进行优化分析，找到最佳工艺条件。

此方法优点为：精度高，基于大量实验数据建立的模型具有较高的预测精度；全面性强，能同时考虑多个因素及其交互作用对镍、钴浸提率的影响；优化能力强，能够基于模型进行优化分析，找到最优工艺条件。

表 6-1 给出了上述实验参数设计对比分析。

表 6-1 三种实验参数设计对比分析

实验设计方法	优 点	缺 点
单因素实验法	设计简单，针对性强	无法考察交互作用，实验次数可能较多
正交实验法	高效性，均衡性，可比性	对交互作用的考察有限
响应面法	精度高，全面性强，优化能力强	实验量大，模型验证过程复杂

在实际应用中，可以根据实验目的、资源条件和时间限制等因素综合考虑选择合适的实验设计方法。对于初步探索阶段，可采用单因素实验法或正交实验法；对于需要高精度预测和优化结果的实验，则更适合采用响应面法。

6.1.6 实验数据的处理与分析及结果的表示

在冶金综合实验中，实验数据的处理、分析及实验结果的表示是确保实验结果准确、可靠的重要环节。

6.1.6.1 实验数据的处理

（1）数据收集：首先，需要准确、完整地记录实验过程中产生的所有数据，包括但不限于温度、压力、时间、样品质量、反应物与生成物的量等；同时，使用专业的仪器和设备进行数据采集，以确保数据的准确性和精度。

（2）数据清洗：对收集到的数据进行初步检查，剔除异常值或错误数据。确保数据的一致性和可比性，对单位不统一的数据进行转换。

（3）数据整理：将清洗后的数据按照实验设计的要求进行分类、排序和归档；使用表格、图表等形式对数据进行整理，以便于后续的分析和表示。

（4）数据转换：在某些情况下，可能需要对原始数据进行转换，如计算平均值、标准差、百分比等统计指标；根据实验目的和数据分析的需要，对数据进行适当的变换或标准化处理。

6.1.6.2 实验数据的分析

（1）描述性统计分析：对实验数据进行基本的描述性统计分析，如计算均值、中位数、众数、标准差等，以了解数据的分布情况；绘制直方图、箱线图等图表，直观地展示数据的特征。

（2）推断性统计分析：使用假设检验、方差分析、回归分析等统计方法，对实验数据进行深入的推断性分析；通过设置假设、选择统计量、计算 P 值等步骤，判断实验结果是否具有统计学意义。

（3）对比分析：将实验结果与预期目标、标准值或对照实验结果进行对比分析，评估实验效果；使用图表如柱状图、折线图等，直观地展示不同条件下的实验结果差异。

（4）因果分析：尝试分析实验变量之间的因果关系，探讨不同因素对实验结果的影响程度和方向；注意控制其他可能影响实验结果的变量，以确保因果关系的准确性。

6.1.6.3 实验结果表示

（1）图表表示：使用图表，如柱状图、折线图、散点图、饼图等，直观地表示实验结果；图表应包含标题、图例、坐标轴标签等必要元素，以便于读者理解和分析。

（2）文字描述：对实验结果进行详细的文字描述，包括实验目的、方法、结果和结论等；使用客观、准确的语言表述实验结果，避免主观臆断和模糊表述。

（3）讨论与总结：对实验结果进行讨论，分析可能的原因和影响因素；总结实验的主要发现和结论，提出后续研究的方向和建议。

（4）报告撰写：按照学术规范撰写实验报告，包括摘要、引言、方法、结果、讨论和结论等部分；确保报告内容的准确性和完整性，符合学术诚信的要求。

通过以上步骤，可以系统地处理、分析和表示冶金综合实验的数据和结果，为科学研究和技术应用提供有力的支持。

6.2 几种典型案例分析

6.2.1 钢渣中磷的高温选择性结晶热力学研究

基于6.1节"综合实验研究的程序与方法"的讲解，下面针对"钢渣中磷的高温选择性结晶热力学"综合实验研究展开深入说明。主要从研究方法步骤、实验原理解析、实验设备和仪器的选取、具体实验设计方法、数据的处理与分析以及结果表示等几个方面进行阐述，以明确在面对解决综合问题时如何进行思考和具体实施。

6.2.1.1 钢渣中磷的高温选择性结晶热力学研究综合实验说明

A 研究程序与步骤

（1）文献调研。广泛查阅国内外关于钢渣中磷的高温选择性结晶热力学的相关研究文献，全面了解该领域的研究现状与前沿进展。深入分析已有研究的优点和不足，为本次实验研究提供参考和借鉴。

（2）实验方案设计。依据研究目标和文献调研结果，确定实验的具体内容和步骤。精心设计不同的实验条件，如温度、时间、气氛等，以便全面考察各因素对钢渣中磷的高温选择性结晶热力学的影响。

（3）样品制备与预处理。选取具有代表性的钢渣样品。对样品进行破碎、研磨、筛分等预处理操作，确保样品粒度均匀，为后续实验的顺利进行奠定基础。

（4）实验操作。按照预先设计的实验方案，在选定的实验条件下进行实验。严格控制实验过程中的各项参数，确保实验结果的准确性和可靠性。

（5）数据采集与记录。在实验过程中，实时采集相关数据，如温度、时间、产物的组成和含量等。对采集到的数据进行详细记录，为后续的数据处理和分析提供原始资料。

B 实验原理解析

钢渣中磷的高温选择性结晶热力学研究基于热力学基本原理和相变理论。在高温环境下，钢渣中的磷元素可能会与其他元素发生相互作用，形成具有不同热力学稳定性的化合物或固溶体。通过控制实验条件，如温度、压力、气氛等，可以影响磷元素在钢渣中的溶解度、扩散速率和结晶动力学过程，从而实现磷的选择性结晶和去除。具体原理包括磷元素在高温下的溶解-析出机制、相变过程中的热力学参数变化以及气氛对结晶行为的影响等。

C 实验设备和仪器的选取

a 选取依据

（1）温度控制要求：由于研究涉及高温条件，所选设备应能够提供稳定且精确的高温环境，满足实验所需的温度范围。

（2）气氛控制需求：根据实验中对气氛的特定要求，如氧化性、还原性或惰性气氛，选择能够有效控制和调节气氛的设备。

（3）分析精度需求：为准确测定钢渣中磷的含量以及结晶产物的组成和结构，所选分析仪器应具有高灵敏度和高精度。

b　具体步骤

（1）高温炉：选择能够达到所需高温且温度均匀性好的箱式电阻炉或管式炉。例如，可选择最高温度为 1600 ℃、控温精度在±1 ℃的管式电阻炉。

（2）气氛控制系统：根据实验气氛需求，配备相应的气体钢瓶、流量控制器和气氛炉。如需要还原性气氛，可选用氮气和氢气的混合气体，并通过流量控制器精确控制气体比例。管式气氛炉可精确控制气体流量和成分。

（3）分析仪器：X 射线衍射仪（XRD），选择具有高分辨率和先进探测器的 XRD 设备，以便准确分析结晶产物的物相组成；扫描电子显微镜（SEM）及能谱仪（EDS），选取具有高分辨率和良好成像质量的 SEM 设备，并搭配能谱仪用于分析元素分布；电感耦合等离子体发射光谱仪（ICP-OES），选用具有宽线性范围和低检测限的 ICP-OES 仪器，用于测定钢渣及结晶产物中的磷含量和其他元素成分。

（4）样品制备设备：如研磨机、筛分机等，用于将钢渣样品细化至适当粒度，便于高温处理和后续分析。

D　具体实验设计方法

a　因素水平设计

（1）温度：设置多个温度水平，深入考察温度对结晶的影响。

（2）时间：选择不同的保温时间，研究时间对结晶过程的作用。

（3）气氛：设置氧化性（如空气）、还原性（如一氧化碳/氢气混合气）和惰性（如氩气）气氛，探究气氛对磷结晶的影响。

b　实验组设置

（1）单因素实验：分别单独研究温度、时间和气氛对钢渣中磷的高温选择性结晶的影响。

（2）多因素实验：综合考虑温度、时间和气氛的交互作用，通过正交实验或响应面实验设计，确定最优的实验条件。

c　对照试验

设立空白对照，即在相同实验条件下，但不含钢渣的情况下进行实验，以排除其他因素的干扰。

E　数据的处理与分析以及结果表示

（1）数据整理。将实验过程中收集到的所有数据（如温度、质量、成分、结晶形态等）进行整理，建立统一的数据表格或数据库。

（2）统计分析。运用统计学方法对数据进行处理，包括描述性统计分析（如均值、标准差等）、方差分析（ANOVA）等，以评估不同实验条件下的差异是否显著。

（3）模型拟合。根据实验数据和热力学原理，选择合适的数学模型（如 Arrhenius 方程、相图分析等）对磷结晶过程进行拟合，以预测不同条件下的结晶行为和热力学参数。

（4）结果验证。将模型预测结果与实验数据进行对比验证，评估模型的准确性和可靠性。如有必要，对模型进行修正和完善。

（5）结果表示。

1）图表展示。以图表形式（如折线图、柱状图、热力图、相图等）直观展示实验结果和数据分析结果。图表应清晰标注实验条件、数据点和误差范围等信息。

2）趋势分析。结合图表和数据分析结果，对磷在高温选择性结晶过程中的变化趋势进行描述和分析。深入讨论不同因素对磷结晶行为的影响程度和机制。

3）结论总结。基于实验结果和数据分析，总结研究的主要发现和结论。明确钢渣中磷高温选择性结晶的热力学机制、关键影响因素以及优化策略等。

4）未来展望。提出针对钢渣中磷去除技术的进一步研究方向和应用前景。讨论可能的技术改进和创新点，以及未来研究中的挑战和机遇。

6.2.1.2　具体实例解析

下面以 CaO-SiO_2-FeO-Fe_2O_3-P_2O_5 五元渣系磷酸盐富集机理研究为题，进行具体阐述。

钢渣是炼钢过程的副产品之一，产率为粗钢量的 10% ~ 20%。2005 年以来中国钢产量已升至世界首位，每年产生大量钢渣，现在大约 30% 的钢渣能被利用。大部分钢渣选铁后堆置而未被利用，不仅占用大量堆弃用地或良田，还严重影响生态环境。钢渣只有在冶金领域的再利用才可从根本上实现钢渣在企业内部的循环，促进节能减排。钢渣中含有大量的磷元素，简单地将钢渣在冶金过程内部进行循环利用，必然造成磷元素在铁水中循环富集，增加冶炼环节负担。过去的几十年间，很多研究者在研究如何有效地去除钢渣中的磷，目前国内外研究的转炉钢渣除磷方法有气基还原法、液基熔池法和固基重选法。然而这些方法不能同时考虑利用钢渣显热和磷资源的回收及充分利用，部分方法还污染环境。

渣中微量元素硼、钛和钒选择性富集和相分离同样可以应用在钢渣中磷元素。磷酸盐在钢渣中选择性富集和相分离的核心可表述为：在合理的冷却制度下，最优的化学成分组成促进渣中富磷相的生长；富磷相的长大再分离过程。尽管众多学者研究了不同渣系中的磷元素富集行为，但是很少有人从冶金物理化学的角度清晰阐明，低温下是 C_2S-C_3P 固溶体的生成机理。为了解释 C_2S-C_3P 固溶体的选择性结晶机理，需要计算渣中所有组元和生成的复杂分子的反应能力。本案例采用炉渣离子和分子共存理论（ion and molecule coexistence theory，IMCT）来作为理论基础。

本案例以 CaO-SiO_2-FeO-Fe_2O_3-P_2O_5 五元渣系为研究对象，基于 IMCT 理论，建立计算该炉渣结构单元或离子对的质量作用浓度 N_i 的热力学模型，即 IMCT-N_i 模型。开发的 IMCT-N_i 模型用于预测磷富集可能性 $N_{ci\text{-}cj}$ 或富集程度 $R_{ci\text{-}cj}$ 的参数，并通过实验结果进行验证。探讨炉渣碱度和炉渣铁氧化物与碱性氧化物质量分数的比 $w(Fe_tO)/w(CaO)$ 对炉渣磷选择性结晶的影响。另外，冷态渣中磷富集情况通过实验进行检测，包括 XRD、SEM

和能谱分析。结合实验结果和理论分析，对 $CaO-SiO_2-FeO-Fe_2O_3-P_2O_5$ 渣中磷酸盐选择性富集的机理进行探讨。

A　五元渣系 IMCT-N_i 模型的建立

a　五元渣系的结构单元

基于 IMCT，五元渣系 $CaO-SiO_2-FeO-Fe_2O_3-P_2O_5$ 在炼钢温度范围内，CaO 和 FeO 是以离子状态存在，而 SiO_2、Fe_2O_3 和 P_2O_5 是以分子状态存在。即在炼钢温度范围下，五元渣系中存在三种简单离子，Ca^{2+}、Fe^{2+}、O^{2-}；三种简单分子，SiO_2、Fe_2O_3 和 P_2O_5；以及各种复杂大分子。根据 $CaO-SiO_2$、$CaO-FeO-SiO_2$、$CaO-P_2O_5$、$CaO-FeO-P_2O_5$ 等二元和三元系相图，在冶金温度下（温度范围为 1673~1823 K），约 11 种复杂分子存在于相图中。五元渣系中所有的简单离子、简单和复杂分子的物质的量和质量作用浓度汇总如表 6-2 所示。

表 6-2　$CaO-SiO_2-FeO-Fe_2O_3-P_2O_5$ 五元渣系中的结构组元及其对应的物质的量 n_i 和质量作用浓度 N_i

项目（种）	结构单元为离子或分子	结构单元或离子对的数量	结构单元或离子对的摩尔数	结构单元或离子对的质量作用浓度 N_i
简单阳离子和阴离子（3）	$Ca^{2+}+O^{2-}$	1	$n_1=n_{Ca^{2+},CaO}=n_{O^{2-},CaO}=n_{CaO}$	$N_1=\dfrac{2n_1}{\sum n_i}=N_{CaO}$
	$Fe^{2+}+O^{2-}$	3	$n_3=n_{Fe^{2+},FeO}=n_{O^{2-},FeO}=n_{FeO}$	$N_3=\dfrac{2n_3}{\sum n_i}=N_{FeO}$
简单分子（3）	SiO_2	2	$n_2=n_{SiO_2}$	$N_2=\dfrac{n_2}{\sum n_i}=N_{SiO_2}$
	Fe_2O_3	4	$n_4=n_{Fe_2O_3}$	$N_4=\dfrac{n_4}{\sum n_i}=N_{Fe_2O_3}$
	P_2O_5	5	$n_5=n_{P_2O_5}$	$N_5=\dfrac{n_5}{\sum n_i}=N_{P_2O_5}$
复杂分子（11）	$3CaO \cdot SiO_2$	c1	$n_{c1}=n_{3CaO \cdot SiO_2}$	$N_{c1}=\dfrac{n_{c1}}{\sum n_i}=N_{3CaO \cdot SiO_2}$
	$2CaO \cdot SiO_2$	c2	$n_{c2}=n_{2CaO \cdot SiO_2}$	$N_{c2}=\dfrac{n_{c2}}{\sum n_i}=N_{2CaO \cdot SiO_2}$
	$CaO \cdot SiO_2$	c3	$n_{c3}=n_{CaO \cdot SiO_2}$	$N_{c3}=\dfrac{n_{c3}}{\sum n_i}=N_{CaO \cdot SiO_2}$
	$2FeO \cdot SiO_2$	c4	$n_{c4}=n_{2FeO \cdot SiO_2}$	$N_{c4}=\dfrac{n_{c4}}{\sum n_i}=N_{2FeO \cdot SiO_2}$
	$2CaO \cdot P_2O_5$	c5	$n_{c5}=n_{2CaO \cdot P_2O_5}$	$N_{c5}=\dfrac{n_{c5}}{\sum n_i}=N_{2CaO \cdot P_2O_5}$
	$3CaO \cdot P_2O_5$	c6	$n_{c6}=n_{3CaO \cdot P_2O_5}$	$N_{c6}=\dfrac{n_{c6}}{\sum n_i}=N_{3CaO \cdot P_2O_5}$
	$4CaO \cdot P_2O_5$	c7	$n_{c7}=n_{4CaO \cdot P_2O_5}$	$N_{c7}=\dfrac{n_{c7}}{\sum n_i}=N_{4CaO \cdot P_2O_5}$

项目	结构单元为离子或分子	结构单元或离子对的数量	结构单元或离子对的摩尔数	结构单元或离子对的质量作用浓度 N_i
复杂分子 (11)	$3FeO \cdot P_2O_5$	c8	$n_{c8} = n_{3CaO \cdot P_2O_5}$	$N_{c8} = \dfrac{n_{c8}}{\sum n_i} = N_{3FeO \cdot P_2O_5}$
	$4FeO \cdot P_2O_5$	c9	$n_{c9} = n_{4FeO \cdot P_2O_5}$	$N_{c9} = \dfrac{n_{c9}}{\sum n_i} = N_{4FeO \cdot P_2O_5}$
	$2CaO \cdot Fe_2O_3$	c10	$n_{c10} = n_{2CaO \cdot Fe_2O_3}$	$N_{c10} = \dfrac{n_{c10}}{\sum n_i} = N_{2CeO \cdot Fe_2O_3}$
	$FeO \cdot Fe_2O_3$	c11	$n_{c11} = n_{FeO \cdot Fe_2O_3}$	$N_{c11} = \dfrac{n_{c11}}{\sum n_i} = N_{FeO \cdot Fe_2O_3}$

b 五元渣系相关的热力学参数

五元渣系在炼钢温度范围内生成的11种复杂大分子的化学反应方程式、生成反应的标准摩尔 Gibbs 自由能变 $\Delta_r G_{m,ci}^{\ominus}$、反应平衡常数 $K_{ci}^{\ominus}$ 和基于质量作用定律以 $K_{ci}^{\ominus}$、$N_1(N_{CaO})$、$N_2(N_{SiO_2})$、$N_3(N_{FeO})$、$N_4(N_{Fe_2O_3})$、$N_5(N_{P_2O_5})$ 表示的所有复杂大分子的质量作用浓度 N_{ci}。

c 五元渣系的质量作用浓度模型

根据前面所列炼钢炉渣结构单元 n_i 和 N_i 的定义可建立 100 g CaO-SiO_2-FeO-Fe_2O_3-P_2O_5 五元渣系中五种组元的质量守恒方程，通过计算可得出 N_i、$\sum n_i$ 和 n_i 的值。经计算可得 P_2O_5 的质量作用浓度 $N_{P_2O_5}$ 为：

$$N_{P_2O_5} \equiv N_5 = \frac{n_{P_2O_5}^0}{\left(1 + K_{c5}^{\ominus} N_1^2 + K_{c6}^{\ominus} N_1^3 + K_{c7}^{\ominus} N_1^4 + K_{c8}^{\ominus} N_3^3 + K_{c9}^{\ominus} N_3^4\right) \sum n_i} \tag{6-1}$$

d 定义含 P_2O_5 固溶体富集可能性 $N_{ci\text{-}cj}$ 及富集程度 $R_{ci\text{-}cj}$

基于 IMCT，五元渣系 CaO-SiO_2-FeO-Fe_2O_3-P_2O_5 在炼钢温度范围内，可生成含 P_2O_5 的复杂分子有五种，分别为 $2CaO \cdot P_2O_5$、$3CaO \cdot P_2O_5$、$4CaO \cdot P_2O_5$、$3FeO \cdot P_2O_5$ 和 $4FeO \cdot P_2O_5$，可生成含硅酸钙类化合物的结构单元有三种，分别为：$3CaO \cdot SiO_2$、$2CaO \cdot SiO_2$ 和 $CaO \cdot SiO_2$。基于数量级差别，生成含 P_2O_5 的复杂分子仅考虑三种，为 $2CaO \cdot P_2O_5$、$3CaO \cdot P_2O_5$ 和 $4CaO \cdot P_2O_5$。通过排列组合生成含 P_2O_5 的三种复杂分子与生成含硅酸钙类化合物的三种结构单元，这样就可生成九种固溶体，分别为 $3CaO \cdot SiO_2$-$2CaO \cdot P_2O_5$、$2CaO \cdot SiO_2$-$2CaO \cdot P_2O_5$、$CaO \cdot SiO_2$-$2CaO \cdot P_2O_5$、$3CaO \cdot SiO_2$-$3CaO \cdot P_2O_5$、$2CaO \cdot SiO_2$-$4CaO \cdot P_2O_5$、$CaO \cdot SiO_2$-$3CaO \cdot P_2O_5$、$3CaO \cdot SiO_2$-$4CaO \cdot P_2O_5$、$CaO \cdot SiO_2$-$4CaO \cdot P_2O_5$ 和 $2CaO \cdot SiO_2$-$3CaO \cdot P_2O_5$。

为了定量描述渣中磷酸盐的富集程度，定义了渣中磷酸盐富集可能性的一个参数 $N_{ci\text{-}cj}$，$N_{ci\text{-}cj}$ 是由代表硅酸钙类化合物 ci 的质量作用浓度 N_{ci} 与代表含 P_2O_5 的复杂大分子 cj 的质量作用浓度 N_{cj} 的乘积得到，表达式如下：

$$N_{ci\text{-}cj} = N_{ci} \times N_{cj} \quad i = 1,2,3; \; j = 5,6,7 \tag{6-2}$$

以上提到的九种结构单元的总的富集可能性 $N_{ci\text{-}cj}$ 则可表示为：

$$\sum_{\substack{i=1,2,3 \\ j=5,6,7}} \left(N_{ci\text{-}cj} \frac{M_{P_2O_5}}{M_{ci\text{-}cj}} \right) = N_{c1\text{-}c5} \frac{M_{P_2O_5}}{M_{c1\text{-}c5}} + N_{c1\text{-}c6} \frac{M_{P_2O_5}}{M_{c1\text{-}c6}} + N_{c1\text{-}c7} \frac{M_{P_2O_5}}{M_{c1\text{-}c7}} + N_{c2\text{-}c5} \frac{M_{P_2O_5}}{M_{c2\text{-}c5}} +$$

$$N_{c2\text{-}c6} \frac{M_{P_2O_5}}{M_{c2\text{-}c6}} + N_{c2\text{-}c7} \frac{M_{P_2O_5}}{M_{c2\text{-}c7}} + N_{c3\text{-}c5} \frac{M_{P_2O_5}}{M_{c3\text{-}c5}} + N_{c3\text{-}c6} \frac{M_{P_2O_5}}{M_{c3\text{-}c6}} + N_{c3\text{-}c7} \frac{M_{P_2O_5}}{M_{c3\text{-}c7}} \quad (6\text{-}3)$$

因此，定义的富集可能性与以上提到的九种结构单元的总的富集可能性，即，$\sum\limits_{\substack{i=1,2,3 \\ j=5,6,7}} \left(N_{ci\text{-}cj} \dfrac{M_{P_2O_5}}{M_{ci\text{-}cj}} \right)$ 的比值，就是定义的富集程度 $R_{ci\text{-}cj}$，为：

$$R_{ci\text{-}cj} = \left(N_{ci\text{-}cj} \frac{M_{P_2O_5}}{M_{ci\text{-}cj}} \right) \bigg/ \sum_{\substack{i=1,2,3 \\ j=5,6,7}} \left(N_{ci\text{-}cj} \frac{M_{P_2O_5}}{M_{ci\text{-}cj}} \right) \quad i=1,2,3;\ j=5,6,7 \quad (6\text{-}4)$$

其中富集可能性 $N_{ci\text{-}cj}$ 是代表渣中磷酸盐富集可能性的一个参数，侧重于衡量磷酸盐固溶体形成的难易程度。而富集程度 $R_{ci\text{-}cj}$ 是代表渣中磷酸盐富集程度的一个参数，侧重于衡量某一种含磷酸盐固溶体能富集到的含磷，或 P_2O_5 的量占所有可能形成磷酸盐固溶体中富集的含磷或 P_2O_5 的百分数，以 $R_{C_2S\text{-}C_3P}$ 为例，它表明 $C_2S\text{-}C_3P$ 固溶体中能富集到的磷或 P_2O_5 占全部渣中磷或 P_2O_5 的百分数。二者互为条件，共同决定钢渣中磷酸盐的富集行为。

B　实验部分

a　实验原料及试剂

所研究的五元渣系 $CaO\text{-}SiO_2\text{-}FeO\text{-}Fe_2O_3\text{-}P_2O_5$ 是通过制备的 FeO 粉和试剂纯的 CaO、SiO_2、Fe_2O_3 和 P_2O_5 配置而成，其中 P_2O_5 是通过添加 $3CaO\cdot P_2O_5$ 来实现。实验中所用原料及试剂汇总见表 6-3。

表 6-3　实验所用原料及试剂

原料及试剂	化学式	纯度	生产厂家
氧化钙	CaO	分析纯	西陇化工股份有限公司
二氧化硅	SiO_2	分析纯	国药集团化学试剂有限公司
氧化铁（三氧化二铁）	Fe_2O_3	分析纯	国药集团化学试剂有限公司
还原铁粉	Fe	分析纯	国药集团化学试剂有限公司
五氧化二磷	P_2O_5	分析纯	国药集团化学试剂有限公司
磷酸三钙	$Ca_3(PO_4)_2$	分析纯	上海试四赫维化工有限公司
高纯氩气	Ar	分析纯	北京科技大学

FeO 呈黑色粉末状，不稳定，在加热状态下极易与氧气反应生成含有三价铁的铁氧化物。本实验利用反应原理 $Fe+Fe_2O_3 \rightleftharpoons 3FeO$ 来制备 FeO 粉体。

b　实验设备与仪器

实验主要是在以 $MoSi_2$ 棒为加热元件的立式管式炉中进行，实验中所用设备与仪器汇总如表 6-4 所示。

表 6-4 实验所用设备与仪器

仪　器	型号或规格	生产厂家
电子天平	AL-104	梅特勒-托利多仪器有限公司
立式管式 $MoSi_2$ 炉	（内径 70 mm，外径 88 mm）GSL-06-16LA	洛阳市谱瑞慷达耐热测试设备有限公司
铂金坩埚	50 mL	翠铂林有色金属技术开发中心
氧化铝坩埚	（内径 50.0 mm，外径 60 mm，高 60.0 mm）	唐山市丰南区春志陶瓷经营部
氧化镁坩埚	（内径 20.0 mm，外径 26.0 mm，高 50.0 mm）	唐山市丰南区春志陶瓷经营部
电热恒温鼓风干燥箱	DL-101	天津市中环实验电炉有限公司
电磁式制样粉碎机	DF-4	上虞市道墟汪盛仪器厂
金相研磨抛光机	UNIPOL-830	合肥科晶材料技术有限公司

c　实验流程与步骤

将制备得到的 FeO 粉和试剂纯的 CaO、SiO_2、Fe_2O_3 和 P_2O_5 混匀后放入 MgO 坩埚中。为了防止渗漏，MgO 坩埚外边套上 Al_2O_3 坩埚。炉子采用 $MoSi_2$ 作为加热元件的立式管式炉，控温仪的误差控制在±3 K。实验过程中的升温过程和冷却制度是不同的。实验全程均采用净化处理的高纯 Ar 保护，Ar 流量为 0.5 L/min。净化处理高纯 Ar 是为了防止炼钢炉渣中 FeO 在实验过程被氧化。高纯 Ar（99.999%）净化处理主要包括脱水、脱氧等环节。

实验中所采用的升温和降温制度如图 6-1 所示。由图可知，温度制度包含升温、保温和两段式降温 3 个环节。加热过程可描述如下：

（1）管式炉升温前 30 min，开始给管式炉中通入高纯氩气；

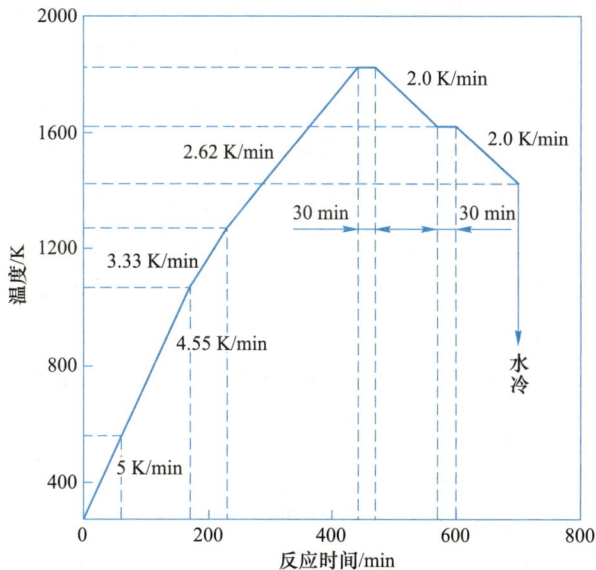

图 6-1　实验进行过程中的温度制度及变温速率

（2）原料混合后放入铂金坩埚中，在室温下放入管式炉；

（3）管式炉升温到 1773 K，通过 PID（proportional-integral-derivative）控制升温程序，升温速率控制在 2.0~5.0 K/min；

（4）在 1773 K 时保温 30 min，使得原料充分溶解和混合。

降温过程描述如下：

（1）首先控制管式炉温度从 1773 K 以 2.0 K/min 降温到 1573 K；

（2）在 1573 K 下保温 30 min，使得磷酸盐富集相长大；

（3）从 1573 K 以 2.0 K/min 的速率，进一步降低温度到 1373 K；

（4）在 1373 K 下保温 30 min，实现磷酸盐富集相的完全结晶；

（5）将铂金坩埚从管式炉中取出，快速投入水中进行水冷；

（6）将水淬后的钢渣样快速放在 403 K 干燥箱中烘干 4 h 脱水。

需要指出的是，渣样在熔化和冷却的过程中 FeO 与 Fe_2O_3 质量分数的比值可以认为是常数，因为实验过程中一直有高纯 Ar 气保护。高纯 Ar 气在实验开始升温 1 h 前通入，通过变色硅胶和干燥的 $Mg(ClO_4)_2$ 去除高纯 Ar 气中的水，采用烧碱石棉层过滤高纯 Ar 气中的 CO_2，采用 900 K 的铜阻丝炉去除高纯 Ar 气中的 O_2。

d　实验测试与表征

将得到的水淬渣样，一部分破碎、研磨、筛分至 0.074 mm（200 目）以下用于物相检测。物相检测采用日本理学公司生产的 X 射线衍射分析仪（XRD，TTRⅢ型）进行。XRD 的主要规格及基本操作参数为：以 Cu 靶的 $K\alpha$（$\lambda = 0.154056$ nm）为激发源，石墨为单色器，工作电压为 40 kV，工作电流为 200 mA，扫速为 10°/min。

一部分原始未破碎的块状渣样镶嵌于环氧树脂内，以三乙烯四胺（$C_6H_{18}N_4$）为硬化剂，抛光喷碳处理后进行矿相解离检测。矿相检测采用 FEI 公司生产的矿相解离分析仪（MLA250 型），包括 FEI Quanta 250 多用途扫描电镜（SEM）和高速、高能量 X 射线能谱仪（EDAX）。SEM 分析矿相嵌布特征，其主要规格及技术指标为：光学系统采用钨灯丝，最大束流 2 μA；放大倍数 13~1000000；加速电压：200 V~30 kV。采用的背散射电子（BSE）成像的分辨率在高、低真空模式下，30 kV 时 ≤4.0 nm。采用 EDAX 中的点扫描和面扫描技术，用于对不同矿相进行成分定量测试。

由于炉渣碱度波动范围较大（1.0~3.5），所以分别设计两个序列的实验：高碱度序列（二元碱度范围 2.0~3.5）和低碱度序列（二元碱度范围 1.0~2.0）系统研究二元碱度对于五元渣系中磷酸盐选择性结晶富集的影响。下面以高碱度序列为例进行详细阐述。

e　实验目的与设计

高碱度序列中设计的八组实验的合成渣的化学成分总结见表 6-5。其中实验 No.1~No.3 三组实验是相同的 $w(Fe_tO)/w(CaO)$，相同温度制度下，讨论炼钢炉渣二元碱度对渣中磷酸盐富集的影响；实验 No.4、实验 No.5 和实验 No.1 是为了讨论 $w(Fe_tO)/w(CaO)$ 对渣中磷酸盐富集的影响，其余条件均与实验 No. 1 一致；实验 No. 6 ~ No. 8 与实验 No. 1 的 $w(Fe_tO)/w(CaO)$ 和炼钢炉渣二元碱度均一致，主要讨论炼钢炉渣初始 P_2O_5 含量对磷酸盐富集的影响。

表 6-5 高碱度序列设计的八组炼钢炉渣初始成分含量

实验号 No.	渣的化学成分（质量分数）/%					B	$w(Fe_tO)$ /$w(CaO)$
	CaO	SiO₂	FeO	Fe₂O₃	P₂O₅		
1	39.42	15.77	17.92	21.90	5.00	2.50	0.955
2	41.38	11.82	18.81	22.99	5.00	3.50	0.955
3	37.85	18.92	17.20	21.03	5.00	2.00	0.955
4	16.25	6.50	32.51	39.73	5.00	2.50	4.200
5	56.00	22.40	7.47	9.13	5.00	2.50	0.280
6	40.66	16.26	18.48	22.59	2.00	2.50	0.955
7	39.83	15.93	18.11	22.13	4.00	2.50	0.955
8	38.17	15.27	17.35	21.21	8.00	2.50	0.955

C 高碱度下五元渣系中磷酸盐的富集研究（碱度大于 2.0）

a 高碱度下五元渣系中结晶相的表征

在表 6-5 中 No. 1 渣样的 XRD 分析结果见图 6-2。从图中可明显看出，渣中的主晶相是 Fe_3O_4，化合物 C_2S 和 $5C_2S$-C_2S-C_3P 固溶体 $Ca_{15}(PO_4)_2(SiO_4)_6$，同时还有很少量的 FeO。这表明 P_2O_5 存在于 $5C_2S$-C_2S-C_3P 固溶体中。

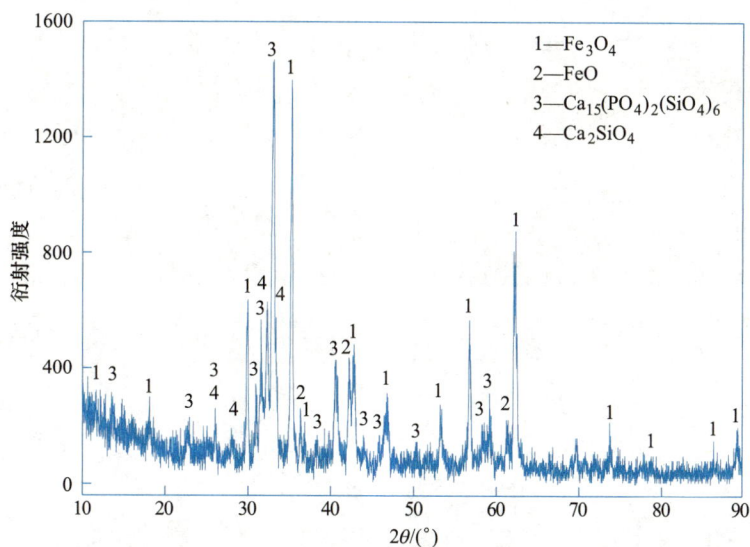

图 6-2 渣样 No. 1 的 XRD 分析结果

渣样 No. 1 ~ No. 8 的扫面照片如图 6-3 所示，相应点的 EDS 分析结果见表 6-6 中的右边部分。可以看出：白色区域是铁氧化物富集区；灰色区域是磷富集区；生成的 C_3P 和 C_2S

结合在一起，生成 C_2S-C_3P 固溶体。

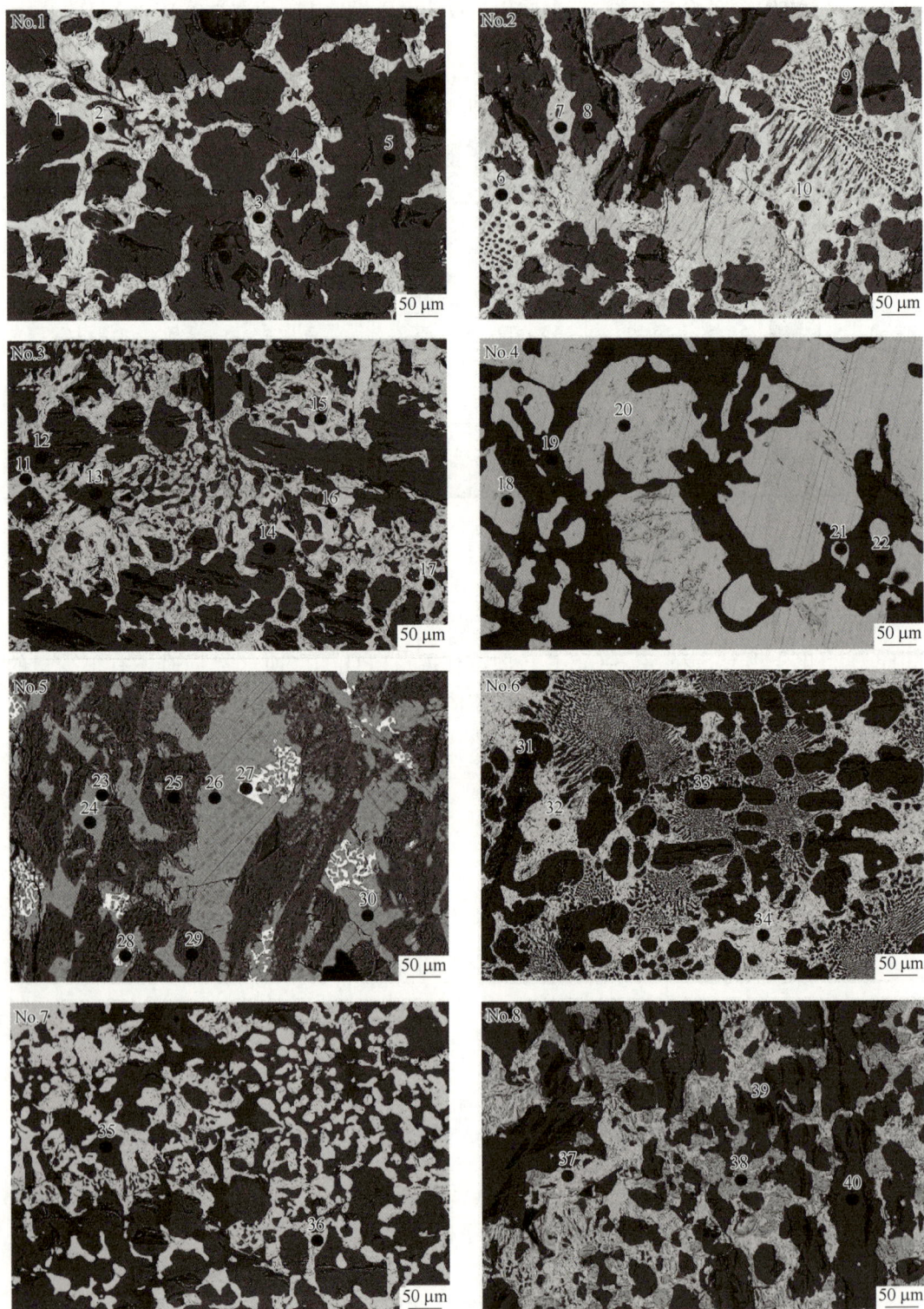

图 6-3　渣样 No. 1～No. 8 的 SEM 图

表 6-6　高碱度序列设计的八组炼钢炉渣渣样成分及相对应的 EDS 分析结果

试样	位置	渣样化学成分（质量分数）/%					B	$w(Fe_tO)/$ $w(CaO)$	EDS 分析结果（质量分数）/%				
		CaO	SiO$_2$	FeO	P$_2$O$_5$	Fe$_2$O$_3$			CaO	SiO$_2$	Fe$_3$O$_4$	P$_2$O$_5$	MgO
1	1	39.42	15.77	17.92	5.00	21.90	2.50	0.955	54.92	27.50	0.66	15.43	1.48
	2								1.42	0.97	86.86	0.31	10.45
	3								1.33	0.51	78.33	0.48	19.35
	4								54.35	28.96	0.53	14.65	1.51
	5								54.43	27.49	0.20	17.07	0.81
2	6	41.38	11.82	18.81	5.00	22.99	3.50	0.955	44.00	3.37	51.76	0.50	0.38
	7								2.13	0.52	89.69	0.38	7.29
	8								58.36	34.99	1.37	4.58	0.71
	9								57.92	35.62	1.39	4.57	0.50
	10								2.50	0.39	89.60	0.37	7.15
3	11	37.85	18.92	17.20	5.00	21.03	2.00	0.955	1.89	0.99	84.81	tr.	12.31
	12								57.14	32.61	1.21	8.49	0.55
	13								56.79	31.68	0.85	10.09	0.58
	14								58.04	28.85	7.90	5.21	tr.
	15								2.30	tr.	90.61	tr.	7.09
	16								19.54	0.65	76.86	tr.	2.95
	17								2.54	0.88	90.02	tr.	6.56
4	18	16.25	6.50	32.51	5.00	39.73	2.50	4.200	tr.	0.48	91.13	0.50	7.89
	19								51.03	28.45	3.19	14.75	2.58
	20								0.22	0.76	93.99	0.50	4.53
	21								0.42	0.94	90.03	0.55	8.07
	22								49.92	34.52	3.55	7.40	4.62
5	23	56.00	22.40	7.47	5.00	9.13	2.50	0.280	0.75	0.64	85.75	tr.	12.86
	24								38.18	41.84	9.04	5.45	5.49
	25								42.69	41.98	2.70	tr.	12.63
	26								41.00	36.72	7.60	10.17	4.51
	27								0.65	0.62	84.49	tr.	14.25
	28								1.03	0.48	85.02	tr.	13.48
	29								32.08	39.33	1.31	2.42	24.86
	30								41.93	34.35	7.13	11.67	4.93
6	31	40.66	16.26	18.48	2.00	22.59	2.50	0.955	60.37	32.91	0.37	5.57	0.78
	32								41.82	7.38	48.36	0.66	1.77
	33								60.03	32.86	0.42	5.99	0.70
	34								38.02	8.04	50.64	0.60	2.71

续表 6-6

试样	位置	渣样化学成分（质量分数）/%					B	$w(Fe_tO)/$ $w(CaO)$	EDS 分析结果（质量分数）/%				
		CaO	SiO$_2$	FeO	P$_2$O$_5$	Fe$_2$O$_3$			CaO	SiO$_2$	Fe$_3$O$_4$	P$_2$O$_5$	MgO
7	35	39.83	15.93	18.11	4.00	22.13	2.50	0.955	55.61	34.11	0.86	9.42	tr.
	36								20.60	1.38	73.65	0.47	3.90
8	37	38.17	15.27	17.35	8.00	21.21	2.50	0.955	0.64	tr.	85.06	tr.	14.30
	38								0.99	0.85	84.86	tr.	13.30
	39								51.74	27.31	2.10	18.86	tr.
	40								51.97	24.01	0.99	23.04	tr.

tr：（痕量，trace）是指测定结果低于所用 EDS 分析仪的最低检测限。

对实验 No.1 渣样进行元素面分布测试，分别做了 Ca、Fe、Mg、O、P 和 Si 元素的面分布图，结果见图 6-4。图 6-4 的灰色区域是 Ca、Si 和 P 元素；而白色或白色花纹区域主要是 Fe、O 和 Mg 元素，即 Fe 富集区。其中，Mg 元素主要来自 MgO 坩埚的侵蚀。可以推断出 Ca、Si 和 P 容易生成 C$_2$S-C$_3$P 固溶体，元素 Fe 和 O 元素生成 Fe$_3$O$_4$。

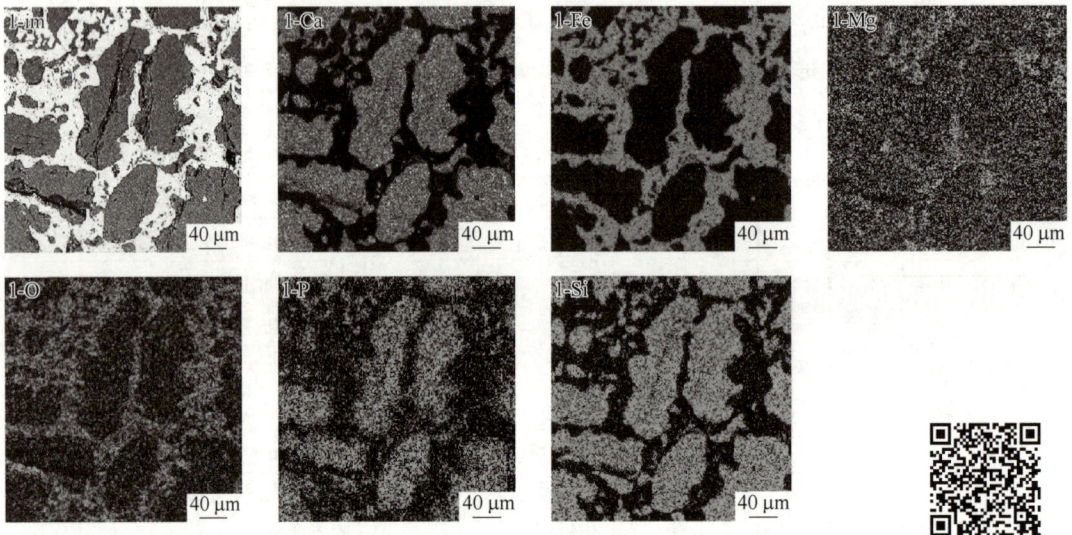

图 6-4   渣样 No.1 的 SEM 图和六种元素的面分布图

扫码看彩图

综上所述，XRD、SEM 和 EDS 测试结果高度吻合统一，也就是说，元素 P 在渣中主要以 C$_3$P 形式存在；生成的 C$_3$P 和 C$_2$S 结合在一起，形成 C$_2$S-C$_3$P 的固溶体；铁氧化物在水淬渣中主要以 Fe$_3$O$_4$ 形式存在。

b   二元碱度和温度对五元渣系中磷酸盐富集情况的影响

下面将通过两种方法来讨论二元碱度和温度对五元渣系中磷酸盐富集情况的影响，分别是理论计算和实验验证。一方面，建立的 IMCT-N_i 模型，可以计算出以上提到的五种包含 P$_2$O$_5$ 的结构单元的质量作用浓度 N_{cj}，同时也可计算出式（6-3）中定义的富集可能性 N_{ci-cj} 和式（6-4）中定义的富集程度 R_{ci-cj}。炼钢炉渣设计的成分为 SiO$_2$ 的质量分数为 15%，

P_2O_5 的质量分数为 5%，调整二元碱度从 1.8 增加到 3.7（以 0.1 为步长），温度分别设定为 1723 K、1773 K、1823 K 和 1873 K 四个温度点。另一方面，通过相应的实验来验证二元碱度和温度对磷酸盐富集情况的影响。

（1）二元碱度和温度对五种含 P_2O_5 复杂大分子的影响。五元渣系二元碱度和温度与这五种结构单元计算的质量作用浓度 N_{cj} 的关系如图 6-5 所示。其中炉渣碱度从 1.8 增加到 3.7（以 0.1 为步长），温度范围为 1723～1873 K，固定 SiO_2 的质量分数为 15%，P_2O_5 的质量分数为 5%。从图 6-5 可以看出，随着二元碱度的升高，四种复杂分子 C_2P、C_3P、F_3P 和 F_4P 的质量作用浓度降低，而 N_{C_4P} 随着碱度的升高而升高。同时，升高温度（从 1723 K 升至 1873 K），有利于 N_{C_2P} 的生成，而 N_{C_3P} 却在减少。温度变化对 C_4P、F_3P 和 F_4P 的质量作用浓度 N_{cj} 的影响不明显。此外，温度对五种含 P_2O_5 复杂大分子的质量作用浓度 N_{cj} 的影响没有碱度对 N_{cj} 的影响程度大。

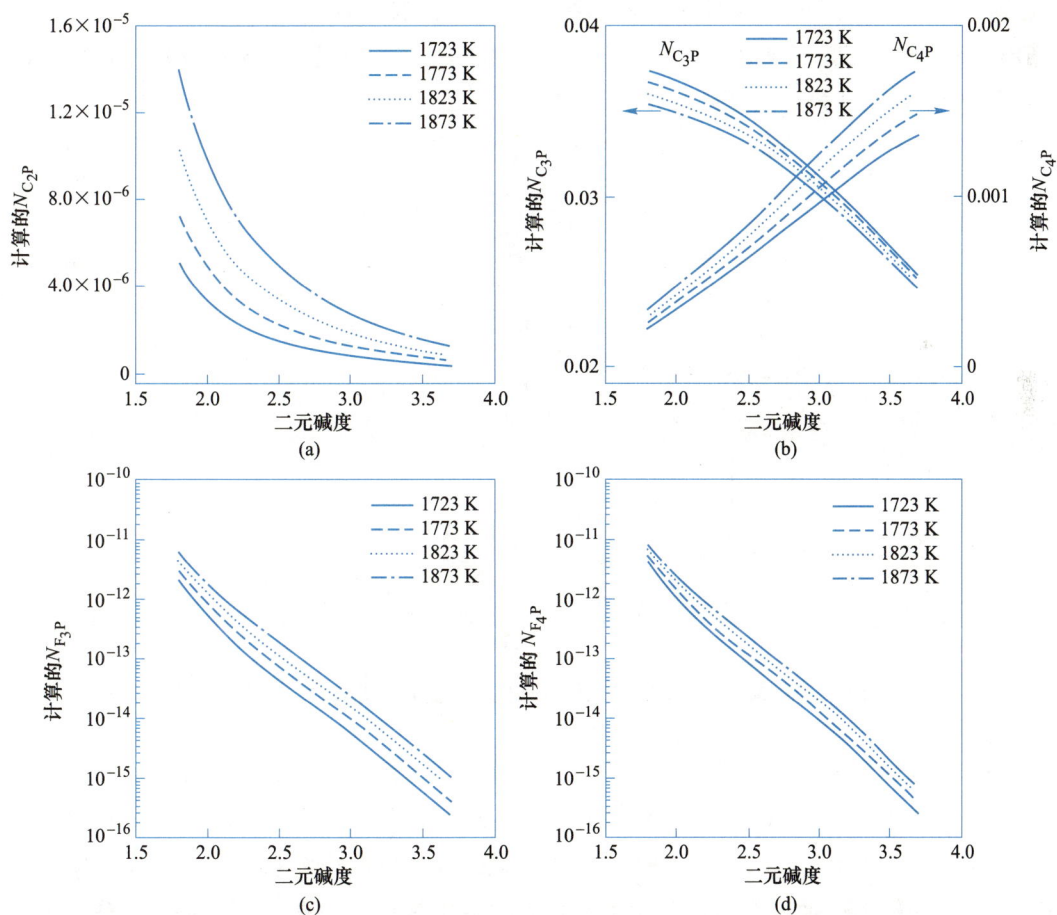

图 6-5　二元碱度与计算出的五种含磷相结构单元质量作用浓度 N_{cj} 的关系

（a）N_{C_2P}；（b）N_{C_3P}，N_{C_4P}；（c）N_{F_3P}；（d）N_{F_4P}

计算的图 6-5（a）中 N_{C_2P} 的数量级范围是 $10^{-7} \sim 10^{-5}$，图 6-5（b）中 N_{C_3P} 和 N_{C_4P} 的数量级范围是 $10^{-4} \sim 10^{-2}$，图 6-5（c）和（d）中 N_{F_3P} 和 N_{F_4P} 的数量级范围是 $10^{-16} \sim 10^{-12}$。经计算可得 C_3P 富集可能性 R_{C_3P} 的范围是 92.23% ~ 99.29%。这意味着 P_2O_5 容易与渣中的 CaO 结合生成 $3CaO \cdot P_2O_5$。

（2）二元碱度和温度对三种硅酸钙产物的影响。炉渣二元碱度与三种硅酸钙类化合物 C_3S、C_2S 和 CS 的质量作用浓度 N_{ci} 的关系见图 6-6。其中炼钢炉渣碱度从 1.8 增加到 3.7（以 0.1 为步长），温度范围为 1723 ~ 1873 K，固定 SiO_2 的质量分数为 15%，P_2O_5 的质量分数为 5%。从图 6-6 可以看出，C_3S 的质量作用浓度 N_{C_3S} 随着二元碱度的升高，呈线性增加趋势。然而，N_{C_2S} 随着二元碱度的升高呈抛物线关系。当炉渣二元碱度为 2.3 时，N_{C_2S} 达到最大。N_{CS} 随二元碱度的升高呈指数衰减趋势。另外，升高温度（从 1723 K 升至 1873 K）对 N_{C_2S} 生成的影响很大，但温度变化对 C_2S 或 CS 的质量作用浓度 N_{ci} 影响不明显。

将图 6-6 中得到的三种硅酸钙的质量作用浓度 N_{ci} 代入到式（6-4）中，可计算出三种硅酸钙类化合物的富集可能性 R_{ci} 的范围。其中计算的 C_3S 富集可能性 R_{C_3S} 的范围是 2.30% ~ 20.13%，R_{C_2S} 的范围是 77.17% ~ 86.81%，R_{CS} 的范围是 1.75% ~ 20.43%。因此，C_2S 是渣中主要的硅酸钙类复杂大分子。

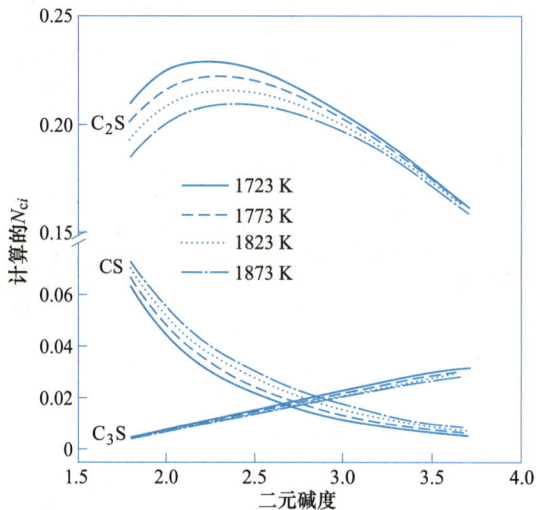

图 6-6 二元碱度与计算出的三种硅酸钙的质量作用浓度 N_{ci} 之间的关系

（3）二元碱度和温度对磷酸盐富集行为的影响。五元渣系 $CaO\text{-}SiO_2\text{-}FeO\text{-}Fe_2O_3\text{-}P_2O_5$ 在炼钢温度范围内，生成含磷化合物的结构单元有五种：$2CaO \cdot P_2O_5$、$3CaO \cdot P_2O_5$、$4CaO \cdot P_2O_5$、$3FeO \cdot P_2O_5$ 和 $4FeO \cdot P_2O_5$，其中后两种含磷化合物 $3FeO \cdot P_2O_5$ 和 $4FeO \cdot P_2O_5$ 可忽略。而生成含硅酸钙类化合物的结构单元有三种，分别为：$3CaO \cdot SiO_2$、$2CaO \cdot SiO_2$ 和 $CaO \cdot SiO_2$。这样就可生成九种固溶体，分别为 $3CaO \cdot SiO_2\text{-}2CaO \cdot P_2O_5$、$2CaO \cdot SiO_2\text{-}2CaO \cdot P_2O_5$、$CaO \cdot SiO_2\text{-}2CaO \cdot P_2O_5$、$3CaO \cdot SiO_2\text{-}3CaO \cdot P_2O_5$、$2CaO \cdot SiO_2\text{-}4CaO \cdot P_2O_5$、$CaO \cdot SiO_2\text{-}3CaO \cdot P_2O_5$、$3CaO \cdot SiO_2\text{-}4CaO \cdot P_2O_5$、$CaO \cdot SiO_2\text{-}4CaO \cdot$

P_2O_5 和 $2CaO \cdot SiO_2$-$3CaO \cdot P_2O_5$。

在 1723~1873 K 内，五元渣系 CaO-SiO_2-FeO-Fe_2O_3-P_2O_5 的二元碱度与九种固溶体的富集可能性 N_{ci-cj} 关系如图 6-7 所示。可以看出：

1）图 6-7（a）中计算的 C_3S-C_2P、C_2S-C_2P 和 CS-C_2P 固溶体的富集可能性 N_{ci-cj} 随着碱度的升高而降低；

2）图 6-7（b）中计算的 C_3S-C_3P 和 C_2S-C_4P 固溶体的富集可能性 N_{ci-cj} 随着碱度的升高而增加，而 CS-C_3P 固溶体的富集可能性 N_{CS-C_3P} 随着碱度的升高而指数衰减；

3）图 6-7（c）中计算的 $N_{C_3S-C_4P}$ 随着碱度的升高呈现指数增加，而 N_{CS-C_4P} 与碱度呈抛物线关系，在碱度 2.2 时达到最大；

4）图 6-7（d）中计算的 $N_{C_2S-C_3P}$ 随着碱度的升高呈抛物线关系，在碱度 2.2 时达到最大。很明显，$N_{C_2S-C_3P}$ 的数量级远远大于图 6-7（a）~（c）中所有的 N_{ci-cj}。

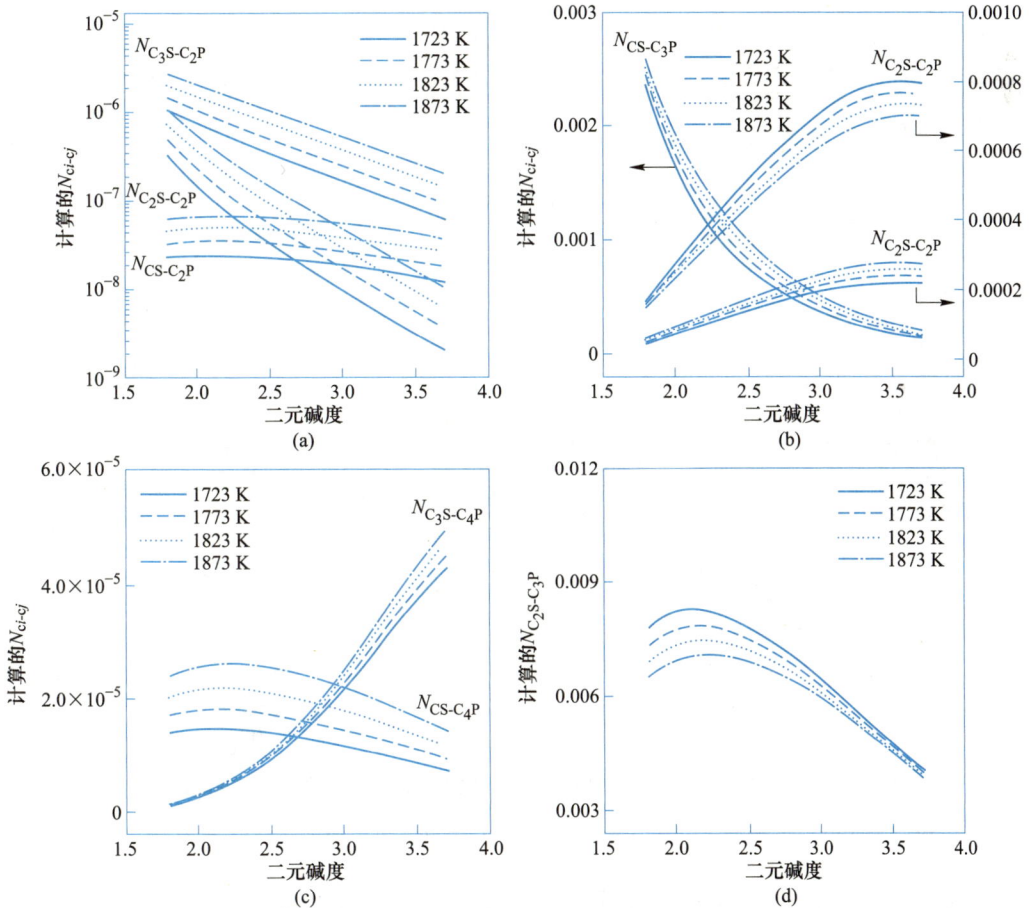

图 6-7 二元碱度和计算出的九种磷酸盐固溶体的富集可能性 N_{ci-cj} 之间的关系

（a）N_{CS-C_2P}，$N_{C_2S-C_2P}$，$N_{C_3S-C_2P}$；（b）N_{CS-C_3P}，$N_{C_2S-C_4P}$，$N_{C_3S-C_3P}$；

（c）N_{CS-C_4P}，$N_{C_3S-C_4P}$；（d）$N_{C_2S-C_3P}$

在这种情况下，仅讨论温度对图 6-7（d）中 $N_{C_2S-C_3P}$ 的影响，低温时 $N_{C_2S-C_3P}$ 较大，也就是低温有利于固溶体 C_2S-C_3P 的生成，这与低温有利于脱磷的冶金常识高度一致。

在 1723~1873 K 内，五元渣系 $CaO-SiO_2-FeO-Fe_2O_3-P_2O_5$ 的二元碱度与九种固溶体的富集程度 R_{ci-cj} 关系见图 6-8。图 6-8（a）~（c）中二元碱度对计算的富集程度 R_{ci-cj} 的关系与图 6-7（a）~（c）中二元碱度对计算的富集可能性 N_{ci-cj} 的关系相似。图 6-8（d）中计算的 $R_{C_2S-C_3P}$ 与二元碱度呈非对称抛物线关系，在碱度 2.5 时达到最大。另外，从图 6-8（d）也可看出，低温有利于 $R_{C_2S-C_3P}$ 的生成。

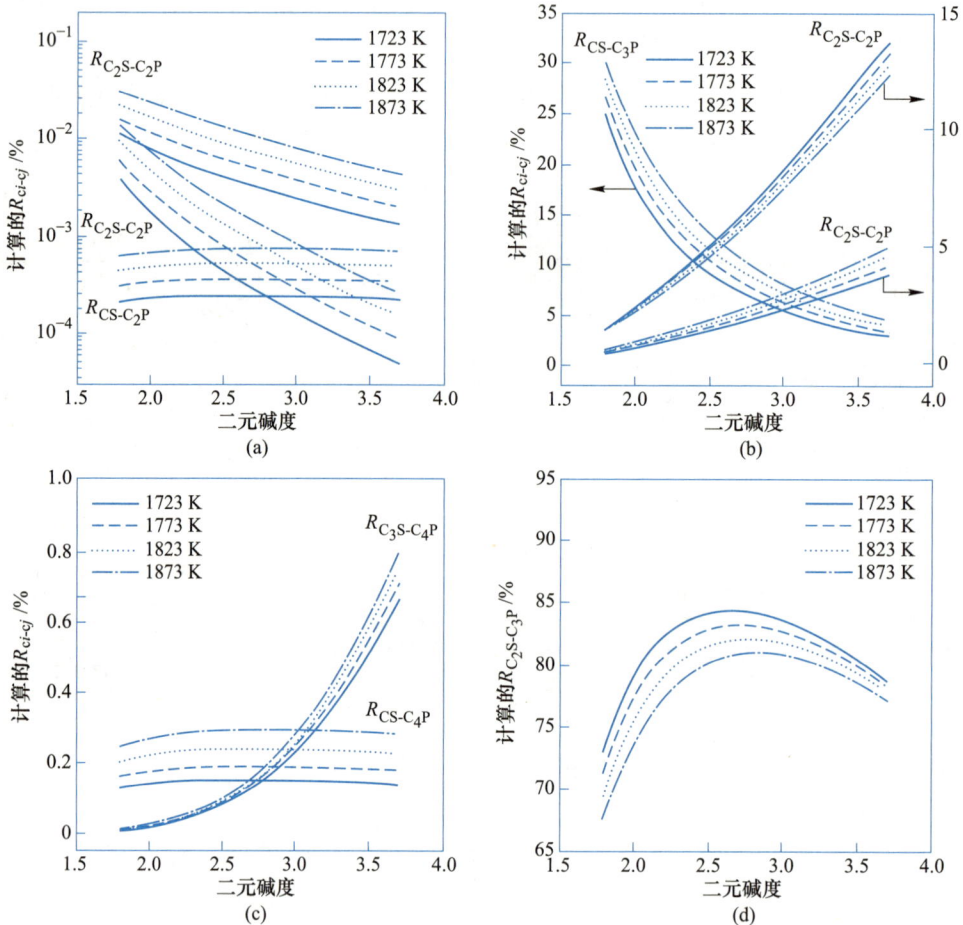

图 6-8 二元碱度和计算出的九种磷酸盐固溶体的富集程度 R_{ci-cj} 之间的关系

（a）R_{CS-C_2P}，$R_{C_2S-C_2P}$，$R_{C_3S-C_2P}$；（b）R_{CS-C_3P}，$R_{C_2S-C_4P}$，$R_{C_3S-C_3P}$；（c）R_{CS-C_4P}，$R_{C_3S-C_4P}$；（d）$R_{C_2S-C_3P}$

从图 6-7 中可看出二元碱度与九种固溶体的综合质量作用浓度所占比率 N_{ci-cj} 有很明显的关系：随着炉渣二元碱度的增加，图 6-7（a）中 $3CaO \cdot SiO_2-2CaO \cdot P_2O_5$，$2CaO \cdot SiO_2-2CaO \cdot P_2O_5$ 和 $CaO \cdot SiO_2-2CaO \cdot P_2O_5$ 的质量作用浓度比率呈指数衰减趋势，且数量级在 10^{-2}；图 6-7（c）中 $3CaO \cdot SiO_2-4CaO \cdot P_2O_5$ 的质量作用浓度比率呈指数增加趋势，温度对其影响不敏感，而 $CaO \cdot SiO_2-4CaO \cdot P_2O_5$ 的质量作用浓度比率基本不变，且高温

有利于其生成，且数量级<1.0%；图 6-7（b）中，$3CaO \cdot SiO_2$-$3CaO \cdot P_2O_5$ 和 $2CaO \cdot SiO_2$-$4CaO \cdot P_2O_5$ 的质量作用浓度比率均随着二元碱度的增加而呈线性增加趋势，且前者上升趋势较快，后者变化较平缓，而 $CaO \cdot SiO_2$-$3CaO \cdot P_2O_5$ 的质量作用浓度比率却随着炼钢炉渣二元碱度的增加呈明显的指数衰减趋势，$CaO \cdot SiO_2$-$3CaO \cdot P_2O_5$ 的质量作用浓度比率<30%；图 6-7（d）中，C_2S-C_3P 固溶体的综合质量作用浓度最大，C_2S-C_3P 的质量作用浓度比率范围为 69.94%~84.39%，随着炼钢炉渣二元碱度的增加呈现一种先增加后减少的规律，在炼钢炉渣二元碱度为 2.5 时达到峰值。温度降低有利于 C_2S-C_3P 的生成，在炼钢炉渣二元碱度为 2.5，反应温度为 1723 K 时，C_2S-C_3P 的质量作用浓度比率达到 85%。这也是在此条件下，渣中磷的最大理论富集率。

通过以下三组实验（No.1、No.2 和 No.3）验证上述得到的理论结果，并根据 EDS 具体分析含 P_2O_5 固溶体中 P 的富集行为与二元碱度的关系。实验 No.1、No.2 和 No.3 中相对应的炼钢炉渣二元碱度分别为 2.5，3.0 和 2.5，其中 $w(Fe_tO)/w(CaO)$ 均为 0.955。二元碱度与 EDS 测量出的渣样 No.1、No.2 和 No.3 中 $w(P_2O_5)$ 的关系如图 6-9 所示。二元碱度与磷富集相中的 $w(P_2O_5)$ 呈抛物线关系，并且图 6-9 的结果与图 6-8（d）理论计算的结果一致。这表明磷酸盐的富集可能性 $R_{C_2S-C_3P}$ 可以揭示实验中磷酸盐的富集行为。

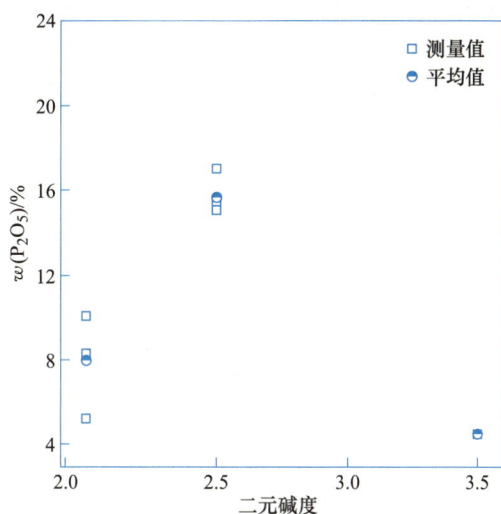

图 6-9　二元碱度和测量出的富磷相中 $w(P_2O_5)$ 的关系

c　铁氧化物 Fe_tO 与碱性氧化物 CaO 质量分数的比值 $w(Fe_tO)/w(CaO)$ 对磷酸盐富集行为的影响

铁氧化物 Fe_tO 与碱性氧化物 CaO 的质量百分比 $w(Fe_tO)/w(CaO)$ 可用来描述 Fe_tO 和 CaO 对渣的综合作用。当二元碱度为 2.5，$w(P_2O_5)$ 为 5%，温度从 1723 K 升高至 1873 K 时，CaO-SiO_2-FeO-Fe_2O_3-P_2O_5 五元渣系中 $w(Fe_tO)/w(CaO)$ 与富集可能性 $N_{C_2S-C_3P}$ 和富集程度 $R_{C_2S-C_3P}$ 的关系分别见图 6-10。从图 6-10（a）中可以观察到，计算的富集可能性 $N_{C_2S-C_3P}$ 随 $w(Fe_tO)/w(CaO)$ 的增大呈减小趋势，但是温度从 1723 K 升高至 1873 K

并未明显影响 $w(Fe_tO)/w(CaO)$ 与 $N_{C_2S-C_3P}$ 之间的变化。

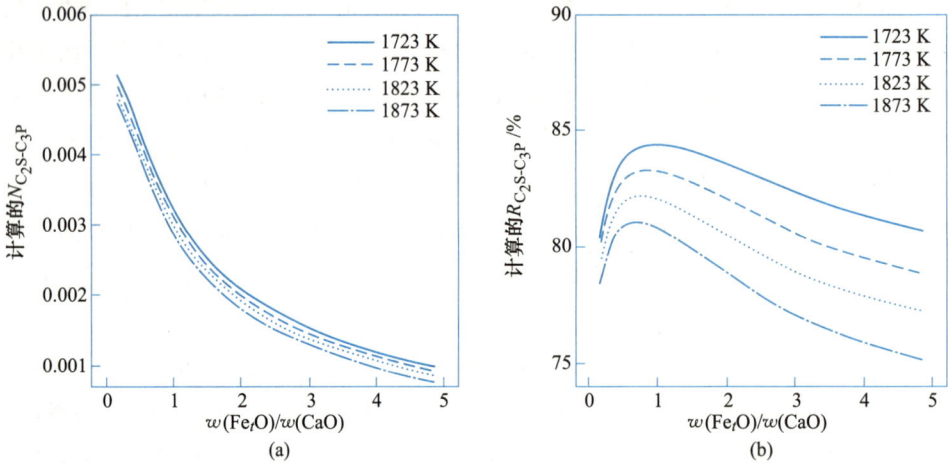

图 6-10　$w(Fe_tO)/w(CaO)$ 与计算出的富集可能性及富集程度的关系

(a) 富集可能性 $N_{C_2S-C_3P}$；(b) 富集程度 $R_{C_2S-C_3P}$

由图 6-11 中 $w(Fe_tO)/w(CaO)$ 和 N_{C_2S} 及 N_{C_3P} 的关系可看出，尽管二者之间存在不对称的线性关系，但是增大 $w(Fe_tO)/w(CaO)$ 可使 N_{C_2S} 显著降低。由于 N_{C_2S} 的数量级大于 N_{C_3P} 的数量级，因此，$w(Fe_tO)/w(CaO)$ 对 $N_{C_2S-C_3P}=N_{C_2S}\times N_{C_3P}$ 的影响主要作用于 N_{C_2S} 而不是 N_{C_3P}。

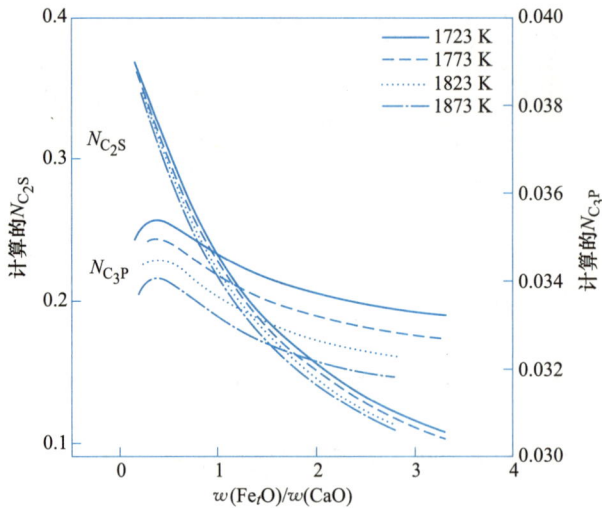

图 6-11　$w(Fe_tO)/w(CaO)$ 与计算出的 N_{C_2S} 和 N_{C_3P} 之间的关系

另外，从图 6-10 (b) 中还可以观察到，随着 $w(Fe_tO)/w(CaO)$ 从 0.16 增加到 0.955 时，计算得到的富集程度 $R_{C_2S-C_3P}$ 增大，但进一步增加 $w(Fe_tO)/w(CaO)$ 从 0.955 到 5.0，$R_{C_2S-C_3P}$ 明显减少。另外，不同温度对 $R_{C_2S-C_3P}$ 的影响也很明显。不同温度下，当

$w(Fe_tO)/w(CaO)$ 为 0.955 时，相应的富集程度 $R_{C_2S-C_3P}$ 均达到最大。

为了验证以上得到的理论计算结果，设计了对比实验 No.1、No.4 和 No.5，三组实验碱度均为 2.5。$w(Fe_tO)/w(CaO)$ 与磷富集相中的 $w(P_2O_5)$ 通过 EDS 分析的关系如图 6-12 所示。从图中可看出，$w(Fe_tO)/w(CaO)$ 与磷富集相中的 $w(P_2O_5)$ 呈非对称抛物线关系，在 $w(Fe_tO)/w(CaO)$ 为 0.955 时，磷富集相中的 $w(P_2O_5)$ 达到最大。很明显，图 6-12 中 $w(Fe_tO)/w(CaO)$ 对磷富集相中的 $w(P_2O_5)$ 的影响趋势与图 6-10（b）中 $w(Fe_tO)/w(CaO)$ 对 $R_{C_2S-C_3P}$ 的影响趋势一致。但是 EDS 测试得到的 $w(P_2O_5)$ 与 $R_{C_2S-C_3P}$ 的数量级是不同的，这主要是由于二者定义不同所导致。

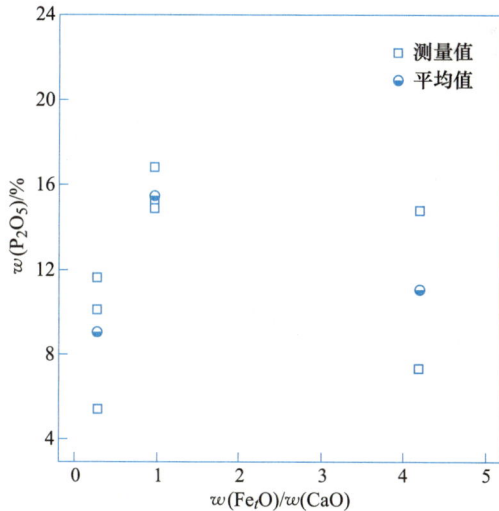

图 6-12 $w(Fe_tO)/w(CaO)$ 和测量的富磷相中 $w(P_2O_5)$ 的关系

d P_2O_5 含量对五元渣系中磷酸盐富集行为的影响

为了研究不同 P_2O_5 质量分数 $w(P_2O_5)$ 对富集可能性 $N_{C_2S-C_3P}$ 或富集程度 $R_{C_2S-C_3P}$ 的影响，控制炉渣二元碱度为 2.5，$w(Fe_tO)/w(CaO)$ 等于 0.955，SiO_2 含量为 15%，调整 $w(P_2O_5)$ 从 0.5% 增加到 10.0%。P_2O_5 含量与富集可能性 $N_{C_2S-C_3P}$ 或富集程度 $R_{C_2S-C_3P}$ 的关系见图 6-13。从图中可以明显看出，增加 $w(P_2O_5)$ 可导致富集可能性 $N_{C_2S-C_3P}$ 线性增加，但是富集程度 $R_{C_2S-C_3P}$ 却基本保持为常数。这意味着，渣中 $w(P_2O_5)$ 的变化仅影响富集可能性 $N_{C_2S-C_3P}$，而不影响富集程度 $R_{C_2S-C_3P}$。

为了验证以上得到的理论结果，设计四组实验 No.1、No.6、No.7 和 No.8。控制炉渣二元碱度为 2.5，$w(Fe_tO)/w(CaO)$ 等于 0.955，$w(P_2O_5)$ 变化从 2.0% 到 8.0%。$w(P_2O_5)$ 与 No.1，No.6，No.7 和 No.8 中的磷富集相中的 $w(P_2O_5)$ 通过 EDS 分析的得到的结果如图 6-14 所示。初始 $w(P_2O_5)$ 与 EDS 分析的磷富集相中 $w(P_2O_5)$ 呈线性关系，磷富集相中 $w(P_2O_5)$ 大约是初始 $w(P_2O_5)$ 的 2.6 倍。图 6-14 中初始 $w(P_2O_5)$ 对 EDS 分析测得的磷富集相中 $w(P_2O_5)$ 的影响趋势与图 6-13（a）中初始 $w(P_2O_5)$ 对富集可能性 $N_{C_2S-C_3P}$ 的影响趋势相似。但需要强调的是，二者的数量级也是不同的。

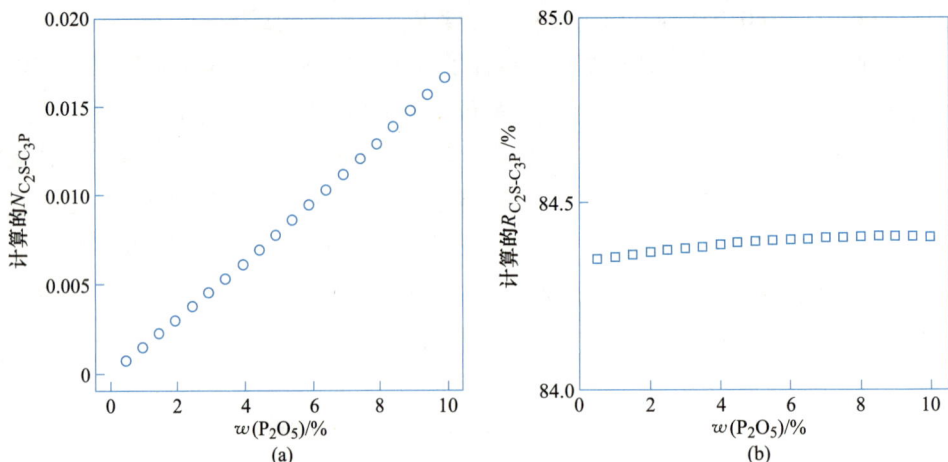

图 6-13   初始 $w(P_2O_5)$ 与计算出的 $N_{C_2S\text{-}C_3P}$ 和 $R_{C_2S\text{-}C_3P}$ 的关系

（a）$N_{C_2S\text{-}C_3P}$；（b）$R_{C_2S\text{-}C_3P}$

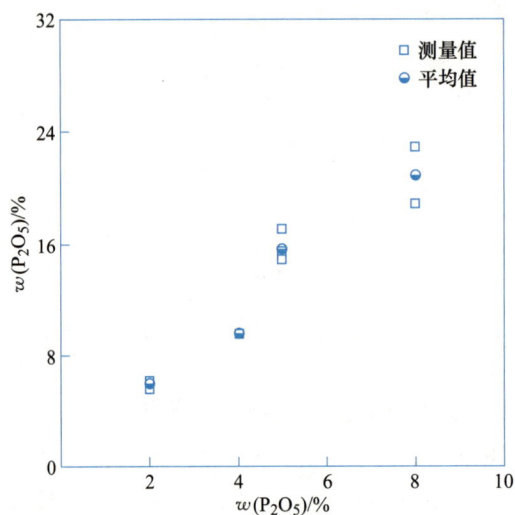

图 6-14   初始 $w(P_2O_5)$ 和测量出富磷相中 $w(P_2O_5)$ 的关系

e   比较富集程度 $R_{C_2S\text{-}C_3P}$ 和渣中元素 P 的富集率 R_P

水淬渣样中元素 P 的平均含量可以通过 Image-Pro-Plus（IPP）图像分析软件选点统计元素面分布照片得到。固溶体 $C_2S\text{-}C_3P$ 中的元素 P 的含量与渣中全部元素 P 含量的比值，称为元素 P 的富集率 R_P，可以直接代表钢渣中磷酸盐富集相内 $w(P)$，进而可以转化为 $w(P_2O_5)$。这与式（6-4）中定义的富集程度 $R_{C_2S\text{-}C_3P}$ 很相似，但是二者的侧重点也是不同的。富集程度 $R_{C_2S\text{-}C_3P}$ 侧重于表征 $C_2S\text{-}C_3P$ 中富集到的磷占所有磷酸盐固溶体中总的磷的含量，是基于计算的渣中各组元活度计算得到。而 R_P 侧重于实验所得渣样富集相中富集到的磷占所有磷酸盐固溶体中总的磷的含量，是基于 P 元素面分布得到，与实验检测中 EDS 的分析结果更加接近。

炼钢炉渣二元碱度、$w(Fe_tO)/w(CaO)$ 以及初始渣中 $w(P_2O_5)$ 与元素 P 的富集率 R_P 的关系见图 6-15。这个结果与图 6-8（d）和图 6-10（b）中二元碱度和 $w(Fe_tO)/w(CaO)$ 与富集程度 $R_{C_2S-C_3P}$ 的关系趋势一致。理论上，如图 6-13（b）所示，初始渣中 P_2O_5 的含量对富集程度 $R_{C_2S-C_3P}$ 影响不大，图 6-15（c）中在初始渣不同的 $w(P_2O_5)$ 条件下，元素 P 的富集率 R_P 波动不大，基本为一个定值。

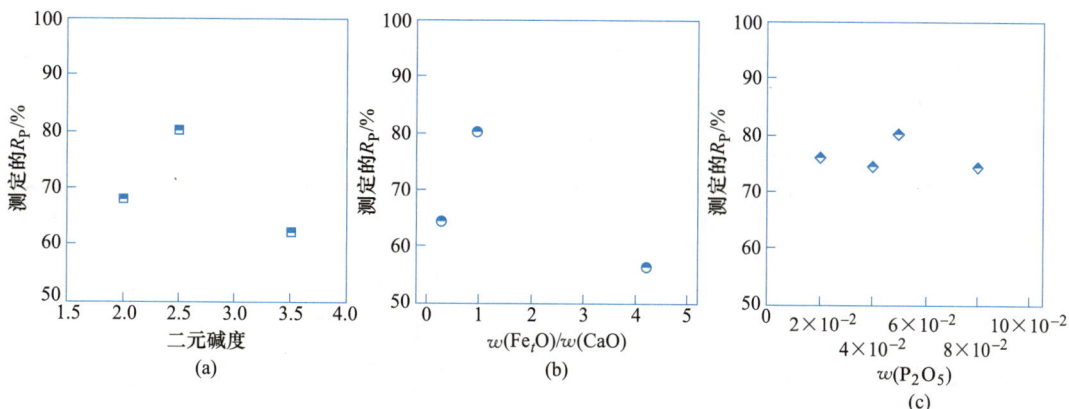

图 6-15   各因素对磷富集率的影响

（a）二元碱度；（b）$w(Fe_tO)/w(CaO)$；（c）初始 $w(P_2O_5)$

综上可以证明，富集程度 R_{ci-cj} 能够用来表征磷酸盐的富集行为，即基于实验结果确定的元素 P 的富集率 R_P。因此，基于炼钢炉渣的 IMCT-N_i 模型计算的代表结构单元或离子对的质量作用浓度 N_i 能用来代表组元的反应能力，即可以证明在计算炉渣反应能力方面，IMCT-N_i 模型的合理性。

D   结论

（1）CaO-SiO$_2$-FeO-Fe$_2$O$_3$-P$_2$O$_5$渣在 1773 K 时可生成 3CaO·P$_2$O$_5$，容易和 2CaO·SiO$_2$ 结合在一起，在合适的冷却制度下，生成 2CaO·SiO$_2$-3CaO·P$_2$O$_5$(C_2S-C_3P) 固溶体。

（2）定义的 $N_{C_2S-C_3P}$ 或 $R_{C_2S-C_3P}$ 与炼钢炉渣二元碱度或 $w(Fe_tO)/w(CaO)$ 呈非对称抛物线关系。定义的 $N_{C_2S-C_3P}$ 或 $R_{C_2S-C_3P}$ 在碱度为 2.5，并 $w(Fe_tO)/w(CaO)$ 为 0.955 时达到最大。增加初始渣中 $w(P_2O_5)$ 能够有效提高定义的 $N_{C_2S-C_3P}$，但是 $R_{C_2S-C_3P}$ 基本不变。

（3）炼钢炉渣二元碱度、$w(Fe_tO)/w(CaO)$ 以及初始渣中 $w(P_2O_5)$ 与富集程度 $R_{C_2S-C_3P}$ 以及元素 P 的富集率 R_P 的关系基本趋势一致。因此，富集程度 $R_{C_2S-C_3P}$ 能够用来定量预测磷酸盐富集。同时也说明质量作用浓度 N_i 能够像传统的以纯物质为标态的活度 $a_{R,i}$ 一样，代表组元的反应能力。

（4）在高碱度的计算及实验验证中，钢渣中的磷酸盐富集程度 R_{ci-cj} 最高可达 85%，但是磷酸盐富集相中 $w(P_2O_5)$ 仍然很低，仅为 17.07%，远远低于 C_2S-C_3P 固溶体中的理论固溶度 30%，分析原因主要是析出 2CaO·SiO$_2$ 的量较大。后续实验中在保证尽可能多的磷酸盐富集的前提下降低五元渣系的二元碱度，提高富磷相中 $w(P_2O_5)$，以期获得高品位的磷酸盐。

6.2.2　双功能固态提取剂从含锌电炉粉尘高效选择性提锌研究

针对我国含锌电炉粉尘中 Zn 含量低（质量分数小于 20%）的特点，锌的湿法提取较为经济。粉尘中的 Zn 主要以 $ZnFe_2O_4$ 形式存在，只有浓强酸才能破坏 $ZnFe_2O_4$ 结构，从而实现高效提 Zn。但是浓酸高效提 Zn 的同时，Fe 也会被大量提取，使后续对含 Zn 溶液的净化除铁变得非常困难。为此，研究者提出了不同的除铁工艺，主要包括黄铁矾除铁法，针铁矿除铁法，赤铁矿除铁法。由于黄铁矾生成条件比较温和，且容易过滤实现液固分离，除铁效率较高。所以，大多数工厂选择黄铁矾除铁法。总之，传统上，锌的提取和铁的去除要在两个过程中进行。为了简化工艺流程，本案例试图寻找一种双功能提取剂一步实现含锌电炉粉尘中 Zn 的高效提取和 Fe 的高效分离，为后续浸出液的净化除铁减轻负担。

郭敏等研究表明，固态提取剂可以大幅降低二次废液产生量。Fe^{3+} 可以水解产生 H^+，生成的 H^+ 可以和粉尘中的 $ZnFe_2O_4$、ZnO 等反应，从而可以实现含锌电炉粉尘中 Zn 的高效提取。同时根据铁矾除铁法，当溶液中 Fe^{3+}、NH_4^+ 和 SO_4^{2-} 共存，且在一定的 pH 值下，就会生成 $NH_4Fe_3(SO_4)_2(OH)_6$，从而实现浸出液中铁的去除。为实现上述目的，选择新型固态双功能提取剂 $NH_4Fe(SO_4)_2 \cdot 12H_2O$，以其中所含结晶水为唯一水分子来源，分析含锌电炉粉尘中 Zn 的高效提取和 Fe 的高效去除机理；系统研究 $NH_4Fe(SO_4)_2 \cdot 12H_2O$ 与水洗后含锌电炉粉尘的质量比（$R_{N/Z}$, g/g）、反应温度、反应时间对粉尘中 Zn、Fe 提取的影响，得到 Zn 高效提取、Fe 高效去除的最佳实验条件。

6.2.2.1　实验部分

A　实验试剂及材料

实验试剂及材料如表 6-7 所示。

表 6-7　实验所用主要原料与试剂

名　　称	化学式	纯度	生产厂家
含锌电炉粉尘			天津钢管集团股份有限公司
氢氧化钠	NaOH	分析纯	国药集团化学试剂有限公司
十二水合硫酸铁铵	$NH_4Fe(SO_4)_2 \cdot 12H_2O$	分析纯	国药集团化学试剂有限公司
七水硫酸锌	$ZnSO_4 \cdot 7H_2O$	分析纯	国药集团化学试剂有限公司
六水硫酸铁	$Fe_2(SO_4)_3 \cdot 7H_2O$	分析纯	国药集团化学试剂有限公司
一水硫酸锰	$MnSO_4 \cdot H_2O$	分析纯	国药集团化学试剂有限公司
七水硫酸镁	$MgSO_4 \cdot 7H_2O$	分析纯	国药集团化学试剂有限公司
二水硫酸钙	$CaSO_4 \cdot 2H_2O$	分析纯	国药集团化学试剂有限公司
硫酸	H_2SO_4	分析纯	国药集团化学试剂有限公司

B　实验所用设备与仪器

实验所用设备与仪器如表 6-8 所示。

表 6-8　实验所用设备与仪器

仪器名称	型号或规格	生产厂家
电子天平	AL-104	梅特勒-托利多仪器有限公司
低速台式大容量离心机	RJ-TDL-50A	无锡市瑞江分析仪器有限公司
电热鼓风干燥箱	WGL-30B	天津市泰斯特仪器有限公司
高压水热釜	100 mL	北京水热釜生产公司
双路跟踪稳压稳流电源	DH1718E-4	北京大华电源厂

C　工艺流程与步骤

利用新型固态双功能提取剂 $NH_4Fe(SO_4)_2 \cdot 12H_2O$ 选择性高效提取含锌电炉粉尘中锌的流程如图 6-16 所示。可以看出，整个过程主要包括三个阶段：含锌电炉粉尘的水洗预处理；水洗后含锌电炉粉尘中 Zn 的选择性提取；浸出液中锌的电沉积。

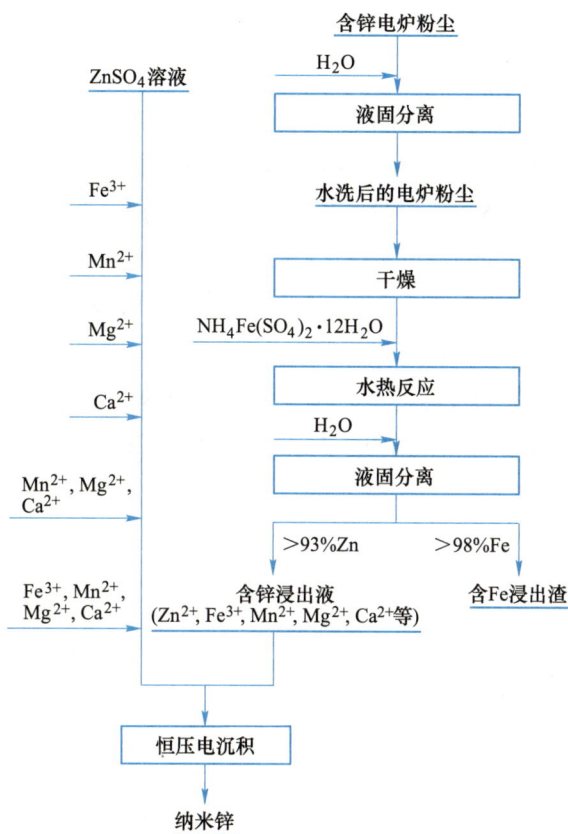

图 6-16　含锌电炉粉尘中 Zn 的高效选择性提取流程图

（1）含锌电炉粉尘的水洗预处理过程。首先，将去离子水与含锌电炉粉尘按照 10∶1 mL/g 在烧杯中混合，在室温，1000 r/min 电磁搅拌下洗涤 10 h；然后于离心机中进行固液分离，转速为 4800 r/min，离心时间为 15 min；之后经液固分离，得到的固体在 105 ℃下干燥 24 h，用于 Zn 提取实验。

（2）水洗后含锌电炉粉尘中 Zn 的选择性提取过程。首先，称取 1 g、2 g、3 g、5 g、7 g 水洗后的含锌电炉粉尘分别与 7 g $NH_4Fe(SO_4)_2 \cdot 12H_2O$ 混合，于研钵中经研磨混合均匀后，置于密闭的聚四氟乙烯内胆内，然后将其放于高压反应釜中；分别在 180 ℃、200 ℃、210 ℃ 和 220 ℃ 下，于电热鼓风干燥箱内水热反应 6~12 h；反应完成后，冷却到室温，取出反应物置于离心管中并加入适量的去离子水，充分搅拌后于离心机中进行固液分离，离心机转速为 4800 r/min，离心时间为 15 min；重复上述洗涤步骤三次，最后将每次离心得到的上清液混合并定容到 40 mL，之后进行各离子浓度的检测，计算出 Zn、Fe 等金属离子的提取率；洗涤后的固体在 105 ℃ 下干燥 24 h 后做进一步检测。根据上述结果，确定水热提 Zn 的最优实验条件。

D 实验测试与表征

（1）X 射线荧光光谱分析（XRF）：对样品的化学成分进行测试。测试仪器为日本岛津公司生产的型号为 XRF-1800 的 X 射线荧光光谱仪，工作电压为 40 kV，工作电流为 200 mA。

（2）电感耦合等离子体原子发射光谱（ICP-AES）：对样品或溶液的成分进行测试。测试仪器为 PerkinElmer 公司生产的 Optima 5300D 电感耦合等离子体原子发射光谱仪。

（3）X 射线衍射分析（XRD）：对样品的物相进行测试。测试仪器为日本 Rigaku 公司生产的 D/max-2500 型 X 射线衍射分析仪，Cu Kα($\lambda = 0.154056$ nm) 为激发源，石墨单色器，工作电压为 40 kV，工作电流为 300 mA，扫速为 10°/min。

（4）Q600 热重-差热同步分析（TG-DSC）：表征 $NH_4Fe(SO_4)_2 \cdot 12H_2O$ 随温度变化其吸放热的变化。测试仪器为美国生产的型号为 SDT Q600 分析仪。实验过程中升温速率为 10 ℃/min，高纯 Ar 保护，升温到 400 ℃，在升温过程中得到 $NH_4Fe(SO_4)_2 \cdot 12H_2O$ 质量和吸放热的变化。

实验过程中，含锌电炉粉尘中各元素的提取率 η 按照式（6-5）进行计算。

$$\eta = \frac{c_i V_0}{m_0 w_i} \times 100\% \tag{6-5}$$

式中 c_i——浸出液中 Zn、Fe 离子的浓度，g/L；

  V_0——浸出液的体积，L；

  m_0——水洗后含锌电炉粉尘的质量，g；

  w_i——金属元素在水洗后含锌电炉粉尘中所占的质量分数，%。

6.2.2.2 双功能提取剂 $NH_4Fe(SO_4)_2 \cdot 12H_2O$ 高效选择性提锌机理

A 高效提锌机理

图 6-17 所示为 $NH_4Fe(SO_4)_2 \cdot 12H_2O$ 的 TG-DSC 曲线，从图中可以看出，随着温度从 25 ℃ 升高到 300 ℃，分别在 42.8 ℃ 和 136 ℃ 出现了吸热峰。由于 $NH_4Fe(SO_4)_2 \cdot 12H_2O$ 的熔点为 40 ℃，所以 42.8 ℃ 出现吸热峰的原因是 $NH_4Fe(SO_4)_2 \cdot 12H_2O$ 融化和第一次

脱水引起的，如式（6-6）和式（6-7）所示。在 136 ℃ 的吸热峰是由于 $NH_4Fe(SO_4)_2 \cdot 12H_2O$ 第二次脱水引起的，如式（6-8）所示。另外，从图6-17还可以看出，$NH_4Fe(SO_4)_2 \cdot 12H_2O$ 两次脱水质量损失分别为 30.6% 和 11.6%，按照式（6-7）及式（6-8）计算可知，每摩尔 $NH_4Fe(SO_4)_2 \cdot 12H_2O$ 两次失水量分别为 8.2 mol 和 3.6 mol。

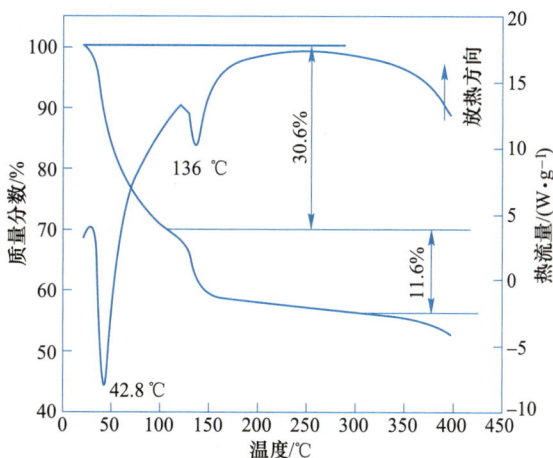

扫码看彩图

图 6-17　$NH_4Fe(SO_4)_2 \cdot 12H_2O$ 的 TG-DSC 曲线

$$NH_4Fe(SO_4)_2 \cdot 12H_2O(s) = NH_4Fe(SO_4)_2 \cdot 12H_2O(l) \tag{6-6}$$

$$NH_4Fe(SO_4)_2 \cdot 12H_2O(s) = NH_4Fe(SO_4)_2 \cdot 3.8H_2O + 8.2H_2O \tag{6-7}$$

$$NH_4Fe(SO_4)_2 \cdot 3.8H_2O(s) = NH_4Fe(SO_4)_2 \cdot 0.2H_2O + 3.6H_2O \tag{6-8}$$

随着水热反应的进行，失去部分结晶水的 $NH_4Fe(SO_4)_2 \cdot 12H_2O$ 将会溶解在它失去的水中，进而电离产生 SO_4^{2-}、NH_4^+ 及 Fe^{3+} 离子，如式（6-9）所示。生成的 Fe^{3+} 水解产生 H^+（式（6-10）），由于反应体系中水的生成量很少，导致形成的溶液中 H^+ 浓度较高，使得含锌电炉粉尘中 ZnO、$ZnFe_2O_4$ 等物质被 H^+ 破坏，从而高效提取粉尘中的 Zn，如式（6-9）~式（6-13）所示。

$$NH_4Fe(SO_4)_2(aq) \longrightarrow NH_4^+ + Fe^{3+} + 2SO_4^{2-} \tag{6-9}$$

$$2Fe^{3+} + 3H_2O = Fe_2O_3 + 6H^+ \tag{6-10}$$

$$2H^+ ZnO = Zn^{2+} + H_2O \tag{6-11}$$

$$8H^+ + ZnFe_2O_4 = Zn^{2+} + 2Fe^{3+} + 4H_2O \tag{6-12}$$

$$8H^+ + Fe_3O_4 = Fe^{2+} + 2Fe^{3+} + 4H_2O \tag{6-13}$$

B　高效除铁机理

根据上述反应可知，体系中同时存在 SO_4^{2-}、NH_4^+、Fe^{3+}、H^+ 及 Fe_2O_3，这些离子有可能发生反应生成沉淀 $NH_4Fe_3(SO_4)_2(OH)_6$，使体系中的 Fe^{3+} 以沉淀形式去除，具体反应如式（6-14）和式（6-15）所示。为确定浸出液体系中含 Fe 相的稳定存在条件，即含铁物相的优势区图，对式（6-9）、式（6-14）和式（6-15）进行不同温度下标准自由能的计算，结果如表6-9所示。

$$NH_4^+ + 3Fe^{3+} + 2SO_4^{2-} + 6H_2O \Longrightarrow NH_4Fe_3(SO_4)_2(OH)_6(s) + 6H^+ \qquad (6\text{-}14)$$

$$3Fe_2O_3 + 3H_2O + 2NH_4^+ + 4SO_4^{2-} + 6H^+ \Longrightarrow 2NH_4Fe_3(SO_4)_2(OH)_6(s) \qquad (6\text{-}15)$$

表 6-9　不同温度下式（6-9）、式（6-14）和式（6-15）的标准自由能

温度/℃	$\Delta G_T^{\ominus}/(\text{kJ} \cdot \text{mol}^{-1})$		
	式（6-9）	式（6-14）	式（6-15）
150	−83.42	−207.74	−165.23
200	−107.18	−257.88	−194.21
250	−130.46	−307.76	−224.14

一般地，若反应的标准吉布斯自由能越负，则该反应发生的可能性越大。根据表 6-9 的计算结果可知，体系中 $NH_4Fe_3(SO_4)_2(OH)_6$ 最易生成。根据表中的数据，并假设体系中 NH_4^+ 浓度为 0.01 mol/L 时，绘制了体系中含铁物相的优势区图，结果如图 6-18 所示。

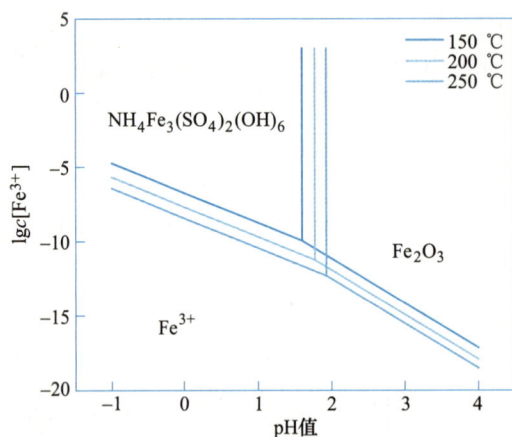

图 6-18　浸出体系中含 Fe 物相的优势区图（NH_4^+ 浓度为 0.01 mol/L）

从图 6-18 可以看出，当体系中 Fe^{3+} 浓度较高（大于 10^{-5} mol/L）且 pH 值小于 1.5 左右时，体系中的含铁物相主要为 $NH_4Fe_3(SO_4)_2(OH)_6$；当体系中 pH 值大于 2 左右时，体系中含铁物相主要为 Fe_2O_3 相；在极低的 Fe^{3+} 浓度下，溶液中的含 Fe 物相为 Fe^{3+}，这表明如果反应达到热力学平衡，则溶液中 Fe^{3+} 浓度很低，从而可以实现浸出液中 Fe^{3+} 的高效去除。另外，从图 6-18 还可以看出，pH 值对体系中含铁物相有很大的影响。因此，可以通过体系中 pH 值的调整，实现浸出渣主要物相的控制。

基于上述分析，利用双功能固态提取剂 $NH_4Fe(SO_4)_2 \cdot 12H_2O$ 从含锌电炉粉尘中提 Zn 过程中，可以同时实现 Zn^{2+} 离子的高效浸出与 Fe^{3+} 离子的高效去除。具体物相转变过程可以描述如下：$NH_4Fe(SO_4)_2$ 首先溶解在自己脱去的结晶水中，之后电离出 SO_4^{2-}、NH_4^+、Fe^{3+}。电离出的 Fe^{3+} 水解生成 H^+，生成的 H^+ 破坏 $ZnFe_2O_4$ 结构而提取锌，实现 Zn 的高效提取。同时，由于体系中 SO_4^{2-}、NH_4^+、Fe^{3+} 共存，所以在一定的条件下会生成沉淀 $NH_4Fe_3(SO_4)_2(OH)_6$ 或 Fe_2O_3，从而实现溶液中 Fe 的去除，如图 6-19 所示。总之，基于理论分析可知，新型双功能固态提取剂 $NH_4Fe(SO_4)_2 \cdot 12H_2O$ 可以一步实现含锌电炉粉尘中 Zn 的提取和 Fe 的分离。由于提取剂为固态，所以浸出液及二次废液的产生量也大幅降低。不仅简化了工艺流程，也降低了废液的处理负担。

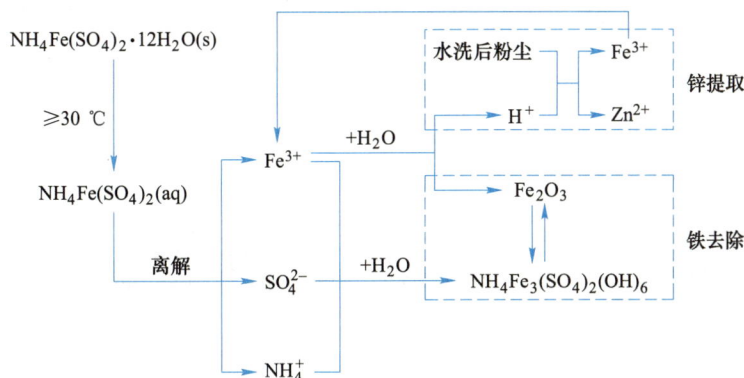

图 6-19　双功能提取剂 $NH_4Fe(SO_4)_2 \cdot 12H_2O$ 选择性提锌过程中的物相转变

从上述含锌电炉粉尘中选择性提 Zn 机理可知，$NH_4Fe(SO_4)_2 \cdot 12H_2O$ 与水洗后含锌电炉粉尘的质量比（$R_{N/Z}$，g/g）、反应温度及反应时间对 Zn、Fe 的提取都会产生较大的影响。以下将系统研究上述因素对 Zn 的提取和 Fe 的去除的影响，以期获得 Zn 高效提取和 Fe 高效去除的最佳实验条件。

6.2.2.3　$NH_4Fe(SO_4)_2 \cdot 12H_2O$ 高效选择性提锌研究

A　$NH_4Fe(SO_4)_2 \cdot 12H_2O$ 与水洗后含锌电炉粉尘质量比（$R_{N/Z}$）对锌、铁提取的影响

在反应温度和反应时间分别控制为 220 ℃和 10 h 的条件下，进行了不同质量比（7∶1、7∶2、7∶3、7∶5 和 7∶7）对含锌电炉粉尘中 Zn、Fe 提取的实验，结果如图 6-20（a）所示。从图中可以看出，随着质量比从 7∶1 变化到 7∶3，Zn 的提取率从 95.7% 下降到93.2%，当质量比进一步降低到 7∶7 时，Zn 的提取率急剧下降到 51.2%。原因解释如下：由于 $NH_4Fe(SO_4)_2 \cdot 12H_2O$ 的质量固定为 7 g，在一定的反应条件下，根据反应方程式可知，体系中产生的 H_2O 和 H^+ 离子数量是一定的，能分解的粉尘的质量也是一定的。因此，随着质量比 $R_{N/Z}$ 的降低，能被分解的粉尘量相应减少，导致 Zn 提取率降低。另外，随着 $R_{N/Z}$ 的降低，体系中液固比也降低，在一定反应条件下，会降低反应过程的传质速率，这也在一定程度上降低反应速度。最终，上述两个原因共同导致了 Zn 提取率的下降。

从图 6-20（a）还可以看出，随着质量比 $R_{N/Z}$ 从 7∶1 降低到 7∶3，进而降低到 7∶7，Fe 的提取率从 15.4% 迅速下降到 1.6%，之后均维持在 2% 左右。这可以通过含铁物相的优势区图得到解释：当含锌电炉粉尘质量低时，浸出液酸度大，pH 值低，此时金属液中 Fe^{3+} 浓度高；随着含锌电炉粉尘质量的增加，体系中溶液的 pH 值变大，Fe^{3+} 浓度相应降低。由于一定质量的 $NH_4Fe(SO_4)_2 \cdot 12H_2O$ 能分解的含锌物相的质量是一定的，并且当浸出液 pH 值增大到一定程度时，含锌物相不能被破坏，致使浸出液的 pH 值维持在一定水平，从而导致浸出液中 Fe^{3+} 浓度基本保持不变。当 $R_{N/Z}$ 控制为 7∶3 时，Zn 的提取效率为

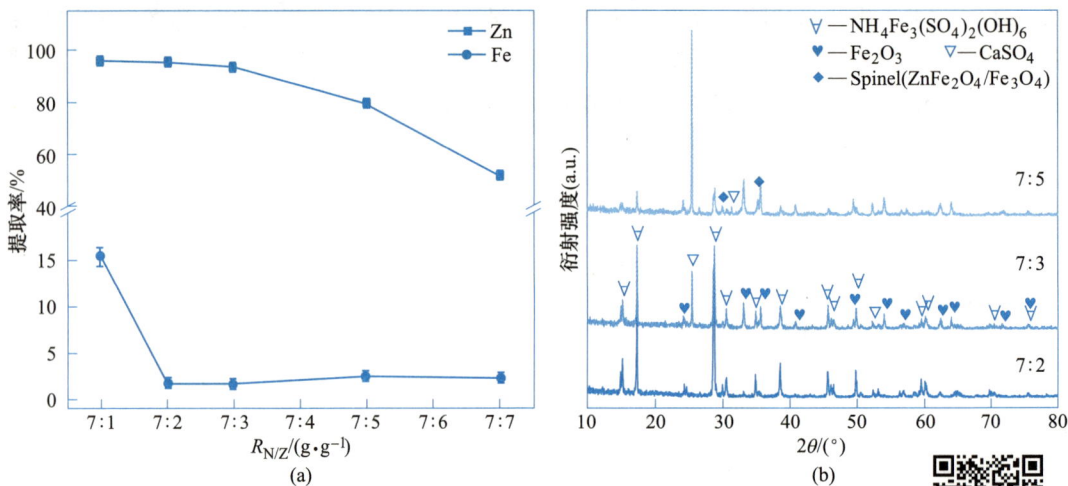

图 6-20   不同 $R_{N/Z}$ 下 Zn、Fe 的提取率和浸出渣的 XRD 图谱

（a）Zn、Fe 的提取率；（b）浸出渣的 XRD 图谱

（其他反应条件：反应时间 10 h，反应温度 220 ℃）

扫码看彩图

93.2%，而 Fe 的提取效率仅为 1.6%，表明新型固态提取剂 $NH_4Fe(SO_4)_2 \cdot 12H_2O$ 可以实现含锌电炉粉尘中 Zn 的高效提取和 Fe 的高效去除，与前面的机理分析相吻合。

图 6-20（b）给出了不同质量比 $R_{F/Z}$ 下浸出渣的 XRD 图谱。从图中可以看出，当质量比控制为 7:2 和 7:3 时，浸出渣中没有发现含锌物相，表明电炉粉尘中的含锌相完全被 $NH_4Fe(SO_4)_2 \cdot 12H_2O$ 分解，Zn 提取率较高。进一步降低 $R_{F/Z}$ 到 7:5，浸出渣中出现了 $ZnFe_2O_4$ 的衍射峰，表明固态提取剂 $NH_4Fe(SO_4)_2 \cdot 12H_2O$ 的量不足，导致电炉粉尘中的含锌相不能完全被分解，进而导致较低的锌提取率。另外，从图 6-20（b）也可以看出浸出渣中含 Fe 物相含量的变化趋势：随着 $R_{F/Z}$ 的降低，生成的 $NH_4Fe_3(SO_4)_2(OH)_6$ 的主峰高度逐渐降低而 Fe_2O_3 的主峰高度逐渐增强，说明随着质量比的降低，浸出渣中 $NH_4Fe_3(SO_4)_2(OH)_6$ 的含量逐渐减少而 Fe_2O_3 的含量逐渐增加。这与前面 Fe 去除机理相吻合：因为随着质量比的降低，体系的 pH 值逐渐升高。根据含 Fe 物相优势区图可以知道，随着 pH 值逐渐升高到大于 2，浸出渣的主要物相会变为 Fe_2O_3。另外，从图 6-20（b）还可以看出 $CaSO_4$ 的衍射峰随着质量比的降低而升高，究其原因可能是由于电炉粉尘中含 Ca 相主要为 $CaCO_3$，易溶于硫酸溶液。而又由于 $CaSO_4$ 溶解度很低，所以生成的 $CaSO_4$ 会结晶析出成为沉淀。因此随着含锌电炉粉尘质量的增加，浸出渣中 $CaSO_4$ 的量也会相应增加。基于上述分析，可以推断最佳的质量比 $R_{F/Z}$ 为 7:3。

B   反应温度对锌、铁提取的影响

在水热反应时间为 10 h，$R_{N/Z}$ 为 7:3 的条件下，分别进行了水热温度为 180 ℃、200 ℃、210 ℃和 220 ℃的实验，其中 Zn、Fe 的提取率和浸出渣的 XRD 谱图如图 6-21（a）所示。从图 6-21（a）中看出，随着反应温度从 180 ℃升高到 210 ℃，Zn、Fe 的提取效率基本保持不变，分别约为 65%和 0.5%；当温度从 210 ℃升高到 220 ℃，Zn、

Fe 的提取率急剧增大，分别增加到 93.2% 和 1.6%，说明此温度下能够实现粉尘中 Zn、Fe 的高效选择性分离。一般地，化学反应受温度影响很大，粉尘中的 Zn、Fe 大多以尖晶石状态存在，低温下不利于分解反应的进行，导致其浸出率较低；升高反应温度有利于加速固液界面的传质过程，进而提高 Zn、Fe 的提取率。虽然铁的浸出率随温度的升高而迅速增加，但是其提取率也仅有 1.6%，说明在选择的实验条件下实现了粉尘中 Zn、Fe 的高效选择性分离。从图 6-21（b）可以看出，180 ℃ 和 210 ℃ 下，反应进行得不完全，浸出渣中仍然有尖晶石相的存在；在高温 220 ℃ 下，尖晶石相完全分解，浸出渣中尖晶石相消失，主要物相为新生成的 $NH_4Fe_3(SO_4)_2(OH)_6$ 和 Fe_2O_3，这一结果与图 6-21（a）相吻合。考虑到较高的 Zn 提取率和相对较低的 Fe 提取率，可以确定最佳反应温度为 220 ℃。

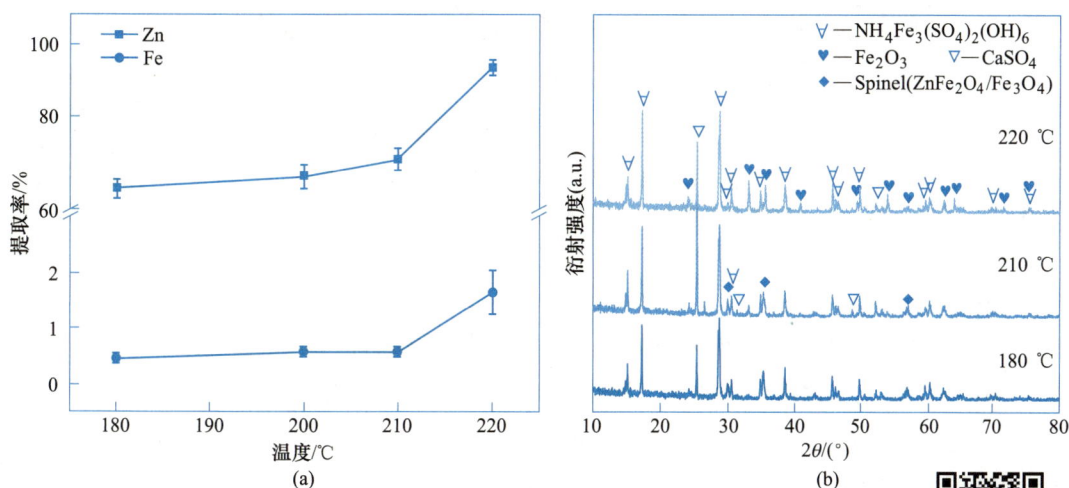

图 6-21　不同反应温度下 Zn、Fe 的提取率和浸出渣的 XRD 图谱
（a）Zn、Fe 的提取率；（b）浸出渣的 XRD 图谱
（其他反应条件：反应时间 10 h，质量比 $R_{N/Z}$ 为 7∶3）

扫码看彩图

C　反应时间对锌、铁提取的影响

在水热反应温度为 220 ℃，$R_{N/Z}$ 为 7∶3 的条件下，分别进行了水热时间为 6 h、8 h、10 h、12 h 的实验，其中 Zn、Fe 的提取率和浸出渣的 XRD 结果如图 6-22 所示。从图 6-22（a）可以看出，随着反应时间从 6 h 增加到 12 h，Zn 的提取率首先从 66.7% 迅速增加到 93.2%，之后缓慢增加到 94.8%。从图 6-22（b）可以看出，反应时间小于 10 h 时，粉尘中的含锌相不能完全分解导致 Zn 的提取率较低，约为 65%～85%。当反应时间大于 10 h 时，XRD 图谱（见图 6-22（b））没有发现含锌相，表明粉尘中的含锌相完全分解，所以导致了较高的 Zn 提取效率。另外，图 6-22（a）给出的 Fe 提取率随时间的变化趋势表明，其提取率基本维持在 1.6% 左右，进一步说明，在此实验条件下，溶液中的 Fe^{3+} 基本上被去除。因此，可以认为最佳的反应时间为 10 h。

综上所述，水热提锌过程中，在 $NH_4Fe(SO_4)_2 \cdot 12H_2O$ 与水洗后含锌电炉粉尘的质量比 $R_{F/Z}$ 为 7∶3，反应温度为 220 ℃，反应时间为 10 h 实验条件下，实现了含锌电炉粉尘中锌铁的选择性分离，得到了含锌的硫酸盐溶液。

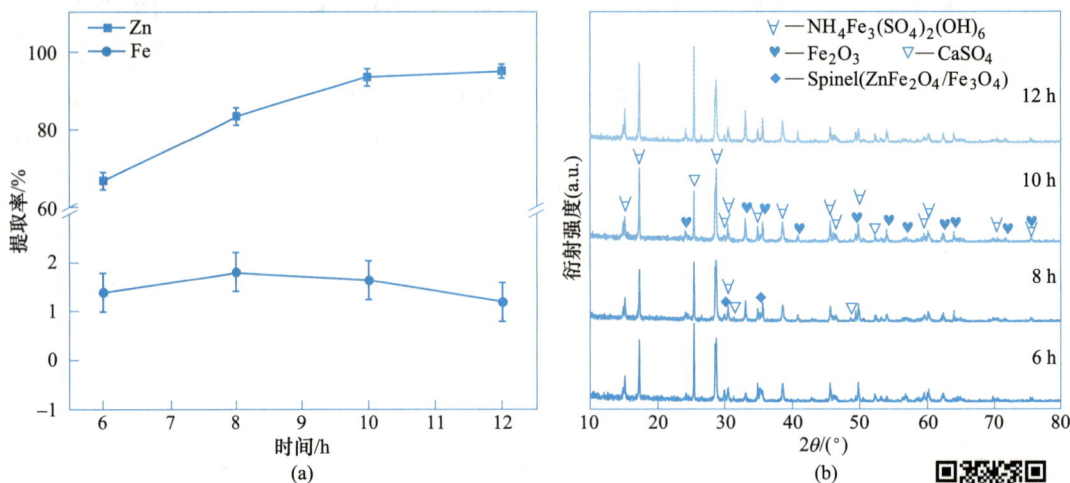

图 6-22　不同反应时间下 Zn、Fe 的提取率和浸出渣的 XRD 图谱

（a）Zn、Fe 的提取率；（b）浸出渣的 XRD 图谱

（其他反应条件：反应温度 220 ℃，质量比 $R_{N/Z}$ 为 7∶3）

6.2.2.4　结论

（1）对双功能提取剂 $NH_4Fe(SO_4)_2 \cdot 12H_2O$ 双功能机理的研究表明：在水热升温过程中 $NH_4Fe(SO_4)_2 \cdot 12H_2O$ 会脱水、融化，脱水后 $NH_4Fe(SO_4)_2$ 在有水存在的条件下可以电离产生 Fe^{3+}、NH_4^+、SO_4^{2-} 离子。之后通过 Fe^{3+} 的水解就会有 H^+ 的产生，所以含锌电炉粉尘中的 ZnO 和 $ZnFe_2O_4$ 会被破坏，达到锌提取的目的。同时在一定的 pH 值条件下，体系中剩余的 Fe^{3+} 会与 SO_4^{2-}、NH_4^+ 反应生成易于沉淀和过滤的 $NH_4Fe_3(SO_4)_2(OH)_6$，从而达到去除 Fe 的目的。

（2）新型双功能固态提取剂 $NH_4Fe(SO_4)_2 \cdot 12H_2O$ 高效选择性提锌的最佳条件为：$R_{N/Z}=7∶3$、220 ℃、10 h。此时，Zn 的提取效率为 93.2%，Fe 的去除效率为 98.4%。浸出渣的主要物相为 $NH_4Fe_3(SO_4)_2(OH)_6$、Fe_2O_3，经过简单处理或者可以直接返回烧结利用其中的 Fe。

6.2.3　氨基改性 SiO_2 气凝胶 CO_2 吸附性能研究

SiO_2 气凝胶作为一种介孔材料，凭借其大比表面积、高孔隙率和良好稳定性等特点，被广泛认为是极具潜力的 CO_2 吸附材料。然而，SiO_2 气凝胶表面是惰性的 Si—OH，对 CO_2 的吸附能力有限，难以满足实际应用的需求。因此，对 SiO_2 气凝胶进行氨基改性是提升其 CO_2 吸附性能的关键途径。氨基作为一种强碱性基团，可以与 CO_2 发生强烈的化学反应，从而显著提高 SiO_2 气凝胶的吸附容量。

在制备氨基改性 SiO_2 气凝胶的过程中，制备条件对气凝胶微观结构及最终的 CO_2 吸附性能有着直接且极为复杂的影响。研究者认为，TEPA 负载量是影响氨基改性 SiO_2 气凝胶 CO_2 吸附性能的关键因素，并通过单因素实验确定了最佳 TEPA 负载量分别为 80% 和

70%，获得的最大 CO_2 吸附容量分别为 6.1 mmol/g 和 2.25 mmol/g。有的则重点关注了 APTES 嫁接时间这一因素，通过单因素实验得到了最佳的嫁接时间是 3 天，以此制备的氨基改性 SiO_2 气凝胶具有最大的 CO_2 吸附容量（1.56 mmol/g）。然而，要想充分发挥氨基改性 SiO_2 气凝胶在 CO_2 吸附方面的优势，仅仅依赖于单因素实验和正交实验进行制备条件的优化是远远不够的，往往只能得到局部而非全局最优的结果。而响应面法作为一种强大的实验设计与优化工具，通过建立并求解多因素、多水平实验数据与响应变量之间的回归方程，能够系统地揭示各因素间的交互作用，并精准找到全局最佳制备条件。但迄今为止，尚未有报道将响应面法运用于氨基改性 SiO_2 气凝胶制备条件的优化，这一研究领域的空白急需填补，以便为提升氨基改性 SiO_2 气凝胶的 CO_2 吸附性能提供科学依据。

此外，吸附条件的影响也不容忽视，诸如温度、CO_2 分压和进气流量等条件的改变，均可能显著影响氨基改性 SiO_2 气凝胶对 CO_2 的吸附行为。深入探究这些吸附条件对氨基改性 SiO_2 气凝胶 CO_2 吸附性能的影响规律及影响机制，有助于在实际应用中根据具体情境，针对性地调整吸附条件，以实现高效的 CO_2 捕获与分离。另外，要使氨基改性 SiO_2 气凝胶在实际应用中发挥重要作用，对其循环吸附性能的研究也同样必不可少。

本案例采用正硅酸四乙酯（TEOS）作为硅源，3-氨基丙基三乙氧基硅烷（APTES）作为改性剂，通过化学嫁接法制备氨基改性 SiO_2 气凝胶并用于吸附 CO_2；选定酸硅摩尔比、pH 值和 APTES 浓度作为变量，以所制气凝胶对 CO_2 的吸附容量作为响应指标，进行响应面法的实验设计，揭示这三个变量对 CO_2 吸附容量的影响以及它们之间的交互作用，并找到氨基改性 SiO_2 气凝胶的最佳制备条件组合；在此基础上，进一步探讨不同吸附条件，包括温度、CO_2 分压以及进气流量，对所制备的氨基改性 SiO_2 气凝胶 CO_2 吸附性能的影响。最后，考察最佳制备条件下制得的氨基改性 SiO_2 气凝胶在 100% 和 10% CO_2 条件下的循环吸附性能。

6.2.3.1　实验部分

A　实验原料与试剂

实验所用化学试剂和气体的具体信息如表 6-10 所示。

表 6-10　实验所用化学试剂和气体

试　剂	化学式	纯度	生产厂家
正硅酸四乙酯（TEOS）	$(C_2H_5O)_4Si$	分析纯	国药集团化学试剂有限公司
盐酸	HCl	分析纯	国药集团化学试剂有限公司
乙醇	C_2H_5OH	分析纯	国药集团化学试剂有限公司
氨水	NH_3H_2O	分析纯	国药集团化学试剂有限公司
正己烷	C_6H_{14}	分析纯	国药集团化学试剂有限公司
3-氨基丙基三乙氧基硅烷（APTES）	$C_9H_{23}NO_3Si$	分析纯	迈瑞尔试剂有限公司
氮气	N_2	99.99%（体积分数）	环宇京辉有限公司
二氧化碳	CO_2	99.99%（体积分数）	环宇京辉有限公司

B　实验仪器与设备

实验所用的仪器设备及其相应详细信息如表 6-11 所示。

表 6-11　实验所用仪器与设备

名　　称	型号或规格	生产厂家
移液枪	100 μL	鑫贝西科学仪器有限公司
电磁搅拌器	85-2A	上海弗鲁克仪器有限公司
pH 电极	PHSJ-4F	上海三信仪器有限公司
真空泵	2VP-5A（VP2200）	张家港纵驰机械设备有限公司
电热恒温鼓风干燥箱	WGL-30B	天津泰斯特仪器有限公司
电子天平	AL-104	梅特勒-托利多仪器有限公司

C　实验测试与表征

（1）场发射扫描电子显微镜（field emission scanning electron microscopy，FE-SEM）：观察所制气凝胶的微观形貌特征。取少量在研钵中磨细后的气凝胶粉末于无水乙醇中超声分散 20 min，用毛细管吸取上层清液滴涂在玻璃片上，进行喷碳处理，然后贴在铝制台上进行电镜观测。先使用低放大倍数和扫描电子束对样品进行定位，调整样品台的位置和角度以获得所需观察区域，然后根据需要调整焦距和对比度以获得清晰图像。加速电压为 10 kV，探测器为二次电子探测器。

（2）X 射线衍射分析（X-Ray Diffraction，XRD）：对所制气凝胶进行物相分析。将气凝胶用研钵磨细后，均匀地压实到样品台上，然后放置在水平样品夹上进行检测。X 射线源为 Cu 靶 Kα 射线，扫描范围为 $10° \sim 90°$，扫描速度为 $10°/min$。得到的扫描结果使用软件 MDI Jade 6 进行分析。

（3）傅里叶变换红外光谱分析（fourier transform infrared spectroscopy，FTIR）：测定所制气凝胶的官能团结构。在干燥环境中，取极少量样品并掺入适量干燥溴化钾粉末至研钵内进行研磨，然后利用压片机制备成片。测试时先采集背景，再采集样品的红外光谱。分辨率为 $4\ cm^{-1}$，扫描次数为 32 次，测试波数范围为 $400 \sim 4000\ cm^{-1}$。

（4）比表面积与孔结构分析（bruanuer emmetr and teller，BET）：检测所制气凝胶的孔结构性能。将样品在 100 ℃下脱气处理 6 h，然后通过氮气吸附脱附仪进行测试。应用 BET 理论公式和等温吸附模型，计算出样品的比表面积和总孔体积等参数。

（5）热重分析（thermogravimetric analysis，TGA）：测算所制气凝胶的 CO_2 吸附容量。称取样品约 10 mg 于氧化铝坩埚中，置于热重分析仪中，设定合适的程序以控制温度变化的速率和范围后进行测试。

D　响应面试验因素与水平的确定

采用 TEOS、无水乙醇和去离子水作为原料，在浓盐酸和氨水的催化作用下进行水解-缩聚反应以形成 SiO_2 凝胶，再选择 APTES 作为氨基改性剂，通过化学嫁接法制备氨基改性 SiO_2 气凝胶。在运用响应面法对氨基改性 SiO_2 气凝胶的制备条件进行优化之前，首要

任务是确定影响 CO_2 吸附性能的关键实验因素，然后再通过一系列单因素实验确定各因素在响应面实验中的合适水平范围。

a　实验因素的确定

氨基改性 SiO_2 气凝胶的制备机理如下：TEOS 首先在浓盐酸的催化作用下进行水解，生成一系列不同水解程度的水解产物，包括 Si—OH 和 Si—OC$_2$H$_5$。当这些水解产物暴露于氨水环境下时，它们进一步发生交联缩聚反应，逐步形成由硅氧键构成的三维网络状结构的 SiO_2 凝胶。随后，APTES 的支链 Si—OC$_2$H$_5$ 与 SiO_2 凝胶表面的 Si—OH 发生缩合反应，使得氨基官能团被牢固地嫁接到 SiO_2 凝胶表面，从而实现了对 SiO_2 凝胶的氨基改性。因此，为了确保氨基改性 SiO_2 气凝胶具有理想的孔道结构和 CO_2 吸附性能，应当精确控制浓盐酸与 TEOS 的物质的量之比（即 $n(\text{HCl})/n(\text{TEOS})$）以及 pH 值。

所制备得到的氨基改性 SiO_2 气凝胶吸附 CO_2 主要依靠的是氨基官能团与 CO_2 之间的化学反应。因此，对于 APTES 浓度的精确控制也非常关键，它直接影响着 SiO_2 气凝胶表面氨基官能团的数量，进而决定了其对 CO_2 的吸附能力。综上，选取影响氨基改性 SiO_2 气凝胶 CO_2 吸附性能的三个主要因素为 $n(\text{HCl})/n(\text{TEOS})$、pH 值和 APTES 浓度。

b　单因素实验的设计与流程

为了进一步确定响应面实验中 $n(\text{HCl})/n(\text{TEOS})$、pH 值和 APTES 浓度的水平值，采用单因素实验初步探讨这三个因素对氨基改性 SiO_2 气凝胶 CO_2 吸附性能的影响。实验流程包括氨基改性 SiO_2 气凝胶的制备和对 CO_2 的吸附。

（1）氨基改性 SiO_2 气凝胶的制备。

1）按照 1∶3∶4 的物质的量之比，将 TEOS、乙醇和去离子水倒入烧杯中，再加入不同量的浓盐酸（$n(\text{HCl})/n(\text{TEOS}) = 0.05$、0.07、0.09），电磁搅拌（400 r/min）1 h。接着，利用 pH 计实时监测溶液的 pH 值，逐滴加入 3 mol/L 的氨水进行 pH 值的调节，分别调节至 6.5、6.6 和 6.7。完成后静待凝胶。

2）凝胶后，室温静置老化 24 h，使水解和缩聚反应进行得更加彻底。

3）老化结束后，将所得凝胶浸入足量乙醇中，以 700 r/min 的转速持续电磁搅拌 6 h，重复三次，以完成溶剂置换。每一次溶剂置换后，均采用真空泵对混合物进行抽滤，最终得到溶剂置换后的凝胶。

4）将不同量的 APTES 与正己烷于烧杯中混合均匀，得到不同浓度的 APTES 改性液，分别为 0 mol/L、0.5 mol/L、0.8 mol/L、1.1 mol/L 和 1.4 mol/L。将溶剂置换后的凝胶加入上述改性液中，以 300 r/min 的转速进行电磁搅拌 4 h，完成凝胶的氨基改性。

5）将氨基改性后的凝胶放置在电热恒温鼓风干燥箱中，于 70 ℃下干燥 24 h，即可得到氨基改性 SiO_2 气凝胶。

（2）氨基改性 SiO_2 气凝胶对 CO_2 的吸附。所制得的氨基改性 SiO_2 气凝胶的 CO_2 吸附实验在北京恒久热重分析仪上进行。测试前，仪器开机预热 30 min，并使用电子天平称取 5～10 mg 的样品于氧化铝坩埚中，置于热重天平上。测试过程可分为两个阶段。

1）预处理过程：以 10 ℃/min 的升温速率从 25 ℃升温至 110 ℃，在 N_2 氛围

（100 mL/min）中加热活化 30 min，以去除气凝胶中的挥发性杂质，随后以 2 ℃/min 的降温速率降温至 75 ℃，保持 30 min，以稳定吸附测试环境；

2）吸附过程：将 N_2 迅速切换为纯 CO_2，保持进气流量恒定（50 mL/min），然后恒温吸附 30 min。

CO_2 吸附容量随时间变化的动态曲线是利用热重分析数据中的质量变化计算得出的，其计算如式（6-16）所示：

$$q_t = \frac{(m_t - m_0) \times 1000}{m_0 \times 44} \tag{6-16}$$

式中　t——氨基改性 SiO_2 气凝胶吸附 CO_2 的时间，min；

　　　q_t——t 时刻气凝胶的 CO_2 吸附容量，mmol/g；

　　　m_t——t 时刻气凝胶的质量，mg；

　　　m_0——吸附前（于 N_2 气流中脱除杂质后）气凝胶的质量，mg。

c　单因素实验的结果与响应面实验水平的确定

表 6-12 汇总了单因素实验的结果，随着 $n(HCl)/n(TEOS)$、pH 值和 APTES 浓度的增大，氨基改性 SiO_2 气凝胶的 CO_2 吸附容量均呈现出先增加后减少的趋势。具体而言，当 $n(HCl)/n(TEOS)$ 和 pH 值分别为 0.07 和 6.6 时，所制得的氨基改性 SiO_2 气凝胶具有最大的 CO_2 吸附容量，为 2.32 mmol/g，这可能是因为此时的气凝胶形成了最适合 CO_2 扩散和吸附的孔道结构。而当 APTES 浓度为 1.1 mol/L 时，所制备的氨基改性 SiO_2 气凝胶展现出了最大的 CO_2 吸附容量，这可能是因为在此浓度下，氨基负载量与孔道结构之间达到了理想的平衡状态，既保证了足够的氨基活性位点用于吸附 CO_2，又维持了良好的孔道结构以利于 CO_2 的扩散。与此同时，还可以观察到，氨基改性显著提高了 SiO_2 气凝胶的 CO_2 吸附能力，这有力地证明了该改性方法的有效性和实用性。

表 6-12　不同制备条件下氨基改性 SiO_2 气凝胶的 CO_2 吸附容量

序号	$n(HCl)/n(TEOS)$	pH 值	APTES 浓度/(mol·L^{-1})	CO_2 吸附容量/(mmol·g^{-1})
1	0.05			1.99
2	0.07	6.6	1.1	2.32
3	0.09			1.66
4		6.5		1.91
5	0.07	6.6	1.1	2.32
6		6.7		0.85
7			0	0.08
8			0.5	1.01
9	0.07	6.6	0.8	1.81
10			1.1	2.32
11			1.4	0.27

响应面实验设计要求设置低、中、高三个水平，同时确保最优条件被包括在内。因

此，基于单因素实验的结果，确定各因素的取值范围如下：$n(HCl)/n(TEOS) = 0.05 \sim$ 0.09、pH 值为 6.5~6.6、APTES 浓度为 0.8~1.4 mol/L。

6.2.3.2 响应面法优化氨基改性 SiO_2 气凝胶的制备条件

A 响应面实验设计与结果

在上述单因素实验的基础上，采用 Box-Behnken 设计响应面实验，对影响氨基改性 SiO_2 气凝胶 CO_2 吸附容量的因素作进一步的研究和探讨，以获得最佳制备条件。将 $n(HCl)/n(TEOS)$、pH 值和 APTES 浓度三个影响因素分别表示为 A、B 和 C，并且每个因素都设置三个水平，即低水平、中水平和高水平（分别用 "−1" "0" 和 "1" 来编码）。具体的实验因素和水平编码信息参见表 6-13。

表 6-13 3-5 Box-Behnken 设计的因素和水平编码

因　　素	水平		
	−1	0	1
A：$n(HCl)/n(TEOS)$	0.05	0.07	0.09
B：pH 值	6.5	6.6	6.7
C：APTES 浓度/$(mol \cdot L^{-1})$	0.8	1.1	1.4

然后，借助专业软件 Design-Expert 10.0，制定实验设计方案，该方案包括 12 次析因实验和 5 次中心重复实验，如表 6-14 所示。严格按照表 6-13 中所列的实验条件和顺序逐一进行实验，并将所得的 CO_2 吸附容量记录于表中对应位置。

表 6-14 响应面实验设计与结果

运行序	$n(HCl)/n(TEOS)$	pH 值	APTES 浓度/$(mol \cdot L^{-1})$	CO_2 吸附容量/$(mmol \cdot g^{-1})$
1	0.07	6.7	1.4	0.22
2	0.07	6.5	0.8	0.82
3	0.07	6.5	1.4	0.23
4	0.07	6.6	1.1	2.13
5	0.07	6.6	1.1	2.09
6	0.05	6.6	0.8	1.53
7	0.07	6.6	1.1	2.32
8	0.09	6.5	1.1	1.07
9	0.05	6.7	1.1	1.54
10	0.09	6.6	0.8	1.09
11	0.09	6.6	1.4	0.29
12	0.07	6.6	1.1	2.38
13	0.05	6.5	1.1	1.39
14	0.07	6.7	0.8	1.75
15	0.07	6.6	1.1	2.23
16	0.05	6.6	1.4	0.16
17	0.09	6.7	1.1	1.53

B　回归模型的获取与检验

对表 6-14 所示的响应面实验结果进行非线性拟合，得到氨基改性 SiO_2 气凝胶 CO_2 吸附容量（q_e，mmol/g）的回归模型如式（6-17）所示：

$$q_e = 2.23 - 0.080A + 0.19B - 0.54C + 0.077AB + 0.14AC - 0.24BC -$$
$$0.42A^2 - 0.43B^2 - 1.04C^2 \tag{6-17}$$

式中，各项系数绝对值的大小可以反映出该因素对氨基改性 SiO_2 气凝胶 CO_2 吸附容量的影响程度。由此可知，APTES 浓度的影响最大，pH 值次之，而 $n(HCl)/n(TEOS)$ 的影响最小。

为了验证回归模型的可靠性和显著性，对回归模型进行方差分析（ANOVA），其结果见表 6-15，涵盖了平方和、自由度、均方、F 值以及 P 值等多个关键统计量。F 值反映的是均方和误差均方的比例，而 P 值则用于判断这一比例是否显著。一般情况下，当 P 值 < 0.05 时，认为模型或该项对响应值的影响是显著的，特别当 P 值 < 0.0001 时，则可以认为是极显著的。表 6-15 中，回归模型的 F 值高达 103.08，P 值 < 0.0001，这表明该模型极显著且可信度较高，实验设计合理。同时，失拟项不显著（F 值为 0.27，P 值 > 0.05），说明该模型产生的误差处于可接受的范围内。此外，一次项 C，二次项 A^2、B^2、C^2 的 P 值均小于 0.0001，这意味着这些项对 CO_2 吸附容量的影响是极显著的；一次项 B，交互项 AC 和 BC 的 P 值小于 0.05，显示出它们对 CO_2 吸附容量也有显著影响；然而，一次项 A 和交互项 AB 的 P 值大于 0.05，表明它们对 CO_2 吸附容量的影响并不明显。因此，同样可以推断出各因素对氨基改性 SiO_2 气凝胶 CO_2 吸附容量的影响程度从大到小的顺序为：APTES

表 6-15　回归模型的方差分析

方差来源	平方和	自由度	均方	F 值	P 值	显著性
Model	9.62	9	1.07	103.08	<0.0001	极显著
A	0.051	1	0.051	4.94	0.0617	
B	0.29	1	0.29	28.22	0.0011	显著
C	2.30	1	2.30	221.89	<0.0001	极显著
AB	0.024	1	0.024	2.32	0.1718	
AC	0.081	1	0.081	7.83	0.0266	显著
BC	0.22	1	0.22	21.31	0.0024	显著
A^2	0.73	1	0.73	70.79	<0.0001	极显著
B^2	0.78	1	0.78	75.09	<0.0001	极显著
C^2	4.60	1	4.60	443.49	<0.0001	极显著
残差	0.073	7	0.010			
失拟项	0.012	3	0.0041	0.27	0.8420	不显著
纯误差	0.060	4	0.015			
总误差	9.69	16				

浓度>pH 值>$n(HCl)/n(TEOS)$。另外，该回归模型在描述和预测氨基改性 SiO_2 气凝胶的 CO_2 吸附容量方面表现出了高度的精确性和良好的稳定性，为后续的分析和优化提供了坚实可靠的基础。

C 显著影响因素对氨基改性 SiO_2 气凝胶微观结构的影响

综合上述分析可知，在影响氨基改性 SiO_2 气凝胶的 CO_2 吸附性能方面，各因素的作用程度呈现出明显的差异。具体来说，APTES 浓度的影响最为显著，其次是 pH 值，而 $n(HCl)/n(TEOS)$ 的影响则不显著。

图 6-23 所示为不同 APTES 浓度制备的氨基改性 SiO_2 气凝胶的 SEM 图，从图中可以观察到，所制气凝胶均呈现出由纳米颗粒团簇构成的三维网络状结构，这种结构赋予了气凝胶大的比表面积和丰富的孔隙结构，为 CO_2 的吸附和扩散提供了有利条件。此外，对比图 6-23（a）~（e）可知，APTES 浓度的变化不会造成氨基改性 SiO_2 气凝胶微观形貌的较大变化。

图 6-23 不同 APTES 浓度制备的氨基改性 SiO_2 气凝胶的 SEM 图

（a）0 mol/L；（b）0.5 mol/L；（c）0.8 mol/L；（d）1.1 mol/L；（e）1.4 mol/L

图 6-24（a）所示的是不同 APTES 浓度制备的氨基改性 SiO_2 气凝胶的 XRD 图谱，在 22°左右均观察到了一个明显的馒头形大鼓包，这表明所制备的气凝胶均为非晶结构，其内部原子排列呈现短程有序、长程无序的特点。同时，这也说明所制备的氨基改性 SiO_2 气凝胶的非晶结构是稳定的，不会因 APTES 浓度的变化而发生显著的晶态转变。图 6-24（b）则展示了不同 APTES 浓度制备的氨基改性 SiO_2 气凝胶的 FTIR 图谱。由图可知，除了峰 1056 cm^{-1}、456 cm^{-1} 和 787 cm^{-1} 分别来自 SiO_2 气凝胶骨架结构的 Si—O—Si 键的伸缩振动、弯曲振动和 O—Si—O 键的振动之外，经过 APTES 改性后气凝胶还出现了一些新的峰。其中，1569 cm^{-1} 处的特征峰对应于—NH_2 基团的伸缩振动，693 cm^{-1} 处的特征峰由 Si—C 键造成，2936 cm^{-1}、2863 cm^{-1}、1485 cm^{-1}、1325 cm^{-1} 处的特征峰则分别对应于—CH_2—和—CH_3 键的不对称和对称伸缩振动。同时还可以观察到，经过 APTES 改性后，

对应着 Si—OH 的伸缩振动峰 955 cm^{-1} 消失不见。这些结果都证明了 APTES 已经成功地被固定在 SiO$_2$ 气凝胶表面，并且嫁接的位置正是 SiO$_2$ 气凝胶表面的 Si—OH 基团。

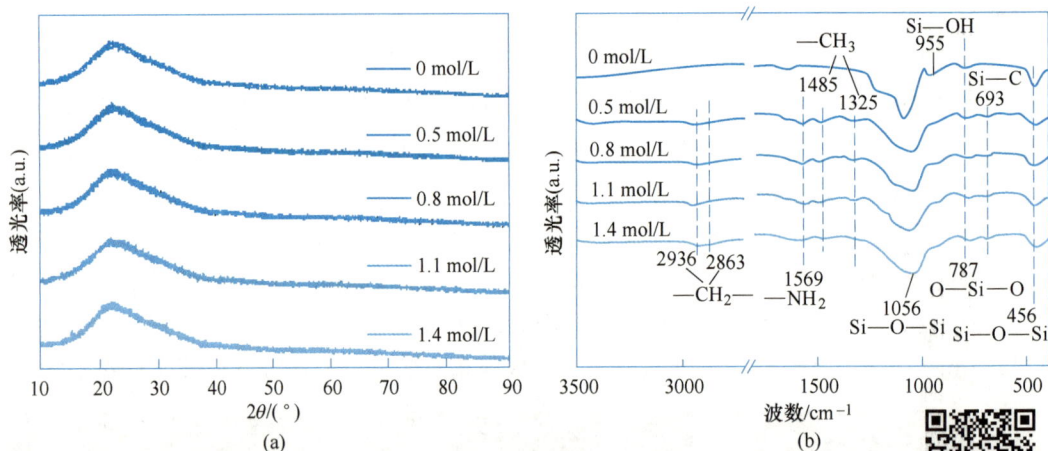

图 6-24   不同 APTES 浓度制备的氨基改性 SiO$_2$ 气凝胶的分析结果

（a）XRD 图谱；（b）FTIR 图谱

扫码看彩图

不同 APTES 浓度所制得的氨基改性 SiO$_2$ 气凝胶的 N$_2$ 吸脱附曲线和孔径分布曲线分别如图 6-25（a）和（b）所示。由图 6-25（a）可知，所制气凝胶均呈现出典型的 IV 型 N$_2$ 吸脱附曲线，这是介孔固体特有的吸附曲线特征；进一步观察图 6-25（b）可知，这些气凝胶的孔径均主要集中在 0~20 nm 的狭窄范围内。因此，可得出结论，所制备的氨基改性 SiO$_2$ 气凝胶具有介孔结构，并且孔径大小相对均一。

此外，不同 APTES 浓度改性所得气凝胶的比表面积、总孔体积以及平均孔径随改性剂浓度的变化曲线如图 6-25（c）所示。未经 APTES 改性的 SiO$_2$ 气凝胶展现出了较大的比表面积和总孔体积。而经 APTES 改性后，比表面积和总孔体积大幅减少。随着 APTES 浓度从 0.5 mol/L 增加至 1.4 mol/L 时，SiO$_2$ 气凝胶的比表面积从 210.58 m^2/g 减小至 10.28 m^2/g，总孔体积从 0.26 cm^3/g 减少至 0.02 cm^3/g，平均孔径则由 4.70 nm 增大至 10.98 nm。这种变化趋势可能是因为 APTES 浓度的增加使得更多的 APTES 分子与 SiO$_2$ 气凝胶表面的羟基发生反应形成氨基硅烷官能团，这些官能团占据了气凝胶的部分孔道，导致气凝胶孔隙数量的减少和孔隙连通性的降低，从而比表面积和总孔体积显著减小；同时，APTES 的引入也可能会使得原有孔隙结构发生改变，部分小孔被填充合并成较大的孔洞，故出现平均孔径增大的现象。此外，APTES 浓度过高时可能会导致孔道坍塌，进而导致孔径的增大和总孔体积的减小。

因此，当 APTES 浓度从 0 mol/L 增加到 1.1 mol/L 时，CO$_2$ 吸附容量的逐步上升可归因于氨基官能团含量的增加提供了更多的活性位点，使得 CO$_2$ 分子能够有更多的机会与之发生化学反应；而 APTES 浓度进一步增加至 1.4 mol/L 时，CO$_2$ 吸附容量的急剧降低则是由于氨基负载过量导致孔道结构坍塌严重，比表面积和总孔体积过小，严重限制了 CO$_2$ 分子在孔隙内的扩散以及与活性位点的有效接触。

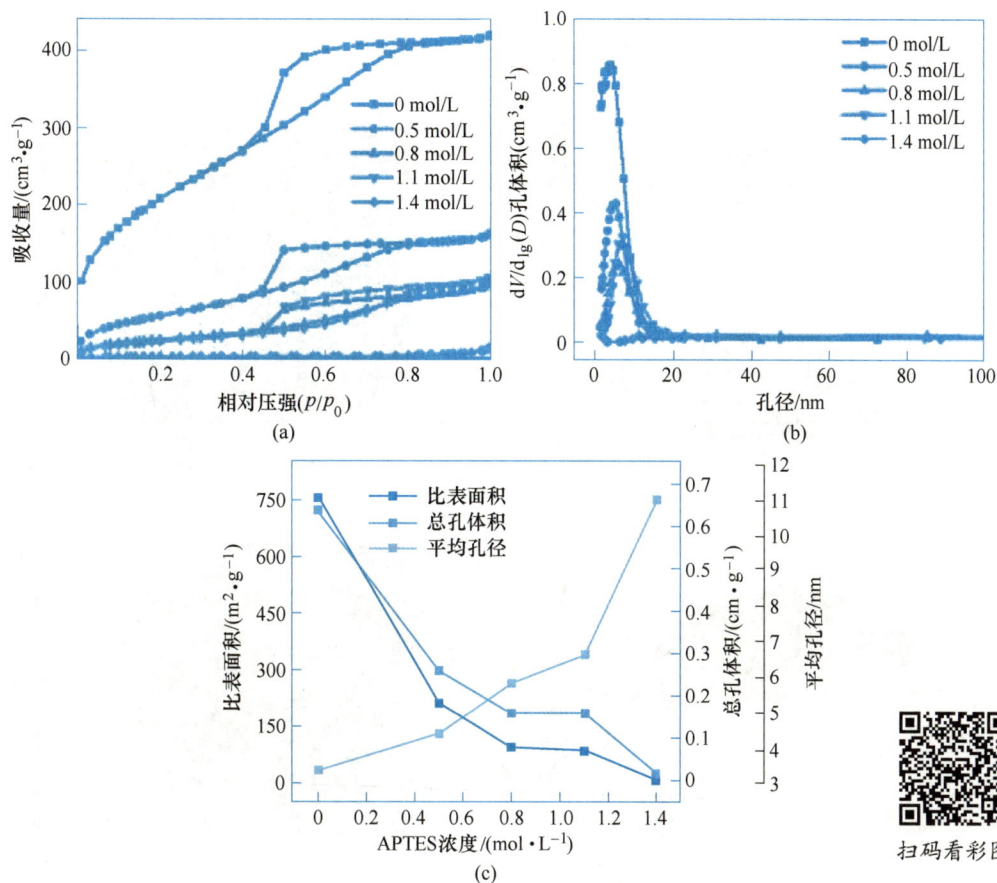

图 6-25　不同 APTES 浓度制备的氨基改性 SiO_2 气凝胶的分析结果

（a）N_2 吸脱附曲线；（b）孔径分布曲线；（c）比表面积、总孔体积及平均孔径随 APTES 浓度的变化曲线

D　响应面交互作用分析

为了更加直观地展示和剖析 $n(HCl)/n(TEOS)$、pH 值和 APTES 浓度这三个因素对氨基改性 SiO_2 气凝胶 CO_2 吸附容量的交互影响，基于回归模型式（6-17），以其中任意两个因素为 x 轴和 y 轴，以 CO_2 吸附容量为 z 轴，绘制得出了三维响应曲面图及其对应的等高线图，具体如图 6-26 所示。

由图 6-26（a）和（b）可知，当 APTES 浓度为 1.1 mol/L 时，随着 $n(HCl)/n(TEOS)$ 和 pH 值的增加，CO_2 吸附容量先从 1.03 mmol/g 增加到 2.26 mmol/g，然后减少至 1.57 mmol/g。这是因为当 $n(HCl)/n(TEOS)$ 为 0.07 和 pH 值为 6.6 时，所制备的气凝胶具有最佳的孔结构，不仅使得氨基官能团能够充分地暴露在气凝胶表面和孔隙内部与 CO_2 相互作用，而且提供了更大的扩散空间以便于 CO_2 分子的进入、扩散和吸附，从而表现出最高的 CO_2 吸附容量。由图 6-26（c）和（d）可知，当 pH 值为 6.6 时，随着 $n(HCl)/n(TEOS)$ 和 APTES 浓度的增加，CO_2 吸附容量先从 1.08 mmol/g 增加至 2.31 mmol/g，再急剧下降至仅为 0.16 mmol/g。由图 6-26（e）和（f）可知，当 $n(HCl)/n(TEOS)$ 固定为

0.07 时, 随着 pH 值和 APTES 浓度的增加, CO_2 吸附容量先从 0.86 mmol/g 增加至 2.37 mmol/g, 再急剧下降至仅为 0.20 mmol/g。

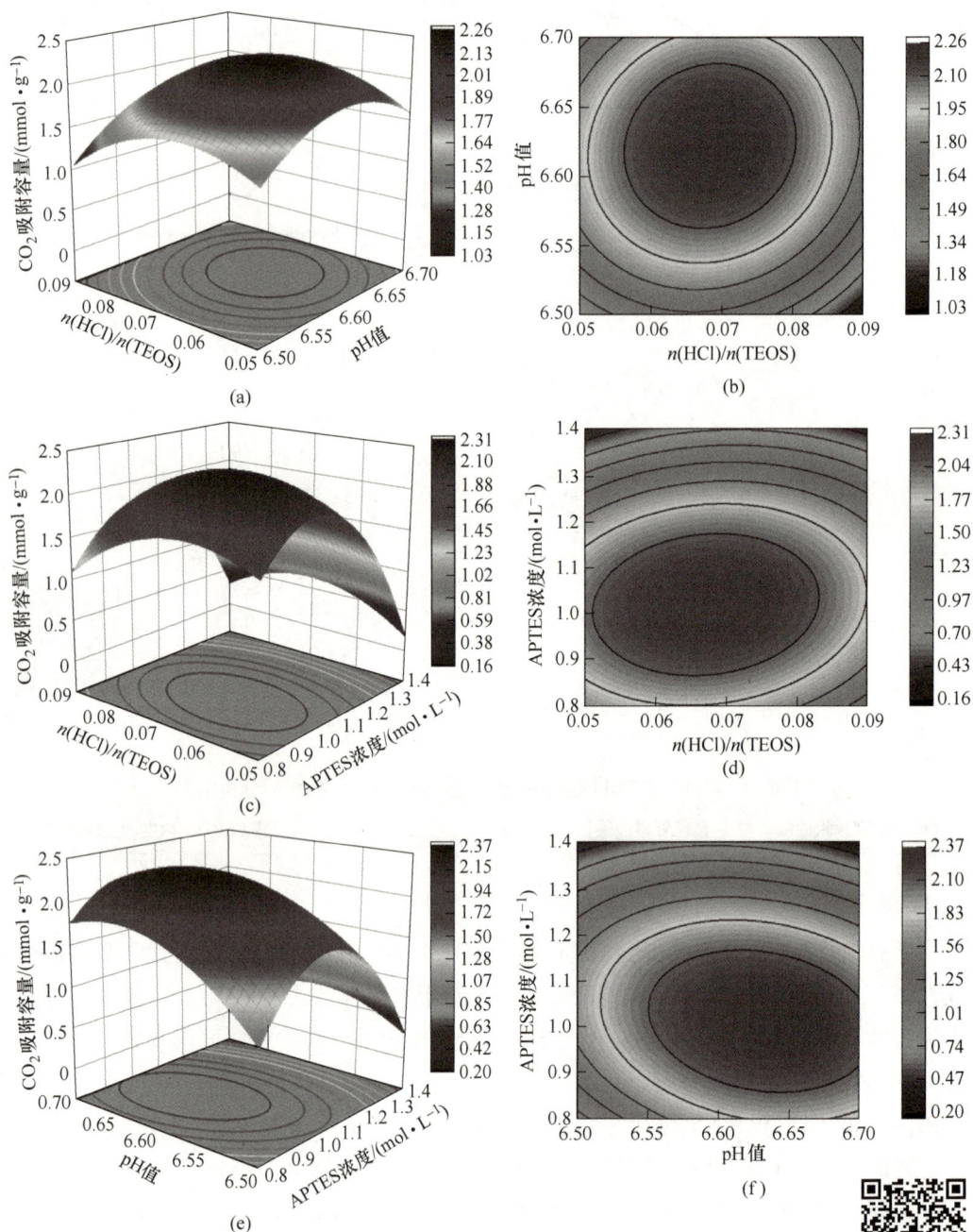

图 6-26　$n(HCl)/n(TEOS)$ 与 pH 值 (a)(b)、$n(HCl)/n(TEOS)$ 与 APTES 浓度 (c)(d)、pH 值与 APTES 浓度交互作用对 CO_2 吸附容量 影响的响应曲面图和等高线图 (e)(f)

扫码看彩图

另外, 等高线的图形也具有一定的意义, 若等高线近似为椭圆形, 则意味着这两个因素交互作用强烈。图 6-26（b）中的等高线接近圆形，这反映出 $n(HCl)/n(TEOS)$ 和 pH 值的交互作用并不显著；而图 6-26（d）和（f）中的等高线均呈椭圆形，这表明 $n(HCl)/n(TEOS)$ 和 APTES 浓度、pH 值和 APTES 浓度之间的交互作用显著。这一观察结果与方差分析中的结果吻合。

E 响应面优化预测与实验验证

利用 Design-Expert 10.0 专业软件中的 Numerical 功能获得最优化的组合条件如下：$n(HCl)/n(TEOS)$ 为 0.068，pH 值为 6.629，APTES 浓度为 1.011 mol/L。在此理想条件下，模型预测氨基改性 SiO_2 气凝胶的 CO_2 吸附容量将达到最高的 2.343 mmol/g。为了验证这一预测结果的准确性和可靠性，按照最优化条件进行实验验证。但考虑到实验室条件和实验操作的便利性，对实际实验参数进行了适当的调整，即 $n(HCl)/n(TEOS)$ 调整为 0.07，pH 值设为整数 6.6，APTES 浓度调整为 1.1 mol/L。

在最佳制备条件下所制得的氨基改性 SiO_2 气凝胶的 CO_2 吸附容量为 2.32 mmol/g。这一实验值与预测值极其接近，相对误差仅为 0.98%。这充分彰显出该回归模型在预测氨基改性 SiO_2 气凝胶 CO_2 吸附性能方面是准确且可靠的，可以为今后的实际应用提供坚实的理论支撑和有力的实践指导。

6.2.3.3 吸附条件对氨基改性 SiO_2 气凝胶 CO_2 吸附性能的影响

A 吸附温度的影响

将氨基改性 SiO_2 气凝胶分别在 65 ℃、70 ℃、75 ℃、80 ℃和 85 ℃下进行 CO_2 吸附实验，结果如图 6-27 所示。由图可知，当吸附温度从 65 ℃升高到 75 ℃时，氨基改性 SiO_2 气凝胶的 CO_2 吸附容量从 1.98 mmol/g 增加到 2.32 mmol/g；而随着吸附温度进一步升高至 85 ℃时，吸附容量则减小到 1.73 mmol/g。所制备的氨基改性 SiO_2 气凝胶在 75 ℃时达到了最大的 CO_2 吸附容量（2.32 mmol/g），这一温度正好与工业烟气脱硝脱硫后常见的温度区间（50~100 ℃）相匹配，因此，该气凝胶非常适合用于在工业烟气中捕集分离 CO_2。

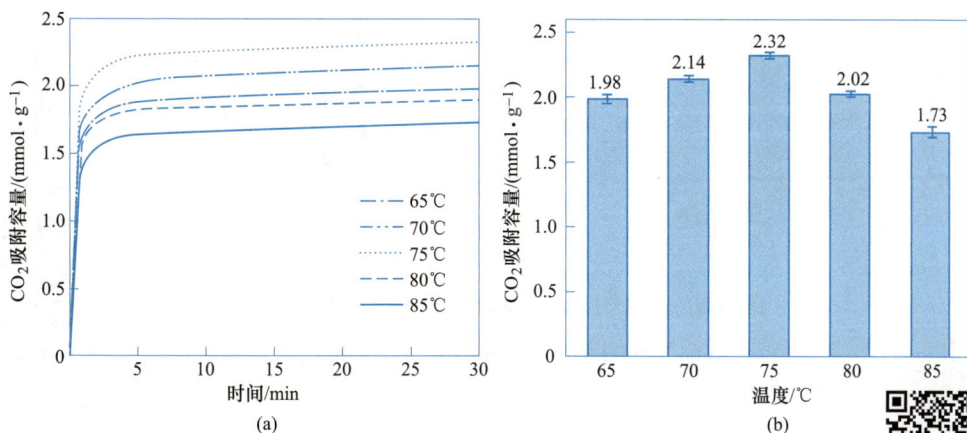

图 6-27 不同温度下氨基改性 SiO_2 气凝胶的分析结果

（a）CO_2 吸附曲线；（b）吸附容量

扫码看彩图

氨基改性 SiO_2 气凝胶的 CO_2 吸附容量随吸附温度变化呈现出先增后减的趋势，这与其他氨基改性介孔材料类似。温度对吸附反应的平衡和传质过程均有影响。随着温度升高，CO_2 分子的热运动加剧，扩散速率加快，有助于 CO_2 分子迅速到达气凝胶表面的活性位点并被吸附。同时，温度升高增加了 CO_2 分子的动能和与气凝胶表面氨基官能团的碰撞频率，从而降低了吸附过程中的能垒，促进了化学反应。因此，在 65~75 ℃ 范围内，CO_2 吸附容量随温度升高而显著增加。然而，温度的升高并非总是有利的。当温度超过 75 ℃ 时，吸附反应可能受到热力学平衡的制约。由于氨基官能团与 CO_2 之间的反应是可逆且放热的，根据勒夏特列原理，温度升高会促进吸热方向的反应，抑制放热方向的反应。因此，当温度超过 75 ℃ 时，吸附反应可能反向进行，导致已吸附的 CO_2 分子从氨基改性 SiO_2 气凝胶表面脱附，从而降低其 CO_2 吸附容量。

B　CO_2 分压的影响

图 6-28 所示为氨基改性 SiO_2 气凝胶在不同 CO_2 分压下（100%、50%、10%）的 CO_2 吸附曲线，由图可见，随着分压的降低，气凝胶的 CO_2 吸附容量呈现出减少趋势，从 2.32 mmol/g 减少至 2.24 mmol/g，进而再减少至 2.11 mmol/g。这一现象是因为，当 CO_2 分压降低时，意味着 CO_2 分子在气相中的浓度降低，使得它们与气凝胶表面碰撞的机会极大减少，这种碰撞是 CO_2 分子被气凝胶捕获的前提，因此碰撞机会的减少直接导致吸附容量的降低。另外，吸附是一个动态平衡的过程，吸附和解吸两个方向的速率相互竞争。在较高分压下，由于 CO_2 分子供应充足，吸附过程占优，吸附容量较高；反之，在较低分压下，解吸速率相对增加，吸附容量降低。

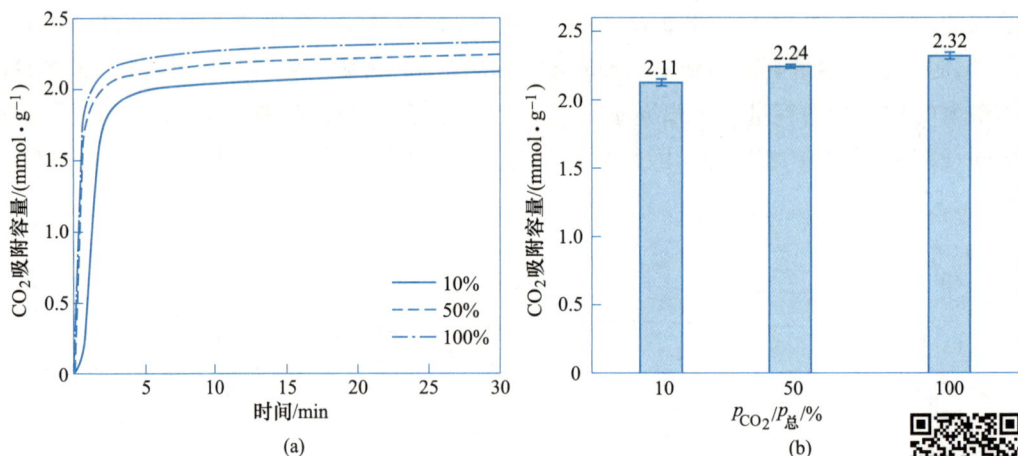

图 6-28　不同分压下氨基改性 SiO_2 气凝胶的分析结果

（a）CO_2 吸附曲线；（b）吸附容量

扫码看彩图

C　进气流量的影响

进气流量也是影响 CO_2 吸附性能的关键因素，不同进气流量（30 mL/min、40 mL/min、50 mL/min、60 mL/min 和 70 mL/min）下氨基改性 SiO_2 气凝胶的 CO_2 吸附曲线以及 CO_2

吸附容量分别如图 6-29（a）和（b）所示。从图中可以看出，随着进气流量从 30 mL/min 增加到 70 mL/min，氨基改性 SiO_2 气凝胶的 CO_2 吸附容量由 1.54 mmol/g 增大至 2.32 mmol/g，再减小至 1.80 mmol/g。当进气流量设定为 50 mL/min 时，CO_2 吸附容量最大。与此同时还可以观察到，随着进气流量的增加，氨基改性 SiO_2 气凝胶达到吸附饱和所需的时间呈现出明显的缩短趋势，当进气流量处于较低的 30 mL/min 时，气凝胶达到吸附饱和所需时间最长。

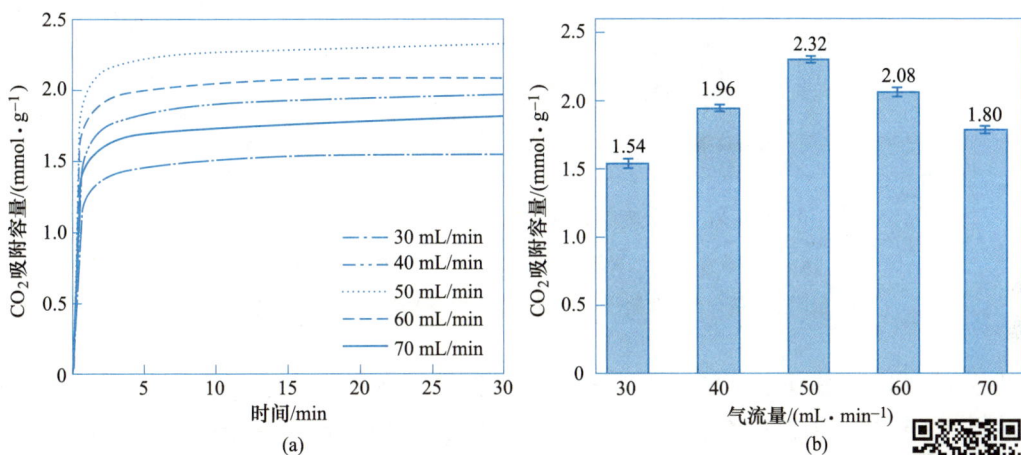

图 6-29 不同进气流量下氨基改性 SiO_2 气凝胶的分析结果

（a）CO_2 吸附曲线；（b）吸附容量

扫码看彩图

综上讨论可知，由最佳制备参数制备的氨基改性 SiO_2 气凝胶在吸附温度为 75 ℃、CO_2 分压为 100% 以及进气流量为 50 mL/min 时，展现出最大的 CO_2 吸附容量，为 2.32 mmol/g。

6.2.3.4 氨基改性 SiO_2 气凝胶在 10% CO_2 条件下的循环吸附性能

为了确保制备的氨基改性 SiO_2 气凝胶能够在实际工业应用中发挥作用，不仅需要关注单次吸附效果，还需要考察其循环吸附性能。因此，针对最优化制备参数合成的氨基改性 SiO_2 气凝胶，在 10% CO_2 分压条件下进行 8 次循环吸附-脱附实验：首先于 75 ℃ 条件下进行 CO_2 的吸附，接着切换气氛为纯 N_2，控制进气流量为 100 mL/min，以 10 ℃/min 的速率升温至 120 ℃ 进行 30 min 的充分脱附；然后将温度和气氛切回至吸附条件，开始下一次的吸附过程，如此循环往复。

氨基改性 SiO_2 气凝胶在 10% CO_2 条件下的循环 CO_2 吸附容量如图 6-30（a）所示，由图可知，氨基改性 SiO_2 气凝胶在低分压下的 CO_2 吸附容量没有出现明显的减少，经过 8 次循环再生后，CO_2 吸附容量仍高达 2.08 mmol/g，与最初的 CO_2 吸附容量（2.11 mmol/g）相比仅减少了 1.44%。图 6-30（b）所示为氨基改性 SiO_2 气凝胶在吸附前以及 8 次低分压循环吸附-脱附后的 FTIR 图谱。从图中可以看出，经过多次循环实验后，氨基改性 SiO_2 气凝胶的骨架结构 Si—O—Si（1056 cm^{-1}、456 cm^{-1}）和 O—Si—O（787 cm^{-1}）以及氨基官能团—NH_2（1569 cm^{-1}）的关键特征峰并无明显偏移或强度减弱。这同样证明了在经历多

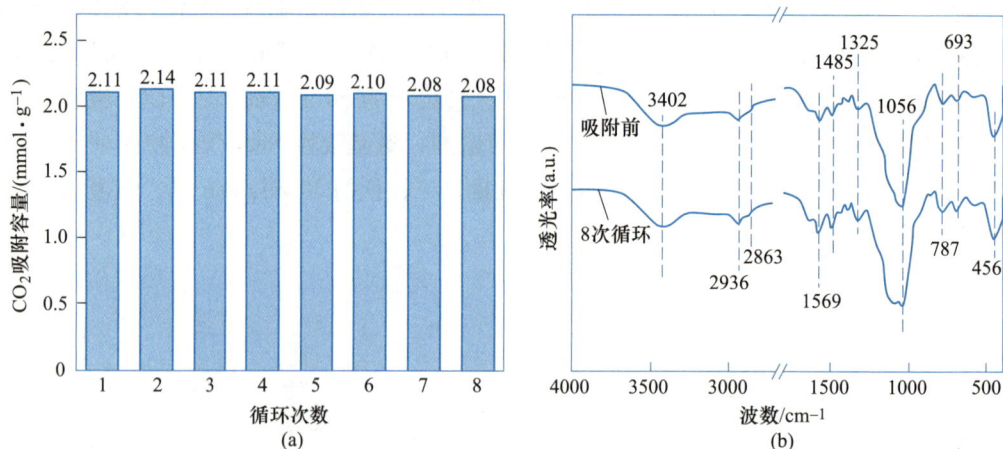

图 6-30 CO_2 吸附容量和循环前后的 FTIR 分析结果

（a）氨基改性 SiO_2 气凝胶在 10% CO_2 条件下的循环 CO_2 吸附容量；

（b）吸附前和低分压下吸附-脱附循环 8 次后氨基改性 SiO_2 气凝胶的 FTIR 图谱

次低分压下的循环操作后，氨基改性 SiO_2 气凝胶仍保持着良好的结构稳定性，从而确保了该氨基改性 SiO_2 气凝胶在低 CO_2 分压条件下的反复使用过程中仍能保持较高的 CO_2 吸附容量。

因此，通过上述分析可知，本实验制备的氨基改性 SiO_2 气凝胶在低 CO_2 分压（10%）条件下，CO_2 吸附容量高达 2.11 mmol/g，这一数值甚至在某些情况下超过了其他介孔材料在高分压条件下的吸附容量。更值得注意的是，即使经过 8 次低分压条件下的循环吸附-脱附过程，CO_2 吸附容量仅减少了 1.44%，展现出了卓越的循环稳定性。进一步说明，本实验所制备的氨基改性 SiO_2 气凝胶具有优异的 CO_2 吸附容量和循环稳定性，有望在实际工业应用中发挥重要作用，为 CO_2 捕集和减排做出实质性的贡献。

6.2.3.5 结论

（1）基于 Box-Behnken 实验设计方法，建立了 $n(HCl)/n(TEOS)$、pH 值、APTES 浓度与 CO_2 吸附容量之间的回归模型，经检验，该模型具有高度的可靠性和优秀的拟合效果。

（2）一次项 C 和二次项 A^2、B^2、C^2 对 CO_2 吸附容量的影响为极显著，一次项 B 和交互项 AC、BC 对 CO_2 吸附容量也有显著影响，而一次项 A 和交互项 AB 的影响则不显著。各因素对氨基改性 SiO_2 气凝胶 CO_2 吸附容量的影响显著程度依次为：APTES 浓度>pH 值>$n(HCl)/n(TEOS)$。

（3）显著影响因素 APTES 浓度和 pH 值不会导致其微观形貌、晶体结构和官能团结构发生明显变化，主要改变的是氨基改性 SiO_2 气凝胶的孔道结构。随着 APTES 浓度的增加，气凝胶的比表面积和总孔体积减小，平均孔径增大；而随着 pH 值的增加，气凝胶的比表面积、总孔体积以及平均孔径则呈现出先增大后减小的趋势。

（4）响应面实验优化得到的最佳制备条件为：$n(HCl)/n(TEOS) = 0.068$、pH 值 6.629、APTES 浓度 1.011 mol/L，实验时微调为：$n(HCl)/n(TEOS) = 0.07$、pH 值 6.6、APTES 浓度 1.1 mol/L。由此制备得到了具有 84.90 m^2/g 的比表面积、0.16 cm^3/g 的总孔体积和 7.57 nm 的平均孔径的氨基改性 SiO_2 气凝胶，其 CO_2 吸附容量为 2.32 mmol/g，与模型预测的 CO_2 吸附容量 2.343 mmol/g 非常接近，相对误差仅为 0.98%。

（5）氨基改性 SiO_2 气凝胶的 CO_2 吸附容量与吸附温度、CO_2 分压和进气流量等吸附条件之间也存在着密切的关系。随着吸附温度的升高和进气流量的增大，CO_2 吸附容量呈现出先增加后减小的趋势，而 CO_2 分压的降低则会使得 CO_2 吸附容量逐渐减小。最终确定了最佳的吸附条件为：吸附温度 75 ℃、CO_2 分压 100% 以及进气流量 50 mL/min，此时氨基改性 SiO_2 气凝胶展现出了最大的 CO_2 吸附容量，达到 2.32 mmol/g。

（6）制备得到的氨基改性 SiO_2 气凝胶在 10% CO_2 条件下，展现出了卓越的循环吸附性能，完成 8 次循环后，其吸附能力仅下降了 1.44%。

6.2.4 钢中夹杂物分析研究

非金属夹杂物，简称夹杂物，是影响钢质量的重要因素之一。对夹杂物的研究一直是钢铁冶金领域的重点。通常研究钢中夹杂物主要分析其形貌、尺寸、数量、分布、类型及其与基体的晶体学关系等，常用的设备有金相显微镜、扫描电镜和透射电镜等。观察的试样有金相试样和透射电镜样品，或将电解获得的夹杂物收集在载玻片上后喷碳，再利用扫描电镜进行观察。电解法主要针对钢中大型夹杂物，但电解法由于需要破坏钢基体结构，因此不能描述钢中夹杂物的原始分布情况。

钢中非金属夹杂物的检测是一项繁琐的工作，而通过热力学计算可以根据钢液成分预测夹杂物的组成，省去了夹杂物检测分析的工作，更重要的是根据夹杂物的热力学预测结果可以为钢液成分的优化提供依据，FactSage 是其中最常用软件的之一。FactSage 软件主要包括以下几个模块：数据、反应、优势区计算、E-pH 图、相图计算、多元多相平衡计算、相图和热力学数据的优化。其中多元多相平衡计算是软件的核心模块，该模块基于自由能最小算法和 ChemSage 的热化学功能为使用者提供了一个强大的多元多相平衡计算平台。图 6-31 所示为 FactSage 软件操作界面截图。

需要特别强调的是，热力学计算的前提是假设钢液-夹杂物之间达到了完全平衡的理想状态，相当于钢液冷却速率极慢。但是，实际生产过程中不可能达到完全平衡状态，因此热力学计算结果与实际实验检验结果有一定差别，需要根据实际情况进行具体分析。

本案例以 CrMo 合金结构钢中非金属夹杂物的相关研究为主要对象（表 6-16 所示为 34CrMo4 气瓶钢中间包钢液成分），介绍对钢中夹杂物开展研究常用的思路、内容和方法。

表 6-16　34CrMo4 气瓶钢中间包钢液成分

元素	C	Si	Mn	P	S	Al	Cr	Mo	Cu	Ni
质量分数/%	0.342	0.24	0.67	0.007	0.004	0.038	1.05	0.217	0.08	0.04

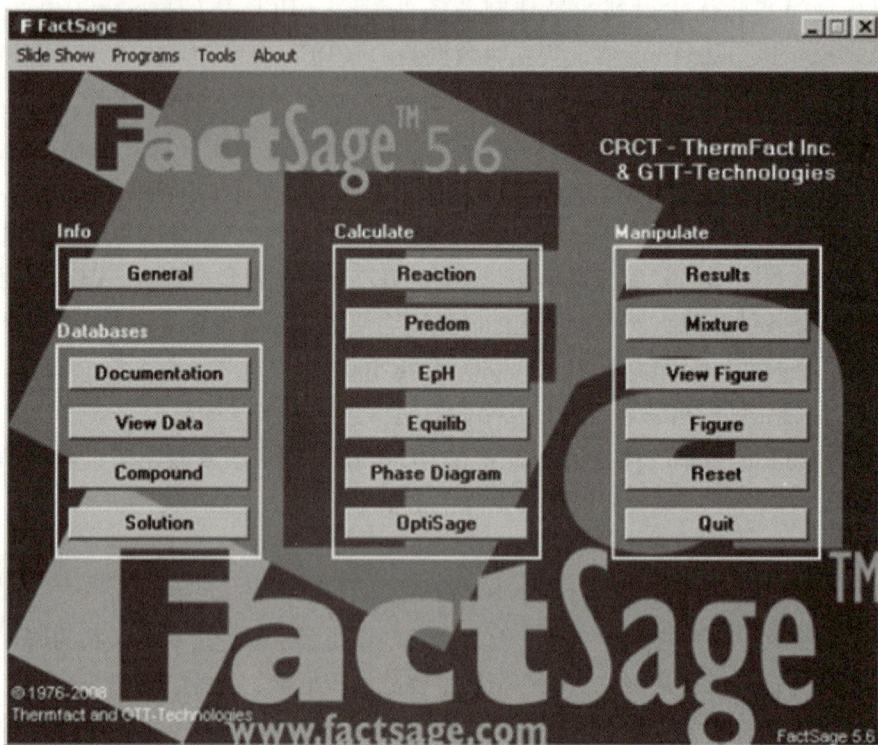

图 6-31   FactSage 软件操作界面

6.2.4.1   热力学预测结果

基于中间包钢液成分预测夹杂物组成和含量的计算，主要用到 FactSage 平衡模块。图 6-32 所示为根据 34CrMo4 气瓶钢钢液成分，利用 FactSage 热力学软件计算得到的夹杂物预

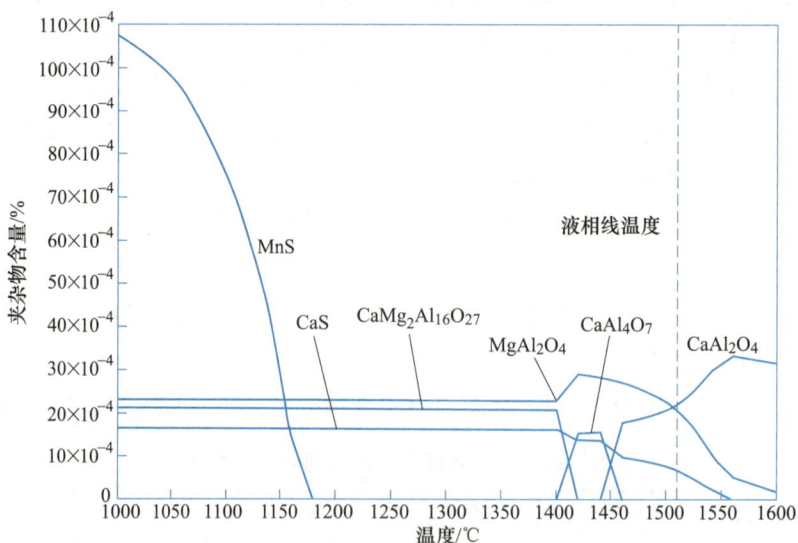

图 6-32   34CrMo4 气瓶钢中夹杂物热力学预测结果

测结果。可以看出，实验钢中夹杂物主要为氧化物和硫化物：氧化物主要是镁铝尖晶石系夹杂物、铝酸钙夹杂物以及 $MgO\text{-}Al_2O_3\text{-}CaO$ 的复合氧化物夹杂物；硫化物主要是硫化锰和硫化钙。钢液凝固前已经形成夹杂物是 $CaAl_2O_4$、$MgAl_2O_4$ 尖晶石和少量的 CaS。

6.2.4.2 夹杂物实验检测分析

实验检测钢中非金属夹杂物是了解钢液洁净度、夹杂物存在形式和炼钢效果的最直接的方式，也是开展夹杂物研究的基础。通常，会根据实际需要在原始样（铸坯、轧材等）不同部位取样分析，以验证夹杂物热力学计算结果的准确性。本案例中，在连铸坯外弧到内弧的直径上等距离切取 5 个金相试样，如图 6-33 所示。对金相试样进行研磨、抛光处理，使用电子扫描显微镜结合能谱仪（SEM+EDS）分析夹杂物的形貌和成分。

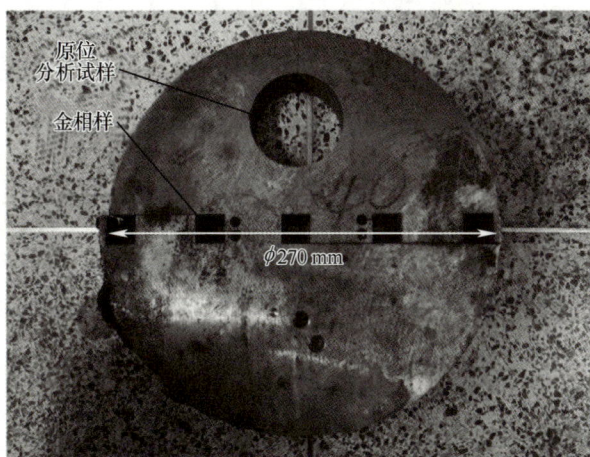

图 6-33　34CrMo4 气瓶钢连铸坯试样规格及取样位置

A　形貌及成分分析

分析结果显示，气瓶钢连铸坯内弧到外弧不同位置的夹杂物形貌、成分和尺寸都没有明显的差别。根据能谱分析结果给出的各元素含量可以计算夹杂物的组成，表 6-17 所示为气瓶钢连铸坯中典型夹杂物的形貌与成分。其中氧化物夹杂都是 Al、Ca、Mg、Si 四种元素的复合氧化物。$Al_2O_3\text{-}CaO\text{-}MgO\text{-}SiO_2$ 复合氧化物主要成分为 Al_2O_3 和 CaO，虽然所有的氧化物夹杂中都含有 MgO 和 SiO_2，但是二者含量都很低，尤其是 SiO_2 含量，在计算过程中可以忽略不计。表 6-17 中夹杂物成分计算结果显示，34CrMo4 气瓶钢夹杂物主要分为三类：一是铝酸钙夹杂（表 6-17（a））；二是内核为铝酸盐外层为硫化钙的复合夹杂，少量复合夹杂物的外层同时存在 MnS 和 CaS（表 6-17（b）（c）和（d）），铝酸盐内核有 $12CaO\text{-}7Al_2O_3$，$CaO\text{-}2MgO\text{-}8Al_2O_3$ 和 $MgO\text{-}Al_2O_3$；三是部分单独存在的 MnS 夹杂颗粒，如表 6-17（e）所示。

表 6-17　气瓶钢中典型夹杂物形貌与组成

编号	夹杂物形貌	能谱分析结果	夹杂物组成
（a）			CaO-Al$_2$O$_3$
（b）			内核氧化物 CaO-2MgO-8Al$_2$O$_3$ 外层 CaS
（c）			内核氧化物 12CaO-7Al$_2$O$_3$ 外层 CaS

编号	夹杂物形貌	能谱分析结果	夹杂物组成
(d)	位置1 位置2 2.5 μm	位置1 位置2	内核氧化物 MgO-Al$_2$O$_3$ 外层 CaS-MnS
(e)	5 μm		MnS

B 夹杂物含量分析

夹杂物的尺寸、数量、存在状态等是夹杂物对钢材质量产生影响的几个重要因素。夹杂物含量检测一直是夹杂物分析的难题。以酸解和电解为代表的常规化学分析手段，得到的是材料的宏观信息（通常指平均含量），无法得到材料化学成分的分布以及夹杂等形态结构信息；以电子扫描显微镜结合能谱仪（SEM+EDS）为代表的能谱与探针技术属于微区分析，通常只能得到材料的微区成分及形态特征，无法得到材料中较大范围内成分分布及结构的定量信息。

金属原位统计分析技术主要对被检测对象的原始状态的化学成分和结构进行分析。它不仅能获得各元素在材料中不同位置含量的统计分布信息，而且还能获得材料中夹杂物的定量分布信息。通过高速地采集和解析火花放电所产生的光谱信号数据，获得数以百万计的各元素原始含量及状态信息，用统计解析的方法定量表征材料的偏析度、疏松度、夹杂物分布等指标。从气瓶钢铸坯上切取直径 50 mm 的圆柱体试样，如图 6-34 所示，经过研磨处理以后用于夹杂物的原位统计分析测试，分析面积可达到 4000 mm^2，远远高于通常使用电子扫描显微镜对夹杂物的分析面积（一般为 50 mm^2），其结果更具有代表性。

34CrMo4 气瓶钢夹杂物的原位统计分析结果包括夹杂物含量和夹杂物尺寸分布。铝系夹杂物质量分数为 22.26×10^{-6}（22 ppm），锰系夹杂物质量分数为 53.22×10^{-6}（53 ppm）。

图 6-34　金属原位分析试样规格

原位分析各种夹杂物尺寸分布如图 6-35~图 6-37 所示。图 6-35 显示铝系夹杂物中尺寸在 3 μm 以下的占总量的 60% 以上，3~5 μm 的占总量的 25% 以上。说明钢中铝系夹杂物主要是钢液精炼和凝固过程中形成的二次夹杂，尺寸较小，与表 6-17 电镜观察结果吻合。图 6-36 显示气瓶钢中锰系夹杂物尺寸分布比较均匀，集中在 15 μm 以下，尺寸为 10~15 μm 的夹杂物约占全部的 10%。表 6-17（e）电镜分析结果表明锰的夹杂物主要是 MnS，颗粒尺寸约为 10 μm，考虑到 MnS 夹杂物可能以条形状态存在，实际尺寸要大于电镜下观察到的尺寸，所以两种分析结果相符。

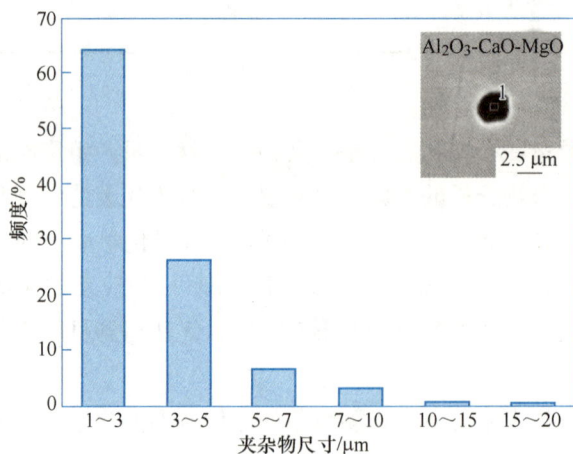

图 6-35　原位分析气瓶钢 Al 系夹杂物尺寸分布

硫系夹杂物的尺寸分布如图 6-37 所示，夹杂物尺寸分布比较均匀，存在尺寸较大的夹杂物，其中尺寸为 15~20 μm 的约占全部夹杂物的 25%。硫系夹杂物主要是 CaS 和 MnS。锰系夹杂物尺寸都在 15 μm 以下，所以尺寸在 15~20 μm 之间的硫系夹杂物主要是 CaS。而单独存在的 CaS 夹杂颗粒尺寸较小，推测观察到的大尺寸的 CaS 夹杂是复合夹杂物的 CaS 外层。

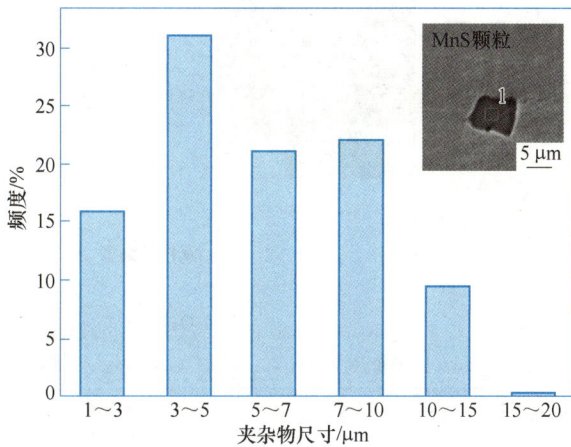

图 6-36 原位分析气瓶钢 Mn 系夹杂物尺寸分布

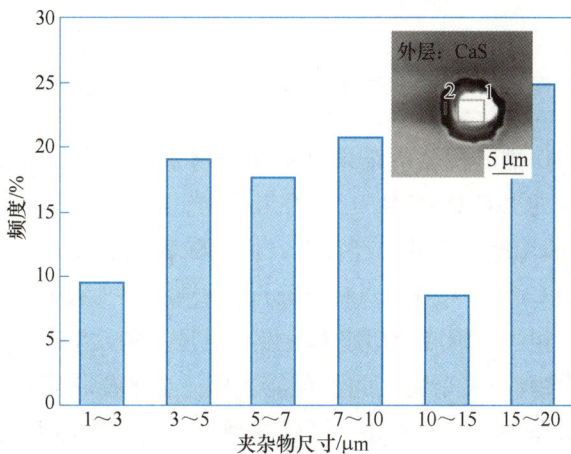

图 6-37 原位分析气瓶钢 S 系夹杂物尺寸分布

所有的夹杂物热力学计算和预测的最终目的都是更好地指导实际炼钢生产。因此，必须保证热力学预测的准确性和可靠性。通过夹杂物热力学预测结果与夹杂物实际分析结果之间的对比可以验证热力学计算的准确性和可靠性。更重要的是为炼钢生产和优化热力学计算提供依据。

C 夹杂物成分检验

图 6-38 是表 6-17 夹杂物电镜分析结果与图 6-32 夹杂物预测结果的对比。夹杂物物相组成的预测结果与检测结果一致。热力学预测结果显示，1000 ℃以下钢液完全凝固后 34CrMo4 气瓶钢中夹杂物主要为 $MgAl_2O_4$、$CaMg_2Al_{16}O_{27}$、CaS 和 MnS。CaS 紧随着 $MgAl_2O_4$、$CaMg_2Al_{16}O_{27}$夹杂而生成，推测 CaS 以外层包覆的形式存在。根据文献分析和热力学计算，推测 34CrMo4 气瓶钢中 MnS 夹杂主要单独存在，少量会与氧化物夹杂复合存在。以上热力学分析与推测结果与夹杂物的实际分析结果完全吻合。

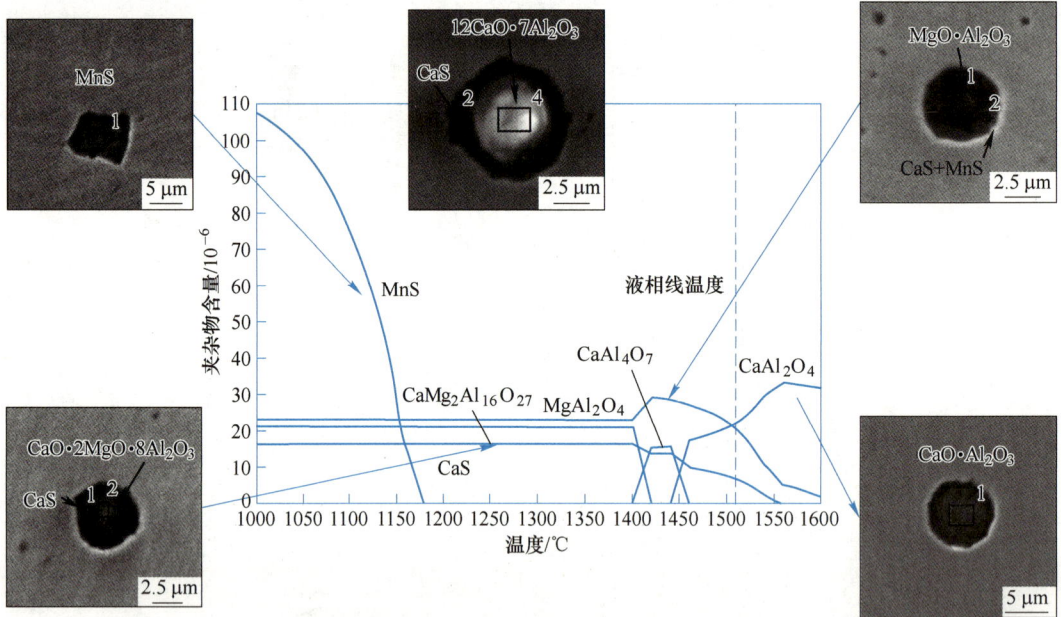

图 6-38　夹杂物热力学预测结果与检测结果的对比

扫码看彩图

除此之外，气瓶钢扫描电镜分析结果显示夹杂物中还存在 $CaO \cdot Al_2O_3$ 和低熔点表层包裹 CaS 的 $12CaO \cdot 7Al_2O_3$ 复合氧化物。而在热力学计算结果中 $CaO \cdot Al_2O_3$ 在液相线温度以上就已经存在，但是随着温度降低，逐渐转变成 $CaAl_4O_7$，最终演变成稳定存在的 $CaMg_2Al_{16}O_{27}$。热力学计算的前提是假设钢液-夹杂物之间达到了完全平衡的理想状态，相当于钢液冷却速率极慢。但是，实际生产过程中连铸坯经过了水冷和空冷，凝固过程中钢液-夹杂物之间不可能达到完全平衡状态，处在转变中间相和低熔点附近的铝酸盐会被保存下来。据此，可以解释气瓶钢连铸坯中还存在 $CaO \cdot Al_2O_3$ 和外层包裹 CaS 的 $12CaO \cdot 7Al_2O_3$ 复合氧化物的现象。

D　夹杂物含量检验

按照热力学计算结果和电镜分析结果中夹杂物的存在状态，34CrMo4 气瓶钢中的夹杂物可以归结为铝系夹杂物和锰系夹杂物两大类，CaS 夹杂主要包覆在铝系夹杂物的表层。对比铝系夹杂物和锰系夹杂物含量的热力学预测值与实验检测值。两类夹杂物含量的预测值都比实验检测结果高出大约一倍，分析其原因是：本案例中热力学计算所采用的数据是中间包钢液的元素成分，假设的前提是夹杂物与钢液达到完全平衡状态，中间包阶段钢中夹杂物没有上浮。然而实际情况是，非金属夹杂物在中间包钢液中的存在是一个动态的过程，夹杂物有相当一部分会上浮去除。不同的中间包设计对钢中夹杂物的去除率影响较大，从中间包阶段到铸坯钢中夹杂物的去除率为 40%~60%，将中间包上浮的夹杂物考虑在内，热力学计算结果的误差可用式（6-18）计算。Al 系夹杂物含量预测结果的最大误差为 22.87%，锰系夹杂物的最大误差为 20.68%。根据以上分析，夹杂物含量预测结果的误差都在 25% 以内，是可以接受的。

$$\Delta = \frac{\left| M_{预测值} \times f - M_{检测值} \right|}{M_{检测值}} \times 100\% \qquad (6\text{-}18)$$

式中　Δ——夹杂物含量预测误差；

　　　M——预测值为夹杂物含量热力学预测值；

　　　f——夹杂物上浮系数，$f = 1 - \eta$，η 夹杂物去除率，其值为 40% ~ 60%。

6.2.4.3 连铸坯中大型夹杂物分析

大样电解分析适合研究连铸坯中聚集或外来的大型夹杂物，尤其针对粒径在 50 μm 以上的夹杂物。大样电解结合电镜能谱分析，可以考察大型夹杂物的形貌与组成，为判定大型夹杂物的来源提供可靠依据。此外，金相试样中观察到的夹杂物实际是其被横截后的形貌，有时并非其真实立体形貌；而观察电解收集的夹杂物则可以知道其真实形貌。

A 不同工艺下钢中大型夹杂物含量

根据大样电解的检测方法要求，收集、分析连铸坯中大型夹杂物。表 6-18 给出了两炉钻杆钢的铸坯中大型夹杂物的含量及粒径分级。图 6-39 对比了不同工艺下钢中大型夹杂物的含量。铸坯中大型夹杂物含量都在 10 mg/10 kg 以下，尺寸主要集中在 80 ~ 300 μm 之间，而一般 CrMo 合金钢铸坯中大型夹杂物含量为 20 ~ 40 mg/10 kg，说明石油钻杆钢精炼过程中大型夹杂物控制良好。各炉钢中大型夹杂物成分和尺寸没有明显的差别，相同脱氧方式下，真空脱气（Vacuum Degassing，VD）阶段使用钙处理的钢中大型夹杂物含量稍微多于不使用钙处理的钢。

表 6-18　连铸坯大样电解所得大型夹杂物含量

炉号	夹杂物总量 /(mg/10 kg)	夹杂物粒径分级/μm			
		<80	80 ~ 140	140 ~ 300	>300
A1	3.56	0.59	1.19	1.78	0
A2	7.41	1.35	4.04	2.02	0
B1	5.35	1.19	1.78	2.38	0
B2	3.45	0.57	1.15	1.72	0
C1	8.40	1.10	2.92	2.92	1.46
C2	4.70	0.88	1.76	1.47	0.59
D1	4.35	1.09	1.63	1.63	0
D2	3.23	0.54	1.08	1.61	

B 大型夹杂物形貌与成分

图 6-40 所示为金相显微镜下不同尺寸的大型夹杂物形貌，大型夹杂物外形主要为球形和不规则颗粒状，其中不规则颗粒状夹杂物占多数。使用扫描电镜观察收集到的大型夹杂物，结果如图 6-41 所示，不同铸坯中大型夹杂物成分相似。根据夹杂物成分的不同可以将其分为三类。图 6-41（a）是成分最复杂的大型夹杂物，呈现极其规则的球形外貌，其组成中不仅含有镁铝硅钙锰的氧化物，还包含 Na_2O，说明此类大型夹杂物由结晶器卷

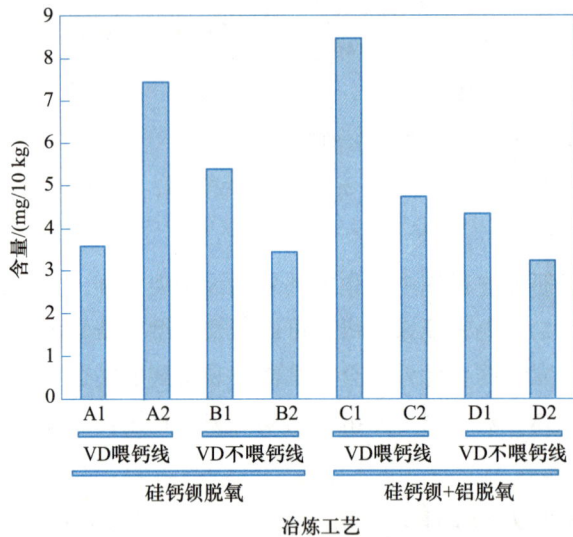

图 6-39   不同冶炼工艺下连铸坯中大型夹杂物含量

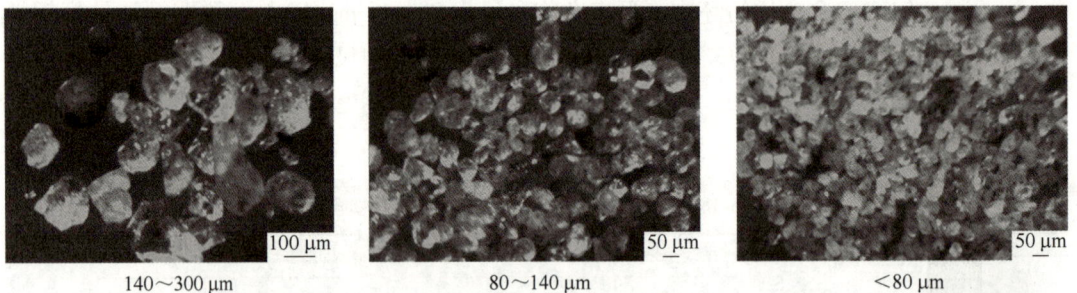

图 6-40   不同尺寸的大型夹杂物金相形貌

渣和钢液内生夹杂复合产生；且其成分复杂、尺寸大、熔点低，轧制过程中容易变形成长条状而产生裂纹。由于此类夹杂主要是卷渣引起，因此提高浇铸操作水平，尽量减少钢液卷渣是减少此类夹杂物的有效途径。图 6-41（b）是 MgO-CaO 复合夹杂物；其熔点高、硬度大、形状不规则、尺寸相对较小，轧制过程中不易变形，对钢材质量的影响有限。由于钻杆钢中含有一定量的 [Al] 和 [Si]，钢液中不可能反应生成 MgO-CaO 的复合夹杂，推测耐火材料的脱落是此类夹杂的主要来源。图 6-41（c）中大型夹杂物有包覆现象，外貌是较为规则的球，一般此类夹杂外层是 CaS，核心是铝酸盐，与铸坯中小尺寸夹杂物成分相似。国内某钢厂在实际生产中发现引起钻杆钢裂纹的夹杂物主要是大尺寸铝酸盐，有研究发现，尺寸较大的铝酸盐夹杂物在钙处理时其表层变性为高熔点的 CaO-CaS，但是核心还是低熔点的铝酸盐，此类夹杂物在钢材轧制过程中极易延展成条串状，从而成为钢材使用过程中的裂纹源。

为使钢中大型夹杂物的含量保持在较低水平，建议加强以下几个方面的控制：（1）延长钢液浇注前的镇静时间，使钢中夹杂物尤其是大尺寸夹杂物尽可能多地上浮；（2）加强保护浇注，防止钢液二次氧化；（3）加强钢水液面控制，减少卷渣的发生；（4）提高耐材质量，减少耐材侵蚀。

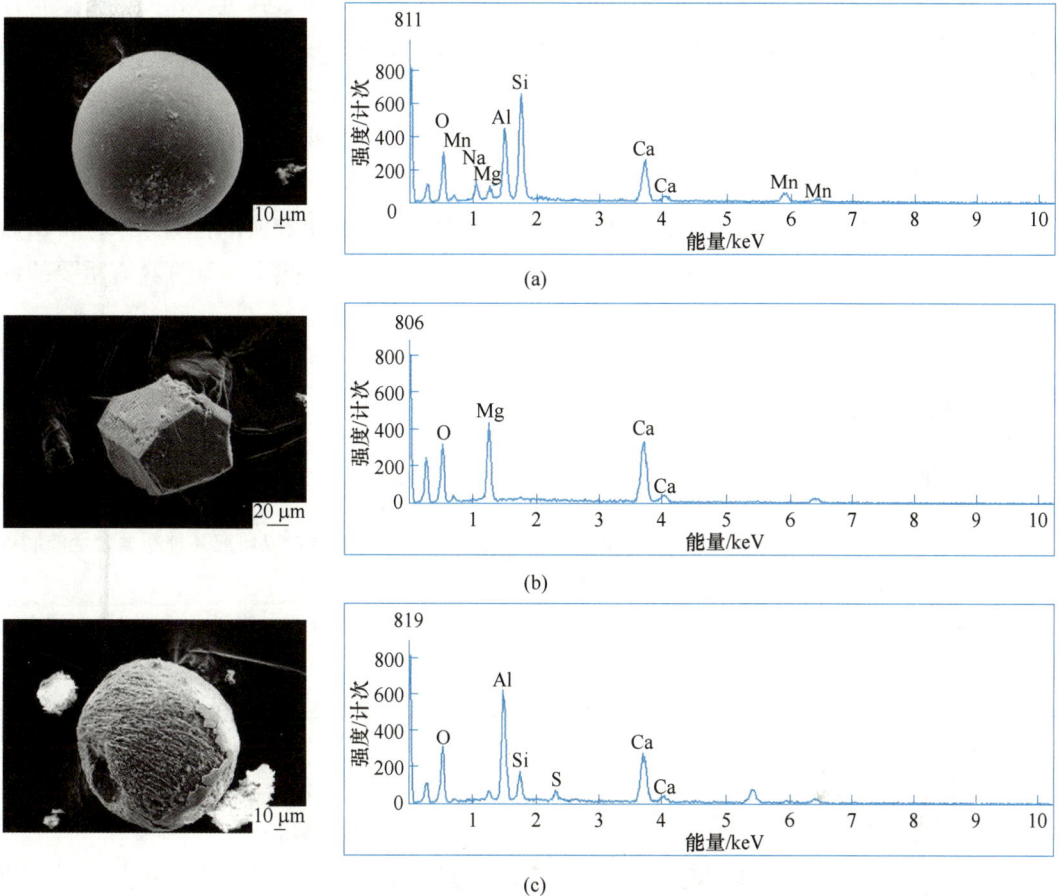

图 6-41　大样电解连铸坯所得大型夹杂物形貌与成分

（a）硅酸盐；（b）MgO-CaO 复合夹杂；（c）铝酸盐

6.2.4.4　小结

本案例根据钢液-夹杂物之间的热力学平衡，基于气瓶钢中间包钢液的成分，使用 FactSage 软件计算了气瓶钢连铸坯中夹杂物的组成及含量，得到结论如下：

（1）热力学预测结果显示，钢液凝固前 34CrMo4 气瓶钢中已经存在的夹杂物是 $CaAl_2O_4$、$MgAl_2O_4$ 尖晶石和少量的 CaS。连铸坯中的非金属夹杂物主要有镁铝尖晶石，$MgO-Al_2O_3-CaO$ 的复合氧化物，硫化物夹杂主要组成是 MnS 和 CaS。

（2）使用电镜能谱仪（SEM+EDS）考察了气瓶钢铸坯中夹杂物的形貌和成分。电镜分析结果显示，34CrMo4 气瓶钢连铸坯中氧化物夹杂除了镁铝尖晶石，$MgO-Al_2O_3-CaO$ 的复合氧化物，还有钙铝酸盐；硫化物夹杂主要有单独存在的 MnS 和包覆在铝酸盐表面的 CaS。推测连铸坯中钙铝酸盐来自钢液凝固前生成的 $CaAl_2O_4$。热力学计算与预测结果与夹杂物的实际分析结果完全吻合。

（3）使用金属原位仪统计分析了气瓶钢铸坯中各类夹杂物的含量和尺寸分布。结果显示，连铸坯中铝系夹杂物质量分数为 $22×10^{-6}$，锰系夹杂物质量分数为 $53×10^{-6}$，少于夹杂物含量的实际检测结果。将中间包到连铸坯阶段夹杂物的上浮和去除考虑在内，夹杂物含量的预测误差都在 25% 以内，充分说明热力学预测结果是可以接受的。

（4）大样电解的夹杂物尺寸主要集中在 $80 \sim 300\ \mu m$。大型夹杂物组成主要有卷渣带入的含有 Na_2O 的镁铝硅钙锰复合氧化物，$MgO\text{-}CaO$ 复合夹杂物以及外层是 CaS，核心是铝酸盐的复合夹杂。

通过对比 34CrMo4 气瓶钢中非金属夹杂物的热力学计算结果和实际检测结果，得出热力学计算准确预测了夹杂物的组成和含量，对其他钢种的夹杂物热力学计算具有重要的参考价值。

📘 习题与思考题

习题

（1）在冶金综合实验研究中，设计实验程序时需要考虑哪些关键因素？以研究某种新型合金的制备为例进行阐述。

（2）在进行一项新的冶金综合实验前，如何进行有效的选题和文献查阅？请列出至少三种查阅文献的方法。

（3）设计一个实验来测定某种冶金材料的熔点，请说明你会选择哪些实验设备和仪器，并阐述选择这些设备的依据。

（4）设计一个正交实验，研究不同炉渣成分（如 CaO、SiO_2、Al_2O_3）和温度对炉渣脱硫效率的影响。请列出实验设计的三因素三水平，并说明如何安排实验以获取有效数据。

（5）正交实验设计相比其他实验设计方法（如单因素实验、全面实验）有何优势，在什么情况下更适合采用正交实验设计？

思考题

（1）冶金实验研究中，实验设计方法众多，如对比实验设计、正交实验设计等。请分别阐述这些设计方法的特点，并结合一个冶金过程中金属提纯的实验，分析哪种设计方法更适合，以及如何依据所选设计方法开展实验、分析数据和得出有价值的结论。

（2）在钢渣中磷的高温选择性结晶热力学研究中，是如何设计实验来探究温度、成分等因素对磷结晶过程的影响的？

（3）对于双功能固态提取剂从含锌电炉粉尘中高效选择性提锌的实验，固态提取剂的双功能特性是指什么，实验中如何验证和利用这些特性来实现锌的高效提取？

（4）在氨基改性 SiO_2 气凝胶 CO_2 吸附性能研究中，实验采用了哪些方法来制备氨基改性 SiO_2 气凝胶，如何通过实验数据确定气凝胶对 CO_2 的吸附容量、吸附速率等关键性能指标？

（5）钢中夹杂物分析实验通常包括哪些步骤，如何利用实验结果来评估钢的质量和改进炼钢工艺？以某钢厂生产的特定钢种为例，分析夹杂物分析结果对其质量控制的指导意义。

（6）对于冶金实验数据的处理分析技巧，误差控制是关键环节之一。请论述在冶金实验中常见的误差来源有哪些，如何在实验设计阶段和数据处理阶段分别采取措施来减小误差，以确保实验结果的准确性？同时，以一组测定金属材料力学性能的数据为例，演示如何进行数据的可靠性评估和异常数据的甄别处理。

（7）以双功能固态提取剂从含锌电炉粉尘中提取锌的实验为例，阐述在实验研究的全过程中，如何根据实验目的确定研究方法和实验程序。在实验设备和仪器的选取上，需要考虑哪些特殊要求以满足提取剂与含锌粉尘的反应特性。实验数据处理时，如何通过多组数据对比分析提取剂的选择性和提取效率。并且如何将实验结果应用于实际的含锌电炉粉尘处理工艺流程优化中？

参 考 文 献

［1］陈伟庆，宋波，郭敏. 冶金工程实验技术［M］. 北京：冶金工业出版社，2023.

［2］李晋岩. 钢渣中磷酸盐的选择性富集与分离［D］. 北京：北京科技大学，2016.

［3］YANG X M, SHI C B, ZHANG M, et al. A thermodynamic model of phosphate capacity for CaO-SiO$_2$-MgO-FeO-Fe$_2$O$_3$-MnO-Al$_2$O$_3$-P$_2$O$_5$ slags equilibrated with molten steel during a top-bottom combined blown converter steelmaking process based on the ion and molecule coexistence theory［J］. Metallurgical and Materials Transactions B, 2011, 42B（5）：951-976.

［4］张鉴. 冶金熔体和溶液的计算热力学［M］. 北京：冶金工业出版社，2007.

［5］黄希祜. 钢铁冶金原理［M］. 3 版. 北京：冶金工业出版社，2005.

［6］陈家祥. 炼钢常用图表数据手册［M］. 2 版. 北京：冶金工业出版社，2010.

［7］Verein Deutscher Eisenhüttenleute. Slag Atlas［M］2nd edition. Cambridge Llk：Woodhead Publishing Limited，1995.

［8］LI J Y, ZHANG M, GUO M, et al. Enrichment mechanism of phosphate in CaO-SiO$_2$-FeO-Fe$_2$O$_3$-P$_2$O$_5$ steelmaking slags［J］. Metallurgical and Materials Transactions B, 2014, 45B（5）：1666-1682.

［9］LI J Y, ZHANG M, GUO M, et al. Phosphate enrichment mechanism in CaO-SiO$_2$-FeO-Fe$_2$O$_3$-P$_2$O$_5$ steelmaking slags with lower binary basicity［J］. International Journal of Minerals, Metallurgy and Materials, 2016, 23（5）：520-533.

［10］李晋岩，张梅，郭敏，等. Al$_2$O$_3$ 和二元碱度对炼钢炉渣中磷酸盐富集机理的综合影响［J］. 工程科学学报，2016，38（5）：668-676.

［11］王会刚. 含锌电炉粉尘锌的高效选择性提取及有价金属元素综合利用基础研究［D］. 北京：北京科技大学，2018.

［12］WANG H G, ZHANG M, GUO M. Utilization of Zn-containing electric arc furnace dust for multi-metal doped ferrite with enhanced magnetic property：From hazardous solid waste to green product［J］. Journal of Hazardous Materials, 2017, 339：248-255.

［13］WANG H G, LIU W W, JIA N N, et al. Facile synthesis of metal-doped Ni-Zn ferrite from treated Zn-containing electric arc furnace dust［J］. Ceramics International, 2017, 43（2）：1980-1987.

［14］WANG H G, LIU W W, JIA N N, et al. Efficient and selective hydrothermal extraction of zinc from zinc-containing electric arc furnace dust using a novel bifunctional agent［J］. Hydrometallurgy, 2016, 166：107-112.

［15］韩星. 腐泥土型红土镍矿制备 MgFe$_2$O$_4$ 基高效异相类 Fenton 催化剂基础研究［D］. 北京：北京科技大学，2020.

[16] 冯嘉莉. 响应面法优化氨基改性 SiO_2 气凝胶的制备及 CO_2 吸附机理研究 [D]. 北京：北京科技大学，2024.

[17] LINNEEN N, PFEFFER R, LIN Y S. CO_2 capture using particulate silica aerogel immobilized with tetraethylenepentamine [J]. Microporous and Mesoporous Materials, 2013, 176：123-131.

[18] ZHOU G, WANG K L, LIU R L, et al. Synthesis and CO_2 adsorption performance of TEPA-loaded cellulose whisker/silica composite aerogel [J]. Colloids and Surfaces A：Physicochemical and Engineering Aspects, 2021, 631：127675.

[19] FENG J L, FAN L Y, ZHANG M, et al. An efficient amine-modified silica aerogel sorbent for CO_2 capture enhancement：Facile synthesis, adsorption mechanism and kinetics [J]. Colloids and Surfaces A：Physicochemical and Engineering Aspects, 2023, 656：130510.

[20] 周伟. 钢铁中硅和钙夹杂物的原位统计分布分析 [D]. 北京：钢铁研究总院，2007.

[21] 杨志军，王海舟. 用原位分析方法研究连铸板坯的偏析和夹杂 [J]. 钢铁，2003，38（1）：61-63.

[22] 李美玲，高宏斌，常丽丽，等. 不锈钢板中锰、钛、铝、铌夹杂物的原位统计分布分析 [J]. 冶金分析，2009，29（6）：1-6.

[23] 陈吉文，杨新生，常莉丽，等. 金属原位分析仪的研制 [J]. 现代科学仪器，2005（5）：14-17.

[24] 张立峰，王新华. 连铸钢中的夹杂物 [J]. 山东冶金，2005，27（2）：1-5.

[25] 张立峰，许中波，朱立新，等. 连铸中间包钢水的清洁度 [J]. 钢铁研究学报，1998，10（2）：9-13.

[26] WANG X H, LI X G, LI Q, et al. Control of stringer shaped non-metallic inclusions of CaO-Al_2O_3 system in API X80 linepipe steel plates [J]. Steel Research International, 2013：1-9.

[27] 隋亚飞. 短流程 CrMo 合金结构钢中非金属夹杂物的衍变规律及控制研究 [D]. 北京：北京科技大学，2015.

7 冶金反应工程学研究方法

本章主要讲解了冶金反应工程学的研究方法，内容涵盖了冶金反应工程学的基本概念、研究内容和方法。深入研究冶金反应工程学，可以更好地掌握和优化冶金过程，助力技术的创新。首先，介绍了冶金反应工程学的研究内容和方法，奠定了理论基础。其次，详细探讨了停留时间分布法，包括其表示方法、曲线分析、作用及实验测定，强调了该方法在研究冶金反应中的重要性和应用。随后，介绍了冶金过程物理模拟实验方法，特别是水模型模拟实验方法，阐述了其模拟原理和具体实验步骤，展示了物理模拟在冶金研究中的应用。最后，讲解了数学模拟法，涵盖了微分方程的建立、分析方法的评价以及 ANSYS 软件的应用，强调了数学模拟在冶金反应工程学中的重要性和实用性。

本章的重点在于停留时间分布法、水模型法和数学模拟法的详细介绍，这些方法是冶金反应工程学研究的核心工具。停留时间分布法通过分析流体在反应器中的停留时间，帮助理解反应器的混合特性和反应效率；水模型法可以帮助研究者在实验室条件下模拟实际冶金过程，对于预测和优化实际冶金过程具有重要意义；数学模拟法则通过建立数学模型和使用软件进行模拟，提供了对复杂冶金过程的深入分析和预测。难点在于停留时间分布曲线的分析和数学模拟中微分方程的建立与求解。这些内容需要扎实的理论基础和较强的数学能力，特别是在处理复杂的冶金反应系统时，如何准确地建立模型和进行数值分析是研究中的挑战。

7.1 简介

冶金反应工程学是一门研究冶金反应器内流体流动、质量传递、热量传递以及冶金反应宏观动力学的学科。它旨在解析冶金反应过程中各种物理现象对化学反应的影响，以优化冶金反应器的设计和操作条件，提升冶金过程的效率和产品质量。

冶金反应工程学的发展与化学反应工程学密切相关，但它具有自身的特殊性，如冶金反应多为非催化型多相反应、原料成分复杂、反应在高温下进行等。这些特点使得冶金反应工程学在研究方法和应用上具有独特的挑战和机遇。

7.1.1 冶金反应工程学的研究内容

冶金反应工程学的核心研究内容可概括为以下几个方面。

（1）冶金过程中的化学反应规律

1）深入研究冶金过程中发生的各种化学反应，包括其机理、速率以及影响因素；

2）探讨反应物之间的相互作用，以及反应产物的生成和性质变化。

（2）物理变化和相变规律

1）分析冶金过程中物质的物理状态变化，如固态、液态、气态之间的转变；

2）研究相变过程中的热力学和动力学特性，以及相变对冶金产品性能的影响。

（3）冶金反应器的特征与设计

1）探讨不同冶金反应器（如高炉、转炉、电炉等）的工作原理和特性；

2）研究反应器内的流体流动、质量传递、热量传递等物理过程对化学反应的影响；

3）基于理论分析和数学模型，对冶金反应器的结构、尺寸和操作条件进行优化设计。

（4）冶金过程的传输理论与动力学

1）深入研究冶金过程中的传输现象，包括动量、热量和质量的传递；

2）结合冶金过程动力学，解析各种传递过程对化学反应速率和效率的影响。

（5）工艺操作参数的优化与控制

1）通过理论分析和实验验证，确定最优的工艺操作参数（如温度、压力、流速等）；

2）研究如何实现冶金过程的自动控制，以提高生产效率和产品质量。

7.1.2 冶金反应工程学的研究方法

冶金反应工程学的研究方法随着科学技术的进步和理论体系的完善，正逐步向精细化、系统化方向发展。这些方法不仅有助于理解冶金反应器内部复杂过程，也为反应器的优化设计与操作控制提供了有力支持。以下是对几种主要研究方法的简单介绍。

（1）停留时间分布法。停留时间分布法是一种关键实验手段，专注于物料在反应器内的停留时间及其分布。通过测量反应器出口物料浓度随时间的变化，绘制停留时间分布曲线，进而分析反应器内的流动模式、混合效果及反应物与产物的转化关系。此方法对评估反应器性能、优化操作条件及预测产品质量具有重要意义。随着微观分析技术和实验手段的进步，停留时间分布法正逐渐与计算流体动力学（CFD）等数值模拟方法结合，实现更精准的过程模拟与优化。

（2）物理模拟实验法。基于相似原理，物理模拟实验法通过构建与原型反应器相似的实验装置，模拟实际反应过程中的物理和化学变化。该方法能在较小规模下重现反应器的关键特性，便于详细观察和测量。它不仅有助于验证理论模型的准确性，还能为反应器的设计和放大提供宝贵实验数据。近年来，随着材料科学和制造技术的进步，物理模拟实验装置的精度和可靠性显著提升，使其在冶金反应工程学中的应用更加广泛。

（3）数学模型法。作为冶金反应工程学的核心方法之一，数学模型法基于对反应过程的深刻理解，运用数学语言描述反应器内的物理、化学变化规律，并通过建立数学方程组求解未知量。该方法具有预测性强、灵活度高的特点，能模拟各种复杂条件下的反应过程，为反应器的设计、优化和操作控制提供理论依据。随着计算机技术的飞速发展，数学模型法的求解速度和精度大幅提升，使得大规模、高精度的模拟计算更加便捷。同时，基于"简化"和"等效性"原则的模型构建方法也在不断完善。

（4）数学模拟法。数学模拟法利用计算机技术和数值方法直接模拟和分析反应器内的浓度分布、温度分布和速度分布等参数。它基于控制方程和边界条件，通过数值求解得到各参数的空间分布和时间变化规律。数学模拟法能直观展示反应器内的物理、化学变化过程，为研究人员提供丰富信息资源。随着计算机技术和数值模拟方法的不断发展，其应用范围越来越广，模拟精度也越来越高，已成为冶金反应工程学研究中不可或缺的重要工具。

（5）多尺度过程研究。近年来，人们开始关注多尺度对冶金过程的影响。多尺度问题涉及从微观分子尺度到宏观设备尺度的多个层次，不同尺度之间的相互作用和相互影响使得冶金过程呈现出高度的复杂性和非线性。因此，多尺度过程研究成为冶金反应工程学向更深层次发展的重要方向之一。通过建立多尺度耦合模型和方法，研究人员能更全面地理解冶金过程中的物理、化学变化规律及其相互作用机制，为反应器的优化设计和操作控制提供更加科学的理论依据和技术支持。

7.2　停留时间分布法

冶金反应器，如高炉和转炉，通常在高温环境下运行，这使得对温度、速度和浓度等关键参数的直接测量变得极其困难。面对这一挑战，科研人员常常采用间接测量技术来获取所需数据。一种有效的方法是利用室温下的物理模型来模拟反应器内的环境，这些模型允许通过合适的测量技术直接监测速度分布，同时，利用刺激-响应分析技术可以推断出反应器内部的流动特性。这种方法被称为停留时间分布法，它为理解和控制冶金反应器的复杂流动提供了一种强有力的工具。通过这种间接但精确的方法，研究人员和工程师能够优化反应器设计，提高操作效率，并确保整个过程的可控性。

7.2.1　停留时间分布的表示方法

冶金反应器主要分为管式和釜式两种类型。管式反应器的理想流动状态是平推流，即流体沿轴向平稳推进，无横向混合；而釜式反应器的理想状态是全混流，即反应器内流体完全混合，物料浓度均匀。然而，在实际应用中，无论是管式还是釜式反应器，都会存在不同程度的返混现象，导致实际流动状态介于这两种理想状态之间。通过测量和分析停留时间分布，可以了解反应器的流动状态，进而优化化学反应的环境。

停留时间分布作为描述反应器内物料停留时间长短及其分布特性的关键工具，其表示方法不是仅限于简单的数学函数，还涵盖了图形表示和统计参数等多个方面。

7.2.1.1　停留时间分布密度函数 $(E(t))$

$E(t)\mathrm{d}t$ 表示停留时间在 t 和 $t+\mathrm{d}t$ 之间的流体所占的分数。

$E(t)$ 满足归一化条件 $\int_0^\infty E(t)\mathrm{d}t = 1$，这表明所有流体的停留时间分布总和为100%，且 $E(t)$ 总是非负的。

常见的 $E(t)$ 曲线如图7-1所示。以停留时间 t 为横轴，$E(t)$ 为纵轴，曲线下的面积总和为1，曲线的形状表示了停留时间的分布情况。

7.2.1.2 停留时间分布函数 $F(t)$

$F(t)$ 表示系统中停留时间小于或等于 t 的流体所占的分数，与 $E(t)$ 的关系由下式给出：

$$F(t) = \int_0^t E(t)\mathrm{d}t \tag{7-1}$$

式中，$F(t)$ 是一个累积分布函数，随时间 t 单调递增，从0至1变化。

$F(t)$ 曲线形状如图7-2所示。以停留时间 t 为横轴，$F(t)$ 为纵轴，呈 S 形。$F(t)$ 曲线的斜率即为 $E(t)$，它表示了流体在不同停留时间的累积分数。

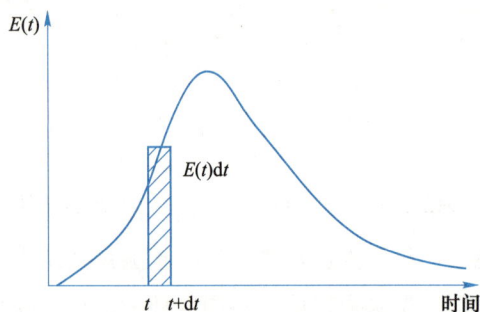

图7-1 常见的 $E(t)$ 曲线

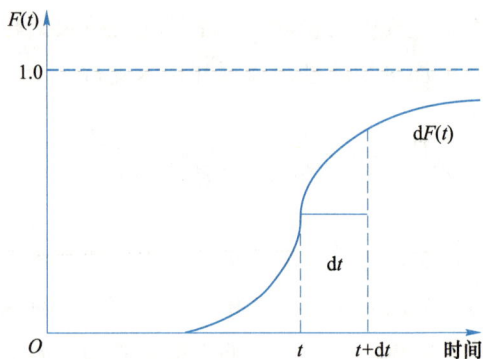

图7-2 常见的 $F(t)$ 曲线

假设一个简单的停留时间分布，其中 $E(t)$ 是一个正态分布函数，那么 $F(t)$ 是该正态分布的累积分布函数。

7.2.1.3 平均停留时间 (τ)

τ 反映了所有流体粒子停留时间的平均值，此参数是描述系统整体流动特性的关键指标。其计算公式为：

$$\tau = \int_0^\infty tE(t)\mathrm{d}t \tag{7-2}$$

7.2.1.4 无因次时间 (θ) 与无因次时间分布密度函数 $(E(\theta))$

为了比较不同系统的 RTD，引入无因次时间 θ，定义为：

$$\theta = t/\tau \tag{7-3}$$

相应的无因次时间分布密度函数满足：

$$\int_0^\infty E(\theta)\mathrm{d}\theta = 1 \quad \text{和} \quad \int_0^\infty \theta E(\theta)\mathrm{d}\theta = 1 \tag{7-4}$$

上述公式是分析流体流动特性、混合程度、反应器效率和流动不均匀性的重要工具，对于系统设计优化、提升反应效率和减少不必要的停留时间具有显著意义。

7.2.2 停留时间分布曲线的分析

分布曲线的分析主要关注其形状特征和统计特征参数。

（1）形状特征。理想的活塞流反应器分布曲线应为尖锐的单峰形，表明物料在反应器内停留时间基本一致；而完全混合流反应器则呈现平坦的分布曲线，表明物料在反应器内停留时间分布广泛。实际反应器的分布曲线往往介于这两者之间，反映了不同程度的混合和返混现象。

（2）统计特征参数。分布曲线的特征参数包括平均停留时间 τ、方差 σ^2、偏度 γ_1 和 γ_2 等。这些参数定量地描述了分布曲线的位置、宽度、对称性和尖锐程度等特征。例如，平均停留时间反映了反应器内物料停留时间的平均水平；方差则反映了停留时间的离散程度或波动范围。通过分析平均停留时间、方差等统计参数，可以量化地评估反应器的混合效率和流动特性。例如，方差较大可能意味着反应器内存在较大的返混现象，导致物料停留时间分布不均。

7.2.3 停留时间分布曲线的应用

停留时间分布曲线在冶金反应工程学中具有广泛的应用和重要作用。

（1）反应器性能评估：通过分析分布曲线，可以评估反应器的混合效率、流动特性和反应性能，为反应器的设计、优化和操作控制提供重要依据。

（2）操作条件优化：通过比较不同操作条件下的分布曲线，可以找出影响反应效率和产物质量的关键因素，并据此调整操作条件以优化反应过程。

（3）反应器放大与缩小：在反应器放大或缩小的过程中，保持相似的停留时间分布特性是确保放大或缩小后反应器性能一致性的重要手段。因此，分布曲线可以作为反应器放大与缩小设计的重要参考。

（4）过程模型建立与验证：停留时间分布数据可用于建立反应过程的数学模型，并通过与实际分布曲线的对比验证模型的准确性和可靠性。这有助于深入理解反应过程的物理化学机制，并为进一步的过程优化和控制策略制定提供支持。

7.2.4 停留时间分布的实验测定

停留时间分布的实验测定方法主要包括脉冲示踪法和阶跃示踪法。以下是使用脉冲示踪法进行测定的详细步骤，并举例说明这一方法的应用。

7.2.4.1 脉冲示踪法测定步骤

（1）准备阶段：确保待测系统（如反应器、管道等）已达到稳定运行状态；准备好示踪剂，该示踪剂应易于检测且不会干扰系统内的化学反应或物理过程；设定好检测装置，以便能够准确记录示踪剂浓度随时间的变化。

（2）示踪剂注入：在系统的入口处瞬间注入一定量的示踪剂。注入量应足够小，以确保其不会对系统内的流动状态产生显著影响。同时开始计时，并密切监测出口流体中示踪剂的浓度变化。

（3）数据收集与处理：记录示踪剂浓度随时间的变化数据，直到示踪剂完全通过系统并被检测装置捕捉到其浓度的变化；利用这些数据计算出停留时间分布密度函数 $E(t)$，该函数描述了流体粒子在系统中停留不同时间的概率密度；进一步计算停留时间分布函数 $F(t)$，该函数表示停留时间小于 t 的流体粒子所占的分数。

7.2.4.2 脉冲示踪法举例说明

假设要测定一个连续流动反应器内流体的停留时间分布，可以选择 KCl 作为示踪剂，因为它易于检测且通常不会干扰化学反应。

（1）准备阶段：确保反应器已达到稳定运行状态；准备好 KCl 溶液作为示踪剂；在反应器的出口处安装一个电导率检测器，用于测量 KCl 的浓度变化。

（2）示踪剂注入：在反应器的入口处瞬间注入一定量的 KCl 溶液；同时开始计时，并密切监测出口处电导率检测器的读数变化。

（3）数据收集与处理：记录电导率随时间的变化数据，直到 KCl 完全通过反应器并被检测器捕捉到其浓度的变化；利用这些数据计算出停留时间分布密度函数 $E(t)$ 和停留时间分布函数 $F(t)$；通过分析这些函数，可以了解反应器内流体的停留时间分布情况，从而对反应器的性能进行评估和优化。

7.3 物理模拟实验方法

冶金过程物理模拟实验是一种实验室规模的模拟方法，它利用物理模型（如按比例缩小的设备）来复现实际冶金过程。这类模拟能够有效揭示冶金过程中的复杂现象，包括流体动力学、温度分布和化学反应等。

水模型是冶金过程物理模拟中的一种常用技术，它利用水的流动特性来模拟冶金液体（例如熔融金属）的行为。水模型的优势在于成本效益高、操作简便，并且能够直观地展示流动模式。

7.3.1 水模型的模拟原理

鉴于冶金过程的复杂性，全面的模拟往往不可行，因此常采用冷态模拟并依据物理相似原理进行。相似理论是模型实验的核心，要求模型在关键物理量上与实际过程保持一致。实验前，必须通过计算相似准数（无量纲参数）来确保模型能够精确映射原系统的特性。这些准数通过变量因次分析获得，并根据具体研究问题而定。在水模型实验中，水被用来模拟金属液，模型中流动与实际钢液流动相似的条件是确保弗劳德数（Fr）和雷诺数（Re）相等，即：

$$Fr_水 = Fr_钢$$
$$Re_水 = Re_钢$$

如果取反应器尺寸作为特征长度 L，液面流速作为特征速度 u，当 Fr 相等时：

$$u_水^2 / (gL_水) = u_钢^2 / (gL_钢) \tag{7-5}$$

所以

$$u_水 / u_钢 = (L_水 / L_钢)^{1/2} \tag{7-6}$$

当 Re 相等时：

$$\rho_水 u_水 L_水 / \mu_水 = \rho_钢 u_钢 L_钢 / \mu_钢 \tag{7-7}$$

水和钢液具有相似的物理性质，即：

$$\rho_水 / \mu_水 \approx \rho_钢 / \mu_钢 \tag{7-8}$$

所以

$$u_水 / u_钢 = L_水 / L_钢 \tag{7-9}$$

在冶金反应工程中，实现流动相似性是至关重要的。理想情况下，如果能够使用 1∶1 比例的模型，即水与钢的尺寸比为 1，即 $L_水 = L_钢$，则 $u_水 = u_钢$，可做到 Fr 和 Re 均相等，相似是理想的。

然而，如果不使用 1∶1 比例模型（例如，采用等比例缩小的模型），只要确保 $Fr_水$ 与 $Fr_钢$ 相等，并检验两者的 Re 是否处于同一自模化区，而不必强求模型和实型的 Re 完全相等，也能实现流动的相似性。这种方法侧重于保证模型和实型处于相同的流动状态，而非单纯的数值相等。

在水模型实验中，通常采用近似模化法，即确保模型和实型的 Fr 相等，以此来确定实验参数。这种方法通过保持关键的相似准则数一致，来确保实验结果的可靠性和实用性。简而言之，通过精确控制这些相似准数，可以在不同尺度的模型之间实现流动特性的相似性，为冶金过程的优化提供重要的实验依据。

在气-液两相流的研究中，通过确保模型和实物的修正弗劳德数（Fr'）相等来建立相似性。例如，在底吹气水模型中，如模拟钢包底部吹入氩气（Ar），修正后的 Fr' 可以表示为：

$$Fr' = \rho_g (\pi/4) d^2 u^2 / [g\rho_1(\pi/4) D^2 H] \tag{7-10}$$

当用底吹气体流量 Q 来表示时，Fr' 准数可以改写为：

$$Fr' = \rho_g Q^2 / [g\rho_1(d\pi/4)^2 D^2 H] \tag{7-11}$$

通过设置模型和实物的 Fr' 相等，得到：

$$(Q_水 / Q_实)^2 = (d_水 / d_实)^2 (D_水 / D_实)^2 (H_水 / H_实)(\rho_{1水}/\rho_{1实})(\rho_{g实}/\rho_{g水}) \tag{7-12}$$

考虑到气体在标准状态下的换算，并应用几何相似条件 $H_水/H_实 = D_水/D_实$，可以得到：

$$(Q_{N水} / Q_{N实})^2 = (T_实 / T_水)(p_水 / p_实)(d_水 / d_实)^2 (D_水 / D_实)^3 (\rho_{1水}/\rho_{1实})(\rho_{gN实}/\rho_{gN水}) \tag{7-13}$$

式中 d——喷嘴直径，mm；

u——气体流速，m/s；

g——重力加速度，m/s^2；

D——熔池直径，m；

H——熔池深度，m；

ρ_1——液体密度，kg/m^3；

ρ_g——气体密度，kg/m^3；

T——气体出口温度，K；

p——气体出口压力，MPa。

通过将相关参数代入式（7-13），可以确定模型和实物之间的底吹气流量换算关系。这种方法允许在实验室规模的模型中测试并预测工业规模过程中的气-液两相流行为。

7.3.2　水模型模拟实验方法

7.3.2.1　熔池混匀时间的测定

在冶金过程中，确保容器内钢液与熔渣充分混合对于加速冶金反应至关重要。因此，研究冶金容器内的流动和混合等宏观动力学因素，是冶金工程师关注的焦点。混匀时间的研究分为冷态和热态两种：冷态研究主要在水模型中进行，热态研究则通过在钢液中添加示踪剂（如铜）来测量混合情况。本节重点介绍水模型中测定混匀时间的方法。

（1）电导法：此方法设计将一定浓度的 KCl 溶液迅速注入有机玻璃制成的水模型容器中，并通过连续监测电导率的变化来确定混匀时间，直至电导率稳定。图 7-3 所示为用于测定顶底复吹转炉水模型混匀时间的装置。实验中，电导测头记录的电导率变化可以通过记录仪显示为电导仪输出电压的变化。这些数据可以通过 AC/DC 转换器输入计算机，实现数据的存储、处理，并打印出结果和图表，这一过程称为"在线"测量和实时处理。

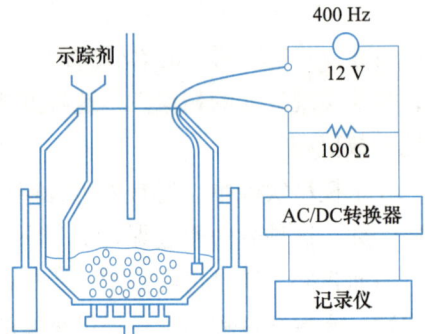

图 7-3　顶底复吹转炉水模型示意图

（2）pH 值法：在水模型中加入硫酸（H_2SO_4）或盐酸（HCl）作为示踪剂，然后使用离子计或 pH 计监测水中 pH 值的变化，以此来确定混匀时间。

7.3.2.2　气相-液相反应模拟

气相-液相反应模拟是研究气体与液体之间传质过程的重要手段。利用 $NaOH$-CO_2 体系的模型实验，可以有效地模拟钢液吸气速度和复吹转炉过程中的传质现象。在实验中，将特定浓度的 NaOH 水溶液（如 0.01 mol/L）注入水模型容器，并通过喷枪将 CO_2 气体注入溶液。CO_2 与 NaOH 反应导致溶液 pH 值变化，该变化可通过电极控头实时测量，并通过 AC/DC 转换器将数据输入计算机进行在线监测和处理。$NaOH$-CO_2 体系的化学反应关系由稻田爽一推导如下：

$$c_{CO_2} = \{[H^+] + c_{NaOH} - K_{H_2O}/[H^+]\} \times \{K_1 \times K_2 + K_1[H^+] + [H^+]^2\}/\{2K_1 \times K_2 + K_1[H^+]\}$$

$$\text{（7-14）}$$

$$pH = -\lg[H^+] \tag{7-15}$$

式中　　c_{CO_2}——溶液中 CO_2 的吸收浓度，mol/L；

c_{NaOH}——溶液 NaOH 的初始浓度，mol/L；

K_{H_2O}，K_1，K_2——平衡常数，在 25 ℃时，$K_{H_2O} = 10^{-14}$，$K_1 = 10^{-6.352}$，$K_2 = 10^{-10.329}$。

通过测定的 pH 值，结合上述公式，可以计算出溶液中 CO_2 的吸收浓度。实验结果表明，NaOH-CO$_2$ 吸收反应遵循一级反应动力学，其吸收速度表达式为：

$$- dC/dt = (AK/V)(c_e - c_t) \tag{7-16}$$

积分后得到

$$\ln[(c_e - c_t)/(c_e - c_0)] = -(AK/V)t \tag{7-17}$$

式中　　A——反应表面积，cm^2；

　　　　V——NaOH 溶液的体积，cm^3；

　　　　t——反应时间，s；

　　　　K——CO$_2$ 的传质系数，cm/s；

c_e，c_t，c_0——分别为 CO$_2$ 的平衡浓度、时间 t（s）后 CO$_2$ 的吸收浓度和 CO$_2$ 的初始浓度（mol/L）。

通过实验数据绘制的 $\ln[(c_e - c_t)/c_e]$-t 曲线如图 7-4 所示，可以确定容量传质系数 AK/V。一旦知道了反应界面面积 A 和溶液体积 V，就可以计算出传质系数 K。这些发现为理解和优化冶金过程中的气-液传质提供了重要的理论基础。

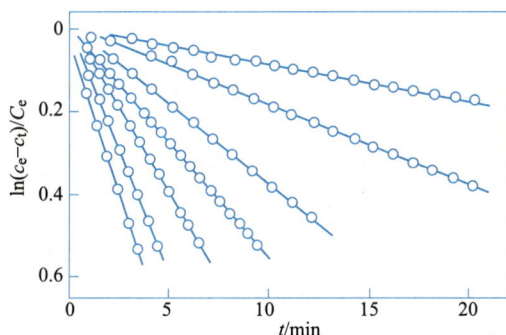

图 7-4　不同 CO$_2$ 流量下的 $\ln[(c_e - c_t)/c_e]$-t 关系图

7.3.2.3　液相-液相反应模拟

为了模拟渣钢反应并研究液相-液相间的传质速率，采用水模型实验。在实验中，纯水被用来模拟钢液，而 10 号机油则用来模拟熔渣，苯甲酸（C_6H_5COOH）作为示踪剂。实验步骤如下：首先，将苯甲酸溶解在机油中，然后将其置于纯水表面，并通过对水体吹气来实现搅拌。随着时间的推移，苯甲酸逐渐传递到水中，通过监测电导率的变化来追踪水中苯甲酸浓度的变化。电导率的变化曲线反映了油水两相间的传质速率。

图 7-5 展示了实验结果：水中苯甲酸浓度随时间的变化，每条曲线对应不同的吹气流量。从图中可以看出，随着吹气流量的增加，苯甲酸向水中的传递速度加快，这一现象直观地反映了传质速率与搅拌强度之间的紧密联系。

7.3.2.4　喷射粉粒的模拟

在模拟喷射冶金的喷粉过程中，采用水模型进行实验，如图 7-6 所示。实验中使用的粉粒材料包括聚苯乙烯粒子（密度为 1 g/cm，直径为 0.7 mm）、发泡聚苯乙烯粒子（密度为 0.2~0.5 g/cm^3，直径为 0.7~1.3 mm），以及丙烯、玻璃珠、聚四氟乙烯等，以模拟不同特性的粉粒。

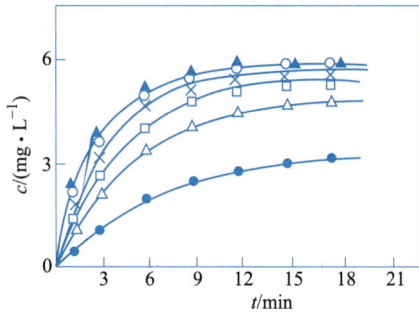

图 7-5　不同气体流量下两相传质过程的
示踪剂浓度曲线

（● 0.4 m³/h；△ 0.8 m³/h；□ 1.2 m³/h；
× 1.8 m³/h；○ 2.2 m³/h；▲ 2.6 m³/h）

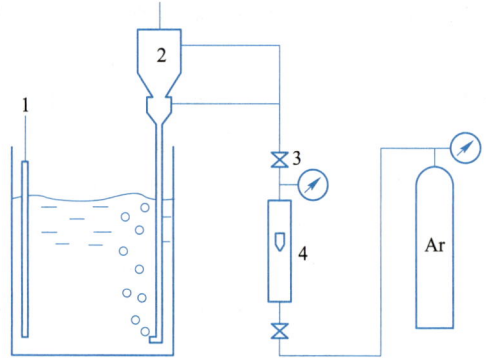

图 7-6　喷粉的水模型装置

1—电导计；2—喷粉罐；3—阀门；4—流量计

实验过程中，粉粒通过载气由浸入式弯头喷枪喷入水中。研究重点包括三个方面：

（1）捕捉粉粒穿透气泡界面的瞬间，分析粉粒突破气泡的条件，并测量粉粒射入水中的深度；

（2）连续拍摄粉粒在水中的分散过程，以确定粉粒在水中达到均匀分散所需的时间；

（3）利用电导法同步测定喷粉过程中容器内混合均匀的时间。

实验结果表明，粉粒喷入水中后，会随着循环流产生上升和下沉的运动。在 4.5 s 时，粉粒已在容器内均匀分散。然而，到了 15 s 时，由于水的浮力作用，密度低于水的粉粒会再次向水面聚集。这些发现对于理解喷粉冶金过程中粉粒的行为非常重要。

7.3.2.5　连续反应器停留时间分布的测定

停留时间分布（RTD）是衡量连续反应器内物质停留时间特性的重要参数，通常通过"刺激−响应"实验来测定。如图 7-7 所示，底吹连续提铌炉的水模型被用于这一实验。

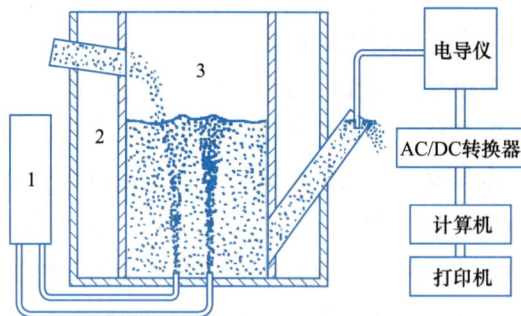

图 7-7　底吹连续提铌炉水模型示意图

1—供气装置；2—有机玻璃方箱；3—圆柱形容器

实验过程中，将示踪剂（KCl 溶液）以脉冲形式一次性注入反应器入口，随后持续监测出口流的电导率变化，这种方法称为脉冲响应法。由于 KCl 的浓度与电导率在一定范围内呈线性关系，因此可以通过电导信号推断出浓度数据。

定义无量纲浓度 c_θ 为：

$$c_\theta = c/c_0 \tag{7-18}$$

式中　c——流体出口处 t 时刻的浓度；

　　　c_0——（$c_0 = Q/V$）一次投入数量为 Q 的示踪剂后，瞬时均匀分散在容积 V 的反应器内的浓度。

定义无量纲时间为：

$$\theta = t/\tau \tag{7-19}$$

式中　τ——表观停留时间，$\tau = V/v$；

　　　V——反应器体积；

　　　v——入口流体积流量。

将 c_θ 与 θ 作图，可得到停留时间分布的 c 曲线图。c 曲线记录了示踪剂分子在反应器内的寿命分布，也就是停留时间分布。图 7-8 所示为连续反应器内不同流动类型的 c 曲线，图中活塞流表示所有流体微元不相混；全混流表示所有流体微元完全混合，即出口成分与反应器内成分相同；非全混流表示流体微元部分混合。

图 7-9 所示为由上述实验得到的底吹连续提铌炉水模型中流体的停留时间分布 c 曲线，表明这种类型的炉子内的流体流动混合情况很好，已接近完全混合流。

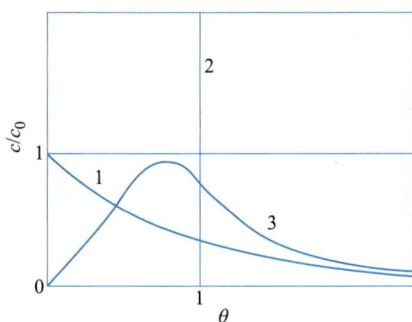

图 7-8　停留时间分布 c 曲线图
1—全混流；2—活塞流；3—非全混流

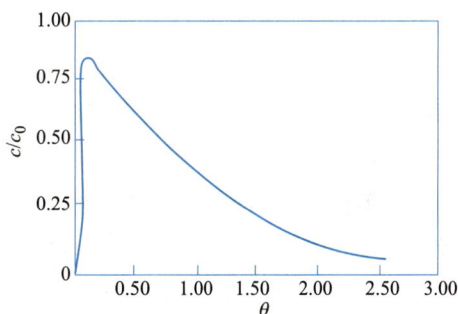

图 7-9　底吹连续提铌炉水模型中
流体停留时间分布 c 曲线

7.3.2.6　熔池流场的研究方法

A　熔池流场速度分布的测定方法

熔池流场速度分布的测定对于理解熔炼、铸造等过程中的流体动力学行为至关重要。热线测速仪和激光多普勒测速仪是两种常用的测量工具，它们都可以用来测量水模型熔池内流场的速度分布。以下是这两种测速仪的测量方法。

（1）热线测速仪测量方法。热线测速仪基于热传导原理工作。当流体流过加热的细金属丝（热线）时，流体的速度会影响热线的冷却速率，从而改变热线的电阻。通过测量电阻的变化，可以推算出流体的速度。

测量时，首先将热线测速仪的探头（包含热线）插入水模型熔池中。然后开启测速仪，使热线加热到预设温度。当流体流过热线时，测量热线的电阻变化。之后，根据电阻变化与流速之间的关系，计算出流体的速度。最后，移动探头，测量熔池内不同位置的速度，以获得速度分布图。

热线测速仪的优点在于响应速度快，适用于瞬态流场的测量。局限在于，热线可能受到污染或损坏，影响测量准确性；不适用于高温或腐蚀性流体的测量。

（2）激光多普勒测速仪测量方法。激光多普勒测速仪利用多普勒效应来测量流体速度。当激光束照射到流体中的粒子时，粒子的运动会使反射光的频率发生变化。通过测量这种频率变化，可以计算出粒子的速度，进而推断流体的速度。

测量时，首先将激光多普勒测速仪的激光发射器和接收器对准水模型熔池中的测量点。然后发射激光束，使其照射到流体中的粒子。接收并分析反射光的频率变化。根据多普勒效应与流速之间的关系，计算出流体的速度。移动激光束，测量熔池内不同位置的速度，以获得速度分布图。

激光多普勒测速仪的优点是非接触式测量，适用于高温、高压或腐蚀性流体的测量；测量精度高。局限是需要流体中存在足够数量的反射粒子；设备成本较高；对测量环境有一定的要求（如避免强光干扰）。

B 熔池流场的显示方法

除了使用测速仪测量流场外，流动显示技术也可以用来直观地观察流场并拍摄流谱图。其中，示踪法是最常见的流场显示方法，尤其适用于复杂流动体系的定性流场显示，尽管细节可能不够精细，但能提供直观的流场图像。

在进行流场显示实验时，需在水模型中引入示踪粒子以观察流谱。示踪粒子需满足两个条件：一是跟随性要好，即粒子要能与流体同步流动，这要求粒子的密度与流体相近或粒度非常细小；二是具有强烈的反光性能，便于拍摄和观察。常用的示踪粒子包括聚苯乙烯塑料粒子和铝粉。聚苯乙烯塑料粒子密度接近 $1.0 \ g/cm^3 \pm 0.03 \ g/cm^3$（粒度约 1 mm），能清晰显示流动，但在低速流动时跟随性较差。铝粉，即细磨的鳞片状铝颜料，密度为 $2.7 \ g/cm^3$，以其细粒度、少量使用、不影响水透明度和强反光性等特点，适合于拍摄清晰的流谱照片。

图 7-10 所示为流场实验装置，包括圆柱形容器、方形水箱、喷嘴、气室、温度计、流量计、针筏、压力计、过滤装置和铟灯片光源等组件。

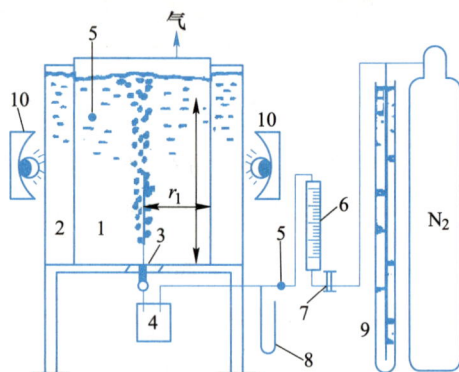

图 7-10 显示流场的实验装置示意图
1—圆柱形容器；2—方形水箱；3—喷嘴；
4—气室；5—温度计；6—流量计；7—针筏；
8—压力计；9—过滤装置；10—铟灯片光源

实验时，在流体中加入铝粉，用铟灯片光源照明以显示和拍摄流谱图。片光源是一个能产生很强的缝状光的照明装置。用片光源照明后，在与片光垂直的方向上只能看到被照明的那个剖面上的流动图像，其他地方由于没有光照就不会干扰照明的部位。改变片光照明位置可拍摄不同剖面上的流谱照片。模型通常是圆筒形的，由于光的折射作用，通过弧形容器壁所观察或拍摄到的模型内的流动图像会变形失真。为了减少这一影响，在圆形容器外面附加一个方形透明水箱。

图 7-11 所示为根据底吹转炉水模型内流场的流谱照片绘制的流线图。流场的轴对称性使得流线图仅展示其一半，左侧显示底吹射流的气液两相区。将此图与激光测速结果对比，流动情况非常相似，验证了实验的准确性。

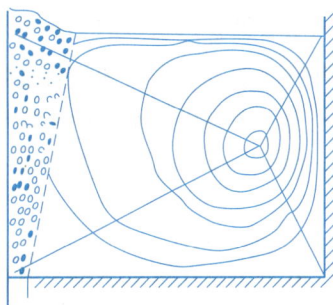

图 7-11　流线分布图示意图

7.4 数学模拟法

在用数学模拟方法深入分析冶金反应器时，整个过程不仅要求高度的数学严谨性，还需要结合冶金领域的专业知识，以确保模型能够准确反映实际过程的物理化学本质。

7.4.1 微分方程与边界条件的建立

（1）微分方程的构建。构建冶金反应器的数学模型，首先需要明确反应器内发生的物理、化学过程，如流体流动、传热、传质、化学反应等。这些过程往往相互关联，共同决定了反应器的性能。基于质量守恒、能量守恒、动量守恒等基本定律，结合冶金反应器的具体特性（如反应物性质、反应器几何形状、操作条件等），可以推导出描述这些过程的微分方程组。

（2）边界条件的确定。边界条件是微分方程求解的关键，它描述了系统边界上的物理量（如温度、浓度、速度等）或其变化率。对于冶金反应器而言，边界条件可能包括进口处的物料组成、温度、速度分布，出口处的压力条件，以及反应器壁面与外部环境之间的热交换等。合理设定边界条件对于获得准确的模拟结果至关重要。

7.4.2 分析方法的评价

7.4.2.1 解析解与数值解

（1）解析解的局限性。虽然解析解能够给出变量之间的显式关系，但由于冶金反应器的复杂性和非线性特性，只有极少数情况下能够获得解析解。这些情况通常涉及简化假设或特定条件下的特殊解。

（2）数值分析的应用。在大多数情况下，冶金反应器的数学模型需要通过数值分析来求解。数值分析的基本思想是将连续的空间和时间离散化，将微分方程转化为代数方程组或差分方程组进行迭代求解。常用的数值方法包括有限差分法、有限元法、有限体积法等。随着计算机技术的飞速发展，这些方法的计算效率和精度不断提高，使得对复杂冶金过程进行高精度模拟成为可能。

7.4.2.2 数学模拟的程序化与标准化

随着计算机技术的不断进步和软件工程的发展，数学模拟逐渐走向程序化、标准化。各种针对冶金过程模拟的程序包应运而生，这些程序包不仅集成了多种数值方法和前后处理工具，还提供了友好的用户界面和强大的数据分析能力。用户可以根据实际需求选择合适的程序包进行模拟研究，极大提高了研究效率和准确性。

7.4.2.3 数学模拟的独特优势

数学模拟在冶金领域具有独特的优势，尤其是在考察极端条件下的设备情况时。基于实验条件的限制和安全性的考虑，许多极端条件（如高温、高压、高腐蚀性环境等）下的实验难以进行或成本高。而数学模拟可以不受这些限制地模拟各种条件下的反应过程，为设备设计、优化和操作提供可靠的依据。此外，数学模拟还可以实现参数的灵活调整和优化设计，以寻求最佳的操作条件和性能参数。

7.4.2.4 数学模拟方法在冶金反应器分析中的应用

（1）钢淬火过程模拟。钢淬火是一种热处理工艺，涉及奥氏体分解、传热和结构分析。通过数学模拟，可以检查相组成，并评估冷却速率对零件淬火过程中最终变形和残余应力的影响。这种方法允许用户分析和比较不同的淬火介质，并研究零件的物理几何结构对相组成的影响。

（2）渗碳工艺模拟。渗碳工艺涉及将钢构件加热后暴露在富碳环境中，碳通过边界从周围环境扩散到材料内部。数学模拟帮助更好地理解并确保该工艺的正确执行，渗碳后淬火可以在部件表面产生压应力，从而有助于降低疲劳风险。

（3）流化床反应器模拟。流化床反应器的数学模型用于模拟流化态原理、流态化气泡以及流体通过流化床的阻力。这种模拟有助于优化流化床反应器的设计和操作，提高其在冶金行业中的应用效率。

（4）转炉炼钢过程中的气液两相流模拟。在转炉炼钢过程中，O_2 射流对转炉内脱碳、脱磷过程及熔池的搅拌都有重要影响。通过 VOF（volume of fluid）模型模拟了转炉 O_2 射流与钢水之间的相互作用，得到了 O_2 射流的平均穿透率、射流中心线和表面速度、乳化程度等数据。

（5）连铸及中间包内冶金过程的数学模型分析。数学模型用于分析连铸结晶器内钢液流动过程、中间包内三维流动以及钢液密度对板坯中间包流场的影响。这些模拟分析有助于优化连铸过程，提高生产效率和产品质量。数学模拟方法在冶金反应器分析中的应用日益广泛和深入。通过构建合理的数学模型、采用先进的数值分析方法以及利用专业的程序包工具，可以实现对冶金过程的高精度模拟和预测。这种方法不仅提高了研究的效率和准确性，还为冶金工业的发展提供了强有力的技术支持。然而，值得注意的是，数学模拟结果的可靠性在很大程度上取决于模型的合理性和参数的准确性，因此在应用过程中需要不断验证和优化模型。

7.4.3 ANSYS 软件的应用

ANSYS 软件在冶金反应器分析中的应用广泛且深入，其强大的数值模拟能力为冶金反应器的设计、优化和性能评估提供了有力支持。以下是对 ANSYS 软件在冶金反应器分析中应用的具体阐述。

（1）流动与传热分析。冶金反应器内涉及复杂的流体流动和传热过程，这些过程对反应器的性能和效率具有重要影响。ANSYS 软件通过其流体动力学模块（如 Fluent）能够精确模拟反应器内的流体流动情况，包括速度分布、压力分布、涡流现象等。同时，利用 ANSYS 的热分析功能，可以模拟反应器内的温度分布、热传导和热对流过程，从而优化反应器的冷却系统或加热系统，提高能量利用效率。

（2）化学反应与物质传递。冶金反应器内通常伴随复杂的化学反应和物质传递过程。ANSYS 软件提供了化学反应和物质传递的模拟能力，可以模拟反应器内不同组分之间的化学反应速率、转化率以及物质传递的机理和效率。这对于理解和优化反应器的化学反应过程、提高产品质量和产量具有重要意义。

（3）应力与结构分析。冶金反应器在长时间运行过程中会受到各种力的作用，如温度应力、压力应力等。这些力可能导致反应器结构发生变形或损坏，影响反应器的正常运行。ANSYS 的结构分析模块能够模拟反应器在各种工况下的应力分布和变形情况，为反应器的结构设计、强度校核和寿命预测提供重要依据。

（4）多物理场耦合分析。冶金反应器内的物理过程往往不是孤立的，而是相互关联、相互影响的。ANSYS 软件支持多物理场耦合分析，能够同时考虑流体流动、传热、化学反应、应力与变形等多个物理场之间的相互作用，从而更全面地模拟反应器的实际运行情况。这种分析能力对于解决复杂冶金问题、提高反应器性能和稳定性具有重要意义。

（5）优化设计。基于 ANSYS 软件的模拟结果，可以对冶金反应器的设计进行优化。例如，通过调整反应器的几何形状、操作参数或材料选择等，可以改善反应器内的流体流动和传热性能，提高化学反应的转化率和选择性，降低能耗和成本。此外，ANSYS 软件还支持参数化设计和自动化优化，可以极大提高优化设计的效率和准确性。

（6）故障诊断与预测。ANSYS 软件还可以用于冶金反应器的故障诊断和预测。通过模拟反应器在不同工况下的运行情况，可以预测可能出现的故障类型和位置，并提前采取相应的预防措施。同时，在反应器发生故障时，可以利用 ANSYS 软件进行故障模拟和分析，快速定位故障原因并制定修复方案。

（7）ANSYS 软件在冶金反应器分析中的应用。ANSYS 软件在冶金反应器分析中的应用广泛且深入，其强大的数值模拟能力为冶金反应器的设计、优化和性能评估提供了有力支持。

1）加氢反应器的结构优化设计及可靠性分析。利用 ANSYS 软件对加氢反应器的裙座支撑区进行热应力分析评定及优化设计。首先，进行热应力分析评定，计算机械应力与热应力的总应力最大值，作为优化设计的约束条件。然后，利用 ANSYS 优化设计对加氢反应器裙座支撑区进行结构优化。结果表明优化后目标函数 h 型锻件结构面积 S_h 减少了16%，优化效果明显。

2）炼钢过程反应热力学与动力学及其在数值模拟仿真中的应用。在该应用中，反应模型被应用于钢包精炼和电渣重熔等工序，预报了精炼过程钢、渣和夹杂物成分的转变过程。研究表明，渣对耐材的侵蚀是引起钢液中镁元素增加和 MgO 夹杂物生成的主要原因。

3）结构化网格快速生成工具的开发及其在冶金模拟仿真中的应用。该工具开发了结构化网格快速生成工具，用于冶金模拟仿真。通过对目标几何结构的分析，生成高质量的结构化网格，满足各种模拟的需求。这一工具在解决冶金容器的几何结构更新和网格调整方面表现出显著优势。

4）冶金过程数值模拟分析技术的应用。该技术包括对吹氩钢包内的流动与混合过程、连铸和中间包内的流动过程、几种热工装置内的流动和换热过程、高温低氧空气燃烧过程以及冶金反应器内一些单元过程和现象等的数值模拟分析。

总之，ANSYS 软件在冶金反应器分析中的应用涵盖了流动与传热分析、化学反应与物质传递、应力与结构分析、多物理场耦合分析以及优化设计等多个方面。其强大的数值模拟能力和灵活的应用方式使得 ANSYS 软件成为冶金反应器分析和优化的重要工具。

📘 习题与思考题

习题

（1）冶金反应工程学研究的主要物理过程有哪些？请简述它们对冶金反应过程的影响。

（2）冶金反应工程学与化学反应工程学在基本内容和方法上有何异同？

（3）简述冶金反应工程学中的数学模型法的基本步骤。

（4）什么是停留时间分布法？请解释停留时间分布密度函数（$E(t)$）和累积停留时间分布函数（$F(t)$）的含义。

（5）如何利用示踪法测定冶金反应器内的停留时间分布？

（6）什么是冶金过程物理模拟实验法，它有何应用优势？

（7）在进行冶金过程物理模拟实验时，如何确保模拟结果的准确性和可靠性？

（8）请列举几种常用的冶金反应数学模拟软件，并简述它们的主要功能。

（9）在进行冶金反应数学模拟时，如何设定合理的边界条件和初始条件？

思考题

（1）比较停留时间分布法和冶金过程物理模拟实验方法在研究冶金反应中的优缺点。

（2）在冶金反应工程学中，如何选择合适的研究方法（停留时间分布法、物理模拟实验方法或数学模拟法）来解决特定的问题？举例说明。

（3）探讨数学模拟法在预测冶金反应结果方面的可靠性和局限性，以及如何提高其准确性。

（4）假设一个冶金反应过程，分析在什么情况下使用停留时间分布法能更有效地优化反应条件。

（5）对于复杂的冶金反应系统，如何综合运用多种研究方法（如停留时间分布法、物理模拟实验方法和数学模拟法）来获得更全面和准确的研究结果？

（6）在进行冶金过程物理模拟实验时，如何确保实验结果能够准确反映实际工业生产中的情况？

（7）数学模拟法中，模型的简化和假设对结果的影响有哪些，如何在准确性和计算效率之间取得平衡？

（8）分析停留时间分布法在研究冶金反应中的不确定性来源，并提出降低不确定性的方法。

参 考 文 献

［1］张江山，刘昱宏，杨树峰，等．结构化网格快速生成工具的开发及其在冶金模拟仿真中的应用［J］．工程科学学报，2024，46：218-229.

［2］侯静．基于 ANSYS 的加氢反应器的结构优化设计及可靠性分析［D］．乌鲁木齐：新疆大学，2007.

［3］萧泽强，朱苗勇．冶金过程数值模拟分析技术的应用（精）［M］．北京：冶金工业出版社，2006.

［4］王常珍．冶金物理化学研究方法［M］．北京：冶金工业出版社，2013.

［5］陈伟庆，宋波，郭敏．冶金工程实验技术［M］．北京：冶金工业出版社，2023.